品種改良の世界史　家畜編

正田陽一［編］

松川正／伊藤晃／楠瀬良／角田健司／天野卓／
三上仁志／田名部雄一［著］

悠書館

品種改良の世界史・家畜篇　目次

総説　家畜育種の歴史と遺伝学の進歩　正田陽一　1

第1章　ウシ(肉牛)　松川　正　23

第2章 ウシ（乳牛）

伊藤　晃

第3章　ウマ

楠瀬　良

第7章　家禽　田名部雄一　367

総　説

家畜育種の歴史と遺伝学の進歩

◎

正田陽一

はじめに

家畜とは「人間が利用する目的で野生動物から遺伝的に改良した動物」である。

我々人類の祖先が、野生動物を捕らえて飼育し、人間の管理のもとで繁殖させ、長い年月をかけてその有用性を高める方向に育種して、野生の祖先種とは明らかに区別しうる特徴を備えるにいたった動物が家畜である。

人間社会への有用性という観点から家畜を分類すると、農用動物（farm animal）・伴侶動物（companion animal）・実験動物（laboratory animal）の三つに分けられる。

本書では三者のうち第一の農用家畜――ウシ・ウマ・ヒツジ・ヤギ・ブタ・家禽の品種改良の歴史について解説するが、その第一章としてまず家畜の成立から遺伝的改良の歴史、そして育種の基礎となる遺伝学の発展とのかかわりについて概観することにしたい。

家畜化の始まり

現在、地球上には約六八億の人間が生存している。哺乳類全体を見渡してみても単一の種でこれだけ多くの個体数を維持しているのはヒト（*Homo sapiens*）以外には存在しない。「ヒトだけが、なぜ、このような繁栄を誇ることになったのか？」という疑問には、答えはいろいろあるかも知れないが、「自分たちの食料を自分たちの手で継続的に生産する〝農業〟を営むようになった」ことが最大の理由といっても過言ではあるまい。

約五〇〇〇万年前に生まれた人類の祖先は、最初の間は植物の芽や実、根茎などを主食とし、動物性の食物としては昆虫や鳥の卵、蛙やトカゲ、小型の哺乳類などを捕らえて食べる狩猟・採集の生活を送っていた。狩猟方法も武器の発達や多人数が協力するなどと進歩して、獲物の動物も小動物からガゼル・シカ・イノシシなどの中型動物へ、さらにウマ・ウシ・カバなどの大動物へと広がり、動物性食品の量も質も向上した。良質のタンパク質を充分に摂取することでヒトの体格は向上し、大脳もいっそう発達した。

ヒトがなぜ野生の動物を飼育し始めたのかについては、宗教的な動機が大きいと考える人たちが多い。石器時代の敬虔な狩人たちは、狩猟の成否は自分たちの技術や努力だけで決まるものではない——もっと大きなものの力で支配されていると信じていたので、猟の前には必ず神に祈って豊猟を祈願した。祈りの場所である洞窟の壁に描かれた獲物（バイソン・ノウマ〔野馬〕・イノシシなど）の姿はアフリカの岩壁に描かれた岩絵や、ヨーロッパの各地の洞窟壁画（スペインのアルタミラ、フランスのラスコーなど）に現在も残されている。

この狩猟で親を殺されて残された幼獣が捕らえられることもあったに違いない。捕らえられた幼獣は絵のモデルとして、あるいはペットとして短期間飼育されることもあったろう。「アイヌの熊祭り」に見られるように、かなりの期間飼われて神への生贄とされるケースも考えられる。

この頃（今から三万年ほど前）ヒトは狩猟の強力な協力者としてイヌ（*Canis familiaris*）を家畜化している。

アフリカのナイジェリア南部に住むカラベル族の民話にこんな話が伝わっている。

「昔むかし、部落の一人の子供が森の中で親にはぐれた一匹のオオカミの子を拾った。子供は家に連れ帰り可愛がって育てた。母親が連れ戻しに来ても渡さなかった。やがて成長した子は森から一匹の雌を連れてきて、二匹の間には可愛らしい何頭かの子が生まれた。飼い馴らされたオオカミたちは夜は人間の焚き火のかたわらで番をし、昼は人間たちの狩猟を手伝った。近隣の部落の人々も、この子供を見習って真似するようになり、こうしてヒトと協同生活をするイヌが創り出された。」と。

採集・狩猟の時代に家畜化が行なわれたのはこのイヌの例だけであり、そのほかの農用家畜——ウシ・ウマ・ヒツジ・ヤギ・ブタ・ニワトリなどは全て人類が定住して栽培・飼育の生活を始めた、今から約一万年前以降のこととなる。

チグリス河とユーフラテス河に挟まれた肥沃なメソポタミア平原に住み着いた人類の祖先は耕種農業を営みつつ、人類のかき乱した二次的な自然生態系に自分から接近してきた動物たちを柵に囲い込んで家畜をつくり出した。

現在の北欧にも見られるセーミ族とトナカイの遊牧生活のようなケースも、ヒツジやヤギなどであった可能性はあるが、ウシやウマのような大家畜、ブタのような定地性の強い家畜はそのほとんどが定住生活を始めた人類の手によって生み出されたと考えられる。

家畜化しやすい動物種

家畜を農用哺乳動物に限定して考えると、ウシ・ウマ・ヒツジ・ブタなどせいぜい一五種にしか過ぎず、これは全哺乳類五〇〇〇種以上のうちの〇・三％に過ぎない。そしてそれらはほとんどが偶蹄目に属している。

野生動物の中で家畜化しやすいのは、次のような性質を備えた動物だと考えられている。

第一に群居性が強く、順位制で群の秩序を保つ動物であることがあげられる。これは経済動物として飼育管理するのには、集団をつくる動物の方が有利であり、順位性をもっていればボスの位置にヒトがつくことで群れを管理することができるからである。反対に単独生活でなわばりを守る動物は、群飼するのに都合が悪い。ヒツジが農用動物として一番早く家畜化されたのは、この条件によるものだろう。

第二に雄が性的に優位で、配偶関係が不定の動物であること。遺伝管理をするためには一夫一婦性の動物は不適当だからである。

第三に大胆で人に馴れやすい動物であること。警戒心が強く臆病な性格の動物では飼育下の生活に入るのが困難であり、オナガー（アジアの野生ロバ）がウマに先駆けて飼育が開始されながら家畜として残らなかったのは、その狷介《けんかい》な性格によると考えられる。

第四に草食性または雑食性で、なんでも食べる広食性の動物であること。ブタが世界各地で家畜化されているのも、自然界でスカベンジャー〔掃除屋〕だったイノシシから受け継いだ広食性による。肉食動物では餌の調達に費用がかかり、草食動物であっても極端に狭食性（例えばユーカリしか食べないコアラとか、竹が主食のジャイアントパンダ）では餌の確保が難しく不適当である。

第五には環境への適応力が強い動物であること。第三の条件とも重なるが、野生と異なる飼育下の環境に適応する力のあるものだけが家畜になることができる。エジプトの遺跡に残された壁画には食肉用に飼われていたと思われる各種のレイヨウ〔羚羊〕が描かれているが、現在、家畜として残っていないのはこのためであろう。

第六に性質が温順で、行動が遅鈍な動物であること。これも当然のことであるが、凶暴な性質の猛獣ではヒトが直接手を触れて飼育管理することが危険で不可能であるし、行動が俊敏過ぎる動物種も馴致が困難である。

以上の諸要件を備えた動物種が家畜化されやすい動物種ということができる。研究者の中にはこれらの性格を総合して「雑草的性格」と表現しているが、「人間の撹乱した環境条件に適応して生活できる動物」の意味で、イヌ・ブタ・ニワトリなどがその好例ということができよう。

家畜化による動物の変化

野生動物がヒトの飼育下に入ると、人間の意思にかかわりなく次のような変化が起こる。
（一）　体格の小型化：　家畜化の初期段階ではほとんど例外なく身体の小格化が起こる。これは動物に給与する飼料が不足しがちなために、維持飼料を多く必要とする大型の個体が生存が難しくなるためと考えられており、遺跡に残された遺骨が野生のものか家畜化されたものかを判定する一つの根拠にも利用される。
（二）　頭骨の短縮：　飼育された動物では下顎骨が短くなる。この変化は幼獣から飼育すれば飼育第一代から始まり、イノシシでは一〇年間飼育しただけで短縮の傾向が認められたという報告もある。上顎は下顎に比較して短縮が顕著でないため、鼻梁は側面から見たときに中央部が凹んでしゃくれるか、または逆に凸隆してローマ鼻になる。前者の例としてはイヌのチンやブルドッグ、ブタのミドルヨークシャー種があり、後者の例としてはウマのシャイアー種、ヒツジのボーダーレスター種、チェビオット種があげられる。
（三）　繁殖能力の増大：　動物の繁殖力は飼育下では、性成熟の早期化・繁殖季節の消失・一腹産子数の増加などの点で認められる。これは動物園で飼われている野生動物にも現われて「性機能の異常亢進

〔hyper sexuality〕」と呼ばれているが、家畜では繁殖能力は生産性に結びつくので、選抜圧が加えられるため、いっそう顕著である。
（四）変異の増大：　野生では平均的な形質をもつ個体が生き残りやすく、両極端の個体が自然淘汰されて、結果として種の形質は安定して変化せずに伝わっていくのに対し、飼育下ではヒトが自分に都合の良いものを選抜する人為淘汰を加えるので、同一種の中の変異は大きくなる。例えばイヌの体重を見ると、一番小さいチワワ種（一kg以下）と一番大きいセントバーナード種（一〇〇kg以上）の差は、イヌ科全体での最小のフェネック種（一kg）と最大のアラスカオオカミ（四〇kg）の差よりも大きい。
毛色についても、野生では突然変異による変わり者は天敵の目に止まりやすく淘汰されるが、家畜化されると、ヒトの保護下で毛色変異は増大し、ウシ・ウマ・ブタのように多形化する。
（五）自己防衛力の低下：　家畜はヒトの飼育下で生活するために、野生の頃に受けていた悪条件――天敵の脅威・厳しい気象条件・劣悪な飼料環境から保護される。「家畜化とは自然淘汰圧を人為淘汰圧で置き換える過程である」ともいわれるように、家畜化されることによって自己防衛力が弱くなることは避けられない。
ただし病気に対する抵抗性は育種によって高められているケースもあるので、一概にはいえない。家畜が保菌者となって接触する野生動物に被害を与える場合もあり、注意を要する。

メンデル以前の家畜品種の改良

品種改良は遺伝的改良（育種）と環境面の改良の双方によって達成される。育種の基礎となる科学は遺伝学である。遺伝学は一九〇〇年に「メンデルの遺伝の法則」の再発見に端を発して、その後急速に発展するのであるが、家畜育種はそのずっと以前から実務家の手によって進められてきた。

⑴手探りの時代

ヒトは「生まれてくる子供が親に似ている」ことを早くから認識していた。旧約聖書の創世記の章にラバンとヤコブのこんなエピソードが語られている。

「……ヤコブは義父ラバンと羊の世話をする報酬として群れの中の斑ら模様の羊を全部貰う約束をした。ヤコブは皮を剥いで斑らにした木の枝を水飲場の水に沈めてその前で斑紋のある雄羊を交配し斑模様の個体を増やして自分の群れを大きくすることに成功した。……」もちろんヤコブは実在の人物ではないし、斑らにした木の枝の役割も不明だが、父個体を選抜することで自分にとって望ましい形質を備えた後代を創り出したヤコブは「家畜育種の開祖」と呼んでも良いのかもしれない。

遺伝の法則の発見以前の人々の遺伝現象に対する認識には、誤ったものも数多くあった。先夫遺伝（以前に交配した雄の影響がその後の別の雄との交配による子に現れる）・獲得形質の遺伝（環境の影響で後天的に与えられた形質の遺伝）・妊娠した母体の感応の胎児への影響といった、現在では否定的な説も信じられていた。

しかし優れた形質をもった個体を選抜し交配を繰り返すことによって家畜の生産性は徐々に向上し、また地域ごとに異なった特徴をもった集団が形作られていった。家畜飼育の初期段階で品種改良がどのような進展を見せていたのかは、記録が残されていないので正確に知ることは不可能であるが、その進歩は遅々としたものであったことは想像に難くない。

泌乳能力を例にとってみると、人類が家畜の乳を食料として利用し始めたのは約五〇〇〇年前からのことと考えられているが、まずヒツジ・ヤギの中家畜で搾乳が行なわれ、次いでウシの乳利用が行なわれるようになった。この頃の家畜のウシの産乳量は野生の頃とほとんど変わっていなかったと想像され、おそらく自分の子を育てるのに必要かつ十分な量――年間三〇〇〜四〇〇kgぐらいのものだったろう。その後正確な記録は残されてはいないが、一六世紀には未だ乳用種の分化は見られず、泌乳能力は五〇〇〜七〇〇kgに過ぎなかった。

一八世紀の前半には英国にオランダから乳量の多いウシが輸入され、後にデイリー・ショートホーンの基礎となる赤褐色の短角牛がつくられて、「一回の搾乳で二ガロン（約九kg）得られる。」という記述が残されている。乏しい乳を子牛と人間が分け合っていた当時の状況が忍ばれるが、泌乳期間や泌乳曲線が不明では総乳量も推測しがたい。

一七三二年のエリスの記録は比較的詳細で、「母牛は分娩後最初の九〇日は一日三ガロン、次の九〇日は一ガロン、その次の九〇日にはわずか四分の一ガロン、そしてさらに九〇日たつと乾乳する。」と述べており、これを集計すると約一七〇〇kgの年間産乳量となる。年間七〇〇〇〜八〇〇〇kg生産する現在の我が国のホルスタイン種にくらべれば、五分の一程度の泌乳能力ということになる。残りの五分の四のレベル・アップは、その後の三〇〇年足らずの間に達成された育種の成果ということが出来る。

(2)ロバート・ベイクウェルの業績

確たる理念をもって組織的に家畜の品種改良に取り組んだのは、英国のロバート・ベイクウェルが最初であった。

ロバート・ベイクウェル（一七二五～一七九五）はレスターシャーのラフバラに近いディィシュリー農場に生まれた。若い頃にはヨーロッパを旅して大陸の農業を視察したが、一七六〇年に父親が死ぬと、一・八㎢の農場を相続した。家畜の品種改良に強い関心をもっていたので、研究熱心な彼は骨格標本や浸液標本をつくってこれを研究した。また独特な鑑定眼によって優れた種畜を選抜して、これを繁殖に用いた。肉用の家畜では骨の細いものが有利であること・体型としては背線と腹下線が平行で四肢が短いことが重要で、頭部の形や毛色にはさして意を払う必要はないなどの独自の基準で淘汰を行なった。生産能力については厳密な検定を実施して、高能力の個体を選抜して繁殖に共用し、さらに親子関係を記録する登録も、個人的にではあるが、実行している。

登録事業は広域的に客観性をもって行なわれることが重要であり、そのためには登録団体のような第三者機関の設立が望ましいが、その意味での血統登録が実行されたのは、一七九一年の英国のサラブレッド種の登録を嚆矢とする。次いでショートホーン種（一八〇八年）でも登録協会が設立された。

体型・能力・血統の三方面から種畜の選抜を行なうという方策は、二〇世紀にいたるまで育種の基本として採用されるが、ベイクウェルの理念にもとづくものであり、こうして彼はウシのロングホーン種やヒツジのレスター種、ウマのシャイアー種などの改良に大きな成果を上げている。

(3)ベイクウェルの後継者たちの業績

ベイクウェルの築いた育種事業は、彼の弟子であるロバート・コリング（一七四九〜一八二〇）とチャールズ・コリング（一七五〇〜一八三六）の兄弟に引き継がれた。

二人はウシのショートホーン種の改良に意欲をもやし、当時は避けるべきこととされていた近親交配を、形質が確実に子孫に伝わるように固定するには「血液を濃くする」必要があるとして積極的に取り入れた。ショートホーン種の成立に重要な役割を果たした「コメット号」は親子交配を繰り返して作出された個体で、ライトの近交係数が四六・九％にもなる近交度の高い個体である。

コリング兄弟が活躍していたちょうどその頃、地球の裏側の日本でもウシの品種改良に意欲を燃やしている人たちがいた。

一七七〇年代、備中阿賀郡（現岡山県新見市）の浪花元助は、皮膚が薄く被毛が繊細で骨細の蹄の固い優れた形質を備えた名牛を中心に近親交配を重ね「竹の谷蔓（タケノタンヅル）」という系統をつくった。これが好評を博したので、同じような手法で兵庫県では「周助蔓」、広島県では「あづま蔓」などが作出され、盛んな頃には兵庫県には一七、鳥取県に二〇、島根県に五五、岡山県に一二、広島県に一九もの「蔓牛」が成立した。

一八世紀の初めといえば情報伝達も現代と異なって迅速には行なえなかった時代に、肉牛（日本の場合は役牛であるが……）の育種に近親交配を採用した人達が洋の東西に同時に現われたというのは、単なる偶然なのだろうか？　と不思議な気がする。

二〇世紀における家畜育種の進展

(1)形質遺伝学〔Morphological genetics〕

一八六五年にメンデルは自分の僧院の裏庭で栽培したエンドウ豆の実験から、あの有名な「メンデルの遺伝の法則」を学会誌に発表した。この論文は、しかし、当時の学会には認められず、その真価が広く世間に知られるようになったのは、三五年後にオランダのド・フリース、オーストリーのチェルマック、ドイツのコリンスの三人の学者がそれぞれ独立の研究から「メンデルの法則の再発見」をした一九〇〇年のことであった。

「優劣の法則」「分離の法則」「独立の法則」の、いわゆる「メンデルの遺伝三法則」は、その後の研究の進展に伴い若干の修正が加えられたが（不完全優性形質の存在・リンケージによる独立遺伝の例外など）、分子遺伝学が遺伝子の本体を明らかにした現在でもその権威を失っていない。

メンデルの法則は、「角の有無」「毛色」のような対立形質の遺伝についてははっきりと説明できたが、「家畜の生産能力」のように遺伝と環境の両要因によって支配されて連続した変異を示す量的形質には無力で、家畜育種に対する貢献は限られたものであった。

それでも一九〇〇年から一九一〇年頃は、メンデル形質の遺伝様式を追求する形質遺伝学の研究が盛んに行なわれて、数々の成果が得られた。

レウエンフックの発明した顕微鏡は細胞の微細構造の解明を可能にし、遺伝を司る遺伝子は細胞が有絲分裂する際に現われる染色体の上に存在することが明らかにされた。

エンドウ豆の染色体は一四本（七対）である。メンデルはエンドウ豆の七つの形質（色・形・草丈など）について三法則が成り立つことを認めたのであるが、これは七形質が七対の染色体にそれぞれに分かれて座位していなければ成立しないことである。つまり一六三分の一の確率にメンデルは恵まれていたことになる。

一九〇六年にイギリスのベイツソンはスィートピーの交配実験で、花色と花粉の形の似形質がメンデルの独立の法則に従わぬ分離比を示すことを確かめ、これが両形質が同一の相同染色体上に座位するためと説明して、独立の法則が成立するのは二つの形質の遺伝子が非相同染色体に位置する場合に限られることを明らかにした。

(2)細胞遺伝学〔Cytological genetics〕

その後、アメリカのモルガンらはショウジョウバエ（染色体四対）について、各遺伝子が染色体上のどの位置に存在するかを、リンケージ（連鎖）の強さを交配実験から計測して染色体地図をつくることに成功した。一九一〇～二〇年代は細胞遺伝学の時代となった。ショウジョウバエの唾腺染色体の発見から染色体地図がつくられたのもこの頃である。

リンケージの発見は、家畜育種の技術として〝標識遺伝子〟による選抜という新しい技術を生み出した。一例をあげれば、肉用の家畜であるブタには水豚〔watery pork〕といって、肉色が淡く屠殺後に筋肉中の水分が流失し易い保水性の低い肉を生産するブタがいる。この性質は遺伝的なもので、品種によって出現率に差があり、バークシャー種ではほとんど発生しないが、ピエトレン種にはかなり多発する。水豚はまたストレス感受性が高く、ハロセン・ガスで麻酔をかけると四肢の硬直や発熱・心悸亢進などの症状を示すので、屠殺しないでも生体でテストすることができる。そしてこのハロセン・テスト陽性という形質は常染色体上の劣性遺伝子〔HAL〕に支配されていて、さらにこの遺伝子と同じ染色体上に血液型遺伝子〔Ha'c〕や赤血球酵素ホスフォヘキソースイソメラーゼ〔PHI〕が座位していて両者は強く連鎖している。そのため血液型を調べてその結果による間接的な選抜が可能で、これを標識遺伝子という。

ヤギに見られる間性〔inter-sex〕は、本来、雌になるべき個体が常染色体上の劣性遺伝子の存在によって繁殖力のない間性となるのだが、この間性遺伝子は有角遺伝子〔p〕と強く連関しているので、これを標識遺伝子として選抜淘汰を行なうことができる。

このような対立する遺伝子の簡単な遺伝様式によって説明できる形質――質的形質の遺伝的改良はメンデルの理論に従って行なうことが可能であるが、家畜の生産能力のようにその発現にたくさんの遺伝子が関与しており、加えて環境要因もその形質発現に影響を与えるような量的形質の遺伝的改良はメンデルの法則だけでは無力で、新しい取り組み方が必要であった。

(3)統計遺伝学〔Statistic genetics〕

一九〇八年にイギリスのハーディとドイツのワインベルグは互いに独立に〝集団における遺伝的平衡の法則〟を発見した。これは――メンデル式遺伝をする形質をもち、自由に交配する巨大（理論的には無限大）な集団では、個体間に優劣がなく、また自然または人為的淘汰がなく、外部からの移入もなく、突然変異もなければ、集団における遺伝子型の比率は永久に変わらない――というもので、この法則を基礎にしてフィッシャー、ライト、マザー、ラーナー、ラッシュ等が集団遺伝学〔Population genetics〕を発展させ、家畜育種へ大きな貢献をすることになった。

一九二七（昭和二）年に日本の作家・芥川龍之介は「侏儒の言葉」の中に「運命」と題して「遺伝・境

遇・偶然――我々の運命を司るのは畢竟この三者である。……」という文章を発表している。
一九四〇年代にラーナーやラッシュの築いた家畜育種の理論も

P〔家畜の生産能力の表現型〕＝G〔遺伝的要因〕＋E〔環境的要因〕＋C〔偶然〕

という「我々の運命」を「家畜の生産能力」に置き換えた考えに立脚している。

ラッシュは連続した変異を示す量的形質を選抜・改良するには、遺伝率（ヘリタビリティー）を知る必要があると主唱した。遺伝率とは遺伝子型と表現型がどれだけ正確に対応しているかの指標で、表現型分散のうち遺伝子型分散の占める割合とも定義される。

普通、遺伝率は子の成績の親の成績への回帰や兄弟姉妹（きょうだい）間の相関から推定される。遺伝率の高い場合は表現型で成績の優れた個体を選抜して交配する個体選抜が有効であるが、低い場合には表現型での個体選抜はあまり効果がない。後代検定やきょうだい検定などによる血縁個体の家系選抜が有効である。遺伝率を推定するにしても後代検定をするにしても、その実施にはかなりの長期間を要し、繁殖用の種畜の育種的な価値が判明した時には、その個体の繁殖能力が著しく低下してしまっている事態も起こりかねない。この矛盾を解決して種畜の正確な選抜と有効な利用を両立させたのは、人工授精技術の発達、なかんずく凍結精液の利用による長期保存の成功であった。

一七八〇年にイタリアの生物学者スパランツァニは、イヌで人工授精で子を生ませることに成功。一九〇七年にロシアのイワノフがこの技術を家畜の繁殖に応用することを提唱し、最初はウマの改良に使われた。一九三〇年代以降は、各国で遺伝的な能力の高い種雄畜の繁殖効率を高めるために、競走馬以外の家畜では繁殖のほとんどが人工授精で行なわれているといっても過言ではない。人工授精の家畜育種への貢献は一九〇〇年、イギリスのポルジの耐凍剤としてグリセリンが有効であることを偶然のチャンスから発見し、卵黄緩衝液で希釈した精液にグリセリンを添加してストローに封入し、液体窒素内で零下一八〇度の超低温で半永久的に凍結保存することが可能になって飛躍的に増大した。

集団遺伝学の理論に沿った正確な選抜はコンピュータの発達にも支えられ、凍結精液の長期保存技術と相まって、二〇世紀後半の家畜の生産能力は目覚ましい発展をとげたのである。

(4)生化遺伝学［Biochemical genetics］

メンデルの法則の再発見に始まった二〇世紀の遺伝学は、遺伝子が親世代から子世代へとどのように受け継がれていくのかを追求する形質遺伝学から統計遺伝学の流れと、それと平行して遺伝を司る遺伝子の本態は何か？　そして遺伝子がどのようにして形質を発現させるのか？　その動的な経路を探る生化遺伝学から分子遺伝学へ繋がる潮流の二つに分かれて発展していった。後者の流れの一例として、家畜育種とは関係がないけれども、鎌状赤血球性貧血症のケースを見てみたい。

ポーリングらによれば、アメリカの黒人の八％には酸素分圧の低い環境下で円盤状であるべき赤血球が鎌のような形にやせ細ってしまうヒトがおり、さらに四〇人に一人の割合でひどい慢性的貧血を伴うヒトがいて、鎌状赤血球性貧血症と呼ばれた。

一九四九年にニールは、この性質は一対の対立遺伝子［Sk, sk］によって支配される遺伝病で（sk sk）は正常に、（Sk sk）は鎌状赤血球性傾向に、（Sk Sk）は鎌状赤血球性貧血症となることを明らかにした。

一九四九年にポーリングらはこの三者のヘモグロビンを一酸化炭素と結合させたものを電気泳動にかけ、

正常では陰イオンとして行動するヘモグロビンが、貧血症の患者のものは陽イオンとして行動し、鎌状赤血球性傾向のものでは両方をほぼ一対一に保有することを証明した。

一九五三年にはハビンガと板野は、ヘモグロビンの構成分であるポルフィリンには両者に差がないので、タンパク部分の差異によるものであろうと推測している。

一九五六年にイングラムは、ヘモグロビンのタンパク部分であるグロビンをそれぞれトリプシンで分解し、ペプチドを比較したところ、四番目のペプチドに差があることが判明。さらに一九五八年には両グロビンの相違は四番ペプチドの中のたった一つのアミノ酸、つまり正常グロビンではグルタミン酸が含まれている部分が、鎌状赤血球のグロビンではバリンに置き代わっていることが明らかになった。

同じ頃、一九五〇年代にはアカパンカビを材料にしてホロビッツやビードル、テータムら多くの生化学者が精力的な研究を行ない、一遺伝子が一酵素を支配するとして「一遺伝子一酵素説」または「一遺伝子一化学反応説」を唱えた。

鎌状赤血球性貧血症のケースは、ヘモグロビンという酵素活性をもたない構造タンパク質を支配したのだから「一遺伝子一タンパク質」と言い換えることもできるし、ペプチドの中の一アミノ酸を変化させたのだからまた別の表現も可能だろう。

(5)分子遺伝学［Molecular genetics］

遺伝子の本態について生化遺伝学者たちは、染色体の重要な構成分の一つであるＤＮＡ（デオキシリボ核酸）に注目していた。

一九二八年、グリフィスは病原性のないＲ２型の生きた肺炎双球菌と病原性のあるＲ３型の死菌を一緒に

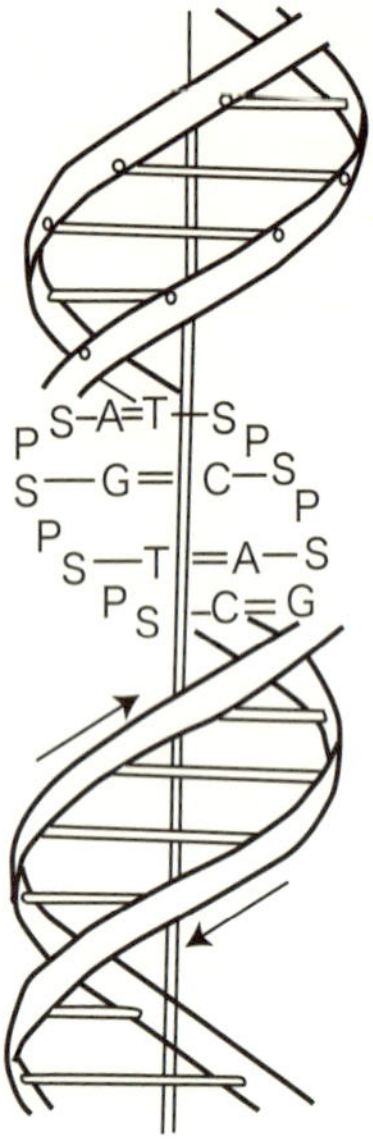

DNA 構造模式〔ワトソン、クリック、1953〕
A：アデニン　C：シトシン　G：グアニン
P：燐酸基　S：糖　T：チミン
※矢は螺旋の方向を示す

ラットに注射したところ、ラットは肺炎にかかり、体内にR3型の生菌が生じていた。

一九四四年、アベリーらはこの実験を大規模に繰り返し行ない、R3型菌の抽出物でもこの形質転換は起こること、そして抽出物をRNAやタンパク質の分解酵素で処理しても転換に支障はないのに、DNA分解酵素で分解すると転換が起こらなくなることから、この形質転換を行わせる物質がDNAであることを証明した。

遺伝子はその構造の中に次の二つの機能を保有しなければならない。一つは「自己再複製の能力」であり、もう一つは「形質の発現能力」である。

DNAの分子構造の中にこの機能があることは、その後、物理学の分野の学者の手によって明らかにされることとなった。

一九五三年、アメリカのワトソンとイギリスのクリックは、X線解析の専門家ウィルキンズの協力を得て「ワトソン-クリックのDNA二重螺旋構造モデル」を提唱した。

DNAはデオキシリボースという糖とアデニン（A）、チミン（T）、グアニン（G）、シトシン（C）とい

→ 第二位

第一位 ↓	U	C	A	G	第三位 ↓
U	フェニルアラニン	セリン	チロシン	システイン	U
	フェニルアラニン	セリン	チロシン	システイン	C
	ロイシン	セリン	Ochre	Term	A
	ロイシン	セリン	Amber	チロシン	G
C	ロイシン	プロリン	ヒスチジン	アルギニン	U
	ロイシン	プロリン	ヒスチジン	アルギニン	C
	ロイシン	プロリン	グルタミン	アルギニン	A
	ロイシン	プロリン	グルタミン	アルギニン	G
A	イソロイシン	トレオニン	アラニン	セリン	U
	イソロイシン	トレオニン	アラニン	セリン	C
	イソロイシン	トレオニン	リジン	アルギニン	A
	メチオニン	トレオニン	リジン	アルギニン	G
G	バリン	アラニン	アスパラギン酸	グリシン	U
	バリン	アラニン	アスパラギン酸	グリシン	C
	バリン	アラニン	グルタミン酸	グリシン	A
	バリン	アラニン	グルタミン酸	グリシン	G

アミノ酸　暗号表

暗号の読み方：例えばメチオニンは第一位がA、第二位がU、第三位がGであるから、コードはAUGとなる。(Ochre、Amber、Termはいずれも終了を意味する。)

う四種の塩基が結びついたヌクレオシドに燐酸基が結合したエステル〔ヌクレオチド〕が重合してできた重合体である。一個のヌクレオチドの分子量は約六五〇で、DNAは大体一〜四万個のヌクレオチドを含んでいる。

遺伝子の自己複製の能力はDNAが増殖する際に、まず二重螺旋が解けて一本鎖となり、次いで二本鎖がほどけるに従って各一本鎖の塩基――A、T、G、Cが自分と対応するA―T、G―Cと結びついて相補的な鎖を合成して再び二本鎖となる。

つまり新しいＤＮＡは、古い一本のＤＮＡと新しい一本のＤＮＡとから全く同じものが二つつくられることになる。

遺伝子の形質発現のメカニズムは次のように説明される。ＤＮＡの片側の鎖の上に並んだ四種の塩基の配列が遺伝情報を伝える暗号となってメッセンジャーＲＮＡに伝えられる。この時ＤＮＡのＡ、Ｔ、Ｇ、ＣはＲＮＡではＵ、Ａ、Ｃ、Ｇと転写される。このメッセンジャーＲＮＡの指令に従って、トランスファーＲＮＡがアミノ酸を運び、リボゾーム上でこれら多くのアミノ酸が線上に並んで連結し、タンパク質（酵素）が組み立てられる。

塩基は三個ずつ一組で一個のアミノ酸を規定していると考えられ、これをコードンと呼んでいる。四種の塩基の三個ずつの組み合わせは、四の三乗＝六四あり、二〇種のアミノ酸よりかなり多いが、これはロイシンのように六個のコードン（代替可能暗号）を持つものや、ＵＡＡ、ＵＡＧ、ＵＧＡなどのように、どのアミノ酸も規定しないナンセンス・コードンもあるからである。

この三連符説に従えば、前に述べた鎌状赤血球性貧血症のケースは、ヘモグロビンのタンパク部分の第四ペプチドの正常ではグルタミン酸であるべき部分がバリンに置き変わっていたのであるから、メッセンジャーＲＮＡのＧＡＡまたはＧＡＧとあるべきコードンが、ＧＵＡまたはＧＵＧＡと変化していたためと理解できる。この遺伝病は、次に述べる遺伝子組み替えによる根本的治療も可能であろう。

一九七〇年代に入って、遺伝子工学〔Gene engineering〕の発展が生物学や医学の分野に無限の可能性を与えることとなった。

遺伝子工学は、遺伝子を取り出して人為的操作を加え、再び細胞もしくは生物体へ導入する遺伝子組み替え技術であり、ＤＮＡの特定部分で切り離す鋏として制限酵素が使われ、ＤＮＡ断片をつなぐ糊としてＤＮ

Aリガーゼが使われる。

栽培作物の分野では遺伝子組み替えによる品種改良は実用化されており、トウモロコシやダイズで抗病性の強い、または除草剤に対する耐性の高い品種が作られているが、生態系への影響や食の安全性への懸念を心配する意見も多い。

家畜の分野での応用例としては、一九八二年に科学雑誌「サイエンス」の表紙を飾ったラットの成長ホルモン遺伝子を組み込んだジャイアント・マウスの例などがあるが、実験の域を出ていない。

遺伝子組み替えの技術は細胞融合やクローンの技術などとともにバイオテクノロジー［Biotechnology］と総称されるが、受精卵の核を取り出して、代わりに親個体の核を移植し発生させて親個体と全く同じ遺伝子型の子供をつくるクローン技術の方が実用化が早いかもしれない。

一九九六年にイギリスのロスリン研究所では、妊娠末期の雌の乳腺細胞を取り出して別のヒツジの核を除去した卵子細胞に移植し核融合させて子宮に戻し、五ヵ月の妊娠期間を経て出産、「ドーリー」と名付けられた。以後、ウシをはじめほかの家畜でも成功例を見ている。

交配によってつくり出された優れた個体も、次世代をつくるために交配すれば遺伝子型は変わってしまう。無性的に、遺伝子型を変えずに繁殖できれば育種の効果は増大する。

分子遺伝学の素晴らしい成果は、しかし、応用面においてよりも基礎学において顕著に認められている。その一つの好例に分子時計がある。

一九六二年にポーリングは、生物間の分子的な差異を比較して進化の歴史の中で種が分化した時代を推定することが出来るとして、これを分子時計と呼んだ。

一九六七年にサリッチとウィルソンは、類人猿とヒトの抗原タンパク質のDNAの塩基配列を調べ、その結果、類人猿系列からテナガザルが分岐したのが一一〇〇万～一三〇〇万年前、そしてヒトがチンパンジーやゴリラと分岐したのは四〇〇万～五〇〇万年前ということになった。

一九八一年のサンガーのヒトのミトコンドリアＤＮＡの全配列解読の結果もこれを支持しており、ヒトの歴史は従来考えられていたよりも短くなった。

進化の歴史はこれまで発掘された化石と出土した地層の年代によって推定されていた。しかしこれでは化石として残らなかったもののことは知ることが出来ない。

現在に生きている個体の体の中から進化（大進化）の歴史を探ることの意味は大きい。

遺伝学の最近の目覚ましい進歩は、将来の家畜育種（小進化）の上にも大きな花を開かせるに違いない。

第1章

ウシ
(肉牛)

◎

松川　正

世界の牛の頭数とその分布

ＦＡＯ（国際連合食糧農業機関）の二〇〇七年統計によれば、世界で飼育されている牛の頭数は一三億六〇〇〇万頭で、その分布をみると、トルコまでを含むアジアに三一%、中央アメリカから南アメリカまでを含めた地域に二九%、アフリカに一九%、ヨーロッパに一〇%、北アメリカに八%、オセアニアに三%となる。国単位でみると、最も頭数が多いのはブラジルの二億頭、以下インドの一億八〇〇〇万頭、アメリカの九七〇〇万頭、中国の八二〇〇万頭、アルゼンチンの五一〇〇万頭などが続く。日本が輸入する牛肉の半分以上を供給するオーストラリアの牛頭数は二八〇〇万頭である。ちなみに、日本は四四〇万頭。

この頭数の中には、乳牛、肉牛、役用牛などさまざまな用途の牛があり、また牛の大きさでも、成熟した雌の体重が二五〇kg前後の牛から七〇〇kgを超える牛までが含まれている。牛の用途や大きさを考えないで、ただ「あたまかず」を数えた数値である。

牛の家畜化

(1)人類の出現と拡散

人類の出現　我々人類の直系の祖先である新人（現生人類、ホモサピエンス）が誕生したのは今から二〇万年から一〇万年前のアフリカであった。そしてアフリカを出て世界各地に拡散を始めたのが七万年から六万年前である（篠田謙一『日本人になった祖先たち』二〇〇七年）。

この新人に先行する人類として、二〇万年前から二万五〇〇〇年前くらいまでヨーロッパや中東を中心にネアンデルタール人といわれる人たちがいた。一九世紀の中頃、ドイツ西部デュッセルドルフ郊外のネアンデル渓谷で発見された人骨にちなんでこう名付けられたネアンデルタール人は、原始的な人類とみなされていたのだが、第二次大戦後、イラクで発掘されたネアンデルタール人の遺体は花を添えて埋葬されたと考えられ、死者を悼む文化、精神構造をもっていたとも主張された。彼らは石器も火も使っていた。

そのため、ネアンデルタール人と新人が人類学上どのような関係にあるかは近年まで学会で論争の種であったという。新人はネアンデルタール人の末裔なのか、あるいは、ネアンデルタール人と新人はいつの時代かに、どこかで混血しているか、などである。ネアンデルタール人と新人は同じ時期にヨーロッパや中東で併存していたことは確かであるから、この疑問は当然であった。

しかし最近にいたってこの論争にはほぼ決着がついた。決め手はミトコンドリアDNAであった。DNAを調べた結果、ネアンデルタール人は七〇万年から五〇万年前に新人の祖先から分岐したグループであり、そして二万五〇〇〇年前頃までには絶滅したとされる。彼らの絶滅に新人が深くかかわっていたことは間違いないであろう。新人との間で食料をめぐる争いがあったとみられているし、暴力的な闘争があったことも確かであろう。われわれ新人はネアンデルタール人の末裔ではないことは研究者間で一致していることであるが、彼らと混血した過去があるかどうかについては、混血したことはないというのが一致した見解であった。

しかし最近になって、混血があったと主張する研究者も現われた。細胞核のDNAを調べると混血があったと考えられるというのである。近年の分子生物学的手法の進展はめざましいので、DNAのデータを集積することにより、このことについても遠からず決着がつくとみられる。

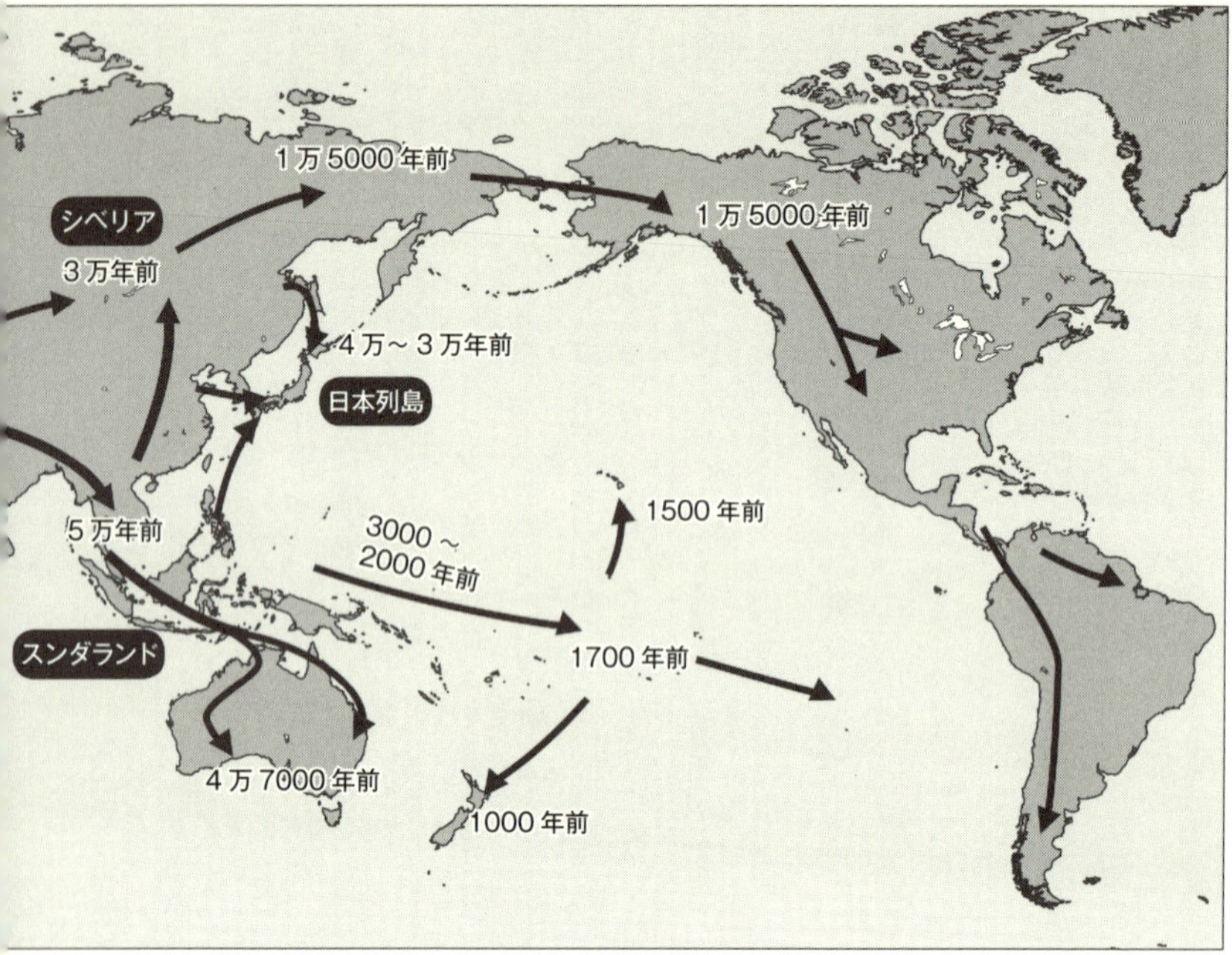

推定される新人の世界拡散の経路とその時期

新人はネアンデルタール人の末裔ではないとの結論は、同時に人類のアフリカ単一起源説と表裏をなすものであった。我々の直系の祖先である新人はアフリカで誕生したのである。以後の記述では新人のことを人類ということにしよう。

人類の拡散　前にも述べたようにアフリカで誕生した人類が出アフリカを始めたのは七万年から六万年前のことであり、そのルートは紅海の北端、シナイ半島を通るルートと、今のエチオピアから紅海を渡ってアラビア半島へいたるルートが考えられている。当時の海面は今より一〇〇m前後低かったというから、紅海も今よりは幅が狭く横断しやすかったとみられる。アフリカからの出口が東側であるため、出アフリカを果たした集団はアフリカでも東アフリカにいた集団と考

えられている。このアフリカからの出口であった西アジア地域は、後で述べるように牛の家畜化の中心地の一つと考えられているところでもあるので、もうしばらく人類の動きを追ってみることにしよう。

考古学と人類学から推測されている人類の拡散の主なルートとその時期は、前掲篠田謙一によれば次のようである。

七万年前から六万年前にアフリカを出た集団のうち、西へ向かった集団は四万年前にはイベリア半島に到達している。この時期にはネアンデルタール人がまだいた時期であるから、人類（新人）は彼らと併存していたことになる。東へ移動した集団は五万年前にはインドシナ半島にいたり、四万七〇〇〇年前にはオーストラリア大陸、四万年前から三万年前には日本列島、一万五〇〇〇年前にはベーリング海峡を渡って北アメリカに到達している。そして三〇〇〇年後、一万二〇〇〇年前にはすでに南アメリカ南端にまで南下していたという。海が広かったためであろうか、ハワイ諸島に人類が現われるのは一五〇〇年前、ニュージーランドに到達するのは今からわずか一〇〇〇年前であった。

(2)牛の家畜化と利用

牛の祖先　牛の先祖とされる原牛（オーロックス、*Bos primigenius*）は、かつては地球のいたる所にいて、人類の狩猟の対象動物であった。一万五〇〇〇年前に描かれたとされるフランスのラスコーの壁画、一万八〇〇〇年前から一万年前にかけて描かれたとされるスペインのアルタミラ洞窟の壁画の牛はいずれも原牛である。きわめて躍動的に描かれているこれらの壁画の技量には驚くほかはない。当時の人類にとっては、牛（原牛）のみならず、描かれている動物、馬、山羊、羊、鹿、カモシカなどはいずれも狩りの対象として重要な存在であったとみられる。これらはクロマニヨン人の手になるものであり、クロマニヨン人とはアフリカを出てヨーロッパに向かったある時期の新人をいう。精密な石器や骨器をつくり、また死者を埋葬する文化をもっていた。

原牛は今から二〇〇万年前にインドで進化したものとされる。その後アジア、中東、アフリカへと進出し、二五万年前にはヨーロッパに達した。どう猛な大型動物であって、雄では体高（牛が立っているときの肩までの高さ）が一・七m、体重は一トンを超えていたであろうという。しかし、人類の狩りの対象として好まれたのがこの動物の不幸であった。生息地であった森林も人類の進出につれて減少していった。原牛は徐々に数を減らし、ついに一六二七年、地球上の最後の原牛がポーランドの森で死亡した。雌であった。頭蓋骨はその後ポーランドに侵入してきたスウェーデンの軍隊がもち帰り、現在はストックホルムの博物館にあるという。

この最後の原牛の生前の姿を伝える写生画が残っている。イギリスの動物学者ハミルトン・スミスは一八〇〇年代の初めに、ドイツ南部アウグスブルグの古道具店で原牛の絵を偶然に発見した。この原画は紛失しているが、複製画が残っており、一八二七年公開された。最後の原牛が死んでからちょうど二〇〇年後であった。

最後の原牛（オーロックス）の写生画
『世界家畜品種事典』より

牛の家畜化　牛が原牛から家畜化されたのは今から約九〇〇〇年前と考えられている。家畜化の中心地域は西アジア地域、今のトルコとされてきた。家畜化の時期については一万年前から八〇〇〇年前と幅があるものの、西アジアで家畜化されたとするのが長い間の定説であった。

しかし最近になってインド亜大陸、今のパキスタンのインダス渓谷も牛の家畜化のもう一つの中心地であったとする考え方が支持されている。さらに、北アフリカでも牛の家畜化が行なわれた可能性があるとされる。インド亜大陸で家畜化されたのは、今でいうゼブ牛（*Bos indicus*）である。インド牛ともいわれ、肩のところに大きな「こぶ」のような盛り上がりがあるので、こぶ牛ともいう。しかも、西アジアでの家畜化より古かったかもしれないとの見方もある。このような新しい考え方が出てきたのは、分子生物学的手法の発展にもとづくところが大きい。

ゼブ牛（レッドシンディ、雄）
『世界家畜図鑑』より

牛の場合も、新しい考え方の根拠を提供したのは分子生物学的手法によるミトコンドリアＤＮＡの解析である。ミトコンドリアＤＮＡを調べてみると、西アジアで家畜化された牛を祖先にしているヨーロッパの牛（タウルス牛、*Bos taurus*）とゼブ牛は、いずれも原牛（オーロックス）から家畜化されたのであるが、インドで家畜化されたゼブ牛の祖先原牛と、西アジアで家畜化された牛の祖先原牛が分岐したのは二〇万年以上前とみられるという。牛が家畜化されたのが早くても一万年前とすると、家畜化された原牛はそれぞれ違うグループであったことになる。二〇〇万年前に出現した原牛は、世界各地に進出し、そこに定着する過程で、それぞれの地域で独自の進化をしたことは十分に考えられる。

ゼブ牛とタウルス牛は別々の学名で示され、肩のこぶがあるかないかの外見も大きく違うが、染色体数も三〇対と同じであり、両者の間では何の支障なく子が生まれ、その子は雌雄とも繁殖能力に異常はない。そのため、互いに異なる種《しゅ》ではなく亜種の関係とされている。

牛の家畜化より前に家畜化されていたのは、犬、羊、山羊で、犬の家畜化は牛より約三〇〇〇年早い、今から一万二〇〇〇年前であり、羊、山羊は牛より一〇〇〇年早く家畜化されていたとされる。ついでながら、豚は牛とほぼ同時代に家畜化されており、馬と鶏は牛に遅れること三〇〇〇年、今から五〇〇〇年くらい前に家畜化されたとされる。

ところで、家畜化とはどういうことであろうか。また人類の歴史に戻るが、ネアンデルタール人はいうにおよばず、アフリカで誕生した我々の祖先である新人も、出アフリカを果たした新人も、生存の基礎である食料は長い期間にわたって採集、狩猟に依存していた。人類の歴史の上で農耕が始まるのは今から約一万五〇〇〇年前の中国長江流域であり、一万一〇〇〇年前の「肥沃な三日月地帯」の西側、今のシリアのあたりであり、そしてこの頃以降、世界の各地で農耕が始まったとされる。中央アメリカ、今のメキシコにおける農耕の歴史も古いとされ、今から八〇〇〇年前には農耕文化があったとされる。主要な作物はトウモロコシであった。農耕の東南アジア起源説もある。

ともあれ、牛の家畜化は農耕の開始より少し遅れて行なわれたことになる。犬や羊を家畜化するのとは違って、牛を家畜化するためには家畜化する人が定住していることが必要であった。採取や狩猟が食料を得る手段であった時代には、人は動き回らなければならなかったし、家畜の餌のことまでは気が回らなかったであろう。農耕が始まって、人が栽培する農作物に牛(原牛)が引き寄せられたということもあるだろう。

作物泥棒である。このことも家畜化のきっかけになり得る。

家畜化とは動物を人の管理下に置いて飼育することだが、家畜化できる動物の条件は、性質が温順で人に馴れやすいこと、集団生活ができること、草食性または雑食性であること、人の管理下で繁殖すること、などがあげられている。発育が早くて、成畜になるのが早いことも家畜になるための条件である。たとえば、象は国によっては役畜として重要な動物であり、賢くて性質温順、集団生活になじむ、草食性であるなど、家畜化され得る条件はそろっているが、人の管理下では繁殖しにくいことと、成畜になるまでに時間がかかることのために人はこれを家畜化しなかった。そのため動物園で飼育されている象は別として、使役目的の象は、野生のものを捕獲して、それを飼い慣らすという手順をとってきた。賢い動物だから、野生で育っても途中から飼い慣らすことができるのである。子象の時から飼育して成畜になるまで時間をかけて待つのは、役畜としては経済的ではないという。

家畜化された牛の利用　牛の家畜化の目的は何であったのだろうか。まずはその肉を食べることが目的であったであろう。家畜化される以前の原牛は、食料としての狩猟の対象であった。原牛の肉はおいしかったであろうし、一頭たおせば多くの食料が得られたのも魅力であったであろう。牛の家畜化には宗教的な儀式に用いる目的もあったであろうとの見解を加茂儀一は『家畜文化史』の中で紹介している。

農耕が始まってから牛は家畜化されたのであるが、加茂儀一によれば、牛が家畜になることによって犂《すき》が使えるようになり農耕が発展し、農耕が発展して初めて文明が発展したという。牛をもたなかった民族は発展しなかった。牛の家畜化は人類にとって蒸気機関や原子力の発明に匹敵するものであると加茂儀一は述べている。

中国における黄河、長江、インドにおけるガンジス、インダス、メソポタミアにおけるチグリス、ユーフラテス、エジプトのナイルなど大きな河川の流域は定期的な氾濫によって肥沃になった広大な土地があった。ここで発展した農業は高度な文明を生み出し、ヨーロッパがまだ新石器時代にとどまっている時に、すでに青銅器文化をもっていた。農業の発展は牛耕に依存するところが大きかったのだが、漢字の「犂《すき》」という文字は農耕における牛の役割を示しているとされる。河川の流域に発達した農耕文明では暦が発達した。四季の判断、いつ河川が氾濫するか、いつ種をまけばよいか、いつ収穫すべきかなどのことをあらかじめ知らなければならないからである。

牛の家畜化は前述したように、肉の利用や宗教的儀式のために用いるのが目的であったとみられるが、その後は牛は農耕にとってなくてはならない重要な家畜となった。加茂儀一によれば、古代の農業国家では牛は食べる家畜ではなかったという。犂を引かせるだけでなく、背中に荷を乗せて運ぶ（駄）、車を引かせる（輓）などの用途にも用いられた。駄載用家畜としての利用は、犂という道具の開発が不要であるだけに、犂を引かせるより早い時期からであり、牛の皮革の利用も家畜化の当初からあったであろうという。馬がとって代わるまでは、戦車も牛が引いていた。インドの牛には、戦車牽引用に改良されたものがあると、インドの研究者から聞いたことがある。地域によっては乳の利用も重要であったであろう。ただし、中国では牛肉、牛乳の利用はあまり行なわれなかったし、朝鮮では肉は利用されたが、乳は利用されなかった。

牛の伝播　西アジア、インド亜大陸で家畜化された牛は、人の移動とともに、あるいは交易によって、世界各地に伝わった。アフリカの牛はインドから持ち込まれたゼブ牛と、西アジアで家畜化されたタウルス牛との混血である。ヨーロッパの牛にはゼブ牛の影響は少ない。牛が世界に伝播する過程で、そこにいた牛属の動物と混血したことは十分考えられる。西アジアで家畜化されてヨーロッパへ伝播した牛は、そこにまだたくさん残っていた原牛と混血したであろう。特に北ヨーロッパの牛には、そのことを示すＤＮＡ上の証拠があるという。

種《しゅ》が違えば、たとえ交尾が行なわれても子が生まれないか、生まれてもその子には繁殖能力がないのが普通である。たとえば、牛と水牛の間では子は生まれない。牛とアメリカバイソン（バッファローともいう）との間には子が生まれるが、生まれた子の雌には繁殖能力があるものの、雄には繁殖能力がない。同じように、牛とバリ牛との間には子が生まれるが、繁殖能力があるのは雌だけである。インドネシアのバリ島を中心に飼育されているバリ牛は、野生バンテンの家畜化されたものとされており、バリ牛と野生バンテンとの間では何の支障もなく子が生まれる。家畜化されたバリ牛は野生のバンテンにくらべると小型化しているので、かつてはバリ牛の雌を森林に放ち、野生バンテンの雄と交尾させ、妊娠した頃を見計らって連れ戻すことも行なわれていた。

名古屋大学の並河鷹夫たちは、アジア地域における在来家畜研究の一環として次のような研究を行なった。血液のヘモグロビン型にかかわる遺伝子の遺伝子型（アリールタイプ）を指標として、東南アジアで飼育されている牛について、タウルス牛由来、ゼブ牛由来、バンテン由来の遺伝子頻度を推測したところ、純粋ホルスタイン種ではその遺伝子の一〇〇％がタウルス牛由来であったが、タイ北部の牛では、タウルス牛由来一二％、ゼブ牛由来八二％、バンテン由来五％、フィリピン・ミンドロ島の牛では、タウルス牛由来一二％、インド牛由来六四％、バンテン由来二五％、インドネシア・ジャワ島東部の牛では、タウルス牛由来三七％、インド牛由来四〇％、バンテン由来二三％であった。この数字は、牛の移動が南から北へ、あるいは西から東へというように一方的ではなかったことを示している。この研究は、ヘモグロビン型という限られた情報しか得られない手段によらざるを得なかった時代のものであり、最近の分子生物学的手法の進歩を考えると、この種の研究はさらに進展し、結果はより正確になると考えられる。

このように家畜化された牛は広い利用範囲をもった家畜であったにもかかわらず、人類は牛の改良をどのように行なってきたかについては近代以前の情報がきわめて少ない。インド亜大陸一つをとってみても実にさまざまな角の形をした牛、体格の異なる牛がいる。インド、パキスタンには品種として三〇品種以上あるとされる。それらは地域的に隔離されて繁殖を続けた結果の自然淘汰の産物ではなく、人の意志がかかわっていると思われるが、その背景を記した文献には接することができなかった。ゼブ牛を特徴づける肩のこぶ（肩峰）も、家畜化当初からあったものではなく、後から選抜付与されたものと考えられているが、その目的はよくわからない。

イギリスにおける牛の品種改良

近代的な家畜の改良は一八世紀のイギリスで始まった。なぜイギリスであったのか、なぜ一八世紀であったのか、その背景を少し見てみることにしよう。

(1)農業革命と産業革命

イギリスを含めてヨーロッパの農業は一〇〇〇年以上にわたって三圃式農業が行なわれていた。この方式は、圃場を三つに区切り、一つは秋作穀物、一つは夏作穀物、三つ目を休耕地とすることであった。休耕地では夏期には家畜を飼育し、家畜の糞尿の助けも借りて地力を維持回復する方式である。しかしこの方式では、冬期間の家畜飼料が不足し、家畜の頭数を増やすことはできなかったという。

次に編み出されたのが四圃式農業である。基本的には、小麦、カブ、大麦、クローバーと輪作をしていく方式であるが、この中にジャガイモを取り入れたり、クローバー以外の牧草を取り入れたりした変異型もあった。カブは牧草が枯れてしまう冬期の家畜飼料として価値が高かった。この方式によって年間を通じて家畜を飼育することが可能になり、また休耕地をもうける必要がなくなり、農業の生産性も大いに向上した。この四圃式農業は一六世紀頃から始まり、一八世紀にはイギリスを含むヨーロッパでは一般的になっていった。このような農業技術ではイギリスより大陸ヨーロッパが先進地域であり、特に、現在のオランダやベルギーあたりが先進地であったとされる。

イギリスでは一七世紀後半から、領主や大地主による「囲い込み（エンクロージャー）」が始まり、土地をもたない農民を都市へ追いやる一方で、未利用地、森林などが農地として開発された。囲い込みは一八世紀末にはほぼ完了したが、この間、播種機の開発、鉄製鋤の普及、脱穀機の発明などの農業の機械化があり、その結果としての食糧供給の増加は人口の増加をもたらした。イギリスでは一八世紀初頭の人口五五〇万人が、この世紀が終わる頃には二倍の一一〇〇万人に達していたという。人口の増加はいろいろな社会問題をも生み出した。これに敏感に反応したのがトーマス・マルサスである。彼の有名な著書『人口の原則についてのエッセイ（人口論）』は一七九八年に刊行されている。

農業技術の発達はイギリスのみのことではなく、同時期、ヨーロッパ大陸でも農業は大いに発展した。農業技術ではイギリスより先進的であったというヨーロッパ大陸ではなく、なぜ、まずイギリスで産業革命という大変革があったのであろうか。

第一次世界大戦に先立つ世界大戦ともいわれる七年戦争（一七五六〜六三年）の結果によるとされる。この戦いはイギリスの財政援助を受けたプロイセン（現在のドイツ北部、ポーランド北部およびロシアの一部などの領域にあった王国、後年のドイツ帝国の一部）とオーストリア、ロシア、フランス、スウェーデン、スペイン、ドイツ諸侯との間で行なわれたものだが、イギリスはプロイセンに援軍や艦隊を送ることはせず、もっぱらフランスとの間で海外植民地の争奪戦に力を注いだ。フランスはヨーロッパでの戦争に力を注がざるを得なかったため、植民地争奪戦はイギリスの勝利に帰し、インドと北アメリカの植民地のほとんどはイギリスに帰属することになった。この広大な植民地をもったことにより、イギリスは原料基地や自国製品の市場を確保することができた。農業革命により、工業化に必要な労働力は十分にあり、他国に先駆けて産業を発展させることができたという。

(2)ロバート・ベイクウェルとロングホーン

このようにして農業革命が進行中で、かつ産業革命、すなわち工業化が始まったイギリスで、家畜改良のパイオニアというべき人物が現われた。ロバート・ベイクウェルである。彼が羊や牛の改良に取り入れた手法は現在でも有効な方法である。

ロバート・ベイクウェル（一七二五〜九五）はイングランド中部のレスターシャーで生まれた。家庭は裕福な借地農であった。この借地農という言葉には少し説明がいる。当時のイギリスでは、大地主が広大な土地を所有するが、実際の農場経営は借地農（テナントファーマー）たちに任せきりで、借地農は契約によりその農地を借り、使用人を使いながら農場を経営していた。日本でいえば、小作人ではなく地主のイメージに近いようだ。

彼は若い頃イギリス国内のみでなく、ヨーロッパ各地を広く旅行し、見聞を広める機会をもったというから、ベイクウェル農場はかなり裕福であったとみられる。帰国後、父の元での見習いを経て三五歳で父の後を継いで農場主となった。引き継いだ農場四四〇エーカー（一八〇ヘクタール）のうち四分の一を作物栽培にまわし、小麦、トウモロコシ、カブ、馬鈴薯などを栽培した。残りは草地とし、そこに馬六〇頭、羊四〇〇頭、牛一六〇頭を飼育したという。彼は草地の潅漑や施肥を時代に先駆けて試みている。

しかし、彼の功績は作物や草地の栽培法にあるのではなく、家畜改良法を近代的にしたことにある。当時、家畜は雄も雌も一緒に飼育し、どの雄、どの雌を次の世代の親にするかという選抜の考え方はなかった。それどころか、発育の優れた牛は売ってしまい、発育の劣った牛が残り、それが次の世代の親になるのが実態であった。ところが彼は、自分の家畜にどのような特徴をもたせるかの目標にしたがって親になるべき家畜を選び、交配をコントロールした。次の世代への形質の伝達をより確実にするために、似たもの同士の交配、あるいは強い近親交配を行なった。父と娘というような強い近親交配も行なったのであるが、このような交配は当時の宗教界からの批判があったという。変人ともいわれていたらしい。時代に先駆けた天才に対する同時代人の評価であった。ベイクウェルが自分の交配法について詳しい記録を残さなかったのは、教会をはばかったためであるとの見方がある。ベイクウェルは生涯独身であったという。

ロバート・ベイクウェル（1725～95）

ベイクウェルの改良した家畜には、馬、羊、牛があるが、馬、羊については別の筆者が述べるであろうから、ここでは牛についてのみ記述する。彼が農場を引き継いだ当時、農業革命のまっただ中であり、産業革命も始まりつつあった。人口増にともなって食糧需要量も増加していたから、当然食肉の需要量も増加したであろう。当時の牛はもっぱら役用目的で飼育されており、使役に使われたあとの老齢牛が牛肉の供給元になるのが一般的であった。彼は世界で初めて、牛を肉用目的のために改良した人物といわれている。彼が作出した肉用品種がディシュリー・ロングホーンである。ベイクウェルの農場があった周辺、イングランド中部および北部で飼育されていた牛はロングホーン（角の長い牛）と呼ばれていた牛であった。その名の通り、長くて湾曲して、多くは垂れ下がったような角をした牛で、耕作に従事させる役用牛であった。彼は自分の改良目的に適した一頭の大型の雄牛を購入し、雌のロングホーン牛を買い入れることから改良をスタートさせた。彼が目標としたのは、発育が早く、後躯（牛を横からみた時の後ろの部分、尻や腿）に肉が多く、脂肪分豊かな牛肉を多く生産する牛にすることであった。

ベイクウェルの方法が羊においても牛においても成功したのをみて、多くの農場が彼のやり方をまねることになった。彼も自分のノウハウを惜しみなく教えたという。一七〇〇年には、食肉用に販売された雄牛の平均体重が一七〇kgであったのに、一七八六年にはこの二倍以上の三八〇kgになっていた。

ベイクウェルは家畜の育種家として新しいビジネスも始めた。改良の成果である優れた羊や牛の雄畜を農家に種畜（繁殖に用いる家畜）として販売したり、貸し出したりした。これは今ではごく普通のビジネスとなっている。

彼がつくり出したディシュリー・ロングホーンは、一時はイングランド、アイルランドを通じて最も頭数の多い品種であったが、彼の死後、急速に人気を失うことになる。羊でも同じことであったが、この牛は脂肪が多すぎるのが欠点とされた。ディシュリー・ロングホーンにとって代わったのはショートホーンであった。皮肉なことに、この品種をつくり出したのはベイクウェルの弟子であったコリング兄弟であった。

ディシュリー・ロングホーンは徐々に頭数を減らし、絶滅の危機に瀕したが、一九八〇年、イギリスの希少品種保存基金の支援を受けて保護されることになった。その時には二五五頭になっていた。現在のこの牛の体格は、雌牛で体高一三〇〜一四〇cm、体重五〇〇〜六〇〇kgである。

ベイクウェルのつくり出した品種は、羊でも牛でも長もちはしなかったが、彼が育種に際して用いた方法は現在でも有効であり、また、農業革命の中でイギリスのみならずヨーロッパも含めて家畜改良におよぼした影響は計り知れない。

家畜改良のみでなく、後年のチャールズ・ダーウィンの自然淘汰の思想にも大きな影響を与えたとされる。事実、『種の起源』の中にはベイクウェルの事績についての言及があり、彼の家畜改良の方法の要の部分が人為選抜であることを理解し、そこから自然淘汰、つまり自然選抜の考え方に行き着いたという。

(3)イギリス人が世に送った代表的肉牛

イギリスでは農業革命、産業革命の中で人口も急速に増加し、食料の需要も増加する中で、各地の伝統的な品種の改良が盛んになった。これまでの品種は、それぞれの地方に隔離され、独自に進化したといった方がよいようなもので、当然ながら合理的な選抜育種によったものではなかった。ベイクウェルの方法を見習って、イギリス各地で伝統的な家畜の改良が盛んになった。つくり出された家畜は、当時のイギリスの国力を背景に世界各地に種畜として輸出された。本家本元のイギリスでは、現在では少頭数になってしまった品種が、外国に渡ってさらに改良され、広く活躍しているものも多い。

イギリス自然史博物館刊行の『英国家畜の二〇〇年史』の中では、イギリス原産の牛の品種二〇品種余について、その来歴、現状などを述べている。そのうちからイギリスが世界に誇る三大肉用牛品種と、世界に誇るまではいわないが、明治時代、日本の在来牛の改良に用いられた品種デボンについて少し詳しく紹介する。

ヘレフォード　イングランド南西部ヘレフォードシャーで、ロングホーンの場合と同様に借地農の手によって育種された。ロングホーンの場合より早く、一七〇〇年代の初期から改良に着手された。改良の目標は五〜六年使役に使った後、草地で肥育し、ロンドンに出荷するのに適した牛ということであった。この、草でよく太るという特質が、その後アメリカやオーストラリアで活躍する大きな原因である。顔が白いのが特徴で、ほかの品種と交配しても優性に出

ヘレフォード（雄）『世界家畜図鑑』より

てくる。これは改良に携わった人たちが予期しなかったメリットで、交雑種を生産する場合、ヘレフォードが親であることが一目でわかり、雄親として歓迎された。一九世紀の末頃からアメリカへの輸出が盛んになり、スペイン人が持ち込んだ牛の改良に使われた。

二〇世紀の初頭頃から、アメリカでは無角ヘレフォードが人気を呼ぶにいたる。輸送する場合など、お互いに傷つけることが少ないためである。またアメリカでは一九三〇年代から四〇年代にかけて、小型でずんぐり型の肉用牛が歓迎されたが、このタイプは脂肪がつきやすかったために徐々に敬遠され、一九六〇年代には大型ヘレフォードに代わっていった。

イギリスでは、一九五五年頃から無角ヘレフォードをニュージーランド、カナダ、アメリカから輸入して無角化を進め、一九八五年には八五％が無角になった。無角にするために、輸入ヘレフォードのほかに、後

述するアバーディーンアンガスや無角でかつヘレフォードに似た毛色をしている品種ギャロウェイも用いた。

ヘレフォードは北アメリカはもとより、南アメリカ南部、オーストラリア南部でも重要な肉用牛品種となっている。顔面、胸部、下腹部は白色、背部は褐色。雌の体高一四〇cm、体重七〇〇〜八〇〇kg。

ショートホーン　ショートホーンとは角が短いという意味であり、ロングホーンに対する名前でもある。祖先となる短角牛は一七世紀末オランダから持ち込まれたものとされる。イングランド北東部ヨークシャーで、前述したようにチャールズとロバートのコリング兄弟がベイクウェルの方法にしたがって育種した品種で、乳肉兼用種を目的に改良されたが、系統によっては乳用に重きを置いたり、肉用に重きを置いたりしていた。一九世紀を通じてイギリスでは最も人気のある品種で、一九〇八年の統計では、イギリスの七〇〇万頭の牛のうち四五〇万頭はショートホーンであったという。一九五〇年代まではイギリスでは最も頭数の多い品種であった。ヘレフォード同様種畜として南北アメリカに輸出され、スペイン人によって持ち込まれた牛の改良に広く用いられた。

こうして改良された新大陸の牛からの牛肉は世界に輸出されることになる。一九〇〇年頃までにはイギリスにも国内産の牛肉より安価で品質のよい牛肉が新大陸から輸入されるようになり、イギリスの牛産業の比重は酪農にシフトせざるを得なくなった。第一次世界大戦から第二次世界大戦にかけてこの傾向はさらに強まり、乳肉兼用種であるショートホーンは、肉用と乳用に分化していくこととなった。ショートホーンに代わって頭数を伸ばしたのは乳用種フリーシアン（乳用種ホルスタインのイギリス流呼び方）であった。フリーシアンに肉用牛の雄牛を交配して生まれた子牛は、雄も雌も肉用にされるが、この場合にもヘレフォードのように生まれた子牛の顔が白いことによって親がヘレフォードとはっきりわかる方が子牛の販売に有利であっ

アバーディーンアンガス（雄）
『世界家畜図鑑』より

た。現在、イギリスにおける純粋な肉用ショートホーンの雌は一〇〇〇頭程度、乳用ショートホーン雌は一万頭くらいである。しかし、ショートホーンの育種家たちは、この品種の過去の栄光を誇りにしているという。雌の体高一四〇cm、体重六〇〇～八〇〇kg。毛色は濃褐、赤白、白単色など。

明治時代の日本も種畜として輸入している。日本短角種の成立に大きく寄与した品種である。

アバーディーンアンガス　スコットランドで育種された品種で、当初は乳肉兼用種であった。既述の二品種にくらべると歴史の新しい品種で、一八二〇年頃から育種が始まり、一八〇〇年代の後半には品種として成立したとされる。しかしスコットランドでは、ショートホーンの攻勢によって、一時は絶滅に近いほど頭数を減らした歴史もある。当初は毛色もいろいろあったというが、現在では毛色は黒で無角というのがトレードマークである。この二形質はいずれも遺伝的に優性である。第二次世界大戦後、乳牛に肉牛を交配するに際して、アバーディーンアンガスを雄として用いるとその子の父牛の素性がすぐわかってよかったという。黒色、無角という外見の特徴のほかに、肉質がよいことでも評価されており、日本の黒毛和種ほどではないが、ヨーロッパの品種の中では霜降り肉を生産しやすい品種とされる。やや神経質で取り扱い要注意という評価もある。後述する、ヨーロッパ大陸産の大型肉用牛に対抗するためカナダから大型のアバーディーンアンガスの雄牛を輸入して改良した歴史もある。

アメリカやオーストラリアではこの品種を単にアンガスと呼称している。黒色アンガスからたまたま生まれた赤い毛色のアンガスも数を増やし、レッドアンガスという品種となっている。アンガスは品種別頭数としてはアメリカで最大である。むろん、南アメリカやオーストラリアなどの畜産大国でも活躍している。肉質が優れているために、交雑牛を生産する場合の雄親として人気がある。成雌の体高一三五cm、体重六五〇～七〇〇kg。

明治時代に日本に種畜として輸入され、在来牛の改良に用いられた。後述する無角和種はアバーディーンアンガスの影響が強い品種である。

デボン　イングランドの南西部で育種された品種で、現存するイギリスの品種では最も古いものともいわれている。乳肉兼用種として改良されたが、二〇世紀になってから肉用種として改良が進められた。赤毛で、成雌の体高一三〇cm、体重六三〇kg。明治の初めに日本の在来牛の改良に用いられた。

アメリカ大陸における肉牛産業の発展と肉牛品種の作出

(1)アメリカ大陸への牛の持ち込み

南北アメリカには一万年以上前から人類（新人）が住んでいたのであるが、ヨーロッパ人がアメリカ大陸を発見したのは一四九二年コロンブスによってである。イタリア・ジェノア生まれの探検家、航海者で野心家であったクリストファー・コロンブス（イタリア語の表記ではクリストーフォロ・コロンボ）がカスティーリャ王国（現在のスペインにほぼ重なる）の女王イサベルの資金援助を受けて、西まわりでインドを目指して出航したのが一四九二年八月初めのことであった。一〇月には彼がインドの一部と考えた島に到達し、サン・サルヴァドル島と名付けた。今の西インド諸島の島の一つである。彼はインドを目指した計四回の航海で、ついにアメリカ大陸の土を踏まなかったといわれるが、ヨーロッパ人、特にスペイン人に新しい未開の土地があることを知らしめた功績はスペインにとっては大きい。逆に、この時から南北アメリカの先住民の悲劇が始まるのだが、それを語るのは本書の守備範囲ではない。

コロンブスの当時、南北アメリカには牛はいなかった。今から一万五〇〇〇年前にベーリング地峡を渡って北アメリカにたどり着いた人類は、当然ながら牛をつれていなかった。世界のどこでも、まだ牛が家畜化されていない年代であり、西アジアやインド亜大陸にいたような原牛は、アメリカ大陸にはいなかったのである。南アメリカではリャマ、アルパカが牛に代わる大型動物として家畜化されて利用されていた。

アメリカ大陸へはスペイン人によって、一五一八年に今のベネズエラへ、一五二五年に今のメキシコへ、牛が持ち込まれた。これに先立って、コロンブスの二回目の航海時（一四九三年）にサント・ドミンゴ島へ牛が持ち込まれている。ブラジルへはポルトガル人によって牛が持ち込まれたとされるが、年代ははっきりしない。しかし一六世紀の後半にはすでに多数の牛がブラジルにはいたという。

スペインが新大陸に持ち込んだ牛の姿を今に残している牛の一つがテキサス・ロングホーンである。ベイクウェルが改良したディシュリー・ロングホーンとは対照的に、長い角が水平に、あるいは上に向いている牛である。スペインから持ち込む牛を選ぶ際に配慮したことは、とにかく丈夫な牛であることであった。何十日にもわたる航海に耐えること、一日や二日水を飲まなくても大丈夫なこと、牧草とはほど遠い雑草やサボテンなどを食べて生命を維持できること、夏の暑さ、冬の寒さに耐えることなど、いろいろなことを考えたに違いない。

テキサス・ロングホーンは後に述べるように牛肉生産の効率化のために、一八〇〇年代の初めから、イギリスから輸入された成長の早いヘレフォードをはじめとする改良された肉用種との交配が進んだために、往時の姿を残すものは一時絶滅に瀕した。一九二七年にアメリカ合衆国森林局によって保護措置がとられ、テキサスで保護飼育されている。また、角の形がいろいろであったり、賢いこともあって、趣味的にも飼育されている。近年は、病気にかかりにくく、粗放な管理に耐える牛として、遺伝資源的にも注目されている。テキサス・ロングホーンのほかに、スペイン人が持ち込んだ当時の姿を伝える牛として、アメリカ南部やメキシコでコリエンテと呼ばれる牛があり、中南米でクリオーリョと呼ばれている牛がある。いずれも保護の対象となっている。

近年はこのように、絶滅の危機に瀕している家畜を保護する動きが各国にみられる。将来を展望すれば、これは実に大切なことというべきであろう。

(2)アメリカにおける肉牛生産の発展

牛が新大陸に導入された頃、先住民はあまり牛に関心を示さなかったという。北アメリカではおびただしい数のバイソンがいて、それで用が足りていたからであろうか。北アメリカでは植民者たちがコントロールしきれなかった牛は野生化し、徐々に北へ進出した。イギリスからの植民者たちがこのような牛に遭遇した頃、この牛の利用価値は皮と牛脂を得ることでしかなかったという。牛肉を人口の多い東部へ輸送する手段がなかったのである。しかし、やがて状況は変わった。

一八六一年から四年間続いた南北戦争が終結すると、アメリカも産業革命の時代に突入する。一八六九年の大陸横断鉄道をはじめとする鉄道網の発達もあった。人口の増加が著しい東部で牛肉の需要が増大すると、牧畜も盛んになっていく。カウボーイの時代である。イギリスから優れた肉用牛が導入され、スペイン人が持ち込んだ牛と交配され、アメリカの牛が変わっていくのはこの時代である。一八四〇年にはヘレフォードが種畜として持ち込まれ、一八七三年にはアバーディーンアンガスが同じく持ち込まれている。一九〇〇年代の初頭には、スペイン人が持ち込んだ牛はどんどん元の姿をとどめなくなった。テキサス・ロングホーン、コリエンテ、クリオーリョなどが何とか絶滅を免れ、往時の姿を伝えているのである。

(3)アメリカで作出された肉用牛品種

アメリカへはイギリスから優れた数多くの肉用牛の品種が持ち込まれ、アメリカに渡ってからもこれらの品種は改良された。ヘレフォードを無角の牛にしたのはアメリカ人であり、アバーディーンアンガスやヘレフォードがいったんずんぐり型になってから間もなく大型になったのも、アメリカ人の手になることであった。しかし、これらはイギリス原産の牛に手を加えたに過ぎないともいえる。そこで、アメリカで改良したと胸を張れるであろう肉用牛の二品種についてふれておこう。

ブラーマン　アメリカの南部では夏期に暑熱の影響、栄養のある牧草の夏枯れ、アブ、ダニなどの外部寄生虫の攻撃で牛の発育が停滞し、繁殖成績が低下することが牧畜業者の大きな悩みであった。対策の一つとして考えられたのが、インドから導入されたゼブ牛の利用であった。ゼブ牛は一九世紀の中頃にはアメリカに持ち込まれていたが、本格的な導入が始まったのは二〇世紀になってからであり、その大部分は、直接インドから導入するのではなく、ブラジルから導入した。アメリカへ持ち込まれたゼブ牛の八〇％はブラジルからであったという。インドから直接導入した牛にスーラ病（アブなどの吸血昆虫が媒介する原虫病で、発熱、貧血などを主徴とする）がみつかったのが一つの理由であるが、ブラジル経由の方が輸送距離が短かったこともあろう。二〇世紀のブラジルには六〇〇〇頭を超えるゼブ牛がインドから輸入されているという。

このような中で、ゼブ牛の新しい品種をアメリカでつくろうとする動きがテキサス州にあった。ショートホーンなどイギリス由来の品種に、ゼブ牛の中の大型品種、カンクレー、オンゴール、ギルなどを交配してつくり出した品種がブラーマンである。この名前ができたのは一九二四年で、当時はまだ品種としての斉一性はほとんどない頃であった。名前が先行したのである。ちなみに、ブラーマンとは、インドのカースト制の中での最高階層の婆羅門（バラモン）に由来する。ブラーマンはゼブ牛同様に、暑熱抵抗性、寄生虫抵抗性、粗剛な草でも利用できる能力が高く、発育能力は純粋ゼブ牛より優れていることが知られるようになり、アメリカ国内だけでなく、広く利用されるにいたっている。ブラジル、アルゼンチン、オーストラリア北部などでは有力な肉用牛となっている。アメリカはいつの間にか、ゼブ牛でも種畜の輸出国になったのである。

ブラーマンは外見の斉一性はまだ不十分であるが、毛色は白または灰色、頭部から首のあたりは色が濃い、肩のこぶは大きい。インドのゼブ牛より体格が大きいことを除けば、そのほかの外見はインドに持って行っても目立たない。雌の体重は五〇〇～七〇〇kg、首のところの皮膚は垂れ下がっている、耳が大きい、イギリスの牛より賢いなどが一般的な特徴である。

ブラーマンという言葉について注意しなければならないことの一つに、不特定のゼブ牛をブラーマンと記述している文献があることである。まだブラーマンの言葉が使われていないはずの時代の記述にさえブラーマンが出てくることがある。ブラーマンの外見が多様であることが理由の一つかも知れない。

アメリカではブラーマンを交配した品種が多く作出されており、名前だけでどのような組み合わせか見当がつく芸のない命名も多い。ブラフォード（ブラーマンとヘレフォード）、ブランガス（ブラーマンとアバーディーンアンガス）、ブラムジン（ブラーマンとイタリア原産の大型肉用牛リムジン）、シャーブレイ（ブラーマン

サンタガートルーディス（雌）
『世界家畜図鑑』より

とフランス原産の大型肉用牛シャロレー）などである。名前では見当がつかないが、ブラーマンを使って作出した品種として、ビーフマスター（ブラーマン、ショートホーン、ヘレフォード）、サンタガートルーディス（ブラーマン、ショートホーン）などがある。このうち歴史が古く、外国へも多数輸出されているサンタガートルーディスについて少し詳しく述べよう。

サンタガートルーディス　テキサス州にあるアメリカ有数の大牧場キングランチで作出された熱帯向け肉用牛品種で、一九四〇年にアメリカ農務省が新品種として認定している。前述ブラーマンとショートホーンを交配して作出したもので、ブラーマンの血液八分の三、ショートホーンの血液八分の五の割合になっているという。毛色は赤、角は有角、無角の両様がある。肩のこぶは純粋ゼブ牛ほどは目立たない。ゼブ牛とショートホーンの長所を兼ね備えているとされる。オーストラリアをはじめ、熱帯地域における肉用牛として活躍している。成雌の体高一三二cm、体重六〇〇～八〇〇kg。

近年のアメリカは科学技術の多くの分野で先頭を走る国であり、家畜改良の技術分野においても同様である。彼らが開発した家畜改良技術の一つ、ＢＬＵＰ（ブラップ＝最良線形不偏予測）法は世界中で乳牛の改良をはじめとして、肉牛、豚などの改良にも用いられて顕著な実績をあげている。

彼らが開発したブラーマンやサンタガートルーディスが種畜として輸出されているのみでなく、近年では、イギリスが本家であるヘレフォードやショートホーン、オランダが親元といえる乳牛のホルスタインもアメリカから種畜として輸出されることが増えている。

オーストラリアで成立した肉牛品種

(1)オーストラリアへの牛の持ち込み

前に述べたように人類（新人）がオーストラリア大陸に到達したのは今から四万七〇〇〇年前頃とされる。当時は海面が今より一〇〇m前後も低く、アジア方面からの渡航は可能であったが、今から二万年前頃から海面が上昇し始めたとされる。そのためにアジアとの連絡は絶たれ、一万年前から始まった農耕文化も伝来しない大陸となった。農耕の開始に少し遅れて家畜化された牛がオーストラリアへ持ち込まれなかったのは当然のことである。

オランダ人がニュージーランドやタスマニア島に到達するのが一七世紀初頭、しかしそこには胡椒などの貿易上の特産品が見あたらないことから、一世紀あまりの間、ヨーロッパ人はこの地域に関心を示さなかった。

イギリス人ジェームズ・クック（キャプテン・クック）がオーストラリアに上陸し、東部海岸地域の領有宣言をするのが一七七〇年、早くも一七八八年にはイギリスは徒刑囚を送り込んでいる。南北アメリカの場合同様、ここから先住民の苦難が始まるのだが、それは他書の領分である。

現在では畜産大国であるオーストラリアに、牛が初めて持ち込まれるのは一七八八年であった。持ち込まれたのはケープタウンで入手したゼブ牛の雄二頭、雌五頭で、使役用の牛を増やすのが目的であった。これらの牛はやがて半野生化し、七年後には六〇頭に増えていたという。一八四〇年には牛が三七万頭いたとされる。一八二六年にはヘレフォードが、一八四〇年にはアバーディーンアンガスが持ち込まれているから、この三七万頭にはイギリス原産の品種や、それらとゼブ牛との交雑種もすでにいたとみられる。

一八五〇年代初めから五〇年間はオーストラリアのゴールドラッシュの時代である。この間に一〇〇万人が世界各地からオーストラリアに移住したというから、牛肉の需要も増大したであろう。水が不足する地域が多かったというが、それでも牧畜のための土地は十分にあったであろう。

(2)オーストラリアで成立した肉用牛品種

オーストラリア南部ではイギリス原産の肉用牛が飼育できるが、北部ではゼブ牛かゼブ牛との交雑種がほとんどである。そしてオーストラリアには、イギリスで作出されたほとんどの品種の肉用牛が飼育されている。ここでは、オーストラリアで改良された肉用牛二品種について述べる。

ドラウトマスター　北東部クイーンズランドで、ゼブ牛とショートホーンを交配して作出した品種で、二〇世紀の初めにはすでに品種となっていた。その後ヘレフォードの血液も導入した。ゼブ牛の血液五〇%、そのほか五〇%の割合となっているという。名前のドラウトは「干ばつ」を意味する。暑さに強く、ダニなどの寄生虫を寄せ付けず、繁殖能力に優れ、フィードロット（多数の牛を集めて肥育する施設）における発育でも優れている。肩のこぶはあまり目立たない。毛色は赤毛、角は有角、無角の両方がある。成雌の体高一三〇cm、体重五五〇kg。

この牛はオーストラリア北部だけでなく南部でも人気を伸ばしつつあるという。アジア、アフリカ、南アメリカなどへも種畜として輸出されている。

マレイグレイ　ニューサウスウェールズ州南部で、二〇世紀の前半に、アバーディーンアンガス雄とショートホーン雌との交配によって成立した品種で、マレイは地名、グレイは灰色の毛色に由来する。用いられたショートホーンはいずれも粕毛であったという。発育速度が大であること、肉付きがよく肉も軟らかいことが食肉業者に好評であるという。雌の体重は五〇〇～七〇〇kg。アメリカ、カナダ、南アメリカ、イギリスなどへも種畜として輸出されている。イギリスがヨーロッパ以外の国から導入した唯一の牛品種である。一時期、日本へも肥育用の子牛として輸出されて、発育速度が大きいため畜産農家の注目を浴びたことがある。

インド亜大陸の牛

紀元前一五〇〇年前頃からインドへ侵入を始めたとされるアーリア人の聖典で、伝承文学でもあるヴェーダには、すでに雌牛礼賛の記述があるといわれるほどインドは牛の国である。古くから牛は食料源としても、富の象徴としても重要であった。部族長を意味するゴパティには牛の持ち主との意味があり、戦争を意味するガビシュティには牛を得るための闘争という意味もあるという。雨は天にいる雌牛の乳であるとされていた。

肩にこぶのある姿で特徴づけされるゼブ牛は、粗食に耐え、暑さに強く、ダニなどの外部寄生虫をほとんど寄せ付けず、いろいろな疾病に対する抵抗性にも優れているため、世界の熱帯、亜熱帯地域で重要な遺伝資源として活用されてきた。アメリカ南部のテキサス州などメキシコ湾岸地域、中央アメリカ、南アメリカ

ゼブ牛（カンガヤム、雄）　筆者撮影、1973年

働くゼブ牛（スリランカ）
筆者撮影、1974年

の北部、中部の広い地域、オーストラリアの北部など、世界の牛肉生産地帯ではゼブ牛由来の肉牛が活躍している。

今ではあまり注目されない特徴であるが、ゼブ牛は役用牛としても優秀な牛である。持久力があり、動作は敏捷で、賢い。上品な顔をした牛が多いことも特徴の一つで、長い年月にわたって牛を大事にしてきた人たちの牛であることを実感させられる。

インド亜大陸には、品種といえるほどに特徴ある牛の集団が三〇は存在するといわれているが、そのうち大型の品種で、肉牛用の遺伝資源として外国に輸出されたいくつかの品種についてリストアップしておく。

ギル　インド西部原産。アメリカでブラーマンの成立に寄与。濃褐色の毛色が多い。成雌の体高一三〇cm、体重三九〇kg。

カンクレー　インド西部ムンバイ（ボンベイ）周辺原産。ブラーマンの成立に寄与。成雌の体高一三〇cm、体重四〇〇kg。ブラジルではグゼラートと呼ばれる。

オンゴール　インド西南部マドラス周辺原産。毛色は白色。ブラーマンの成立に寄与。成雌の体高一三〇cm、体重四五〇kg。南アメリカではネロールと呼ぶことが多い。

キラリ　デカン高原原産。毛色は灰白色。成雌の体高一三〇cm、体重三五〇kg。

カンガヤム　マドラス周辺原産。毛色は白〜灰白色。成雌の体高一四〇cm、体重三〇〇kg。

ヨーロッパ大陸の肉牛品種

ヨーロッパ大陸の牛で、現在肉牛としての評価を得ている牛は、ほとんどが近年まで役肉用牛として利用されていた牛であり、イギリス流の、いわゆる肉牛タイプといわれる体型とはやや違う牛が多い。共通の特徴は、大型であること、筋肉質の印象を与えることなどである。大型であるために、ホルスタインなどの乳牛に交配して、肥育用一代雑種牛の生産に使われたり、アメリカやオーストラリアでは肉牛生産用の止め雄（ターミナルサイア）として利用されることも多い。以下にリストした品種は、すべて役肉用牛として改良されてきたものである。

なお、ヨーロッパにおける肉牛生産の特徴は、大型の牛を使っているにもかかわらず、枝肉重量が小さいことで、四〇〇kgを超える枝肉を生産するベルギーを例外として、ＥＵ諸国では三七〇kg以下の枝肉重量である（枝肉とは、屠畜して、頭、四肢端、尾、皮、内臓を除いた残り部分。黒毛和種の去勢肥育牛では、生体重に対して約六〇％が枝肉重である。枝肉から骨と余分な脂肪が除かれた後、牛肉として流通する）。

シャロレー（雄）『世界家畜図鑑』より

ベルジアンブルー　ショートホーンとベルギー中部の在来牛を交配することによって一九世紀後半に成立。毛色は白か白地に青、黒の斑紋。成雌の体高一三〇〜一三五cm、体重七〇〇〜七五〇kg。一五〜一六ヵ月の肥育で枝肉重量四〇〇〜四五〇kg。ヨーロッパ一円のほか、北アメリカ、ブラジル、オーストラリアなどで飼育されている。

シャロレー　フランス中部原産。毛色は乳白色からクリーム色。成雌の体高一三五〜一四〇cm、体重七〇〇〜八〇〇kg。乳牛に交配して一代雑種を生産するための品種としても世界各地で人気がある。脂肪の少ない肉を生産するとされる。

リムザン　フランス中部原産。毛色は赤褐色。成雌の体高一三五〜一四〇cm、体重六五〇〜七〇〇kg。この品種も乳牛に交配して雑種生産するために使われている。

キアニナ　イタリア中西部原産。毛色は白色。成雌の体高一五〇cm、体重九〇〇kg。北アメリカでは乳牛に交配して肥育用一代雑種を生産する品種として人気がある。

以下の二品種は和牛の成立に貢献したヨーロッパ大陸の牛である。

シンメンタール　スイス北西部原産。一九世紀中頃には品種として成立した乳肉兼用種。毛色は淡黄褐または赤褐白斑。ドイツ語圏ではフレックフィーと呼ぶ。ヨーロッパ一円、北アメリカ、オーストラリア、アルゼンチンなど世界各地で飼育されている。ヨーロッパで最も大型の品種の一つ。成雌の体高一四〇cm、体重七五〇kg。熊本県の褐毛和種の成立に寄与した品種である。

ブラウン・スイス　スイス北東部原産。歴史の古い品種で、九世紀頃から役肉兼用種として飼育されていた。一九世紀に入ってから乳生産についても改良されて、乳肉役の三用途兼用の牛とされた。アメリカでは乳牛として改良された。成雌の体高一三〇cm、体重六〇〇kg。毛色は銀褐色から黒褐色。明治期の日本にも輸出され、在来牛の改良に貢献した。

日本における肉用牛の成立

(1)人と牛の日本列島への伝来

日本列島に人類（新人）が初めて到達したのは四万年前から三万年前とされる。縄文人である。縄文人の時代には農耕はなく、弥生時代にいたってようやく稲作が始まったというのが従来の考え方であった。しかし最近では、この定説の修正を必要とする知見が数多く発表されているようである。稲作は縄文時代の末期には日本でも行なわれていた（イネ科植物の細胞成分であるプラントオパールがこの時代の遺跡から大量に発見された）、稲作は朝鮮半島経由ではなく大陸から直接伝来したのではないか（対馬暖流ルート、東南アジアからの南方伝来ルートなど）、そもそも弥生時代は紀元前一〇世紀には始まっていたとみるべきである（炭素同位体比による年代測定）、などなどである。この辺のことは専門家に任せるとして、牛についてはどうであろうか。

従来の考え方は、稲作技術も牛も弥生人が朝鮮半島経由で持ち込んだものである、というものであった。稲作の伝来ルートが朝鮮半島経由ではないとしても、牛はやはり朝鮮半島からであろうか。

加茂儀一は、『古事記』や『日本書紀』に牛の存在が暗示されており、また、弥生時代の農耕遺跡から牛の骨が発見されているとして、古墳時代の四～五世紀にはかなりの数の牛がいたのではないかとしている（『家畜文化史』）。七世紀の初め、聖徳太子が摂津難波に四天王寺を建立したとき、牛に用材を運ばせた記録があるが、この当時は犂はまだ使われていなかったという。一〇世紀、平安時代になると犂の記述が出てくるので、犂は奈良時代の末（八世紀末）には存在していたであろうと述べている。伝来ルートは朝鮮半島経由としている。

一方、こういう見解もある。河野通明によれば、考古学的遺物や各地に伝わる犂の古い呼称などから考察して、牛が日本に伝わったのは六世紀、朝鮮半島経由であり、犂も同時に伝来した（中澤克昭編『人と動物の日本史2』）。

牛は朝鮮半島経由で日本にやってきたとして、ではその牛はどこから朝鮮半島にいたったかが大きな関心事になる。稲作についてきた牛だとすれば南方系であろうとの考え方があり、弥生人のふるさとは北アジアらしいから、牛もそこから来たのであろうとの考え方があった。

並河鷹夫は、ヘモグロビン型にかかわる遺伝子の四種の遺伝子型（アリールタイプ）の頻度を指標として、ユーラシア大陸、その周辺の諸島（日本も含まれる）、アフリカ大陸の牛の近縁関係について、自分たちのグループの研究結果とほかの研究者たちの結果を併せて考察している。それによれば、日本の牛は北方系であり、インドや東南アジアの牛よりヨーロッパの牛に近いという。特に、見島牛は北ヨーロッパの牛のヘモグロビン型遺伝子のアリールタイプ頻度に一致している。日本の在来牛はタウルス牛のグループということになる。この結果は、その後のＤＮＡ解析による結果とも矛盾しない。

ところで、馬は牛より早く日本に来ていると考えられているが、その馬や牛をどのような方法で海上を運んだのであろうか。筏であろうという。羊や馬の皮袋に空気をつめたものをつないだ筏である（只野信男『日本民族二万年史』一九九〇、近藤出版）。この式の筏は現在でも中国では見かけられるものである。

このようにして馬や牛は日本にもたらされたが、弥生時代にはその数は少なかったらしい。加茂儀一は「この時代において牛、馬を飼うことができたのは、地方の豪族だけであって、彼らは牛、馬を彼らの権力や富の象徴として大切に飼っていたであろう」と述べている。そして弥生期においては「牛、馬の肉が食用されていたことを示す根拠はほとんど存在していない」とも述べている（『日本畜産史』）。「魏志倭人伝」には「牛馬虎豹羊鵲なし」という記述があるが、三世紀末、弥生後期の日本には牛や馬はまだ一般的ではなかったと読むべきか、前掲河野通明の見解を裏付ける記述なのか。

⑵日本の歴史に見る牛の利用

日本に牛が持ち込まれて、その後千数百年の間に徐々に数が増えていったことは確かであるが、何かの目標をもって積極的な改良が行なわれたかどうかはわからない。いい牛だからこの牛の子がほしい、くらいの弱い選抜はあったと考えられるが、これも想像の域を出ない。そこでここからしばらくは、品種改良から離れて、役利用や肉利用など、利用の面から日本の牛の足取りをたどってみよう。この辺の記述は『日本食肉文化史』に負うところが大きい。

古代日本における食肉と牛の利用

弥生時代になると、農耕によって食料は供給され始めるが、むろん十分ではなく、狩猟は依然として重要であった。弥生中期の遺跡である海蝕洞窟遺跡（神奈川県）からは、次の動物の骨が出ているという（直良信夫『狩猟』法政大学出版局、一九六八）。イノシシ、ニホンジカ、タヌキ、アナグマ、カワウソ、キテン、ノウサギ、ドブネズミ、キクカシラコウモリ、アシカ、マイルカ、クジラ。鳥類の骨も動物以上の種類のものが記載されている。

日本でも犂が使われる前に、すでに駄載用に牛は使われていたとみられる。同時に、食肉としての利用もあったはずである。日本に牛を持ち込んだ人たちは、牛を食べる習慣も持ち込んだとみられるからである。しかしそれも、食用のために屠殺することは滅多になく、多くは老死、病死した牛の肉であった。日本の歴史は三世紀末頃から古墳時代へと移行する。この時代の後期には、大和朝廷によるおおよその全国統一がなっている。五世紀中頃以降、朝鮮半島からの渡来人が急速に多くなってゆく。この背景には朝鮮半島における動乱があったのだが、それは別書に譲るべき内容であろう。渡来人たちの多くは大和や河内など畿内に定住した。この頃に渡来した人たちの多くは知識人であり、技能者であった。彼らの、建国途上の日本への貢献は計り知れないものがある。彼らが伝えたのは、織物、陶器、鋳金、製鉄、製革、土木、建築、彫刻、絵画、漢字、中国古典思想、仏教などである。『古事記』、『日本書紀』、『万葉集』が編纂されるのは、この頃に渡来した人たちによって文字や高度な文化がもたらされたからであった。

この時代の畜産はどうであったであろうか。大和時代の中・後期にかけて、馬や牛の畜産は盛んになったらしい。馬は軍事用として重要な役割を果たしていた。古墳などの遺跡から、埴輪馬、馬具、鐙《あぶみ》、騎馬兵士風埴輪などが出土しているのがその証拠である。軍事用に重要だとなれば、権力によって統制管理されることになる。

これに対し、牛は地方の豪族たちの農場で重要な労働力であったのみならず、鉱山での鉄や銅の運搬、伐採した材木の運搬などにも使用された。農業を営む渡来人たちの間でも次第に飼われるようになった。

馬や牛はこのように軍事用、あるいは労働力として重要であったために、畜産にも力が注がれたはずであるが、馬や牛を食用として飼育した記録は残っていないという。渡来人の故郷では馬や牛を食べる習慣があったと思われるにもかかわらず、である。しかし、『古事記』や『日本書紀』には、大和時代の人たちが牛肉を食べていたのではないかと想像させる記事はあるという。食べていたとしても、牛は貴重なものであったから、それは一部の人たちに限られたことであり、一般の人の手には届かなかったであろう。牛や馬を食べる代わりに、この時代の上流階級にとっては、「狩り」が食肉を楽しむ場であった。『日本書紀』にもその辺の記録があるというし、『万葉集』にも狩りの模様は歌われている。

仏教と食肉　日本の食肉の歴史を語る時、仏教は無視できない存在である。仏教が日本に伝来したのは六世紀半ば、大和朝廷の時代である。この頃大和朝廷は、国内を完全に統一していたわけではなかった。そこで朝廷は仏教を支配、統合の具として保護したといわれる。仏教には、カースト、部族、氏族など社会的階層を超越した普遍性があり、支配の具としては都合がよかったのではないか、との指摘がある。その過程では、崇仏派の蘇我氏と排仏派の物部氏との間で政治的暗闘があったとされるが、物部氏が滅びることによって、大和朝廷は仏教立国を推し進めることができた。これを背景として、聖徳太子は巨費を投じて、四天王寺、法隆寺などをつぎつぎに建立したのである。

飛鳥時代後期の六七六年、天武天皇は詔勅として「殺生禁断令」を打ち出す。日本の歴史における肉食禁断令第一号であり、日本の畜産にとって、忘れられない大事件であった。これを皮切りに、殺生禁断令はこの後、一二世紀頃まで歴代の天皇によって繰り返し出されるようになった。天武天皇の食肉禁断令は以下のようなものであった。

「今後、漁業や狩猟に従事するものは、檻や落とし穴、仕掛け槍などを造ってはならぬ。四月一日以後九月三〇日までは、隙間のせまい梁《やな》を設けて魚をとってはならぬ。また、牛、馬、犬、猿、鶏の肉は食べてはならぬ。それ以外は禁制に触れない。もし禁を犯した場合は処罰がある。」

仏教立国を目指した大和朝廷としては、殺生禁断令は仏の慈悲を政治理念の根本とすることを表明する一つの手段であったと同時に、仏の教えを一般民衆に広めるための手段でもあった。『日本畜産史』によれば、もう一つの政治的思惑がこの殺生禁断令にはあったであろうという。それは、食肉の習慣をもつ渡来人を横目でにらみ、彼らの勢力を押さえる目的もあったのではないかというのである。

ところで、この禁断令について面白い指摘がある。この当時も、これ以前も、狩りの獲物としては鹿と猪が一、二を争うものであったはずなのにもかかわらず、これらを除いているのはなぜかというものである。しかも、「それ以外は禁制に触れない」と念を押している。あえて抜け道を残しておいたということであろうか。後年の徳川綱吉の一連の生類憐れみの令でも、漁師が魚を捕ることも、それを買って食べることも、禁制には触れないことだったのに似ているかもしれない。

奈良・平安時代　時代は下って奈良時代。前の時代にもまして朝廷は仏教を国家政策の支柱に据える。殺生禁断、食肉禁止、捕らえている動物の放生などの詔勅を、これでもかというほど歴代天皇は出している。一方で、仏教と同じ頃に日本に伝わった牛乳、乳製品は、天皇、貴族階級、僧侶などが利用していたという。乳製品とは、酪、酥《そ》、醍醐などで、最も多く生産されたらしい酥のつくり方として、「延喜式」（平安時代初期にまとめられた古代法典）には、牛乳大一斗を煎じつめて酥一升にすると記されているという。ただし、この頃の一斗、一升は、現在の一斗、一升とは容積が違うらしい。

平安時代も為政者たちは仏教に対する帰依が篤く、殺生禁断令や食肉禁止令は、奈良時代に引き続き相変わらず出されていた。しかし、度重なる禁断令は、食肉が行なわれていたことを裏付けるものでもあると考えられている。また、当時諸国の製革業者に対して、牛、馬、猪、鹿などの皮革の貢納が定められていたが、牛、馬の皮革を貢納していた国々の大部分は、四、五世紀の大和時代以降、集団的に渡来した人たちの移住地であるというから、ここの人たちが皮だけを用いて肉を捨てていたとは考えにくい。食肉は内々に行なわれたが、記録に残されていないだけなのであろう。むろん、庶民（この当時の庶民とはほとんどが農民であるが）が牛や馬の肉を食べることはなかったであろう。平安時代になっても、貴族たちは牛乳、乳製品を薬用、あるいは栄養源として重んじていたというから、畜産政策にも意を用いたと考えられる。牧の制度についての記載も「延喜式」にはあるという。諸国の牧では乳牛のみならず、役用牛も飼われていたであろうし、農家にも役用牛は飼われていたであろう。少なく見積もっても、平安時代には常時一万頭の牛が飼育されていたであろうとの試算がある。

平安時代の牛から連想するものとして牛車《ぎっしゃ》がある。派手な飾り付けの貴族の乗り物で、箱の構造、外飾、文様などは乗る人の官位、身分によって決められていたという。貴族の乗り物としての牛車のほか、この時代には荷物運搬用の白木の牛車も盛んに使われ、車借《しゃしゃく》という専業者も平安中期には成立していた。これらの牛車を引く牛（車牛）は力の強い雄牛に限られていたから、京都近辺の雄牛の需要の増加が首都圏である畿内農村に牛の供給地という役割を与え、雄なら京都近辺の車牛に、雌なら農牛（農用牛）に売って収入を得る機会が生まれた。「西の牛、東の馬」と言われる背景には、このような事情もあったといわれる。

貴族の乗り物としての牛車は、武家の時代になると急速にすたれていった。平安時代の幕引きをつとめた平家の公達《きんだち》、一ノ谷で一七歳で戦死した敦盛や、『千載集』に詠み人知らずの歌を残した忠度は牛車に乗ることがあったであろうか。

鎌倉・室町時代　「平家に非ざる者は人に非ず」といわれるほどの隆盛をきわめた平家を倒した源氏の武士団のモラルは、忠節、武勇、礼節、質素であり、食生活も簡素なものであったという。武士たちは荘園の出身であるため、農業の重要性は承知しており、開墾にも力を注いだため、農業生産は向上した。牛馬は農耕用、運搬用、軍事用として重要であったため、これを食料とする考えはなかったであろう。牛乳、乳製品は貴族たちのもので、庶民であった彼ら武士には縁なきものであった。しかし、彼ら武士たちには、平安貴族のような食肉に対する禁忌意識は薄かったであろう。狩りはしばしば行なわれ、獲物はおおっぴらに食べたようだ。

鎌倉幕府が成立して間もない頃、洛中の寺院の境内で、武士たちが、といっても雑兵たちであろうが、これみよがしに鹿と猪の皮をはぎ、あぶって食べた上に、余った肉を一般民衆に売ったという話が残っているという。おまけに、人々は先を争って買い求めた。武士たちが既成の権威に対して挑戦できる風潮であったということでもある。

武家時代には皮革の需要が拡大した。甲冑、馬具、猟服、そのほかの装具の素材である。しかし、甲冑一つとっても、どのくらいの数がつくられ、そのためにどのくらいの数の牛が必要であったかの推測は難しいという。牛の皮革であれば、どの部分でも鎧《よろい》に使うことができたわけではない。源平合戦の頃の鎧であれば、一領の鎧に五～六頭の牛を要したであろうという。武士の総数がわからないうえに、上級武士と下級武士では鎧の質が違っている。そのような困難を承知の上で、消費された牛の数をあえて試算すると、鎌倉時代から戦国時代にかけての五〇〇年間に、主だった戦争に動員された将兵の数などから推測して、年平均四八〇〇頭になるという（高木和夫『食からみた日本史』芽ばえ社、一九八六）。死亡、あるいは屠殺した牛の皮はすべて甲冑制作に回したとして、また、当時の牛のことだから満三歳以上で初産するとして、このために飼育されている牛の数は何頭になるであろうか。高木和夫がいろいろな資料にもとづいて推算したところによると、近畿内諸国、近江、伊賀、伊勢に飼育されている牛の合計は五万六〇〇〇頭になるという。このほかの諸国にも牛は飼われていたのであるから、総計では何万頭くらいになるであろうか。それにしても平安時代の推定頭数一万との隔たりは大きく、素直に考えれば畜産振興がなったと考えられなくもないが、素直に考えてよいものか。ちなみに、人口は平安時代初期五五〇万、末期六八四万、鎌倉幕府成立の頃七六〇万との推定がある（縄田康光『歴史的に見た日本の人口と家族』より引用）。

武士たちは酪農には前述した理由であまり関心を示さなかったし、甲冑、馬具などをつくるためには多くの牛がつぶされたから、鎌倉幕府が滅亡して、南北朝時代に移行する頃にはかなり牛の数は減り、室町時代には増えたかもしれないが、応仁の乱後の動乱五〇年でまた牛の数は減ったであろうという。

室町時代は社会の動きが激しい時代であった。律令制度や荘園の統制力がほぼ崩壊した結果、古代より農奴的存在であった農民は、この時代には自作農に転ずる道が開かれたという。これは農業に活力を与えた。米の増産もめざましかった。米の反あたり収量は、奈良時代の上田八斗四升、中田六斗七升、下田五斗が、この時代の山城地方（現在の京都府南部）では上田一石三～四斗、中田一石一～二斗、下田八～九斗と、一・五倍になっていたという。近畿地方で、米を表作、麦を裏作とする二毛作が普及したのもこの時代である。商品作物である荏胡麻《えごま》（油の原料）や茶の栽培にも力が注がれるようになった。米の収量向上は品種改良に負うところが多かったというが、農業生産の向上には、田で働く牛の存在も大きかったはずである。牛は厩肥《きゅうひ》も生産した。しかし、そのことについての記述はあまり見つからない。

室町時代における食生活の特徴として精進料理の普及がある。禅宗がもたらした精進料理は、鎌倉時代にはまだ禅宗の寺のものであったが、室町時代に下がると、僧侶や公家から武家にまで普及した。そしてこの時代の肉食としては、魚と鳥の肉が獣の肉より上品な食物と評価されていったという。京都に政権を移した武士たちは、やはり仏教の呪縛からは逃れられなかったのかもしれない。その一方で、戦国時代は治安が乱れ、夜盗や野武士が横行した時代でもあり、彼らは仏教の殺生禁断の教えにはあまり縛られることはなかったであろうとの見方もある。

室町時代から江戸時代への移行期、つまり応仁の乱から戦国時代を経て、織豊政権の時代の食生活の様子は、当時日本へ来ていた宣教師が残した記録によってうかがい知ることができる。イエズス会の宣教師として日本に一番乗りしたザビエルは、日本人は肉食を忌み嫌う風習があるとは来日前に聞かされていたというが、覚悟はしていても、実際には大変だったらしい。「平生は肉や魚を食べなかった。それは少なからぬ苦行であった。宿で出されるものは、水だけで炊いたほんの少量の米と、少しばかりの塩漬けの魚、または煮魚か焼き魚、それにいやなにおいのする野菜の汁一杯」。これは、ザビエル一行の様子を記したルイス・フロイスの『日本史』の中の記述である。ザビエルはどうであったか知れないが、当時の宣教師は人前でこそ牛肉は食べなかったものの、仲間内では食べていたという。そして、布教が進むにつれて、牛肉を食べることは罪ではなく、ヨーロッパ人である宣教師の食習慣である肉食は非難すべきものではないという考え方が、信者の間では理解されるようになったという。

フロイスの記録には次のようなのもある。

「日本人は野犬や鶴、大猿、猫を好む。われわれは乳製品、チーズ、バター、骨の髄などを喜ぶが、日本人はこれらを嫌う。異臭がひどいというのである。われわれは犬を食べないで牛を食べる。日本人は牛を食べないで、家庭薬として犬を見事に食べる」。

またフロイスであるが、彼の書いたものにはよれば、天下人になった秀吉も大変な肉好きであったという。しかし依然として、一般民衆は肉食をほとんどせず、その代わりとなる魚も新鮮なものではなく、塩漬け魚がほとんどであったらしい。

ところが、次のような事実もある。広島県福山市を流れる芦田川の河口に発達した、鎌倉時代から室町時代にかけての港町である草戸千軒町の遺跡が、一九六一年から三〇年かけて発掘調査された。洪水によって泥の中に埋もれていたのである。この遺跡のゴミ捨て場を調べると、人が食べた動物の骨としては、犬が最も多く、牛、馬、鹿の骨もたくさん出てきた。骨髄を食べるために割った骨であることが、人が食べた証拠であるという。牛馬を食べるのは当時としては後ろめたいので、上流階級による記録には残らないが、実はかなり食べていたのではないかとの見方もある。

江戸時代　江戸時代もまた食肉史の上では受難の時代とされる。徳川幕府の初期政策では農本主義的政策をとった。「百姓は天下の基本なり」であって、身分制度においても、士農工商と、農民を平民の中では最高位に位置づけた。しかし農民には、居住の自由、職業の自由、耕地を売買する自由、耕地に有利な作物を栽培する自由はなかった。年貢取り立て方針の基本は「百姓は死なぬよう生きぬよう収納申しつける」であった。

江戸初期のある料理書には、獣の部として、鹿、猪、狸、兎、川獺《かわうそ》、熊、犬の七種についての料理法が記されているという。ここでも犬が出てくるが、当時の犬の位置づけは、野生の鳥獣と牛馬の中間くらいの存在だったという。江戸時代初期、人口が急激に増えた頃は、江戸の犬には受難の時で、「犬と申すものは稀にて見あたり申さず候、（中略）見付次第打ち殺し賞翫致すに付いての儀なり」という有様だったという。

余談になるが、明治の頃まで日本人は犬を食べていた。ヨーロッパから愛玩動物の概念が持ち込まれ、徐々に犬を食べることは嫌悪されるようになったが、犬を食べることを野蛮とするのは当たらない。現在でも犬を食べる国はあるが、犬を食べるか食べないか、馬を食べるか食べないか、鯨を食べるか食べないかなどは文化の違いに過ぎないというべきである。

徳川幕府は、各藩に牛馬の振興を促し、とりわけ牛は田畑での役畜、肥料生産畜としてその繁殖を奨励した。二代将軍秀忠の治世に、老中より諸大名に対して、「牛を殺すことは禁止なり、自然死するものは一切売るべからざる事」という禁令が出されている。牛を食べてはいけないということであるが、この禁令は、当時牛を食べることがかなり行なわれていたことを物語るものでもある。戦国の気風がまだ残っていた時代、牛肉を食べることを穢れと思わない文化の影響はまだ残っていたと考えられる。

五代将軍綱吉の生類憐れみの令は、殺生禁断令の系譜に属する政策だが、憐れみの対象は犬はもとより、家畜、鳥獣から始まって、エビ、貝類、金魚、松虫にまでいたる。何回にもわたって条例を出す、その徹底ぶりとしつこさには驚くほかはない。むろん肉食などは許されるものではなく、許されるのは漁師が捕る魚くらいであった。後述する彦根藩でさえ、生類憐れみの令の時には牛肉生産を中止したという。綱吉の死後すぐ、このばかばかしい政策が廃止になったのは、周辺の誰もが眉をひそめていたということであろう。

江戸時代の牛肉事情で特記すべきは彦根藩である。ここだけは牛を公然と食用に屠殺しても咎められなかった。毎年冬には将軍家や親藩の諸侯に牛肉の味噌漬けを贈っていた。牛肉とはいわず、養生肉と称していたという。味噌漬けのほか、干し肉、酒煎肉、粕漬肉なども薬用の名の下につくられていた。彦根藩の年間の平均屠殺頭数は一〇〇〇頭、多い年には三〇〇〇頭におよんだという。牛肉生産に供されるのは、黄牛と呼ばれた茶褐色の赤牛であることが原則であった。黄牛は、断食苦行で瀕死に陥った釈迦が、その牛乳を飲んで命を救われたという護法の牛である。仏教の殺生の戒めから逃れるためには、養生肉を生産するのは釈迦を救ったこの黄牛でなければならなかった。それにしても、年間一〇〇〇頭にもおよぶ黄牛が簡単に調達できたかどうかはわからない。当時でも、赤毛の牛より黒毛の牛が多かったとされるから、一皮むいて黄牛にする場合もあったであろう。

幕末の彦根藩主井伊直弼は禅宗の教えにしたがって殺生禁断を志し、そのため、毎年井伊家から水戸家へ寒中見舞いとして牛肉の味噌漬けを贈っていたのを中止した。牛肉の愛好家であった水戸烈公はこの中止を憤り、これが攘夷、開国の論争にも影響し、ついには桜田門外の変にまでいたったとの話を加茂儀一は紹介している。紹介したご本人がこの話を信じていたかどうかは分からない。

江戸時代は、世界でも類をみないほど社会の末端にまで体制の支配がおよんだ時代である。五人組による相互監視の目が光っていて、牛を密殺するなどは思いもおよばなかったことであろう。その上、仏教は末端にまで普及していた。どの家も、どこかの寺を檀那寺として、その檀家にならなければならなかった。牛は役畜、肥料生産畜として農業には重要であった。飼育していれば愛情もわいてくる。こんな状況では、牛を屠って食べるという考えがなかなか生まれてこなかったのは当然であった。

幕末　江戸時代も末期になると、社会の統制もいろいろな方面でゆるんできた。広く定着していた肉食に対する禁忌思想も例外ではなかった。一八三二年出版の『江戸繁昌記』には、山奥屋という獣肉店のことが詳しく書かれているという。看板には山鯨と大書されており、鹿肉は紅葉《もみじ》、猪肉は牡丹《ぼたん》という隠語で売られていた。そのほか、狐、兎、カワウソ、オオカミ、熊、カモシカなどの肉も扱っていたが、牛馬の肉は表向きは扱っていなかった。この店は料理店もかねていて、紅葉鍋や牡丹鍋を食べさせた。獣肉の鍋料理は鰻に匹敵するほどおいしいと評判であったという。こうして山奥屋が突破口を開くと、江戸の町のあちこちに同類の店が現われるようになった。一八五五年には彦根藩産の牛肉を売る店が江戸に四軒あったという。彦根藩のお墨付きをもらい、薬食として売ったのかも知れないという。

福沢諭吉の『福翁自伝』に、大坂の牛鍋を食べさせる店の記述があるが、これは彼が一八五四年に大坂に出て、緒方洪庵《おがたこうあん》の適塾で学んだ頃の話である。「牛は硬くて臭かった」とあるから、死亡牛の肉かも知れないものを彼も食べたのであろう。一八六二年のある蘭学者の見聞として、京都にも牛鍋屋が三〜四軒あったという。

一八五三年五月、アメリカの提督ペリーは四隻の武装艦隊を率いて江戸湾に来航し、通商を求めるアメリカ大統領の国書を幕府に突きつけた。「返事を受け取るため、来年また来る」と恫喝していったんは引きあげたが、翌年三月、今度は七隻の軍艦を率いて来航して示威し、ついに日米和親条約を締結させた。下田と箱館（函館）を開港させることとともに、寄港するアメリカ船に水、食料、薪、石炭を供給することが条約には記されていた。食料の中には牛肉も当然含まれていたが、幕府は牛肉は断固として断った。「生活のために飼っている牛馬は、重荷を背負って遠くへ運ぶなど、人を助けているものであるから、わが国の民はその恩を感じて肉は食べない。五穀魚野菜などの食料はもっている限りのものを提供するが、牛肉は別のところ（他国）で求めてほしい」ということであった。

一八五八年、日米修好通商条約をアメリカと締結した幕府は、続いてオランダ、ロシア、イギリス、フランスとの間で通商条約を結ぶ。そして条約にもとづき、長崎、神奈川（後に横浜に変更）、箱館の三港を開いた。横浜は当時、戸数百戸足らずの漁村であったというが、ここに各国の領事館が置かれ、大規模な居留地がつくられた。一八六三年における居留地の総面積は九万四〇〇〇坪（三一ヘクタール）余、その中には広い街路がつくられ、街灯がつけられ、下水道も整えられ、教会、公園、競馬場、墓地、屠牛場も建設された。外国人の自治機関が設立され、警察、防衛も外国側が受けもった。禁制であるキリスト教の教会を建て、屠牛場をつくり、軍隊まで駐屯させていたのである。幕府（日本政府）にとっては屈辱的なことであった。一八六二年の生麦事件は、このような背景の中で起こった。

屠牛場をつくったものの、食肉にされるとわかっている牛を外国人に売る農民は近辺にはほとんどいなかったという。やがて外国人たちは近畿中国地方には多くの牛がいることを知り、家畜商に調達を依頼した。一回三〇～四〇頭単位で買い集められた牛は、神戸から横浜へ船で運ばれた。この牛からの牛肉は居留地で好評を博し、これが「神戸牛」の名声が高まったそもそもの始まりだという。

この頃、横浜で外国人相手の商売をしていた中川屋嘉兵衛という人がいた。イギリス公使館が横浜から江戸に移ると、毎日牛肉を横浜から江戸まで届ける仕事も請け負った。ところがこれは、特に真夏には、大変な仕事であった。肉が腐ってしまうことが多いのである。そこで彼は江戸で牛肉を生産することを思い立ち、幕府の外国掛に相談した。イギリス公使館の御用達との効き目があって、難なく屠牛の許可を得ることができた。そこで幕府の天領であった荏原郡白金村（現在の東京都港区内）に小規模な屠牛場を設けた。一八六七

（慶応三）年のことである。これが東京における屠畜場の開祖だという。この屠畜場における作業手順は当初は大変であったようで、『明治事物起源』という本には次の記述があるという。

「（略）穢れぬように青竹を四本立て、それに御幣を結び、四方へシメを張り、その中へ牛をつなぎ、（中略）ほんの上肉だけを取り、残余は皆土中深く埋め、後お経を上げるといふ始末なりき」。

中川は商才があった人らしく、屠畜場を設けた直後には、イギリス公使館のすぐそばで牛肉屋を開店した。翌年には中川の仲間が牛鍋店「御養生牛肉中川屋」を開業している。牛肉は獣肉より安くて美味しいとの評判であったという。

幕末には、将軍のお膝元でも屠牛が行なわれ、牛肉屋や牛鍋店が営業できる情勢だったのである。幕府は崩壊しつつあった。

以上、肉用牛の改良から離れて、牛肉を中心とした食肉史について、トピックスを拾いつつおおざっぱに述べてきた。記録資料に残るようになって以降、肉用牛の改良などという考え方が生まれようのない歴史であったことが理解できよう。

鎌倉時代の「国牛十図」にみる良牛　肉用牛ではなく、役用牛の観点からはどうであっただろうか。鎌倉時代末期である一四世紀初頭に、寧直麿《ねいのなおまろ》が書いた「国牛十図」という図説本がある。全国から京都に集まった牛の産地を見分けるために、その牛の図とともに、特徴を簡潔に記したものである。集まったのは役用牛であるから雄牛である。

「国牛十図」で取り上げているのは、筑紫牛（壱岐）、御厨牛（肥前平戸）、淡路牛、但馬牛、丹波牛、大和牛、河内牛、遠江牛、越前牛、越後牛の十牛で、このほかに、出雲、石見、伊賀、伊勢にも良牛がいると聞いていると書き添えている。今川和彦氏による現代語への抄訳は次のようである。

（1）筑紫牛は姿良く、本来は壱岐島の産である。元寇の際に元軍のいけにえ（食用）とされたために、一時少なくなったが近年また多くなってきた。

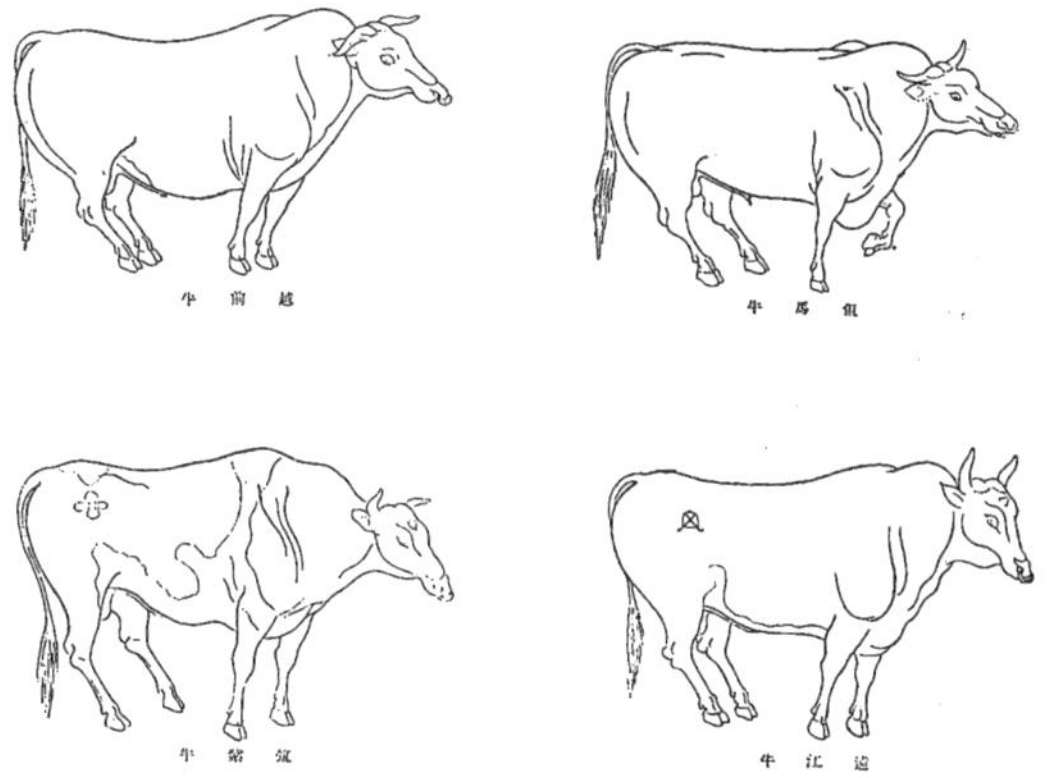

国牛十図に描かれた牛（左上：越前牛、右上：但馬牛、左下：筑紫牛、右下：近江牛）

（2）御厨牛は肥前国御厨の産で逞しい牛である。もともと貢牛であった所からの呼称で、中古の名牛の産地であった。西園寺公経から朝絵の印を許可されたという。

（3）淡路牛は小柄ではあるが力が強く、逸物も少なくない。近年、西園寺公経から御厨牛と同等の評価を得た。

（4）但馬牛は腰や背ともども丸々として頑健であり、駿牛が多い。

（5）丹波牛は但馬牛とよく似ており、近年逸物が多い。

（6）大和牛は大柄であるという特徴がある。ところが、角蹄が弱いという欠点があったが近年は良くなった。

（7）河内牛はまあまあという所で、駿牛も存在する。

（8）遠江牛は蓮華王院領の相良牧の産である。その見かけは筑紫牛に見まがう駿牛であるが、ややあばれものである。故今出川入道太政大臣家がこの地に筑紫牛の血統を移入させたものという。

（9）越前牛も大柄で逸物が多い。

（10）越後牛は力が強く、まれに逸物がある。

この他、出雲、石見、伊賀、伊勢などにもよい牛がいることを伝え聞いてはいるが、その姿形を見定めるまでにはいたっていない。

著者の序文に、「馬は東国、牛は西国」とあるが、地名をみれば牛の産地は西日本であったことがわかる。牛を持ち込んだ渡来人の多くが住み、経済的文化的先進地でもあった西日本は、牛の飼育密度も高かったであろう。それにしても、後年牛の改良では先進地となる中国地方の諸国が、出雲、石見を除いては、ここに登場しないのはなぜであろうか。

この書は、当時このような牛が良牛であるとの基準があったことを示している。良牛の基準があれば、次の世代にもそのような牛が生まれることを願ったはずである。しかし、そのために具体的にどうしたかは見えてこない。この書で毛色や斑紋についての言及がないのは、これらは牛の産地の特徴でもなく、良否の基準でもなかったということであろうか。

江戸時代の良牛　牛の改良について具体的なものが見えてくるのは江戸時代、それも中期以降である。近世においては、河内、摂津、紀伊などは牛の商品化が進んだ牛の使役地帯であり、牛の生産地は但馬や中国地方、特に、交通不便で、山野草の豊富な地域であった。当時は牛の利用が役利用と厩肥生産に限られていたので、改良目標はもっぱら使役に便利な牛、粗飼養に耐えて長もちする頑健な牛であった。

昔から牛の良否鑑識法を相牛といい、一つの技術として尊重されてきた。これは主に博労（家畜商）の経験にもとづいたもので、中国地方に古くから伝えられているものはその代表的なものである。要点は、牛の体型、資質（皮膚、被毛、角、蹄、体の締まりなどの総合評価）や性格を判断するものであった。但馬、丹後地方では次の歌を「菅公の作」として、相牛の要諦としたと言われている。

「天角、地眼、鼻たれて、一黒陸頭耳小歯違う（一石六斗二升八合）」

意味は、角は上を向いて（形よい）、目は前方地面を見て（性質温順）、鼻鏡（鼻づら）はいつもぬれていて（健康な牛）、毛色は黒が第一、鹿のような平直な頭で耳が小さく（資質がよい）、反芻をよくしている牛、ということである。

伯耆国日野地方（鳥取県日野郡）に伝えられる相牛法に、「一石二斗三升四合五勺」がある。一に黒色、二に頭、三に性（性質）、四に釣合（体のバランス）、五に尺（体高）を意味するもので、体格の指標である体高より、品位、資質を上位にして重視していたことになる。

馬が古くから為政者によって手厚い保護を受けてきたのにくらべると、牛は各地における利用者によって、その立地上、経済上の必要に応じて地方産業と強く結びついて改良されてきた。中国山脈脊梁の鉄山地帯の牛は、鉄山での薪炭、粗鋼の駄載運搬に適する牛として、大型で、体の幅や深み（牛を横から見たときの胸の部位の厚さ）に富み、後躯がしっかりしていて、肢蹄が丈夫なものを目指して改良されていた。毛色は何であれ重要ではなく、軽視されていたという。近畿地方の荷車運搬用として利用されていた但馬牛は、牽引に際して力が発揮できるように、前躯（体の前半、前足や胸のあたり）が良く発達し、肢蹄の丈夫な牛が目標であった。農耕使役地帯では、前記中国、近畿の例に見られるような明確な要求はなく、博労がそれぞれの需要地の要求、嗜好を察して、それに適した牛を送っていたという。

天然記念物の見島牛（雌）
畜産技術協会パンフレット「和牛」より

蔓牛　改良の方法としては、中国地方の主要産牛地では、優良な牛の系統を蔓《つる》と呼んで、近親交配、あるいは系統交配によって、優良形質の維持、固定をはかる方法が行なわれた。蔓に属する牛は蔓牛と呼ばれて普通の牛より二〜三割高く売買され、蔓の発達を経済的に支えた。

蔓の最も古いものは、備中阿賀郡（岡山県阿哲郡）の浪花元助が一七七〇年代から始めた「竹《たけ》の谷蔓《たんづる》」である。一八世紀イギリスで、ベイクウェルが始めたのとほぼ同じ方法が、ほぼ同じ年代に日本でも行なわれていたことになる。この「竹の谷蔓」と、「周助蔓《しゅうすけづる》」（兵庫県美方郡）、「岩倉蔓」（広島県比婆郡）を三名蔓と呼ぶという。共通する優良形質は、強健であること、遺伝性疾患がないこと、性質温順であること、繁殖力旺盛で、雌は連産すること、長命であること、体格が大きいこと、泌乳量が多く、子牛の発育が良好であること、などであった。

蔓牛は市場価値も高く、そのため中国各地では多くの蔓が生まれた。しかし、その系統が続き、しかもその実を失わなかったのはまれであって、その維持ができなかったものが多いという。一九三九年に羽部義孝らが、明治、大正期のものも含め、中国地方で一応蔓と称されたものについて、その所在地、起源、特色を調査して報告している。それによると、兵庫県一七、鳥取県一九、島根県五五、岡山県一二、広島県一九、計一二二蔓があった。その後、羽部義孝は詳細な調査によって、起源が古く、内容も充実していたものとして四蔓をあげた。既述の「竹の谷蔓」、「周助蔓」、「岩倉蔓」の三蔓に加えて「卜蔵蔓《ぼくらづる》」（島根県仁多郡）である。これら四蔓のほかにも実体のあった蔓も多く、それらはその後、各県の和牛改良に大きく寄与したと考えられる。

一部の蔓牛所有者を除いて、種畜用雄牛（種雄牛）の利用維持に対する関心は低く、地方によっては種雄牛の飼養は被差別者の生業とされたり、あるいは改良のための種雄牛を繋養していない地域も多かった。合理的な改良意識は一般に低く、多くの牧野では雌雄混牧（雄も雌も一緒に放牧すること）であった。そのため牛の体格も毛色もまちまちであったようである。竹の谷蔓の牛には赤毛が珍しくなかったとされるし、島根県のト蔵蔓の始祖牛ともいえる雌牛は赤毛であったというから、牛の毛色に対する好みはそれほど強いものではなかったようである。体格についても、竹の谷蔓は、雌で体高四尺（一二一cm）はあり、体高四尺二寸（一二七cm）の雌牛も記録されている。体高三尺四〜五寸（一〇三〜一〇六cm）の牛も普通にいたというから、一般には必ずしも大型の牛を好んだわけでもなさそうである。小型であっても田畑で働くには十分であったであろうし、大型であれば餌も多く要するからである。

明治以前の牛の姿　明治維新後の日本の牛はヨーロッパの牛と交配されて大きく変わるのであるが、それ以前の牛の毛色や体格はどのようなものであったであろうか。石原盛衛は、いろいろな文献や古老の話などを総合して、外国種交雑前の牛を大体次のようにまとめている（『畜産発達史　本編』）。

〈毛色〉黒が大部分を占め、また喜ばれもしたが、乳房部などどこかに白斑があるのをよしとした。白斑のあるもの、褐毛（赤毛）、簾毛などもいた。

〈体格〉雌では体高一一五〜一一八cmくらい。（現在の黒毛和種雌の体高は平均一三〇cm）

〈資質〉毛の質、皮膚は良好。角の色は水青色で形は丸角。粗放な飼養管理によく耐えた。動作は敏捷。

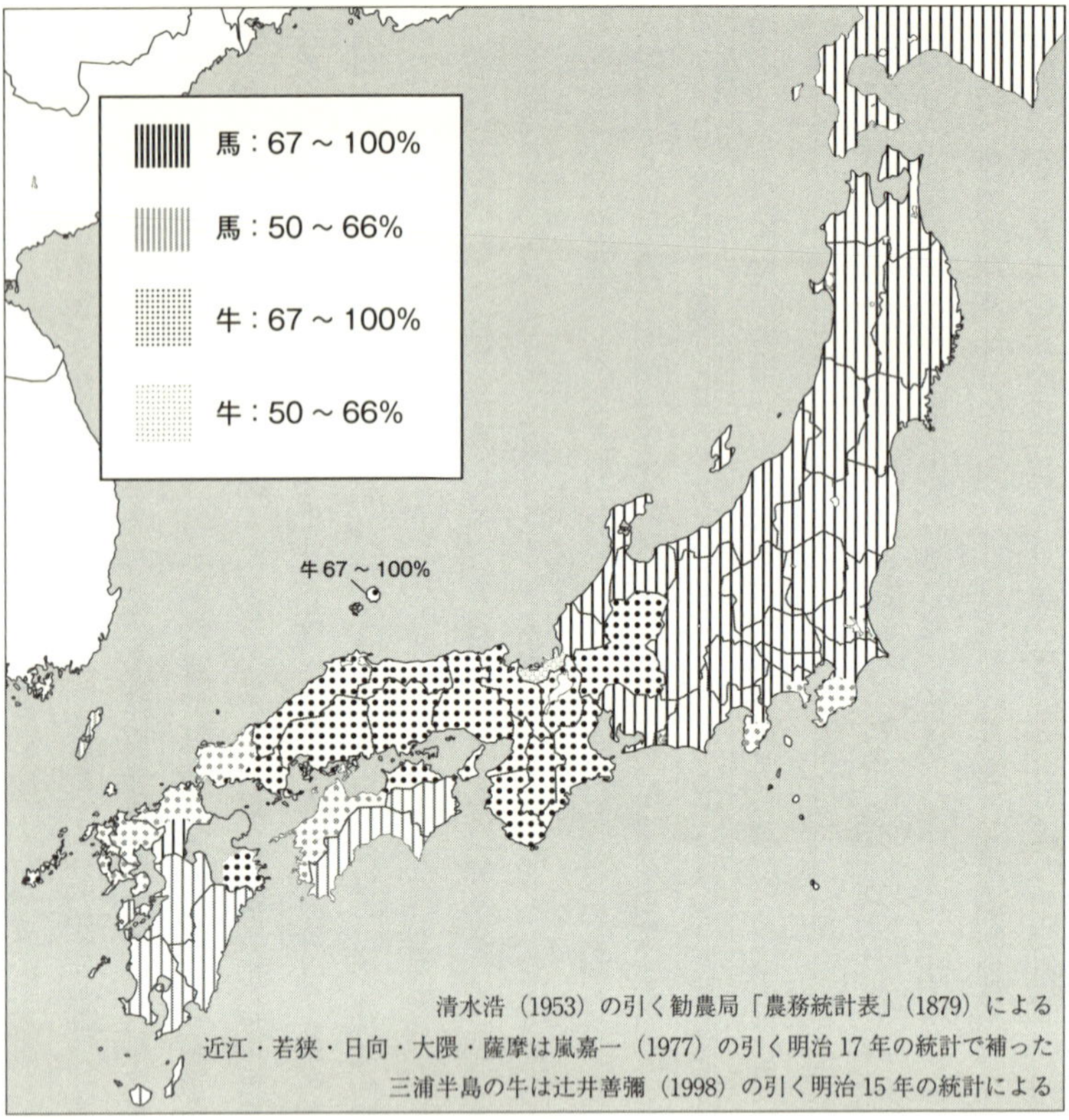

明治初年の旧国別牛馬比率

中澤克昭編『人と動物の日本史２』2009年、吉川弘文館より

〈熟性〉晩熟で、雌は明け三歳で初めての交配。（現在は満一五ヵ月位で交配）

山口県萩市沖合の見島には、天然記念物である見島牛が現在でも飼育されている。明治以降、日本の牛が外国の牛と交雑される前の姿を伝えるとされる牛である。成雌牛の体高は前記石原が示した在来牛の体高とほぼ同じであり、体重は二六〇kg前後である。したがって、明治以前の在来牛の体重も見島牛程度であったと見られる。

(3)明治以降における牛の改良政策

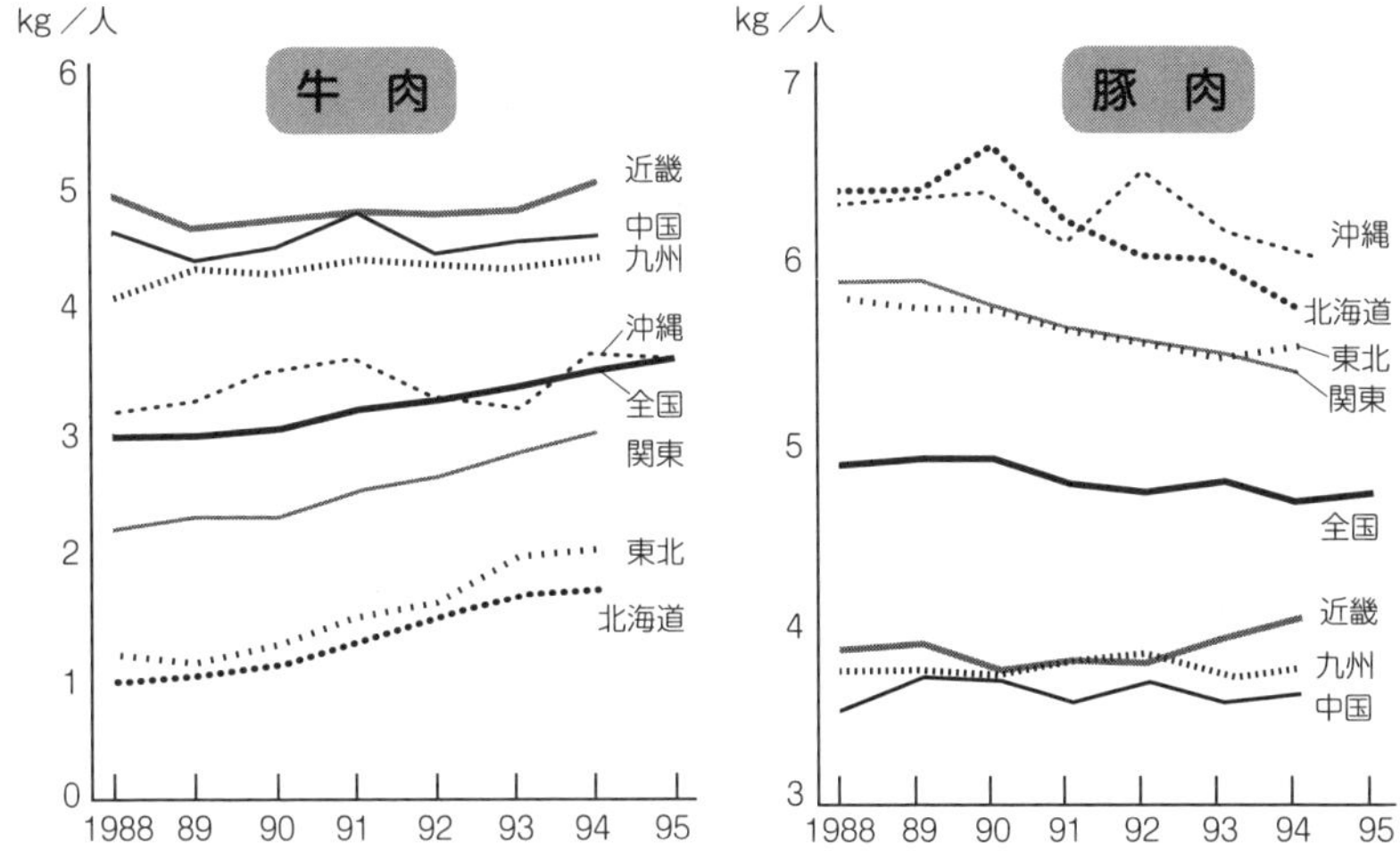

一人当たり食肉の地域別購入量の推移
杉山喜美「食肉機械リース便り」25号、1996年より

明治初期の牛馬の分布　明治になったとはいえ、農村はまだ江戸時代末期とあまり変わっていないとみられる一八七七年に、全国規模で行なわれた調査による牛頭数は一〇七万六〇〇〇頭であった。前掲石原盛衛は、実数はこれより多かったのではないかとしている。

この調査と同じ年に全国規模で馬の頭数調査も行なわれている。旧国別に、牛が多いか、馬が多いかを地図上に表示したのが図「明治初年の旧国別牛馬比率」である（前掲河野通明による）。日向、大隅、薩摩、つまり現在の宮崎県、鹿児島県の数値は欠けていたので一八八四年の数値で補っている。一目して、西の牛、東の馬ということが見て取れる。現在では、馬の頭数がきわめて少なくなったために、全国どの地域でも牛の方が圧倒的に多くなっているし、また、牛の産地も近畿、中国から東北、九州へと移動しているが、この図の牛地帯と馬地帯との区分けは、食肉の習慣としての「西の牛肉、東の豚肉」という地域区分として現在に残っている。図「一人当たり食肉の地域別購入量の推移」に見るように、牛肉の購入量は近畿、中国、九州では全国平均より多く、逆に豚肉の購入量ではこの三地域は全国平均より少ない。

明治初期の牛の改良政策　明治維新がなると、奔流のごとくヨーロッパの文物が日本に流れ込む。富国強兵を目指して殖産興業政策を進めた大久保利通は、その一環として農林業や牧畜業など在来産業も重視した。彼は勧農政策の一環として畜産業の発展を企画し、牛、馬、羊の輸入を奨励した。特に牛の輸入に重点が置かれていたようである。明治初期の畜産業の育ての親ともいうべき大久保利通の暗殺（一八七八年）は、その後の日本の畜産が飛躍できなかった原因の一つであるとの見解もある（牛乳新聞社編『大日本牛乳史』一九三四）。一八六九～八七年にかけての牛の輸入頭数は一六六九頭におよんでいる。

この頃輸入された牛の品種は一二～一三品種におよんだとされるが、そのうちショートホーンが最も多く、次いでデボンであった。いずれもイギリスで改良された品種であり、当時はいずれも乳肉兼用種であった。前に述べたように、ショートホーンが乳用と肉用に分化するのは二〇世紀になってからであり、デボンは現在では肉用種となっているが当時は兼用種であった。ショートホーンは当時イギリスで最も人気のある品種であり、デボンは原産地の地勢や気候が日本に近いことと、中型の牛であることが日本に適していると考えられた理由であった。

これらの輸入牛はほとんどが乳肉の利用が目的で、日本の在来牛の改良を目的としたものではなかったという。雑種は生産するが、それは輸入牛に近づけることが目的だったのである。一八八一年には農務局から各府県および開拓使（北海道）あてに次の通達を出している。

「内国種の雌に純粋種の雄を配して得たるものを和洋何々種一回雑種と称し、一回雑種の雌に純粋種の雄を配して得たるものを和洋何々種二回雑種と称し、以下三回、四回、五回はこれにならい、六回にいたって何々改良種と称し、（中略）一回雑種の雌に内国種の雄を配し、もしくは二回雑種の雌に一回雑種の雄を配して得たるものは退却雑種と称す。」

この考え方は、改良は外国種を累進的に交配することで達するもので、日本の在来種（右記通達でいう内国種）に少しでも近づく交配は退却というわけである（退却雑種とはバッククロスの訳語とみられるが、後退の意味ももたせているようだ）。この方針に対して、中国地方を中心とする牛の生産地帯は冷ややかな反応を示した。外国種を交配してある程度の評価を得たのは、ショートホーンを用いた鳥取県と広島県、デボンを交配した島根県くらいであった。外国種を導入した地域は、宮城、岩手、青森などで最も多く、次いで静岡、千葉、福井であり、当時から牛の密度の高かった近畿、中国地方では少なかった。

地租改正と入会地　明治初期の出来事で、日本の牛産業に大きな影響をおよぼしたものに、一八七三年の地租改正がある。当時国家財政の大部分を地租収入に依存していた明治政府は、財政的基盤を安定強化するために、土地の私的所有を認めた上で、その収穫力に応じて決められた地価に対して地租を課すこととした。納税義務者は耕作する人ではなく、土地の所有者である。その作業の一環として、従来は入会地として共同で利用することができた牧野や採草地のうち、所有者の明らかな土地は民有地として認め、不明確なものはすべて国有とする、いわゆる官民有地区分を強行した。これによって牛飼養の重要な基盤であった入会地の多くが失われて、牧野、採草地が急減することになり、農民の草に対する意識は徐々に低下した。以後の牛飼養は、畦畔の野草や、稲わらなどの農場副産物への依存度を高めるようになっていく。牧草にあまり依存しない和牛飼育の原型は、この時代以降形成されていったといえよう。

明治期の食肉事情　当初はこのように外国種や雑種は不人気であったが、体格が優れた外国種の魅力も捨てがたいものがあった。乳肉の需要も徐々にではあるが増大していることが背景にはあった。

ここで、明治初期の食肉の様相について概観しておこう。

明治になると、それまでの牛肉禁制は手のひらを返したように、今度は牛肉食は文明開化の象徴としてもてはやされた。一八六九年、大蔵省通商司は築地に牛馬会社を設立し、これまでの民間の屠畜場は廃止、個人による屠畜は禁止とした。この頃東京府下に次々誕生していた肉屋や牛鍋屋へは、この牛馬会社から肉が卸売りされることになった。政府が率先垂範して屠牛業に取り組んだことは、牛肉食の普及に大きな効果があったとされる。

一八七一年に明治政府は貶称廃止《へんしょうはいし》の布令を発し、これによって従来牛馬の屠殺や皮革業に従事していた人たちが、これまでの差別待遇から制度的には解放されることになった。長いあいだ肉食を穢れとしてきた理に適わない思想と偏見に対し、制度的に終止符を打つ意図が込められていた。

一八七二年正月の「新聞雑誌」には「(略) 天皇自今肉食を遊ばさる旨宮内にて御定めありたり」との報道があった。明治天皇のこの肉食宣言は、天武天皇が六七六年に発した肉食禁止令に一二〇〇年ぶりに終止符を打つものであった。同じ年、僧侶が肉食することも認められた。

このようにして肉食は市民権を得た。東京における牛鍋屋の繁盛ぶりは戯作者、仮名垣魯文の『安愚楽鍋《あぐらなべ》』(一八七一年) にくわしい。ではどの程度の牛肉需要があったかであるが、一八七三年一月の「公文通誌」という文書には次の記載があるという。「明治初年で一日一～二頭、明治五年暮れで一日二〇頭」。当時の牛は現在の和牛の六割くらいの体格であり、おそらく肥育もしていないから、一頭から一〇〇～一二〇kgの肉が得られたであろうか。

一八七七年以降の全国的な屠畜数については政府統計が整備されている。それによると、一八七七年三万四〇〇〇頭、以降三万頭台が続き、一八八四年一挙にそれまでの三倍近い九万頭に達する。一八八七年一〇万七〇〇〇頭、一八九七年一五万八〇〇〇頭、一九〇六年一五万六〇〇〇頭と推移している。ただし、一九〇六年の数字は後述する日露戦争の影響の後遺症でもあって、一九〇四年には二八万八〇〇〇頭の屠牛があった。

ところで、牛鍋とはどのような料理であったかであるが、当初から関東と関西とでは少し違っていて、それぞれ現在の関東風すき焼き、関西風すき焼きに近いものであったようである。「すき焼き」は鋤焼きで、関西では牛鍋とはほとんど言わず、最初からすき焼きと称したらしい。

牛鍋屋が繁盛する一方で、長いあいだの食肉禁制になれた人たちの多くが、肉食の習慣を抵抗なく受け入れるには時間を要したことも事実であろう。牛肉屋、牛鍋屋として使うなら家を貸さないという家主がいたり、家の中では牛肉の煮炊きはさせない、鍋も使わせない、という年寄りがいたり、老牛になったとはいえ、肉にするなら牛は売らないという農民の話など、このたぐいの話は明治が終わる頃までは珍しくなかったであろう。私事で恐縮であるが、明治末年に新潟県佐渡の農家に生まれた筆者の母は、子供の頃の記憶として、肉はアワビの貝殻で煮たという。鍋を使うことは許されなかった。

兵食としての牛肉　富国強兵を目標に掲げていた明治政府は、強兵を育成するために畜産物、とりわけ牛肉を積極的に採用した。まず一八六九年海軍が兵食として牛肉を採用した。海軍は「自ら屠殺してこれを用い、一部は民間に払い下げていた」という。牛肉がどう料理されて、一人当たりどの程度食べさせたかはわからない。次いで陸軍が一八七七年西南戦争の際、兵食に牛肉を採用した。手細工の缶詰であったというが、その後陸軍の兵食缶詰として重要になる牛肉大和煮缶詰がこの時すでに使われている。その後の日清戦争（一八九四年）、日露戦争（一九〇四年）の二回にわたる戦争で牛肉大和煮缶詰の需要は飛躍的に増大する。牛の屠殺数でみると、日清戦争時の一八九四年は前年より四万五〇〇〇頭多い一五万頭であり、日露戦争の始まった一九〇四年の屠殺数は前年より六万七〇〇〇頭多い二八万八〇〇〇頭であった。日露戦争の終わった翌年の一九〇六年の牛屠殺数は一五万五〇〇〇頭に減少している。

兵隊たちは全国から徴兵されて集まり、除隊となればまた郷里へ帰っていく。兵役期間中に牛肉の味を覚えた彼らが、全国に散らばって牛肉の啓蒙普及に果たした役割は大きかったとみられる。

明治中期の改良政策と雑種牛の奨励　一八八〇年代は在来牛の改良について種々の論議があり、地方によっても好みが異なっていたという。しかし総じて、大型化の方向が重視されたようである。例えば岡山県では一八九六年「種牡牛取締規則」を改正し、優良な種雄牛に賞金を与える措置をとった結果、三年間で種雄牛の平均体高が四・一尺（一二四cm）から四・三尺（一三〇cm）になったという。優良な種雄牛の基準の一つが体高があること、つまり体格が大きいことであったのである。農商務省の種牡牛体尺調査結果では、一八九八年には体高四尺四寸（一三三cm）を超える内国種（在来牛）は七・七％に過ぎなかったのに、四年後にはこれが一四・八％に増加していたという。ここでも大型の牛を種雄牛として選んでいたことがうかがえる。

明治初年以来の外国種熱が冷めつつあった一八八七年前後、牛の改良を外国種を用いて行なうべきか、在来種を助長しつつ行なうべきか、指導者の意見は一致をみなかった。日清戦争以後、肉類の需要増加や牛の価格の上昇によって、再び大型の牛への需要が高まり、外国種への関心が高まり始めた。

このような状況下で政府は一九〇〇年、種牛改良調査会を設置し、牛の改良について基本方針を諮問した。

答申は次の通りであった。

一、役用、肉用、乳用の三用途を兼ねる兼用種と乳牛の増殖をはかる
二、在来牛はよく選んで繁殖に用いる（繁殖を制限する意図が読みとれる）
三、在来牛の雌を選んでこれに外国種雄を交配して雑種を生産する
四、外国種は、シンメンタールおよびエアシャーとする（その後ブラウン・スイスを追加）

シンメンタールは兼用種としても乳牛としても好適であり、原産地スイスの地勢も山国であるところが日本と類似していることが理由であった。当時ヨーロッパでは人気の高い牛であったことも影響しているであろう。エアシャーは乳牛として選ばれたものであり、山の多いスコットランド産であることや、中型種であることが日本向きと考えられた。ブラウン・スイスはすでに、三里塚御料牧場に導入されていたのが理由であったという。

こうして在来牛は外国種と交雑することによって改良するとの方針が定まった。この中で、在来牛の改良に主に使われたのはシンメンタールとブラウン・スイスであった。

この種牛改良調査会の設置と同じ年に、政府は広島県比婆郡山内東村（現在は庄原市の一部）に七塚原種牛牧場を設立し、牛の改良、繁殖、育成、伝習の業務を行なうとともに、外国種の増殖、供給を行なう基地として位置づけた。設立後一九一二年までの一二年間に導入されたシンメンタール、エアシャー、ブラウン・スイスの三品種は雌雄合計で二〇八頭、同じ期間に民間に払い下げた外国種並びにその雑種頭数は雌雄合計で三六七頭におよんでいる。このほか、種雄牛の貸し付け、出張種付けなどの業務も行なった。この七塚原

種牛牧場はその後、七塚原種畜牧場、畜産試験場中国支場と名称変更があったものの、改良業務は継続され、在来牛改良の上で重要な機能を果たした（しかし、一九二三年、政府の財政緊縮政策のため廃場となった）。

牛の主産地であった中国各県の状況をみておくと次の通りとなる。

兵庫県はブラウン・スイスによって改良することとし、盛んに県および民間で導入し、雑種生産を行なったが、比較的短期間で交雑を打ち切った。

鳥取県はブラウン・スイスを長期間にわたって利用し、ブラウン・スイス二五％雑種をつくることを目標としていた。

島根県は明治初期のデボンの利用が好評であり、この時代も引き続きデボンの評価は高かった。島根県ではこのほか、ブラウン・スイス、シンメンタールも導入している。

岡山県にはブラウン・スイス、シンメンタールが導入されたが、広く利用されなかった。外国種の影響は最も少なかったとされる。

広島県では、七塚原種牛牧場の地元では外国種の影響からは免れなかったが、指導者が外国種の交配に積極的でなく、雑種系統は早々に淘汰されたとされる。ショートホーンやエアシャーが好評で広く使われた地区もあった。

山口県はデボンの影響を強く受けた。

この頃、九州でも外国種が利用されている。大分県では主としてブラウン・スイス、鹿児島県ではブラウン・スイス、デボン、ホルスタイン、愛媛県ではデボン、シンメンタール、ホルスタイン、高知県では朝鮮牛、シンメンタールなどである。これらのうち、後述する熊本県のシンメンタールの利用状況を除いては、正確な利用状況を示す資料に乏しい。

雑種牛人気の凋落　一九〇〇年の、雑種によって在来牛を改良するという国の方針が一方にあり、もう一方の背景として、日露戦争による牛肉需要の急増、需要に応ずるための屠畜増、その結果としての牛の数の減少、牛価格の騰貴などがあって、雑種生産は勢いを得る。改良とは雑種をつくることという風潮の中で、共進会でも雑種が上位の成績を納めた。牛の取引においても雑種が高価格であった。一回雑種が在来種の数倍という事例もあり、雑種生産は投機の対象でさえあった。こんな事例もあったという。一九〇八年の第四回中国連合畜産共進会で、たまたま内国種（在来種）に一等賞を与えたことが物議をかもし、審査長の責任問題さえ起きた。「内国種は改良していない牛であるのに」というのが理由であった。

このような雑種生産熱も、日露戦争後の不況、雑種の能力が徐々に明らかになってきたこと、などにより急速にさめていく。投機の対象であった雑種牛は、「悪辣な牛馬商人によって数百金を投じさせられた牛が、一朝にして百金にも達しない様となり、ために家産を傾けるものも多く」という事態を招くことになる。

なぜこのように雑種人気は凋落したのだろうか。考えられるのは、農家が求める牛と雑種牛の能力との間の乖離である。政府の改良方針は、役、肉、乳の三用途を兼ねる牛にすることであったが、農家が求めたのは第一に役用能力であり、次いで良質肉を生産する能力であり、乳生産能力は、都市近郊などは別として、農家は求めてはいなかったと思われる。また、農家の手に入る範囲の餌で飼育できる牛であることも重要であったであろう。長い間、役用第一として世代を重ねてきた在来牛にくらべて、雑種牛の役用能力が劣っていたことは確かであろう。敏捷さに欠けたと思われるし、牛の「賢さ」の面でも、在来牛の方が上であったと考えられる。肉生産の面でも、雑種牛は骨太であったから、同じ体重で比較すれば歩留まり《ぶど》（原材料に対する食用可能部分の割合）が悪かったはずであり、肉のきめ（筋繊維の太さ）は在来牛より粗く、霜降り牛肉にもなりにくかった。雑種牛の発育は在来牛より優れていたが、その分多くの飼料を要し、この点でも農家の評価を落とすことになったであろう。同じ品種の外国種であっても、その大きさにはばらつきがあり、その子である雑種牛の大きさもまちまちであったことも評価を落とす原因であったという。

ここで、雑種生産の実態を数字で見ておくことにしよう。農商務省農務局の統計で、牛を、内種、雑種、外種に分類してある資料で見ると、内種（在来種）は一八九九年で全体の九一％、五年後の一九〇四年には八一％、一九一〇年には六五％になっている。この間、外種はほぼ二％と一定で、内種の比率が減少した分だけ雑種が増加していることになる。ただし、ここでいう雑種は、外国種と在来種との交雑種のみでなく、朝鮮牛なども含まれているようである。なお、同じ資料で牛の頭数の推移を見ると、日露戦争の前年、一九〇三年には一二九万頭であったものが、戦争が終わった年、一九〇五年には一一七万頭になっており、生産頭数以上の牛が戦時には屠畜にまわされたことを物語っている。戦争前の頭数に回復するのは一九〇八年であった。

改良和種から和牛へ　このような雑種人気の凋落を受けて、政府も一九〇〇年に決めた方針の再検討を迫られることになり、一九一二年に臨時産牛調査会を開いて善後策を検討した。この調査会の答申のうち、役肉用牛にかかわることで重要なのは、「これまでの雑種の成績を調査し、その結果にもとづいて各地に適した牛にすること」、「本邦固有種の調査をし、優良なものは保存すること」の二項目であろう。雑種生産即改良という方針から転換し、在来牛も認められたのである。この方針転換は各地で直ちに受け入れられたわけではなく、新たな混乱を生じた地域もあったというが、徐々に沈静化した。

改良和種という言葉が生まれたのは同じ年、一九一二年である。意味するところは、「雑種にも在来牛にも、いずれにも長所、欠点があり、在来牛の長所を保持し、短所を雑種の長所によって補うことによって、日本農業に適した牛を造成する過渡期にある牛、改良途上にある牛」ということであった。

言葉ができて、言葉の定義もおおよそ共通認識になったものの、共通の具体的な改良目標があったわけではなかった。改良意欲の高かった中国地方においても、鳥取県の目標は役と肉の重み付け五〇対五〇、但馬牛や島根県は役五五対肉四五、岡山県や広島県では役七〇対肉三〇などであったという。改良目標における役肉の重み付けの違いのみでなく、中国各県の牛は、交雑に用いた外国種も、交雑の程度も一様ではなく、そのために、毛色についても、体型、体格についても変異の幅は大きかった。このあたりのことは、一九一八年に羽部義孝が中国各地の主要産牛地において行なった「役肉用牛の体型に関する調査」(農商務省農務局、一九一九)にくわしい。

一九一九年、鳥取県は羽部義孝の指導のもと、「因伯種標準体型」を制定し、これにもとづいて選抜淘汰を進めることとした。標準体型には、外見上改良すべきすべてのもの、被毛皮膚の状態から始まって、体格、体の釣り合い、歩き方にまでおよぶ目標が掲げられている。「黒毛であって、やや褐色を帯びるもの」という現在の黒毛和種の毛色が、すでにこの標準には掲げられている。鳥取県では翌一九二〇年登録規定を設けて登録事業も開始した。これらの動きを受けて、島根県をはじめとする中国各県でも標準体型が制定され、大分県、熊本県などもこれに倣うことになる。

このようにして、行政区域別に標準体型の制定がなされて、役肉用牛の体格、体型の整理が進められ、改良の実績は急速に上がっていった。各県別に目標を掲げたのであるが、各県の目標には当初予想されたほどの差はなく、そのため改良が進むとともに、「良牛に国境なし」という考えが強まっていった。そして指導者間でも、将来は行政区画を越えて、ある程度まで合流していくべきものという認識が強まった。

黒毛和種（雌）『世界家畜図鑑』より

このような認識を背景として、羽部義孝らの指導のもと、一九二七年岡山、広島連合産牛研究会、一九二九年広島、岡山、鳥取連合産牛研究会と順次参画県が増えていき、一九三四年には中国和牛研究会が発足した。そして一九三五年には和牛共通の審査標準ができるまでに、関係者の認識は共通化していった。中国和牛研究会には、中国五県のほか、兵庫、京都も参加して、一九四九年まで数年おきに開催されたが、この前年、一九四八年全国和牛登録協会が発足したことを受けて発展的に解散した。この研究会は、和牛の改良に大きく貢献したものとして特筆されるべき組織であった。

和牛とは　ところで、和牛という言葉が、いつどこで生まれて、どのように定着していったかは興味のあるところである。一九二五年に羽部義孝は『和牛の改良』を著して、和牛という言葉を使っている。前に述べた一九二九年の岡山、広島、鳥取連合産牛研究会の次の研究会、一九三二年の研究会は、広島、岡山、鳥取連合和牛研究会として、産牛に代って和牛という言葉が初めて使われ、以後は産牛研究会ではなく、和牛研究会として開催されている。本書では在来牛、内国種、改良和種などといろいろな名称をこれまで使ってきて、紛らわしく、読者にも迷惑をおかけしたが、これからは和牛という言葉を使うことにする。

和牛という言葉は現在では、広い意味では、日本で改良された肉用牛四品種、黒毛和種、褐毛和種、日本短角種、無角和種の総称として用いられ、狭い意味では黒毛和種のみを指すものとして用いられている。実際には、和牛と黒毛和種を同義に用いる場合が多い。

和牛登録の一元化　一九三七年、政府は全国の役肉用牛の登録を一元化することにし、これをおおよそ黒毛和種、褐毛和種、無角和種に大別して、社団法人中央畜産会において全国一元的に登録することを翌一九三八年から始めた。この動きには、改良を全国レベルで推進するというねらいがあったのだが、同時に日中戦争の開始（一九三七年）にともなう社会の統制的な風潮を受けたものでもあった。

一九四四年黒毛和種、褐毛和種、無角和種がそれぞれ固定された品種とみなされることになり、改良和種という名称は消滅した。

これまで述べてきた改良経過は、ほとんどが黒毛和種のものであった。以下では褐毛和種、無角和種、日本短角種の改良経過について述べよう。

褐毛和種（熊本系、雌）『世界家畜図鑑』より

褐毛和種　褐毛和種には熊本系と高知系とがあり、それぞれの成立経過も体格もやや異なる。褐毛と書いて、この場合は「あかげ」と読む。「あかげ和種」である。余談ながら、英語でも、褐色系の牛の毛色は一般にレッド（赤）と表記している。アメリカへ輸出された褐毛和種はレッドワギュウである。

熊本系褐毛和種　肥後国（熊本県）一円には昔から褐毛の牛が飼養され、体質は頑健、よく粗食に耐え、農耕運搬の使役に適しているとの評価が高かった。これらの牛は古くからしばしば輸入されていた朝鮮牛がこの地方で増殖したものとされる。熊本県でも、中国地方と同様に、明治以降外国種の導入、交雑が試みられた。一八八一年にデボン雄を導入して雑種生産を行なったが不評であった。その後も二回ほどデボンを導入したがやはり不評であった。一九〇八年、県は今度はシンメンタールとブラウン・スイスを用いて改良する方針を決め、両種の雄を導入したが、初めのうちは交配数はきわめて少なかった。その原因の一つに、交配料金の問題があったという。これまでは牧野における自然交配（雌雄混牧での交配）では無料であったものが、外国種と交配するには交配料が必要であったためという。

しかし、褐毛牛へのシンメンタールの交配は好評を得ることになる。生まれてきた子は体格が大きくなり、特に後躯（尻や腿）の発達がよく、毛色もたいていは朝鮮牛に似た褐毛単色の子が得られたからである。そのため徐々に交配頭数が増加した。そこで政府もシンメンタールを集中的に熊本県へ貸与し、熊本県もこの雑種を褐毛肥後牛と名付けて改良を進めることにした。一九二三年には褐毛肥後牛の標準体型を制定している。一九三七年の中央畜産会による登録一元化に当たっては、褐毛系役肉用牛と仮称され、一九四〇年には後述する高知系褐毛牛と一本化された共通の褐毛和種審査標準が制定された。一九四四年には高知系褐毛和種とともに一つの品種として認定されている。現在の成雌の体高一三四cmで、体重五六〇kg。

高知系褐毛和種　高知県の褐毛和種造成の基礎となったのは、明治時代になってから導入された朝鮮牛である。初めのうちは九州経由で導入していたが、その後は直接朝鮮から輸入するようになり、日露戦争の終結、韓国併合（一九一〇年）を契機として朝鮮牛の導入頭数は激増し、年間二〇〇〇頭を超えた時もあったという。しかし、第二次世界大戦後の輸入途絶によって、純粋朝鮮牛の飼養は減少することになる。

高知県で朝鮮牛の導入が増加した時期は、中国地方で雑種人気が高かった時期であり、そのため高知県で

も シンメンタールを用いて改良が試みられたが、人気は熊本県におけるほどではなかった。熊本県から褐毛肥後牛を導入することも試みられたが、毛色、体型なども地元の人たちの嗜好に合わず、役用能力も自県産におよばないと評価され、その利用は中止された。高知県の褐毛和種におけるシンメンタールの影響は熊本県のそれにくらべてかなり少ないものと考えられている。一九三八年に標準体型および審査標準を制定している。熊本県の褐毛和種にくらべると高知県の褐毛和種はやや小型であり、体格は黒毛和種に近い。成雌の体高一二五cm、体重四五〇〜五〇〇kg。

無角和種　無角和種はイギリス原産の肉用牛アバーディーンアンガスを用いて造成した品種である。場所は山口県阿武郡大井村（現在の萩市の一部）、事業の開始は一九二〇年であった。最初に持ち込まれたのは純粋なアバーディーンアンガスではなく、アンガスと在来牛との一代雑種で小雀《こがら》号と名付けられた雄牛であった。小雀号の産子は、毛色は黒で無角という特徴があり、発育も優れていたために、在来牛の子牛にくらべて高価で取引された。そこで大井村ではさらに新しい一代雑種雄牛を導入するとともに、生産地域を大井村から周辺に拡大した。山口県でも、この交雑種が好評なので、県の奨励牛種とし、一九二三年標準体型を制定するとともに、積極的な改良増殖に乗り出した。一九三七年全国の和牛の登録を中央で一元的に行なうことにした際、無角牛も本登録は中央に移管され、名称も無角和種となった。一九四四年黒毛和種、褐毛和種とともに品種として認定され、現在にいたっている。

日本短角種（雌）　『世界家畜図鑑』より

しかし、無角和種が歩んできた道は容易ではなかった。なかなか飼育地域が広がらない上に、価格も黒毛和種ほどではなく、一九六二年には飼育頭数が八七〇〇頭におよんだものの、現在は雌牛の頭数が一〇〇頭余で、産業的意味はほとんど失われているといわざるを得ない。成雌の体高一二二cm、体重四五〇kg。

日本短角種　日本短角種は、南部牛といわれていた在来牛とイギリス原産のショートホーンとを交雑することによって造成された品種である。南部とは盛岡藩（南部藩）の支配した領域で、現在の岩手県の北半分と青森県、秋田県の一部にまたがっていた。南部領は馬産地として名高かったが、産牛も盛んであり、ここで飼育されていた南部牛は、「塩の道」を通って三陸沿岸部から内陸部へ塩、塩魚、干魚、海藻などを運び、内陸部から北上山地や沿岸部へ米、酒などを運んだ。また南部牛追い唄（地元では牛方節）に「宝の山」と唄われているように、南部領はかつて全国有数の鉄の産地であり、鉄山で鉱石や製鉄のための薪炭を運ぶ牛としても南部牛は重要であった。塩の道を歩くにしろ、鉱石を運ぶにしろ、主な役利用の形態は駄載による荷物の運搬であった。一頭の牛の背につける荷物の重量は三〇貫（一一三kg）が標準であり、米俵なら二俵の重量に近い。牛方はこのように荷をつけた牛を一人で五〜七頭引率する。引率とはいうものの追うのである。追うのでなければ一人で七頭もの牛は統御できない。先牛《さきうし》といわれて先頭に立つのは一番力のある牛であったという。経験を積んだ賢い牛でもあったであろう。

ショートホーンが初めて東北地方に入ったのは一八七一年で、岩手県下閉伊郡（北上山地の太平洋側）であった。その後も何回かショートホーンが導入されているが、肉用タイプであったり、乳用タイプであったりで方針は一貫していなかった。乳用牛エアシャーが雑種生産に用いられたこともある。

昭和になって、日中戦争の拡大とともに、東北地方の短角系牛も資源として注目されるようになる。

一九四二年および一九四三年に羽部義孝らによって行なわれた岩手、青森、秋田三県の現地調査によって、「短角系牛には乳用型、肉用型、役肉用型があり、役肉用型が最も頭数が多く、東北地方の気候風土に最もよく順化しており、我が国農用牛として適当と思われる」と指摘されている。しかし、関係三県が足並みをそろえて一つの方向に向かって改良を進める動きを具体化させるのは、大戦後の混乱が落ち着いてからになる。一九五四年、岩手県では褐毛東北種と呼ばれ、青森、秋田両県では東北短角種と呼ばれていたものを、日本短角種という名称に統一するとともに、一九五七年、日本短角種登録協会が設立された。成雌の体高一二五〜一三五cm、体重四八〇〜六〇〇kg。

全国和牛登録協会の発足　一九四八年に全国和牛登録協会が設立され、黒毛和種、褐毛和種、無角和種の三品種の登録はここに移された。その後一九五〇年から、協会が実施する登録は従来の開放式登録から閉鎖式登録に変更され、登録されている牛の子でなければ登録資格が与えられないことになる。そして、登録は単に血統の記録のみでなく、外貌審査で得点が基準に達した牛にしか登録資格を与えない選択登録とし、また繁殖成績などの能力評価を加味した高等登録制度を導入するなど、今日の和牛登録制度の骨格がこの時につくられた。

羽部義孝　写真：全国和牛登録協会提供

一九五二年、熊本系褐毛和種の登録は全国和牛登録協会から分かれて別組織、褐毛和牛登録協会（現在の日本あか牛登録協会）で行なわれることになった。

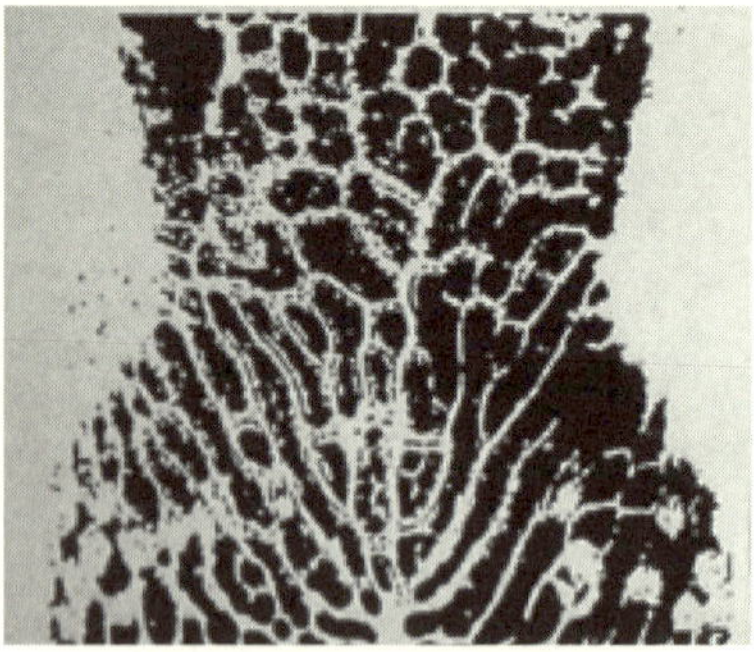

牛の鼻紋　写真：小畑太郎氏提供

羽部義孝と和牛の改良　羽部義孝（一八八九〜一九八六）は茨城県出身。一九一六年、東京帝国大学農科大学卒業。同年農商務省畜産試験場中国支場（広島県七塚原）へ赴任した。先に述べたように、ここは和牛の改良を主任務にしていたところである。このときにはすでに改良和種の名前が生まれていたが、まだ各地で改良の基本方針も定まらず、改良和種は混乱の時代であった。当時の農商務省農務局畜産課では和牛の係は鬼門であり、和牛の係にはなり手がいない状態であったという。後年の羽部義孝の述懐によれば、「この仕事の担当者が高官では万一の時いけないから、卒業したばかりの、実習を終わったばかりの若いものにやらせてみようということにでもなったのでしょう」ということであった。彼が七塚原へ赴任する少し前、岩住良治（東京帝国大学農科大学教授、畜産学）が外国留学から帰国し、和牛の改良については何か目標をつくって、それに向かって改良を進めるべきであると提言したことを受けて、農商務省畜産課は一九一八年、その方向で動き出すことにした。これまでに述べたように、これを具体化し、推し進めたのは羽部義孝である。

彼はその後一九二二年に七塚原から御料牧場、畜産試験場と活動の場を変えるが、畜産試験場時代も主たる研究対象は和牛であった。「牛体発育に関する関数的研究」（一九三二）、「牛の鼻紋に関する研究」（一九三五）など、現在でも読むに値する研究はこの時代のものである。鼻紋（牛の鼻面の模様）は人における指紋と同様に個体識別の手段として、現在でも和牛の登録に用いられている。

七塚原の畜産試験場中国支場は前に述べたように政府の財政事情によって廃場になったが、和牛に関する試験研究機関の設置が官民から強く要望されたのを受けて、一九三七年に改めて畜産試験場中国支場が島根県安濃郡川合村（現在は大田市の一部）に設置された時、彼は初代支場長として赴任する。翌一九三八年、京都帝国大学教授に迎えられるが、大学を退官するまで畜産試験場技師を兼任し、和牛改良の指導を続ける。一九四九年の定年退官の前年、一九四八年に全国和牛登録協会が設立されると初代会長に就き、一九七三年に会長を退くまで和牛改良の第一線の指導者であり続けた。全国和牛登録協会が、単に血統の登録のみでなく、和牛の改良についても指導的役割を果たすという性格づけは羽部によるものであろう。

これまでの記述にも何回か羽部義孝の名前が出てきたが、彼が和牛、なかんずく黒毛和種の成立と改良に果たした役割はきわめて大きい。彼がいなければ、現在の和牛はまた別の姿になっていたと思われる。

彼は研究論文のみでなく、多くの著書を残している。中でも、『家畜改良学とその応用』（一九四九）は、外国文献に十分接することは困難であったと思われる時代に、当時の彼が現在の家畜育種理論にどれだけ肉薄していたかがよくわかる名著である。

羽部義孝は刀水と号する俳人であり、句集も何冊か出している。剣道の腕も一流であったという。

働く和牛（黒毛和種）　筆者撮影、1964 年

和牛の発展　明治以降の牛の頭数の推移をみておくと次のようになる。先に述べたように、一八七七年には全国で一〇八万頭ほどであったものが、二〇年後、一八九七年には一二一万頭、一九〇七年には一二四万頭、日中戦争の前一九三五年には一六八万頭、太平洋戦争前の一九四〇年には二〇六万頭にまで頭数を増やしている。終戦の年、一九四五年の和牛頭数は二一六万頭、

一九五六年の頭数は二七一万九〇〇〇頭であった。戦中戦後の食糧難の時には豚や鶏の頭数、羽数が大きく減少する中で、役肉用牛は頭数を減じないばかりか、増えていたのである。参考までに豚の頭数の推移をみると、一九三八年一一四万頭、一九四〇年八〇万頭、一九四五年二一万頭、一九四七年一〇万頭、一九五五年八三万頭となっており、食糧事情が悪くなると、それに応じて頭数が激減している。役肉用牛である和牛が、戦時中も頭数を減じないばかりか増加さえしたのにはいくつかの理由が考えられる。牛の餌は、豚や鶏の餌のように、人の食料と競合することがあまりなかったこと、日中戦争によって、農村から多くの馬が軍馬として中国に送られた穴埋めとして牛が求められたこと、農村の若者が兵隊として動員された後の労働力として牛が必要であったことなどである。

しかしこのように順調に頭数を伸ばしてきた和牛は、前述一九五六年をピークとして減少に転ずる。農村から和牛を追い出したのは動力耕耘機であった。一九五五年の動力耕耘機数八万九〇〇〇台、一九六〇年五一万三〇〇〇台、一九六七年三〇七万九〇〇〇台で、和牛の役畜としての地位の後退を明確に示す数値である。和牛の頭数は、高級牛肉を生産する牛として世界的に評価されている現在でも、五〇年前の頭数には回復していない。

和牛は肉用牛　一九六二年、政府の審議会（家畜改良増殖審議会）は、「和牛については、今後は肉利用に重点をおいて改良する要がある」と、時勢をみれば至極当たり前の答申をする。この時、従来の役肉用牛という呼称に代えて肉用牛という呼び方に変更されている。日本に渡来して以来およそ一五〇〇年にわたった役畜としての牛の任務が終わったことになる。その意味ではこの年は記憶すべき年といえようか。肉牛として生きることになった和牛の改良目標は、産肉能力が最も重要になったのである。

和牛では改良和種と呼ばれていた時代から、体型や資質と呼ばれる外見で評価することが行なわれてきた。いろいろな品種の外国種を用いて雑種を生産した影響が色濃く残り、外見上のばらつきが大きい時には、外見で評価することは必要なことであった。標準体型を制定し、それにもとづいて審査標準を制定する。標準体型をイメージしつつ外見を審査し、評価できることは、和牛の改良に携わる者が身につけるべき技術資格であった。外国においても、品種の特徴を示すものとして外見が重んじられてきた歴史がほとんどの品種にある。

体型がある程度揃ってくると、外見の審査によって能力の優れた牛を選ぶことには限界が生ずる。その上、後で述べるように、和牛では人工授精が急速に普及し、繁殖に用いる雄牛である種雄牛が改良におよぼす影響は、自然交配の場合にくらべて格段と大きくなる。遺伝的能力が優れた種雄牛を選ぶ技術こそが、改良における重要技術になっていく。

一九六二年に和牛産肉能力検定研究会が発足し、検定の実施方法が論議され、産肉能力間接検定からまず実施に移される。

間接検定は次のように行なわれる。まず能力を評価したい種雄牛候補である雄牛の子牛を生産し、その中の雄子牛を去勢した上で、決められた条件の下で肥育する。そしてその間の発育速度や、屠畜して肉の量や肉質を検査する。ある雄牛の子牛の成績の平均は、その雄牛の能力を反映していると考えるのである。当初は一雄当たり最低六頭の去勢子牛を用いて検定することにしていたが、この数では不十分ということになり、いろいろ検討の末、現在では、雄子牛も雌子牛も父牛の能力評価の材料として用いることにし、検定のための子牛肥育施設も農家レベルの肥育場も使うなどの方法がとられている。肉牛の種雄牛の能力評価に、その子牛の肉質まで調べる間接検定方式は、牛肉の肉質を重視する日本独自の方法ということができよう。

ストローに封入された凍結精液
写真：家畜改良事業団提供

なお、ここでいう間接検定は和牛独特の言い方で、子牛の平均能力からその父牛である種雄牛候補の能力を推測する手法は、一般には後代検定という。

間接検定（後代検定）に少し遅れて一九六四年、和牛産肉能力直接検定が動き出す。一定条件の下で種雄牛の候補である若い雄牛を飼育し、その発育能力を調べる方法である。発育能力は、わざわざ子牛をとって、その子牛の発育能力から種雄牛候補の雄牛の能力を評価しなくても、直接その雄牛の発育を調べれば、その雄牛の遺伝的発育能力をかなり正確に評価できるという考え方にもとづく方法である。

現在和牛では、直接検定で種雄牛候補の発育能力についてまず選び、次いで選ばれた候補牛について間接検定によって肉質に重点をおいて最終的に種雄牛を選ぶという二段階の選抜がとられている。

人工授精と改良　和牛（黒毛和種）における人工授精は、第二次世界大戦以前から一部地域では、交配にともなう伝染性疾患（トリコモナス症）の予防対策として行なわれていたが、本格的な普及をみるのは戦後である。普及率でみていくと、一九四七年七％、一九五〇年二六％、一九五五年七四％、一九六三年八八％となっており、現在では九九％が人工授精である。人工授精では少数精鋭の種雄牛を次世代の牛の生産に用いるため、その種雄牛が優れた能力の牛であれば、改良速度は飛躍的に向上する。費用をかけて、二段階の産肉能力検定を経て種雄牛を選抜するのもそのためでもある。人工授精では、評価の高い種雄牛が生涯に一〇万頭を超える子を残すことも珍しくない。黒毛和種では全国で七〇〇頭近い数の種雄牛が常時繋養されているとみられるが、毎年生まれる子牛の四〇～五〇％が五頭程度の種雄牛からの子牛である状況が続いてきた。

人工授精技術は戦前からの技術であり、バイオテクノロジーという言葉が生まれる前からの技術であるため、バイテクの範疇に数えられないこともあるが、畜産の分野では最も貢献の大きいバイテクというべきである。これまでも家畜の改良には大きな貢献をしてきたが、今後も大きな影響をおよぼし続ける技術である。しかし、すべての技術には光と陰がある。人工授精による改良速度の向上が光の面であれば、陰の面は遺伝的多様性の喪失といえよう。ここでいう遺伝的多様性の喪失とは、全国の黒毛和種が遺伝的に似通ってしまうことであり、一頭一頭の牛がもつ遺伝子がホモになってしまう確率が高くなることである。

作物の場合であれば、例えば同じ品種の稲であれば、どの株でも、どこで栽培されても、遺伝子レベルではまったく同じであり、遺伝子はすべてホモになっている。だから子の世代の遺伝子型も親世代とまったく変わらない。コシヒカリは一〇年たっても同じコシヒカリである。作物の場合、もし今の品種に不満があれば、新しい品種をつくればいいことである。

牛の場合は、同じ品種であっても、一頭一頭は、一卵性双子ででもない限り、遺伝的に同じではない。同じであっては困るのである。ここが作物の品種改良とは違うところである。

和牛四品種の場合は、遺伝的な改良はすべて品種内で行なわれているから、遺伝的に改良するためには、同じ品種の中から遺伝的に優れた牛を次の世代の親に選ばなければならない。どの牛も遺伝的に同じであれば、改良は進みようがない。遺伝的に似通っていれば、選ばれた牛が遺伝的に優れている程度は小さくなるので、あまり改良は進まない。また、多くの遺伝子がホモになっていると、その牛の活力を低下させると考えられている。

和牛の改良に携わる人たちは、どうすれば和牛の改良を進めつつ、遺伝的多様性を維持できるか、現在真剣に考えている。

改良技術の進歩　牛の品種改良には二通りの方法がある。一つは、二つ以上の品種を交配して新しい品種をつくり出す方法である。前に紹介した、アメリカにおけるブラーマン、サンタガートルーディス、オーストラリアにおけるドラウトマスター、マレイグレイなどがこの例である。日本における和牛四品種も、雑種生産を始めた当初は新品種をつくり出す意図は明確でなかったと思われるが、結果的にはこの範疇に入る方法で品種が成立したといえる。

この方法の欠点は、交雑によって変異の幅が大きくなった牛が、一つの品種と認められるまでに表現型がまとまるのに時間がかかることであり、その間のコストも膨大になる。時間がかかる最大の原因は牛の世代間隔が長いためで、そのため、現在では交雑によって新しい品種をつくり出すことはあまり流行らなくなっている。

二つ目の方法は、既存の品種の中で種畜の選抜を繰り返すことによって、品種全体の能力を高めていく方法である。牛の改良では、乳牛であれ、肉牛であれ、新しい品種をつくり出すよりも、品種内選抜によって品種改良を進める方法が一般的になっている。この場合、種畜、中でも次世代に子牛を多く残す雄牛の遺伝的能力を、どのような方法で正確に評価し、種雄牛として選抜するかが改良上重要な技術となる。そのため、牛を念頭においた種畜評価法に関する研究は、多くの家畜育種研究者の中心的なテーマであった。結果として、育種に関する理論的研究は作物より家畜で進んだといえる。

一九〇〇年にメンデルの法則が再発見されると、これで家畜の改良は大きく進歩すると期待された。しかし、メンデルの法則がそのまま適用できたのは、角の有無や、いくつかの遺伝性疾患など、一つか二つの遺伝子によって表現型が支配される形質であり、発育速度や牛乳生産量など、いわゆる量的形質の改良には実用的指針を与えることはできなかった。

やがて、集団遺伝学を基礎に発展した統計遺伝学が登場し、一九三〇年代には家畜育種の理論として集大成される。立役者は、アイオワ州立大学のJ・L・ラッシュであった。発育速度や牛乳生産量などのような量的形質には、非常に多数の、しかし個々にはきわめて小さな効果しかもたない遺伝子群がかかわっており、その累積効果が個々の家畜の遺伝的価値を決めるという仮説（ポリジーン仮説）の上に立って理論が築かれている。この統計遺伝学の手法によって種畜の遺伝的評価技術は大きく発展し、改良の実績も上がった。統計遺伝学的手法の一つの到達点がＢＬＵＰ（ブラップ）法である。ＢＬＵＰ法はアメリカ・コーネル大学のＣ・Ｒ・ヘンダーソンによって一九七〇年代には実用化されている。

牛を例にとれば、先に述べた和牛産肉能力間接検定法（後代検定）では、種雄牛候補である父牛の遺伝的能力を子の表型値のみから評価するが、ＢＬＵＰ法では、表型値をもつ個体間の血縁情報をもとに個体を相互に結びつけ、それぞれの個体の能力評価をより正確にしようとする。例えば、ある個体の父牛や母牛、兄弟姉妹、娘、息子の能力の表型値が得られていれば、それらを総動員して当該個体の能力をより正確に推定しようとする。これと同時に、その過程で父牛や母牛などの評価値も修正され、推定はより正確になる。

日本の乳牛では、三〇〇万頭分以上の雌牛のデータがコンピュータ中に格納されており、これにもとづいて個々の牛の遺伝的能力が評価されている。新たなデータが加われば、これまでの評価値が修正されることも当然ながらあり得る。

一九五三年にＤＮＡの構造模型が発表されると、分子遺伝学が急速に発展する。家畜のゲノムＤＮＡを解析することによって、家畜の改良は一挙に進展すると期待され、一九八〇年代から牛や豚のＤＮＡ解析研究が各国で熱気をもって取り組まれ始めた。和牛については一九九二年、畜産技術協会附属動物遺伝研究所で研究が本格的に開始された。

ＤＮＡ研究の成果は、個体識別や親子判別を正確かつ簡便にし、また、劣性遺伝する多くの遺伝性疾患の原因遺伝子を特定することを可能にして、キャリア（保因畜）の遺伝子診断ができるようになった。これはこれで大きな経済効果をもたらすことであった。

しかし、量的形質である経済形質の変異を、遺伝子と対応させて説明しようとする試みは、現在までのところあまり成功していない。統計遺伝学的な方法は、量的形質は一つ一つは効果の小さい多数の遺伝子群の累積効果によるとの仮説にもとづいた方法によっているのであるが、この仮説が妥当なものとすれば、量的形質の変異を個々の遺伝子を特定することによって説明しようとする試みの前途は険しいと言わざるを得ない。

最近、統計遺伝学的考え方とゲノム解析による情報を統合して、種畜の遺伝的能力を推定しようとする方法が試みられている。ゲノム選抜法、あるいはジェノミック選抜法といわれる方法である。この方法では、量的形質は多数の遺伝子群の累積効果であるとの仮説は尊重する。その上で、染色体上に一定間隔で配置した標識ＤＮＡ（ＤＮＡマーカー）に重み付けして、その総和が個体の遺伝的能力を反映するような重み付け係数を、個々の標識ＤＮＡについて帰納的に推算する。標識ＤＮＡの数は数千から数万。個々の標識ＤＮＡが遺伝子の一部であるのか、遺伝子と連鎖している標識にすぎないのかは重視しない。

二〇〇九年現在、日本を含むいくつかの国では、乳牛についてゲノム選抜法による種畜評価の試みが進行中であるが、肉用牛では日本を含む各国で未着手である。未着手の理由は、標識DNAに対して重み付け係数を算出するための情報が、乳牛の場合ほど整備されていないことである。

現在の和牛　現在日本の牛肉需要の約六〇%は輸入牛肉であり、あとの四〇%が国産牛肉である。この自給率四〇%のうちのまた四〇%が和牛肉、残りの六〇%が乳牛であるホルスタインか、和牛とホルスタインの交雑種から生産された牛肉である。つまり、日本で消費される牛肉の一六%くらいが和牛肉となる。日本では和牛肉は最高級牛肉として位置づけられており、二〇〇七年の調査では、サーロイン肉で比較しても、もも肉で比較しても、和牛肉の価格は国産のホルスタイン種からの牛肉より約五〇%高く、オーストラリア産牛肉より三倍高い（農畜産業振興機構調べ）。しかも、和牛肉が高級牛肉として扱われるのは日本だけではない。ワギュウ肉、コーベ・ビーフが高級牛肉であることは世界の多くの国で認められている。そのため、アメリカ、カナダ、オーストラリア、ニュージーランドなどにはワギュウの生産者団体があり、そこでは血統の登録もしているし、また、ワギュウがいかに高級牛肉を生産する牛かの宣伝もしている。世界の牛肉生産国が和牛に注目しているのである。

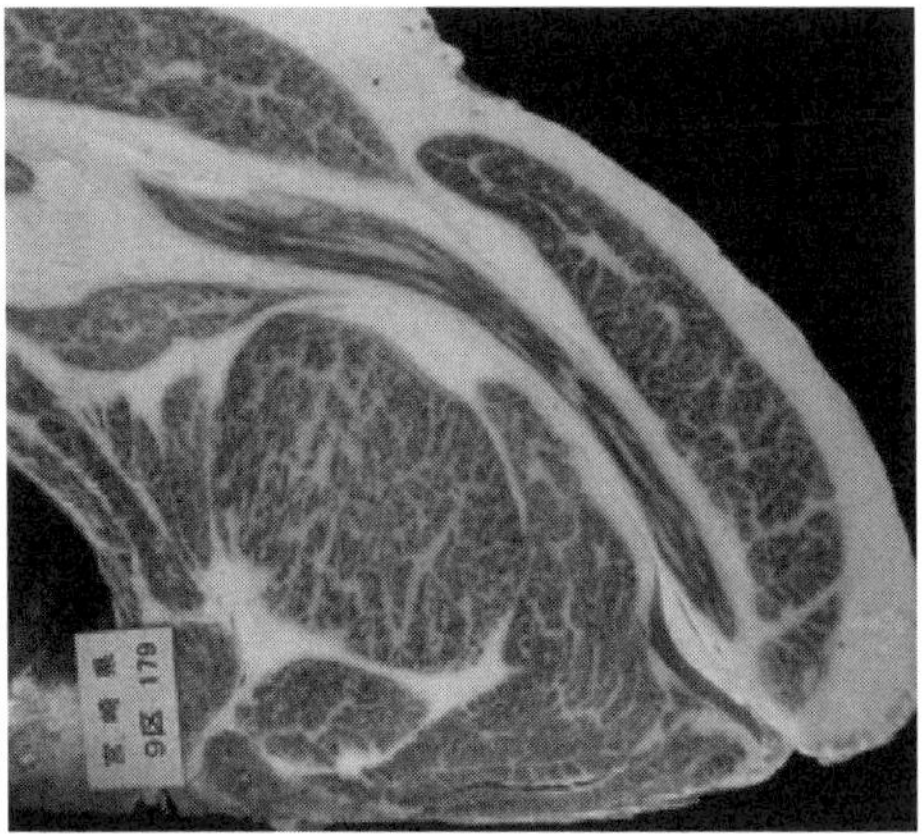

霜降り牛肉（黒毛和種）　写真：全国和牛登録協会提供

　このような情勢を受けて、二〇〇六年に農林水産省は、「和牛は、関係者の長年の育種改良の努力の成果品であり、その遺伝資源は国の財産である」として、和牛を知的財産と位置づけ、その遺伝資源を保護する措置を講ずることにした。この措置の柱は、「人工授精に用いられる精液の流通管理を強化し、和牛の遺伝資源がみだりに海外に流出しないようにする」、「和牛肉の表示を厳格にし、和牛肉と表示できるのは四品種の和牛からの肉のみとする」などである。

和牛四品種の頭数比率は、雌牛頭数でみると、一九八五年には黒毛和種八七・五%、褐毛和種九・三%、日本短角種三・〇%、無角和種〇・二%であったが、二〇〇八年には、黒毛和種九六・六%、褐毛和種二・七%、日本短角種〇・七%となっている。黒毛和種のみが比率を伸ばしているのであり、この傾向は今後さらに強まると考えられる。日本短角種は放牧によって子牛生産ができる牛として徐々に頭数比率を高めていたのだが、一九九一年の牛肉の輸入自由化を機に急速に頭数を減らした。

現在、日本短角種の雌牛頭数は約四五〇〇頭、高知系褐毛和種の雌牛頭数は約一五〇〇頭である。この頭数では品種の存続にとって厳しい状況といわなければならない。黒毛和種が頭数比率を伸ばしてきた最大の理由は、霜降り肉になりやすいことである。

現在の黒毛和種　成雌の体高一三〇cm、体重四六〇kg。世界で肉用種と位置づけられている牛の中では最も小型の部類であるが、大型か小型かは肉牛としての能力とはあまり関係がない。

黒毛和種で最も多い肥育形態である去勢牛肥育は以下の通り。種雄牛候補にしない雄子牛は生後九〜一〇ヵ月で肥育用子牛として出荷される。この時の体重は二九〇kg前後。子牛は、ほ乳期間中に去勢されている。去勢するのは霜降り肉になりやすい牛にするためである。約二〇ヵ月間肥育し、月齢二九〜三〇ヵ月、体重七〇〇kgくらいで出荷される。枝肉重量は四三〇kgくらい。日本は世界で最も重い枝肉を生産する国といえる。

第2章

ウシ
（乳牛）

◎

伊藤　晃

《日本の品種改良史》

明治以前の乳利用

(1)わが国上代の乳牛

わが国の気候は、温暖多雨の東アジアモンスーン気候である。そのおかげで、水田に水を湛《たた》えることにより、土壌中の肥料分が有効化するとともに、連作に耐える水稲栽培を主とする農業を営むことができたので、畜力をあまり必要としなかった。加えて、天武天皇（在位六七三～六八六年）の詔「牛馬犬猿鶏之宍《しし》を食うことなかれ」の殺生禁令以来、食肉は禁止されていた。したがって家畜飼養は、軍用・役用の馬、駄用・役用の牛、自家用の卵肉用の鶏のみが中心とされ、穀物を食糧の中心とする主穀農業が長く続いた。そのため牛の乳利用は文明発祥の地方より著しく遅れた。文献に初めて見られるのは、大化元（六四五）年に帰化人の子孫善那《ぜんな》が牛の乳を搾って孝徳天皇に献上し、大和薬使主《やまとくすしのおみ》の氏姓を賜り、名を福常《ふくじょう》に改めたという記録にさかのぼる。和銅六（七一三）年に乳戸五十戸がおかれ、乳長上《ちちのおさのかみ》の役職が設けられた。搾乳技術が高く評価され、乳長上に笏《しゃく》をとらせるという破格の待遇が与えられている。養老六（七二二）年には貢酥《こうそ》の儀が定められ、租税として諸国から酥酪《そらく》（牛乳を煮つめて発酵させた原始的乳製品）を上納させた。平安時代には、医療全般を司る典薬寮に乳牛院が設けられ酥酪などがつくられた。しかし、これらは保元・平治の乱を機に朝廷の勢力が衰え、官牧がことごとく荘園化し、乳戸も乳製品も影を没し、「大宝律令」や「延喜式」で定めた制度は幻のごとく消え去り、酪農はまったく姿を消してしまった。

⑵徳川時代の牛乳・乳製品

酪農がわが国から影を消して五〇〇年以上経過した慶長年間（一五九六～一六一五）に、海外から来た宣教師によって、長崎に貧民の乳児を収容し牛乳を飲ませる乳児院が開設され、牛乳を得るために牛が飼われた。しかし徳川幕府のキリシタン弾圧による鎖国のため、うたかたの如く消えてしまった。それでも二百数十年にわたる鎖国の間にありながら、長崎出島を通して西洋文化が伝えられ、中でも西洋医学・薬学の知識が大いに学ばれた。その影響を受けて徳川吉宗は、享保一三（一七二八）年にインド産の白牛雌雄三頭を輸入して安房国嶺岡《みねおか》の牧に放牧・繁殖し、「白牛酪」を製造した。この白牛酪は、牛乳を煮つめて水分を取り去り乾燥させた素朴な乳製品であったが、享保一七（一七三三）年には高貴薬として民間に払い下げられたという記録が残っている。その後、諸国の大名の間にも養牛場を設けるものが多くなった。これは牛乳・牛酪が強精滋養剤として効果があるとみられたからであろう。特に名高いのは、徳川斉昭の「牛乳酒」である。斉昭は、天保一四（一八四三）年に水戸の弘道館のかたわらに養牛場を設けて牛乳を搾って用いていた。このように、鎖国政策をとっていた徳川幕府も牛乳・乳製品を医療として利用していた。

近代的酪農への歩み

明治維新は、わが国畜産界にも甚大な影響を与えた。明治政府は欧米諸国に追いつくために国策の基本を富国強兵におき、産業の基幹を農業に求め、その勧農政策の主要な一つとして、欧米式畜産の導入・発展を企画した。その主要な政策として官営牧場を設け、種畜の輸入・増殖と生産家畜の貸付・払い下げを行ない、牧畜の普及・浸透につとめた。とともに北の防備のための開拓使をおき、屯田兵制度と合わせて、北海道の畜産・酪農の発展をはかった。

(1) 明治時代の酪農奨励

種牛の輸入　政府はわが国畜牛改良の基礎を外国種牛の導入におき、外国種牛の輸入を積極的に推進した。そのことは明治元（一八六八）年から同一三（一八八〇）年までの間に輸入された種牛頭数が、一一七九頭に達していることからも見て取れる。同じ時期に輸入された種馬の頭数は一八三頭であった。このことは、当時の畜産政策が、馬よりも牛に重点が置かれていたことを証明している。なお、これらの輸入牛の八〇％が民間によって輸入されており、当時、政府の奨励に呼応して民間の牧牛熱がいかに高揚していたかがうかがえる。

開拓使の牧畜　明治政府は、明治二（一八六九）年に北の防備と北海道開拓の推進のために、開拓使を設置した。その際、この開拓には大農式手法を取り入れようと意図し、そのための指導者としてアメリカ人ケプロンが招かれた。さらにその技術指導所として、東京府下の青山北町に第一官園（農作物試作）、第二官園（果樹）および第三官園（牧草の試作と家畜の試養）が置かれ、その指導者としてアメリカ人エドウィン・ダンが招かれた。彼は明治六（一八七三）年にショートホーンなど四〇頭の牛と緬羊一八〇頭をつれて来日し、次いで北海道に渡り畜産開発に大いに貢献した。明治六年には屯田兵制度が設けられ、一五〇〇人（家族を合わせて八〇〇〇人）が入植して開拓が始められた。

開拓使の技術指導所として設置された官園も、明治八（一八七五）年には北海道の七重勧業試験場へ大部分が移譲され、明治一五（一八八二）年に開拓使官園は廃止された。だが開拓使の牧畜は、北海道の畜産・酪農にとって重要な基礎となったことは間違いない。


官営牧場の設置　〈嶺岡牧場〉文安二（一四四五）年から一七〇年間、千葉県安房の国の国主里見家が開牧して利用した。慶長一九（一六一四）年には徳川幕府の保管するところとなり、享保一三（一七二八）年になると将軍徳川吉宗が外国から白牛（雄一、雌二）を輸入し、繁殖・放牧した。寛政四（一七九二）年には七〇余頭を飼養・放牧し、「白牛酪」を製造したことで有名である。

その後、明治維新を経ると官営に移されるにいたった。明治三（一八七〇）年には政府はオランダ、イギリスなどから乳用牛五頭を輸入したが、三年後の明治六年に牛疫が流行し、飼養牛のほとんどが失われてしまった。その後の経緯について言えば、明治初期は諸事混沌の時代であったため行政組織の変革が激しく、そのため牧場の所管もそのつど変わっていき、明治一八（一八八五）年には宮内省所管となったが、その後、民間会社に払い下げられる等の変遷を経て、現在では千葉県嶺岡乳牛試験場となった。

〈内藤新宿試験場〉明治五（一八七二）年一〇月、東京四谷の内藤邸跡に農業総合試験場として設立された。主な役割は洋種牛馬、西洋型農具の貸付、農業関係の各種試験・調査を行ない、牛馬の飼養、治療、搾乳、製酪に関する技術の研究、普及をも行なうことであり、その後の畜産技術発達の中心となった。

〈下総種畜場と取香《とっこう》種畜場〉明治政府は明治八年に「広く海外の良種の牛・馬・羊を求めて種畜改良の基礎を立て、泰西農機の使用を開き（中略）わが国牧畜耕法の新生面を開く」ことを目指して、千葉県の三里塚に下総種畜場を、同取香に取香種畜場を開設した。前者は軍服用の牧羊事業の普及および酪農経営と製乳事業の指導を行ない、後者は洋種の牛・馬の改良を行なう種畜牧場となった。その後、明治一三（一八八〇）年の緊縮政策のため取香種畜場は廃場となり、その業務は下総種畜場に移された。その下総種畜場は明治一八年に、皇室用の農産物を生産する宮内省下総御料牧場となった。同牧場は昭和四四（一九六九）年、成田空港建設にともない栃木県塩谷郡高根沢町に移転し、宮内庁御料牧場となった。

以上が明治初期における官営牧場と変遷の概略であるが、開拓使直営の畜産関係施設は幾多の経緯を経て、札幌農学校（現北海道大学農学部）や宮内省新冠御料牧場（現家畜改良センター新冠牧場）などになり、明治四（一八七一）年に開設された駒場野牧畜試験場は駒場農学校（第一高等学校、東京大学農学部を経て現東京大学駒場キャンパス）となった。

改良方針の決定　明治初期には盛んに外国種が輸入されたが、それらの中には血統や記録の無いものが多く、改良とは無関係にただ輸入された牛が多数を占めた。また、雑種なら在来種よりよいという安易な考え方にもとづいた交配が広く行なわれたことや、畜産にまったく無経験の者に貸与した種牛の成績不振、畜牛結核病の蔓延などと重なって、明治中期には牧牛業に衰退の兆しが現われ始めた。その解決策として家畜改良方針の確立が強く求められるようになり、政府は明治三三（一九〇〇）年に学識経験者による種牛改良調査会を開催し、わが国種牛改良の基本方針を諮問し、次のような答申を得た。

（ア）改良の基本方針は、役肉乳の三用途を兼ねたもの、および純良な乳牛の繁殖を図ること
（イ）日本在来牛はますます精選繁殖すること
（ウ）日本在来の雌牛を精選し、これに外国種の雄牛を交配し雑種を産出すること

（エ）外国から輸入すべき種牛は、シンメンタールおよびエアシャーの二種とすること

政府はこの答申にもとづき、乳用牛としてエアシャーを、和牛を役肉乳三用途兼用牛に改良するための外国種としてシンメンタールを定め、後に和牛改良用としてブラウン・スイスを追加した。

牛乳の販売と練乳の製造　わが国で初めて牛乳を販売した人物は、横浜でオランダ人スネルから乳牛の飼養管理と搾乳の技術を学び、横浜・太田町に搾乳所を設けて、文久三（一八六三）年（明治維新の五年前）に牛乳販売を始めた前田留吉である。次いで慶応元（一八六五）年に、江戸の芝新銭座に市乳牧場（搾乳と牛乳販

明治初期の阪川牛乳店の販売風景
杓子でドンブリに分けている。

明治23年頃の配達風景

明治37～38年頃の箱車による販売

明治30年代終わり頃の愛光舎の牛乳販売部および事務部

写真：いずれも一瀬幸三氏提供

売を兼ね行なう牧場）を移した。当時の販売方法は、牛乳を罐《かん》に入れてブリキの柄杓で量り、ドンブリなどに分けていた。明治八年には牛乳の搾乳・販売所が、東京で二〇軒に達したと記録されている。明治一二（一八七九）年当時の牛乳の小売価格は一合（一八〇㎖）につき、およそ三錢八厘～四錢であった。当時、官製はがきが同一市町村内あて五厘、ほかの市町村あてが一錢であったことから、牛乳一合の価格は現在に換算すると、二〇〇～四〇〇円に相当する。

牛乳がガラス瓶に詰めて売られるようになったのは、明治二二（一八八九）年に東京・牛込の津田牛乳店が瓶の口に紙を巻いて配達したのが嚆矢であった。明治三二（一八九九）年には、東京の愛光舎が殺菌した牛乳を瓶詰めのうえキャップして販売した。それに続いて箱車ができ、これを曳いて配達するようになった。このような発展経緯を経て、市乳業も近代的産業としての形態を整えていった。

続いて、明治時代の広告（チラシや本の挿絵）を通して、当時の人びとの乳製品に対する見方を読み取ってみたい。明治六年頃の牛乳・乳製品の販売店の店先を描いた絵（次頁）は、明治時代の劇作者仮名垣魯文の『安愚楽鍋《あぐらなべ》』という小説の挿絵で、浅草蔵前にあった牛鍋屋「日ノ出屋」の店先ののれんが描かれており、これらの品が売られていた。当時の絵図である日清戦争後の明治三〇（一八九七）年頃のチラシは、長野県佐久郡栄村の小須田憲重、小沢吉松らが経営する「栄養牛舎」の店先を描いたものである。この地区は外国人の季節的居住もあったと思われるから、絵図には現われていないが、栄養牛舎とあるからには、乳製品のバターやコンデンスミルクのほかに、輸入品のチーズなども売られていたに違いない。店先を通る軍人などからは、当時の風潮が偲ばれる。明治三七（一九〇四）年から同三九（一九〇六）年頃のポスターは、牛乳が滋養に富むことを周知させるとともに、販売店の広告を兼ねたものである。この図柄は医療機関を描いているところに特徴があり、一般的にこの頃までは、牛乳が薬品的に取り扱われており、食品としてではなかった。牛乳が食品として広く扱われるようになったのは大正に入ってからといわれている。

明治一五年頃から都市（特に東京）の人口が急激に増加し、それに比例して牛乳の消費も大幅に伸び、乳牛頭数や搾乳量も上昇を続けた。加えて濃厚飼料の給与が普及して、牛乳の生産がいっそう促進されるようになった。その結果、市乳（市販された牛乳）が売れ残ること（残乳）がしばしば起こり、この処理が牛乳業者にとって大きな課題であった。残乳でバターなどがつくられたが、当時はバターの消費が少なく、業者の大きな悩みとなっていた。一方、当時すでに練乳が育児用や病人の食餌として重要視され、外国から多量に輸入されていた。輸入（舶来）の練乳は品質が優れ尊重されていたので、牛乳業者は何とかして舶来品に勝る練乳をつくりたいという念願が強かった。わが国の乳製品事業の足跡をみると、外国では飲用牛乳↓バター↓チーズ↓練乳という順序に対し、飲用牛乳↓練乳↓バター↓……↓チーズという特異なコースをとってきた。

明治6年頃の乳類の販売店
のれんに書かれた乳製品が売られていた　一瀬幸三氏提供

明治30年頃のチラシ　農友社提供

明治37～39年頃のポスター　農友社提供

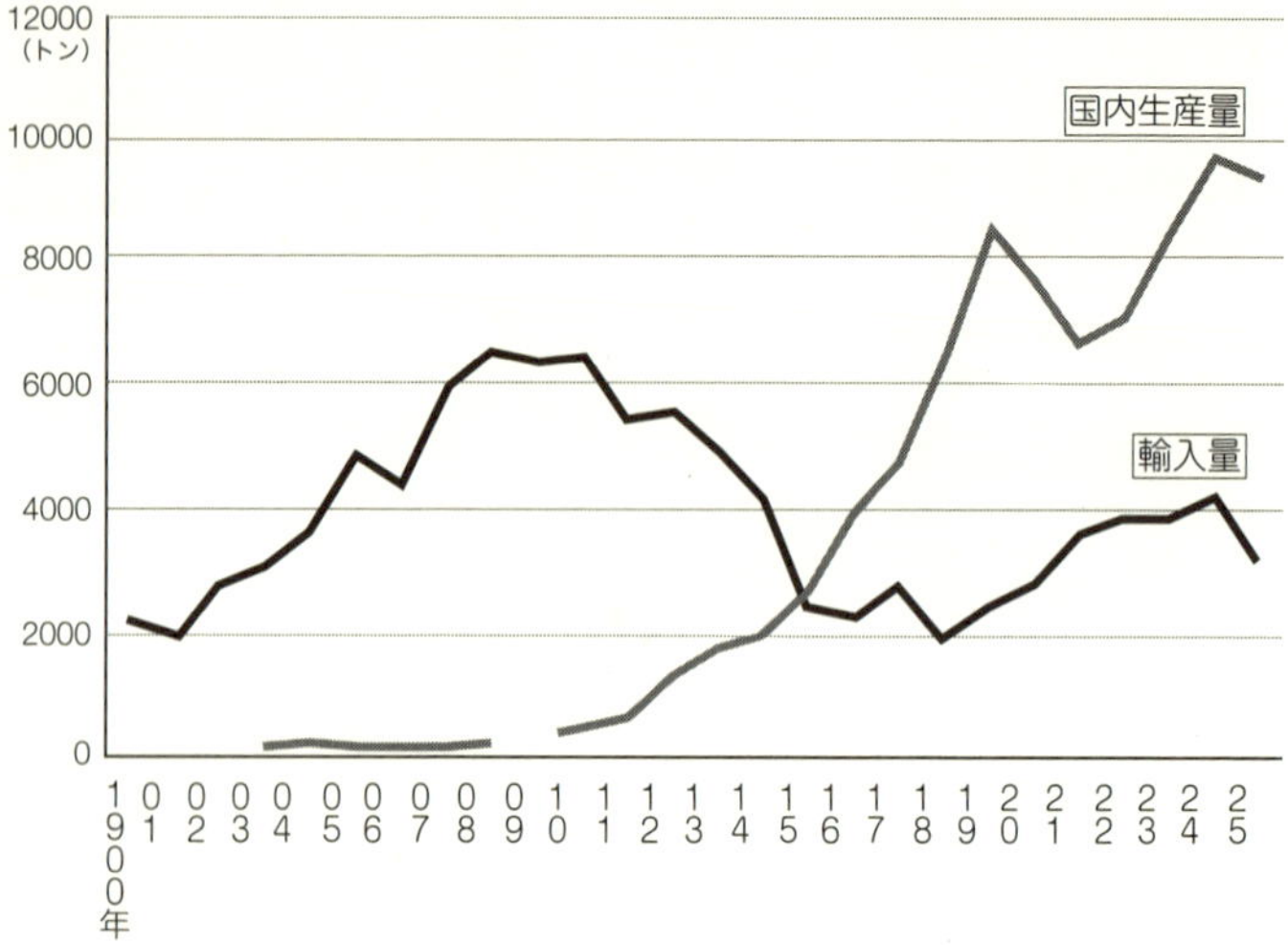

練乳の国内生産量と輸入量の推移

（09年度は調査を欠く）　農林省統計より

練乳製造は、明治四～五年頃平鍋で試みられた。平鍋は江戸時代に白牛酪がつくられた時に用いられた直径一尺五寸（約四五㎝）、深さ五寸五分（約一六・五㎝）くらいの青銅鍋で、生乳と砂糖を入れ、トロ火で攪拌篦《へら》で攪拌しながら焦げつかないようにして水分を蒸発させ練乳がつくられた。しかし、焦げつきやすく、粗大な乳糖結晶に苦しみ、質のよい練乳はなかなかできなかった。明治一五～一六（一八八三）年には下総御料牧場で二重底の湯煎鍋（井上鍋）が井上謙造によって発明され、種々改良が加えられて、かなり良質の練乳がつくられるようになった。昭和初年まで小規模の練乳業者による製造が続けられた。明治二九（一八九六）年には花島兵右衛門によって初めて真空釜が考案された。明治四三（一九一〇）年には札幌農学校で真空釜の製造が試みられ、同四四（一九一一）年に北海道大学に製乳工場が設けられて練乳の試験研究が行なわれ、練乳製造技術上最も大きな問題であった乳糖結晶や凝固が、大正二（一九一三）年に解決された。このような経過を経て練乳製造技術が向上し、真空釜を設置した練乳工場が多くなり、生産量も増加していった。大正四（一九一五）年に国内生産量が輸入量を超えるようになった（図参照）。しかし、生産量は増加しても技術的には外国に比肩することができなかった。その原因としては、

（ア）品質不良のものが一〇〜二〇％もあるうえに、開罐《かいかん》後の保存期間が輸入品が一〇日〜二週間であるのに対し、国産品は一週間以内と短いこと

（イ）原料となる牛乳の品質、牛乳と砂糖の割合、製造方法が区々で、品質が一定でないこと

（ウ）資本に乏しい零細な練乳業者が多くて経営が困難であり、品質の向上や均一性保持に努力を払うことが難しかったこと

などが重なったためと考えられ、国産の練乳は輸入品にくらべて信用が低かった。国産乳製品の品質が輸入品に比肩し得るようになるまでには、長い年月が必要であった。

⑵乳牛改良の黎明期

ホルスタイン種の輸入と定着　日本における乳牛品種の変遷は、明治六年にエドウィン・ダンがショートホーン種や緬羊をともなって来日した時に始まった。それ以前は、牛乳販売にかかわった搾乳牛（在来種と思われる）はいたが、乳用種の改良とは無関係のものであった。その後、洋種種牛の輸入が活発になって、改良の黎明期を迎えるようになった。わが国における乳牛品種の改良にとって最も大きな意義をもち、かつ今日の乳牛飼養頭数の九九％以上を占めるのはホルスタイン種であるが、本種が輸入された時期は、ジャージー種やエアシャー種の輸入にくらべて一〇年以上遅い明治二二年であった。また、エアシャー種がわが国乳牛の奨励品種になったのが明治三三年であったのに対し、本種が奨励品種に追加されたのも遅れて一一年後の

明治四四年であった。

当初、国は乳用種の奨励品種をエアシャー種とし、輸入・増殖を進めていた。その理由は、あまり肥沃でない地で成立した比較的小柄で、丈夫で粗食に耐え、相当な能力をもつエアシャーは、日本のように一戸当たりの耕地面積が少ないところでは格好な品種と考えられたからであろう。しかし、実際には農家の飼養技術が未熟なために、期待した成績が得られず、また搾乳業者や牛乳販売業者は、少しでも多く乳を出す牛を強く求めていた。その結果、体が大きくても泌乳能力の優れたホルスタイン種が注目されるようになり、エアシャー種の飼養が全国的に減退していった。その影響を受けて、若い雌牛を生産・販売するエアシャー種の主要な牧場が、その育種・繁殖から撤退していった。このような状勢と民間の要望を受け、国は明治四四年に、ホルスタイン種を乳牛の奨励品種として追加することを決めた。


ホルスタイン種牛輸入の足跡　わが国にホルスタインが種畜として初めて輸入されたのは明治二二年であり、これらの純粋種によって、この品種の改良繁殖が始まった。同じく明治二二年に札幌農学校に雄二頭、雌三頭がアメリカから輸入され、また同年、函館の園田牧場に雄一頭が輸入された。さらに宮内省御料牧場には明治二九年にオランダから雄二頭と雌八頭が輸入された。

実はこれより先、ホルスタインと思われる黒白斑牛が輸入された史実がかなりの地方で記録されている。その一、二に触れてみよう。黒白斑牛が最初に輸入されたのは明治一八年で、アメリカから雌牛五頭がジャージー雌牛一九頭とジャージーおよびホルスタインの雑種の雄牛とともに輸入された記録がある。明治二一（一八八八）年には、東京の京橋の新原敬三（牛乳販売業を営む耕牧社の社主）がアメリカから黒白斑牛の雄二頭と雌一五頭を輸入している。翌二二年、C・M・ウィレットは十数頭のホルスタイン種牛を携えて来日し、東京築地に滞在し、ほとんど全部の牛を売却して帰米した。

ここで再び、品種の改良・繁殖を目的とする種牛（血統登録証などの記録が明らかな純粋種）の輸入に立ち返ることにする。明治二四（一八九一）年には、千葉県の嶺岡畜産株式会社社長山口長次郎が渡米して、ホルスタイン種の雄牛である嶺雪号と雌牛ウィラミナ号の二頭を、五〇頭のショートホーン種とともに輸入した。この二頭のホルスタイン種牛は、安房郡下のホルスタインの先駆けともいうべきものであったが、残念ながら血統登録証明書や記録の紛失によりこの系統は登録が不可能となり、繁殖・改良を進めることができなかった。嶺岡畜産株式会社は、先に官営牧場の設置の項で述べた嶺岡牧場が明治二四年に払い下げられてできたものである。なお、安房郡において現在まで血統がつながるホルスタイン種は、明治四二（一九〇九）年のオランダからの輸入牛である。

静岡県田方郡下におけるホルスタイン種（純粋種）牛の初めての輸入は、同県三島町の花島兵右衛門によって明治三二年に行なわれた。明治二四年に練乳業を始めた彼は、養子の轍吉を練乳製造と酪農業研究のため明治三一（一八九八）年に渡航させ、翌年の帰国に際してはホルスタイン種雄牛二頭と雌一八頭を購買させた。これらの子孫は漸次、繁殖改良されて田方郡下の著名なホルスタインの基礎となり、例えば雌牛第二ダチェス・クロシルドは伊豆大島の基礎牛（泌乳能力・体型が優れ、改良に貢献できる牛）となって大島の牛を飛躍的に向上させた。また明治四〇（一九〇七）年、静岡県賀茂郡の渡辺要が単身アメリカに渡航し、雄牛と雌牛計二七頭を輸入した。これにより郡下の純粋種牛の生産が一段と伸びることになった。

小岩井農場には、明治三四（一九〇一）年にオランダから雄二頭と妊娠牛が輸入され、分娩した胎内輸入牛一頭、雌一八頭が初めて輸入された。同場はその後、明治三九（一九〇六）年に雄二頭、同四一（一九〇八）年に雄二頭と雌二〇頭、四二年に雄二頭、四五（一九一二）年に雄一頭雌一五頭と、明治時代に五回にわたって雄九頭と雌牛五三頭の合計六二頭をオランダから輸入し、その子孫牛を、国内の主要畜産地の府県に供給した。

ここで、ホルスタインの純粋繁殖に多大の足跡を残し、現在わが国牛乳生産量の五〇％以上を生産している北海道に目を向けてみよう。前に述べたようにホルスタイン純粋種は、明治二二年にアメリカから雄二頭と雌三頭が札幌農学校へ輸入されたのが最初である。また同年、函館の園田牧場が雄雌各一頭を輸入した。翌二三（一八九〇）年にはC・M・ウィレットから輸入雌牛と胎内輸入牛の二頭が雨竜牧場（牧場主三条実美公爵）に移入されて北海道の基礎牛となり、次いで明治四〇年以降アメリカ、オランダなどから輸入が続けられ、北海道ホルスタイン種牛の純粋繁殖の基礎をかためていった。すなわち、明治四〇〜四四年に、宇都宮仙太郎（雄一頭雌一〇頭）、吉田善助（雄二頭雌三四頭）、小林真三郎（雄二頭雌八頭）、月寒《つきさっぷ》種畜場（雄二頭雌八頭）など多数のホルスタイン純粋種がアメリカとオランダから輸入され、増殖されていった。

次は東京地区をみてみる。東京は首都として人口も多く、各種の企業が集まりつつあった。その結果、牛乳の需要も増大し、それに応じて生産地としての発展と種牛の供給基地・改良・繁殖の役割を担うようになった。その中核的人物が角倉賀道《すみのくらまさみち》であった。明治三二年、東京府下巣鴨に愛光舎牧場を創設し、次いで明治三八（一九〇五）年に、埼玉県大宮に愛光舎大宮牧場を建設した。ホルスタイン種については、明治四〇年雌雄計二四頭、同四一年一月雌雄計一三頭、同年七月雌雄計四八頭、同四二年二月雌雄計九頭をそれぞれアメリカから輸入した。彼はまた、自分の牧場で生まれた子牛などを、東京府および周辺の県の農家に預ける制度を実施した。これにより農家が牛の飼養技術を修得し、酪農を経営する動機を植えつけてホルスタインの飼養を拡大させた。さらに輸入牛の娘・息牛を日本各地の道府県に供給し、その地方の改良に大きく寄与した。

このほか、岩瀬牧場（福島県）、瓜生《うりゅう》農場（千葉県）、石川県種畜場、早川万一《はやかわまんいち》（仙台）などがオランダから、水登勇太郎ら（石川県）、鹿児島高等農林学校らがアメリカから輸入し、それぞれの地方で貢献した。

輸入された乳用品種とその顛末　明治に入ってから乳用種（乳肉兼用種を含む）が最初に輸入されたのはショートホーン種（明治六年）で、開拓使牧場指導者として招かれたエドウィン・ダンによってであった。その後、明治一〇（一八七七）年にジャージー種、同一一（一八七八）年エアシャー種、二二（一八八九）年にホルスタイン種とガーンジー種、三五（一九〇二）年にブラウン・スイス種とシンメンタール種が輸入された。ホルスタイン種については前節で述べた通りである。このうち、ホルスタイン種を除いた品種について、輸入の経緯と推移をみてみたい。

〈エアシャー種〉わが国に初めて輸入されたのは、明治一一（一八七八）年の札幌農学校の雄二頭と雌五頭であった。当時、乳用牛として世界的に公認されていた品種は、ホルスタイン、エアシャー、ジャージーおよびガーンジーであった。ホルスタインは大柄で乳量が他品種にくらべて多いのが特徴であり、ジャージーやガーンジーは乳量は少ないが乳脂率が高く脂肪球（牛乳に含まれる脂肪は直径〇・一〜一五ミリミクロンの球状粒子として分散浮遊している。脂肪球の大きさは品種によって異なる）が大きいので、バターの製造に適するという特徴があるのに対し、エアシャーはさしたる特徴がない。そういった中で、政府がエアシャー種を奨励品種とした理由は何であったのであろうか。それについて岩住良治（元東京大学教授）と石崎芳吉（元農林省畜産課長）は、対談「畜産昔話」の中で次のように述べている。

「エアシャー種の原産地イギリス、スコットランドのエアー地方は、土地が余り肥沃でなく、砂礫が多いところが多い。したがって、この地方で成立したエアシャー種は、体躯も割合に小さく、乳量も多いという方ではないが相当の能力があり、丈夫で粗食に耐えるので、日本のように農地の少ない農家が多いところでは、格好なものと考えられた。また、乳頭も小さく日本人の手に丁度よいと考えられたのであろう。」

札幌農学校に輸入された以降の本種の動きを追ってみよう。明治一九（一八八六）年に北海道真駒内種畜場は、札幌農学校から雄一頭雌三頭の移入を受け、同二二年アメリカから雄一頭を輸入した。明治三三年に農商務省七塚原種牛牧場が設立され、エアシャーの雄三頭雌九頭が輸入された。さらに、その後明治四三年までの間に雄一六頭雌八八頭を輸入し、飼養繁殖に努めるとともに、近畿、中国、四国の各府県に貸与して繁殖に供用させた。農商務省の種畜牧場はその後、北海道に月寒種畜牧場、九州に大分種牛所が設置され、前者は北海道、東北、北陸、関東、中部を所管し、後者は九州一円と定められた。いずれも外国種の畜牛はエアシャー、シンメンタール、ブラウン・スイス等を主体とし、飼養繁殖に努めるとともに、所管地方に貸付し、増殖の指導奨励を行なった。

一方、宮内省「下総御料牧場要覧」によると、エアシャー種の購入頭数は明治一八年と一九年に各一頭、二一年に四頭を購入している。明治二四年には外国から一五頭を輸入し、同二七年には八頭、三三年に六頭を購入している。本種の飼養頭数の推移をみると、明治二七（一八九四）年にはエアシャー種牛雌一〇頭雄七頭、同雑種雌牛一一頭雄一頭を数え、引き続き年々相当数を飼養するとともに、明治三三年には雌三四頭雄九頭を飼養していた。なお、明治三九年には最高頭数の雌五九頭雄六頭となったが、その後漸減を続け、昭和一二（一九三七）年には雌雄各一頭となり、それ以後、飼養中止となった。

民間では岩手県の小岩井農場が明治三三年にイギリス、スコットランドから雄牛二頭雌牛三三頭の純粋種（名号、登録番号、生年月日、血統が明らかなもの）を輸入して繁殖に努めるとともに、明治三九年、四二年、四三年、四四年に雄一頭をイギリスから、大正二年に雌六頭、同四年、五（一九一六）年に雄を各一頭輸入している。

エアシャー種は明治初年に輸入され、わが国の乳用品種として官庁施設あるいは民間牧場の主力的な乳牛として奨励・繁殖されるとともに、ほかの牛種に交配され雑種の造成にあずかりながら、全土に広く飼養された。本種の牛乳は乳脂球が小さく、乳幼児や病人用の飲用乳に適するという優れた性質をもっているが、泌乳能力にさしたる特色がないため、乳量に勝るホルスタイン種に圧倒されて減少を続け、ついに飼養が中止されるにいたった。

〈ジャージー種〉明治の初め頃、世界的に乳用種と認められていた品種は、ホルスタイン、ジャージー、ガーンジーとエアシャーのみであった。その中で最初に輸入されたのはジャージー種で、明治七（一八七四）年にアメリカからと記されている。明治一〇年には大蔵省が雄・雌各二頭を輸入し、明治八年に創設された取香種畜場（のち下総種畜場に合併され下総御料牧場となる）に飼養されたと「下総御料牧場要覧」の記録にある。このうち雄牛一頭は明治一六（一八八三）年に岡山県に貸付された。御料牧場が宮内省の所管になったのは明治一八年であるが、当時の畜牛総数はジャージー種と他品種との雑種計七六頭を飼養しており、ジャージー純粋種を移入したのは大正九（一九二〇）年で、当時純粋種の雄二頭と雌六頭が飼養されていたとの記録がある。その後、大正一四（一九二五）年には雄牛九頭と雌牛一〇頭を、昭和一五（一九四〇）年には雄牛四頭と雌牛二〇頭が飼養されていたとの記録があり、現在もこの品種の飼養が続けられている。

民間では明治一八年に津田出《つだいずる》が雌雄合計一九頭をアメリカから輸入し、同二〇（一八八七）年には前田留吉（日本で最初に牛乳の販売を始めた人物）が雌一頭を、翌二一年に新原敬三が雌二頭をアメリカから輸入したことが記録されている。しかし、当時輸入のジャージー種はおおむね不良で結核病に罹患しているものもあり、その血統は絶えてしまった。この品種が北海道に入ったのは明治三一年、宇都宮仙太郎がアメリカから雌雄各一頭を輸入したことに始まるが、この雌牛は繁殖するにいたらなかった。その後も、宇都宮仙太郎、角倉賀道、松尾健治、田村貞馬、阪川登らがそれぞれ若干頭を輸入したが、その子孫は残っていない。

わが国におけるジャージー種の飼養・改良の先駆者となったのは、神津邦太郎であった。彼は明治三八年、アメリカから優良な雌牛および雄牛計四〇数頭を輸入し、群馬県甘楽郡下仁田の神津牧場で飼養・繁殖した。その子孫牛が現在まで飼われている。同牧場での生産牛は宮城、埼玉、千葉、新潟、愛知、京都などかなり広範な地域で飼われていた。しかし、当時の酪農は専業搾乳業者が主流であり、定められた乳脂率の基準を保つために本種を一～二頭飼う例が多く、あまり頭数の増加が見られなかった。わが国において終始ジャージー種の繁殖・改良に努めていたのは、神津牧場と宮内省御料牧場のみというのが戦前までの実態であった。

戦後、昭和二八（一九五三）年に有畜農家創設特別措置法が制定され、それにもとづいて集約酪農地域建設事業が開始された。この事業によりアメリカ、オーストラリア、ニュージーランドから約一万二〇〇〇頭のジャージー種が集約地域に導入された。一時は二万八〇〇〇頭まで増加したが、乳成分取引の基準が旧来通りであったために、飼養頭数は漸減を続けていた。近年になって消費者ニーズが変化し始め、それを背景にして乳成分取引基準も変わったこと、および酪農経営の多様化などから、漸減傾向に歯止めがみられるようになった。現在、北海道、岩手、秋田、群馬、長野、山梨、岡山、熊本などの道県で一万頭あまりが飼われている。

〈ガーンジー種〉わが国に最初に輸入されたのは、明治二二年に札幌農学校へのものであった。これらの子孫牛は長く北海道大学第二農場で飼われ、昭和二七年にはイギリスから雄牛を輸入し、血液更新（近交による繁殖や成長の低下を防ぐために、血縁関係のない血統の牛を交配させる）を図っている。子孫牛は千葉県の興眞社牧場、愛知県の成田牧場、神奈川県の明治ガーンジー牧場などでも繁殖飼養されていた。明治ガーンジー牧場は、成田牧場から約三〇頭を神奈川県相模原市に分割・移転して経営されたが、昭和三九（一九六四）年に整理・解散された。飼育牛のうちの若干頭は、解散と同時に北海道大学に移された。

その後、北海道大学における本種の飼養は、種雄牛や人工授精用精液の確保が困難となったことから減少を続け、平成元（一九八九）年五月に最後の二頭が払い下げられて幕を閉じた。なお、明治二四年、下総御料牧場に雌三頭が導入されて飼養されたとの記録がある。

以上の経緯で、本種は一時絶滅の危機に直面した。しかし、昭和六二（一九八七）年に生乳取引基準の乳脂率三・二％が三・五％に変わったことで増加に転じ、一時は三百数十頭にまで達したが、再び漸減に転じている。平成一九（二〇〇七）年現在で二百頭ほどが栃木、群馬、宮崎などの県で飼養されている。

〈ブラウン・スイス種〉わが国に初めて輸入されたのは明治三四（一九〇一）年で、岩手県の小岩井農場が原産地スイスから雄二頭雌二三頭を購入した。国は同三五年に同じく原産地から雄二頭雌二〇頭を輸入し、農商務省七塚原種畜牧場（明治三三年設置）で飼養した。同牧場には、明治三七年に雌雄各三頭がアメリカから、明治四一（一九〇八）年に雄二頭雌三頭、同四二年雄二頭雌三頭がそれぞれ原産地から輸入されている。また、月寒種畜牧場や大分種牛所にもこの時代、それぞれ若干頭のブラウン・スイス種が輸入されている。

民間では、小岩井農場が明治三四年に続いて四〇年にも雄二頭を輸入している。東京の角倉賀道（愛光舎主）は明治三六（一九〇三）年に雌雄計二六頭、同四〇年に雌雄計三三頭、同四一年に同じく三八頭をアメリカから輸入している。

本種は明治の後半に奨励品種となり、純粋繁殖（同品種のみで繁殖すること）も行なわれたが、わが国では乳肉兼用種という通念からしだいに離れて肉を重視する方面に進み、兵庫県や鳥取県などの和牛の改良、特に兵庫県但馬地方の肉牛の改良に大いに貢献した。その後、肉用としての黒毛和種の改良には独自の方針が立てられ、また乳用種としての用途でも乳量の多いホルスタインに圧倒されて、しだいに減少していった。昭和一三（一九三八）年には、千葉市にあった畜産試験場に雄が一頭繋留されるのみになり、間もなく絶えた。

第二次世界大戦後の昭和二三（一九四八）年に、アメリカからララ物資（アジア救援公認団体〔LARA〕が提供していた日本向けの援助物資）として雄五頭雌二〇頭が寄贈され、福島種畜牧場（現家畜改良センター）、北海道大学、帯広畜専（現帯広畜産大学）、盛岡農専（現岩手大学）に配付され、試験的に飼育された。しかし、能力があまり良くなかったため、間もなく絶えた。

その後、昭和四八（一九七三）年に長野県八ヶ岳地区にアメリカから雄三頭が入ったのを皮切りに、本種が傾斜地に強く放牧適性に富むことから漸増し、平成一九年現在では約一〇〇〇頭あまりが飼養されている。

〈ショートホーン種〉初めてわが国に輸入されたのは、明治四〜五年頃イギリスからであったとされている。しかし、記録として明らかなのは、明治六年にアメリカ人エドウィン・ダンが開拓使第三官園（東京・麻布）の指導者として招かれた時、本種をつれて来日したのが初めてである。ダンは、これらの家畜をつれて北海道に移った。次いで明治一〇年には、下総種畜場にアメリカから雌一五頭が輸入された。このように、明治初期にはこの品種が産乳利用の目的で各地で飼養された。特に北海道では広く飼養され、明治四四年の北海道の供用種雄牛統計では、ショートホーン純粋種牛六〇頭が繁殖に用いられていた。しかし、本種は乳用目的にしろ肉用目的にしろ、さしたる特徴がなかったため、産乳量の多いホルスタインにしだいに圧倒されて、乳用牛としての本種の需要が減少し、最後まで純粋種を維持していた北海道においても、昭和四〇年前後に純粋種としては絶滅した。

本種は乳用種として芳しくなく成功する域に達しなかったが、肉用種としては南部牛の改良に用いられ、日本短角種の成立に寄与した。その発端は、明治一八年に南部牛の改良のために、宮内省下総御料牧場および北海道から本種の雄牛が導入されたことにあるといわれている。

なお、戦後間もない昭和二七（一九五二）年に、オーストラリアから乳用種としてイラワラ・ショートホーン種七〇頭あまりが長崎県に輸入された。しかし、輸送時のトラブルなどから繁殖成績および産乳量に問題があり、昭和四〇年前後に絶滅した。

〈シンメンタール種〉前に述べたように、明治政府は産業の主幹を農業に求め、その一環として欧米式畜産の導入と発展を企画してわが国の畜牛改良方針を定めた。明治三三年に定められた改良方針の骨子は、役肉乳の三用途を兼ねた牛と純良な乳牛の繁殖を図ること、そして日本在来牛の雌を精選し、これに外国種牛を交配して交雑種を作出することであった。そして乳用牛としてエアシャー種を、日本在来牛を役肉乳三用途兼用種に改良するための外国種としてシンメンタール種を定め、後に乳用牛としてホルスタイン種を、在来牛改良用としてブラウン・スイス種を追加した。

改良方針が策定されたことによってシンメンタール種が原産地から輸入され、農商務省七塚原種畜牧場で飼養・繁殖された。また、明治四三年に設置された大分種牛所にも繋養された。これらの種雄牛は、熊本県と高知県在来の褐牛の改良に用いられ、熊本・高知両県の褐毛和種の成立に寄与した。熊本県の褐毛和種と高知県の褐毛和種とでは、前者の方が本品種の影響を強く受けていると考えられている。なお、シンメンタール種は純粋種としては、褐毛和種が成立した後、間もなく絶えてしまった。

乳牛登録事業のスタート　先に述べたように、ジャージー種を除いた乳牛品種（乳肉兼用種を含む）は、明治の終わり頃からホルスタインに圧倒され始め、純粋種としては絶滅するか、それに近い状況が心配されていた。わが国で家畜登録事業が呱呱の声をあげたのは、丁度その頃であった。

われわれが家畜を飼養するねらいは、その家畜を飼うことによって、人間の生活に役立たせることに集約される。それは、それぞれの家畜がもつ経済的な価値とそのための能力を高めることを前提とするが、そのためには厳重かつ適正な選抜と淘汰を行なわなければならない。そういった改良の目的を迅速かつ効率良く達成するには、個体自身の記録以外に、もし祖先ならびに兄弟姉妹や子孫など血縁関係のあるものの能力や血統や体型が明らかであれば、その個体の遺伝的な実質（遺伝子の良否）を正確に推定することが可能となる。このようなことのために記録を整理して保存し、家畜の選抜ないし淘汰に役立てて改良の目的達成を図る。したがって、これは個人が実施しても客観性に乏しく、公共性をもつ団体が自主的かつ組織的に行なうことが必要不可欠であり、最も好ましい。わが国の登録事業は当初、牛の飼養者と同好の士が集まって民主的に結成された。その後、畜産全体を包含し全国を管轄する中央団体が強く要望され、大正四年に中央畜産会が設立された。そして、その団体の一つの部門として登録業務が行なわれるようになった。この形態は第二次世界大戦終了後の昭和二三年まで続き、再び独立した形に戻り、今日にいたっている。なお戦後、登録協会設立までの登録事業の推移については後述する。

わが国における最初のホルスタインの登録機関は日本蘭牛協会であり、明治四四年五月に設立された。実はそれより一足先の明治四一年四月に、日本帝国ジェルシー種牛協会が設立されている。イギリスでもアメリカでもジャージーの登録がホルスタインよりも早く始まるという興味深い事実がある。

(3)大正時代の酪農奨励

第一次世界大戦を契機として畜産物の需要は飛躍的に増大し、畜産の産業的地位はいちじるしく向上した。政府は前期に引き続き政府機関の充実に努め、畜産試験場を新設した。また農商務省が分割再編されて農林省となり、畜産局が設置された。一方、政府は民間団体の整備強化にも力を入れ、「畜産組合法」を制定、中央畜産会を設立させた。

第一次世界大戦中、国内の好景気と海外からの乳製品の輸入途絶によって国内の酪農は活況を呈し、各地に設立された練乳工場を中心に普及したが、大戦の終了とともに安価な外国乳製品の輸入が再開され、再三にわたる関税率の引上げにもかかわらず外国乳製品に圧倒され、酪農界の不況は長く続いた。

試験研究機関の整備　このような状況を受け、国は畜産に関する試験研究の強化を図る必要を認め、大正五年四月に畜産試験場を創設した。農商務省に本場を置き、月寒種畜牧場、同渋谷分場、七塚原種畜牧場、大分種牛場をそれぞれ北海道支場、東京支場、中国支場、九州支場とし、翌大正六（一九一七）年六月には千葉市に本場を移した。その後の大正一二（一九二三）年には行政整理により各支場が廃止になったため、以後、乳牛に関する試験研究、種牛の払い下げ業務はすべて本場であった畜産試験場のみで行なわれることとなり、昭和二五（一九五〇）年に農業技術研究所に統合されるまで、長くわが国の酪農技術の中心として、近代技術の開発、技術者の養成に大きな足跡を残した。

畜産団体の整備（中央畜産会による登録事業）　政府は大正四年に「畜産組合法」を公布して、組合に公益法人の性格を与えるとともに、営利事業も行なえる道を開いて、組合基盤の確立を図った。この法が施行されたことによって地方における畜産団体の組織化が着々と進むと、道府県の畜産組合連合会の活動をとりまとめ、畜産の指導と奨励を行なうものとして、大正四年に社団法人中央畜産会が設立された。そのため従来、日本帝国ジェルシー種牛協会および日本蘭牛協会が行なっていた血統登録事業は、中央畜産会に移されることになった。そのための準備委員会により協議が行なわれ、登録規程、登録料金および手数料、登録部規程などを協議決定し、日本帝国ジェルシー種牛協会ならびに日本蘭牛協会の両協会からの登録簿、器具、金員の寄贈を受け、同年の大正七年一〇月一日から登録事業が開始された。なお、登録番号は両協会の第一号からの通し番号となっている。

ホルスタイン種とジャージー種の両協会から移譲を受けた中央畜産会の登録事業は順調に進展を続け、大日本畜牛改良同盟会と北海道畜産組合連合会の登録業務を併合した。前者の大日本改良同盟会は、法的団体でなく任意の申し合わせ的団体で、その発足は「畜牛結核予防法」（明治三四年公布）施行に反対して組織されたものである。このような経緯で成立し、雑誌（日本畜牛雑誌）の刊行に重点を置いていた会が、大正元（一九一二）年一二月に登録事業を開始したため、国内に二つの登録事業が存在するという異常事態が出現した。これは改良上も飼養者にとっても好ましくないことである。日本蘭牛協会とジェルシー種牛協会から登録の原則を継承することになっていた中央畜産会は、登録規程に合致する同盟会の登録牛を中央畜産会に再登録する条件での合併を大正七年に申し込んだが、合意にいたらなかった。その後も粘り強く交渉を続け、大正一五（一九二六）年一〇月に中央畜産会の規定に合致するものを中央畜産会に再登録し、合致しないものは別登録（同盟会登録）とすることで合意された。中央畜産会に再登録されたのは、約二〇％であった。残りの約八〇％を占めた同盟会登録牛の子孫は、ほとんど登録されず消滅してしまった。

北海道畜産組合連合会をみてみると、北海道のホルスタイン種牛飼養者の一部は日本蘭牛協会や中央畜産会の登録事業に参画し、また登録の申し込みを行なっていた。しかし北海道は東京から遠く、また経営規模やそのほかの環境条件が都府県と異なり、登録の対象となる輸入牛とその子孫牛が多いことなどの特殊事情があるため、北海道畜産組合連合会は道内の登録事業を自ら行なうようになった。しかし、年々相当数の生産牛を都府県へ売るブリーダー達は、全国的組織をもつ中央畜産会の登録も頼る必要があり、二重に登録しなければならなかった。この煩瑣と不合理に対し、合併・一本化を望む気運が醸成され、大正の終わり頃から両者の話し合いが行なわれた。その結果、昭和七（一九三二）年に血統登録について合併が行なわれ、中央畜産会に一本化された。

中央畜産会の登録事業は既述の通り順調に伸展した。そして大正の終わり頃、富山県と東京府下八丈島で大記録牛が出現した。前者は富山県射水郡大島村の種村善次所有牛フリンス・アンナ・ローランド号で、乳量一万七二〇二kg、乳脂量八二八・八kg（成年型、搾乳日数三六五日）であり、後者は東京府下八丈島大賀郷村の奥山富市所有牛エレン・ピーターチェ・グランソン号で、乳量一万八六四九kg、乳脂量八一三・三kg（成年型、搾乳日数三六五日）である。両者とも、通常の乳牛とくらべて四～五倍以上の乳量であった。

世界大戦後の酪農振興対策

酪農界は第一次世界大戦中の好景気で活気を呈したが、戦後は経済界の不況と安価な外国乳製品の大量輸入に脅かされ、事業の発展がはばまれた。大正一一（一九二二）年には外国乳製品の輸入は国内生産量の二八％にも達した。このような情勢の中で、政府は大正一三（一九二四）年以降、再三乳製品の輸入関税引上げを行なったが、為替相場が好況に向かったため関税改正の効果が相殺され、乳製品市況は好転せず、乳価の下落を喰い止められなかった。

⑷昭和初期の酪農奨励（有畜農業奨励前後）

第一次世界大戦を契機とした急速な資本主義経済の発展にともない、わが国の酪農は各地に設立された酪農工場を中核として普及の範囲を拡げていった。

このような情勢のもとで、政府は昭和二（一九二七）年に人口食糧問題調査会を設置し、わが国の食糧政策の基本問題に科学的検討を加えることとした。そして国民食糧の質的向上の見地から、特に酪農を重要視した。この結果、牛乳増産の必要性が初めて食糧問題解決の面から唱えられるようになった。

一方、昭和初期にいよいよ深刻化した農業恐慌は、わが国農業の基礎を脅かすようになっていた。農業経営の合理化を急速に推進する必要に迫られ、飼料作物の栽培と家畜飼養を組み合わせた有畜農業の普及奨励を本格的に取り上げるようになった。このため、酪農も有畜農業の一形態として各地に普及することになった。

また政府は、本期に入り団体の強化と畜産物の流通機構の改正を図り、乳肉卵共同処理、畜産物販売斡旋など、団体の共同施設に助成した。このような情勢のもとで酪農は本格的な発展期を迎え、いちじるしい発展をみるにいたる。

有畜農業の奨励　昭和初頭の農村恐慌でわが国の農業は深刻な状態におちいり、従来の主穀に偏重しすぎた農業政策が強く反省された。これを畜産の立場からいえば、農業経営を基盤とした畜産の確立を痛感することとなった。こうした情勢のもとで政府は、昭和六年に「有畜農業奨励規則」を定めた。これは農業経営に合理的に畜産を取り入れ、それによって畜産の発達と農業経営の改善を図ることが目的であった。この奨励方針の転換は、その後の日本農業の転換にとって大きな役割を果たすこととなった。

この規則によって、政府は各道府県に有畜農業奨励に関する専任技術員を設置するとともに、有畜農業の普及事業、飼料の生産利用に関する模範施設、有畜農業に関する団体の共同施設等について補助金を交付した。

これらの奨励施策によって、それまでの単純な耕種偏重農業は、有畜化によって経営における弾力性が漸次浸透していき、乳牛飼養がしだいに農業経営の中にとけこんでいった。いわゆる有畜農業形態による酪農が各地で普及し始めた。その結果、昭和三（一九二八）年当時は、搾乳専業の飼養する乳牛は四万四〇〇〇頭であったのに対して農家が飼養する乳牛は二万六〇〇〇頭であったが、昭和一一（一九三六）年には、前者の四万九〇〇〇頭に対し後者は五万一〇〇〇頭と逆転し、この差は漸次大きくなっていった。

牛乳・乳製品の共同処理施設の奨励　従来のわが国の酪農奨励は、もっぱら種畜の改良と生産増加に向けられ、生産物の処理販売の面がとかくなおざりになりがちであったが、大正末期になってからは、生産対策と平行して経営の改善にも重点がおかれるようになり、生産物の処理販売の改善に関する施策も講ぜられるようになった。政府はこの施策の一環として、大正一五年に「乳肉卵共同処理奨励規則」を公布、畜産組合等が搾乳あるいは牛乳処理のための設備投資をしようとする場合は、奨励金を交付することとした。さらに昭和七年には、新たに牛乳の加工および飼料の生産利用に関する施設に対しても奨励金を交付することとし、「畜産共同施設奨励規則」を公布した。

牛乳営業取締規則の改正　都市の発達にともない市乳の需要がいちじるしく増加し、また一方、都市近郊の農乳（一般酪農家で生産された牛乳）の生産が急速に増加してきたが、もっぱら衛生的見地から明治三三年に制定された「牛乳営業取締規則」にしばられ、農乳を市乳原料乳に供給することが事実上不可能な状況が続いた。しかし、酪農家の飼養管理および搾乳前後の衛生管理の改善、生乳の冷却施設の設置など進展があり、昭和八（一九三三）年、内務省令をもって「牛乳営業取締規則」が根本的に改正された。この改正により、品質が衛生上適当であれば、農乳を市乳原料に利用できることとなった。

(5)戦時統制時代の酪農奨励

昭和一二年の日中戦争の勃発を受け、畜産物については軍需を充足するとともに、国民生活上の最低量を確保し、かつ、その配分を適正にするための対策が行なわれた。特に飼料については早くから製造販売についてその適正化方策がとられ、昭和一三年三月に「飼料配給統制法」が公布され、さらに同一四（一九三九）年一〇月「飼料販売取締法」、同一五年二月「米糠配給統制規則」等がつぎつぎに公布され、飼料の生産、製造、配給について強力な統制が実施されたが、乳牛に対しては最後まで、種畜、種禽と同様に飼料の優先配給の措置がとられた。

牛乳・乳製品については主要食料として重視され、その健全な発達を図るため、昭和一四年に「酪農調整法」が公布された。さらに翌一五年一〇月「牛乳及乳製品配給統制規則」による切符制の配給制度が実施されるようになった。

酪農は飼料および資材の優先配給を受け、困難な情勢下にあってもなお発展を続け、昭和一九（一九四四）年には乳牛頭数二六万五〇〇〇頭と戦前の最高頭数を示した。しかしその後は、戦争の熾烈化と戦局の悪化にともない、敗戦前後の混乱期に突入していった。

行政機構の改変　昭和一六（一九四一）年一月に農畜一体の理念のもとに農業生産力の増強を図るという掛け声で、畜産局は農務局と合体して農政局となった。結果は、従来畜産局において一元的に主管していた酪農行政事務が、農政局、食品局、総務局に分掌され、行政事務の総合性を失うことになった。加えて戦争の拡大にともなう行政簡素化の実施により、昭和一八（一九四三）年一一月に農林省と商工省が廃止されて、新たに農商務省と軍需省が設置された。

乳用牛の改良増殖対策　政府は、乳牛の能力の向上を目的とする登録ならびに能力検定に関する事業の育成を図るため奨励金を交付することとし、昭和一二年一二月に「牛登録及乳牛能力検定事業奨励規則（農林省令）」を公布した。

これにより乳牛の中央登録団体として中央畜産会が指定され、また乳牛の能力検定については、一定の地区内の酪農家が所有または管理する乳牛の全頭について能力検定を行なう酪農家三〇名以上の組合に助成が行なわれることになった。すなわち、牛の登録および能力検定等に従事する専任職員、牛の登録または能力検定に関する審議会、講習、講話等の費用に対して国庫補助（補助額はその費用の二分の一以内）が行なわれた。これにより、青森、岩手、山形、千葉、東京、新潟、石川、静岡、奈良、兵庫、広島および福岡の各府県で一九組合が設置され検定が行なわれた。その結果、高等登録頭数の顕著な増加がみられたが、戦争の激化に続く戦局の悪化と敗戦により、助成が廃止され消滅した。

増産計画についてみてみると、日中戦争の進展にともない畜産物の需要はいちじるしく増加したが、為替管理が強化され輸入が制限されるようになったので、戦時の畜産における畜産物の最低必要量を充足するため、国内生産を増強する必要に迫られた。これを受け政府は、昭和一四年を初年度とする重要農林水産物増産五ヵ年計画を実施することになり、その一環として畜産増産五ヵ年計画を立て、増産運動を実行することとなった。

乳用牛については、当時の牛乳生産状況は十分国民の消費を充足していたが、従来の消費増加趨勢をそのまま維持するとともに、余剰乳は輸出して外貨獲得に貢献することを目途として、昭和一八年末の目標頭数を二二万二〇〇〇頭とした。

この計画はさらに第二次世界大戦下の畜産対策として引き継がれ、昭和一八〜二七年の一〇年間に牛乳を一〇〇万トン、乳牛を四六万頭に増加する計画に拡大された。これは一八年の目標頭数よりも頭数を二倍にすることを意味する。

さらに政府は改良増殖のための対策として、乳用種雄牛貸付事業の拡充を図った。乳用種雄牛の無償貸付については、すでに大正一四年以来「種雄牛貸付規則」で畜産試験場保管の種雄牛を道府県あるいは畜産組合等に貸付していたが、昭和一四年には貸付事業をさらに拡大するため、民間の種雄牛を購買できるように改正した。さらに「乳用種牡犢育成委託要項」を定め、民間から雄子牛を購買して道府県に育成を委託し、育成完了後これを貸付することとした。なお、乳用種雄牛の購買貸付事業は昭和二八年まで続けられ、その後は購入補助金に切り替えられた。

また第二次世界大戦の進展にともない、カゼイン（乳製品に含まれるタンパク質の一種）等に対する軍需要の増加もあって、特に原料乳地帯の乳用牛を急速に増殖する必要に迫られたが、当時は各地とも乳用牛が不足し、北海道をはじめ主要生産県では無計画にほかの地域に流出することを防止するため、道府県令で乳用牛の移動制限を設けるものが多くなってきていた。このような状況を受け、乳用牛の円滑な流通を図るため、農商務省は昭和一八年から乳用牛の需要調整を実施した。この措置には法的根拠がなかったが、関係者の協力を得て需給の混乱防止に役立った。

牛乳・乳製品の生産促進対策と需要調整対策　政府は牛乳需給の円滑化とその取引の公正を図ると同時に、牛乳の生産量と乳製品の製造量とを調整することによって、酪農の健全な発達を期することとし、昭和一四年三月「酪農調整法」を制定公布した。

この法律によって、それまではほとんど当事者間の自主的な口頭契約あるいは習慣に委ねられていた牛乳取引に法的根拠を与え、乳製品工場の設立を許可制とし、さらに乳製品業者の統制団体として製酪業組合を設立した。これによって政府は、牛乳の生産から集荷、乳製品の製造・販売・出荷にいたるまでの統制を強化し、牛乳・乳製品の需給関係に計画性を与え、かつ牛乳の配分についても国家の要請に添わせるように調整することができるようになった。

さらに政府は、昭和一五年一〇月「牛乳及乳製品配給統制規則」を公布し、乳幼児、妊産婦、病弱者に対する牛乳・乳製品の優先配給を実施した。

⑹戦後の改良増殖計画

第二次世界大戦の結果、産業経済の基礎が根底から破壊され、食糧事情は極度に悪化したため大きな社会不安をひきおこし、わが国の経済は深刻なインフレーションに追い込まれた。この状況に対処して、食糧増産と農産物資の統制が強力に推進された。これが戦後農政の一つの基調となった。

もう一つの基調が、連合国総司令部の指令による農地改革であった。広範かつ徹底して行なわれた農地改革の一環として、昭和二二（一九四七）年一〇月「牧野の解放に関する要綱」が決定された。牧野の保有面積は、北海道一二町歩、都府県三町歩に限定されて、個人所有の牧野を主とする二〇万町歩の牧野が開放された。しかし、種畜供給源としての民間牧場を保護育成するため、指定牧場として買収対象から除外するところもあり、乳牛関係では小岩井牧場ほか一七牧場が指定された。

また、終戦直後から食糧確保のための緊急対策が矢継ぎ早に立てられ、食糧の供出と配給が強化された。その結果、酪農家は十分な飼料畑の確保が困難となり、苦しめられた。

その後、食糧事情はしだいに好転するようになった。それにともない、食糧自給体制の確立と農業経営の合理化が要求されるようになり、昭和二六（一九五一）年末、衆参両院は「無畜農家解消に関する決議」を行なった。この決議は有畜営農の基盤を強固にするため、必要な飼料対策、家畜の改良増殖に関する根本施策を講ずべきことを要求したもので、戦後における畜産振興対策積極化の転機となり出発点となった。

このように、農業再建の要素として有畜農業の必要性が一般に強く認識され、さらに牛乳をはじめ畜産物が極度に不足していることが生産を刺激して、畜産の回復は、ほぼ国の計画どおりに推移した。ことに酪農はその中心としてめざましい発展を示し、昭和二六年には乳牛頭数、牛乳生産量とも戦前の最盛時を上回った。このような発展を後押しした戦後の酪農の特徴は、新興酪農地帯の勃興であり、結果的には乳用牛の分布はほとんど全国的となった。

乳用牛資源の確保　終戦時の混乱とその後の極度の飼料不足と食糧難のため、乳用牛の屠殺が急増し、牛乳の不足に拍車をかける結果となり、早急に乳牛の資源確保の措置を講ずる必要に迫られ、昭和二二年三月に地方庁に対し「乳牛屠殺抑制に関する件」を通達し、屠殺検査員をして搾乳に供しうる乳用牛の屠殺は極力これを抑制せしめるよう要請した。

乳用牛増殖計画　昭和二三年に樹立された自立経済計画の一環として、各種畜産物生産を戦前の最高水準に復活させることを目的とした畜産五ヵ年計画（初年度昭和二四年）が立てられた。乳牛にあっては、乳幼児の必需食糧の確保ならびに国民食生活の改善のため、五年後の昭和二八年に牛乳四五万九〇〇〇トンを目標としたが、ホルスタインのみでは必要とする頭数までの急速な増殖は困難と考え、乳牛（ホルスタイン）二六万頭、新乳牛（後述）九万四〇〇〇頭とした。

この計画はさらに畜産振興一〇ヵ年計画に引き継がれ、畜産食糧品の増産と農業経営の合理化を図ることとし、農業経営に家畜を積極的に取り入れ、輪作式（異なる作物を同一農地に一定の順序で繰り返し栽培する）有畜農業の普及推進に努めることを目的としたものであった。なお、畜産五ヵ年計画は、昭和二八年目標の乳牛頭数、生乳生産量とも二七年に達成した。

新乳牛　昭和二四（一九四九）年度を初年度とする畜産五ヵ年計画では、牛乳の生産目標を達成するための必要頭数は乳牛の増殖のみでは困難と考え、和牛の雌に乳用種雄牛を累進交配して作出した新乳牛を、昭和二八年までに九万四〇〇〇頭に増殖する計画であった。新乳牛は、和牛の雌に乳用種雄牛を累進交配し二回雑種およびその後にできる乳牛の称で、この計画にもとづいて新乳牛造成用種雄牛を都府県に貸付することが行なわれたが、これも昭和二四年に打ち切られたため、この計画を達成することができずに終わった。

新乳牛が失敗した主な理由は、技術的裏付けが不十分であったこと、能力が不揃いで予期したほどの乳量が得られなかったこと、飼育者が乳牛飼育にほとんど経験がなかったこと、飼育技術をある程度習得すると能力の高い乳用種（ホルスタイン）に移行したこと、新乳牛造成用の種雄牛の県への貸付が、計画スタート早々の二四年に打ち切られたこと、などであった。

種畜牧場の改編整備　戦後の情勢に即応するため、国は従来の馬、緬羊、鶏等の改良増殖機関を昭和二一（一九四六）年に各種家畜家禽の総合牧場に改編し、根室、月寒、野辺地、岩手、福島、静岡、長野、鳥取、徳島、宮崎の各場で乳用牛を担当した。

その後、連合軍総司令部の指示にもとづく農業関係試験研究機関の整備統合の一環として、昭和二四、二五年の両年にわたり、種畜牧場の広範にわたる転廃用が行なわれた。乳用牛関係では、根室、月寒、野辺地、静岡、徳島の各場は廃止あるいはほかに転用され、岩手は乳牛の繋養を中止し、福島、長野、鳥取、宮崎の各種畜牧場と、新たに御料牧場から種畜牧場に転用された新冠種畜牧場の五種畜牧場で、乳用牛の改良増殖に関する業務を行なうこととなった。

人工授精組織の整備　かねてから畜産試験場を中心に研究を進めていた家畜の人工授精技術が実用的な段階に達したので、国は昭和二五年に「家畜改良増殖法」を公布し、人工授精に関する法規を制定・整備するとともに、優良な種雄畜を効率的に利用し、家畜の改良増殖を促進するため、家畜人工授精組織の整備を急速に進めた。その主な内容は、家畜人工授精所の職員、畜舎、機械器具等の設置に対する補助金の交付などで、昭和二五年から都道府県に対して行なわれた。この結果、乳用牛の人工授精は急速に普及し、総繁殖供用雌牛のうち人工授精により授精された雌牛の割合は、昭和二四年の四九％に対し、昭和二八年には八五％に達するにいたった。

ジャージーの輸入　昭和二七年に畜産振興一〇年計画を立てるにあたり、一〇年後の牛乳需要量を一〇〇〇万石（一八七万三四七〇トン）と推定すると、この需要量を満たす乳牛頭数が一〇〇万頭と試算された。この頭数は基準年次の約四倍あまりに当たり、国内の乳牛の増殖のみでは困難と判断され、不足分を外国からの輸入に頼ることが必要となった。輸入牛の品種選定に当たっては、今後は草資源を活用した草地酪農の振興を図る必要があるとして、ジャージーとブラウン・スイスの輸入が計画された。しかし、予算編成の過程でブラウン・スイスの輸入は中止となり、ジャージーを、オーストラリア、ニュージーランドおよびアメリカから輸入することとなった。

これらの輸入牛は、集約酪農地域建設事業の一環として、草地酪農を主体とした原料乳地帯のうちから、ジャージー地区として指定された地域に導入された。

この事業は昭和二八年から三年間はパイロット事業として国が直接購買し、「乳用雌牛の貸付および譲渡等に関する省令」により道府県に貸付した。昭和三一（一九五六）年からは国際復興開発銀行（通称世界銀行）からの借款により、農地開発機械公団が輸入し、それを国が指定する地域に売却する方法により実施された。このようにして昭和三五（一九六〇）年にこの事業が完了するまでに、一道一一県の一二のジャージー地区に約一万二四〇〇頭のジャージーが導入された。

牛乳・乳製品の需給調整　牛乳供出に対する報奨について概観する。終戦時の混乱によって牛乳の不足は極度に達したので、政府は乳用牛の屠殺防止に努めるとともに、昭和二二年七月に「牛乳供出に対する報奨物資特配要綱」を定めた。これにより、練乳製造工場および乳幼児に対する飲用牛乳の切符制配給を実施している地方で、地方長官の指定する牛乳処理工場に牛乳を供出した者には、四月から九月までに供出した乳量に応じて、自転車用チューブ、作業衣、サッカリン等の報奨物資の特配が行なわれ、牛乳・乳製品の最低必要量の確保に努めた。

牛乳・乳製品の統制については、戦後も引き続き牛乳・乳製品の配給統制ならびに価格統制が実施されてきたが、昭和二三年三月「食糧品配給公団法」「飲用牛乳及乳製品配給規則」を公布、食糧品配給公団に乳製品局を設け、配給統制をさらに強化し、「酪農業調整法」を廃止した。この結果、同法にもとづく大日本製酪業組合は廃止され、同組合の経済的事業および検査業務は食糧品配給公団乳製品局に移された。

その後、酪農の復興は予想以上に進み、牛乳の生産量は昭和二四年には早くも戦前の水準に回復したので、同年一二月に飲用牛乳に対する配給統制を廃止し、さらに昭和二五年三月、乳製品の配給統制も撤廃され、食糧品配給公団の乳製品局は廃止された。

また牛乳・乳製品に対する価格統制も、一部の乳製品をのぞき、昭和二五年二月二二日の物価庁告示により撤廃された。

飼料の需給と価格安定対策　飼料事情の好転により、昭和一三年から続けられてきた飼料配給統制は、昭和二五年三月に廃止されたが、その後、飼料価格がしだいに高騰の傾向を示してきたので、昭和二七年一二月「飼料需給安定法」を制定し、濃厚飼料の需給と価格の安定を図るために、政府が輸入飼料の購入、保管、売渡を行なうこととした。

(7)躍進期の酪農振興

戦後極度の食糧不足の下で展開された食糧増産運動も、戦後一〇年あまりを経て、食糧事情の緩和がみられ、世界的な農産物価格の低落も加わり、農業政策も再検討される段階に入った。

昭和三〇年頃を境として、日本経済は戦後の状態を脱却し新たな発展期に入り、農業も戦後培養された生産力が本格的に開化して新たな発展を示すようになった。しかし一方では、農業と他産業の生産性との格差がしだいに顕著となり、農業人口の流出、兼業化の増加が急速に進んだ。さらに、食糧の消費構造の変化にともなう畜産物や果実等の需要の増大によって、わが国の農業は大きな転換期を迎えた。このような情勢のもとで、政府は農業の基本問題とその対策の基本的方向を明らかにするため、農林漁業基本問題調査会を設置し、その答申にもとづいて、昭和三六（一九六一）年六月に「農業基本法」を制定して、今後の農業および農政の向かうべき方向を示した。

これによって、酪農はこれからのわが国農業の成長部門と位置付けられ、著しい発展が続いた。わが国の酪農は有畜農家創設を合い言葉として、水田酪農あるいは畑地酪農の形態で、一戸当たり飼養頭数の漸増をともないながら飼養戸数が増加するという、いわゆる外延的拡大が続き、昭和三八（一九六三）年に酪農家戸数四一万八〇〇〇戸のピーク（乳牛飼養頭数一一四万五〇〇〇頭、一戸当たり飼養頭数二・七頭）に達した。前述の農業基本法で農業の選択的規模拡大方向が強く打ち出され、酪農も戸数の減少と存続農家の急激な飼養頭数増という構造変化をともなって、飼養頭数の増加が続いた。

酪農振興対策　〈有畜農家創設事業〉総合食糧対策の一環として農業経営の合理化を図るためには、家畜を積極的に農家に取り入れることが必要である。それにはまず無畜農家の有畜化を図るべきであるとして、昭和二八年三月に家畜導入資金の利子補給を中心とした「有畜農家創設要綱」が制定されたが、さらに同年九月、「有畜農家創設特別措置法」が制定された。

この法律により政府は、有畜化の可能な無畜家を対象とする農業協同組合の家畜導入事業に対し、必要な資金の斡旋、これにともなう利子の一部の補給および損失補償を行なうことを決めた。この制度により、導入された乳牛は昭和三五（一九六〇）年までの間に一六万頭に達したことをみると、この法律は酪農の普及に貢献したといえるが、家畜飼養規模が拡大を続け多頭飼養農家が増加するにしたがい、無畜農家の解消という従来の考え方は消極的にすぎるとの見方が高まり、昭和三六年に農家近代化資金助成法が成立するとともに、「有畜農家創設特別措置」は廃止された。

〈酪農振興法の制定〉酪農の基盤を整備し経営の安定に役立てるとともに、良質安価な牛乳・乳製品を豊富に提供して食糧自給率を高め、国民の食生活向上を図る目的で、昭和二九（一九五四）年六月に「酪農振興法」が制定された。その中の集約酪農地域に関する規定は本法の根幹となるもので、わが国の酪農政策の革新的方向を示すものであった。乳牛を適地で集団的に飼い、牛乳の生産から処理加工までを含め、経済性の高い酪農団地の建設を目指したものであった。

都道府県知事の申請により農林大臣は集約酪農地域を指定し、国は都道府県知事の酪農振興計画および市町村長の酪農経営改善計画の実施を援助することとした。また、集約酪農地域内の集乳施設、または乳業施設の新設・拡張について制約を加え、さらに牛乳取引、中央生乳取引調停審議会、酪農審議会について規定した。

その後、昭和三二（一九五七）年の酪農不況が契機となって、昭和三四（一九五九）年に「酪農振興法」の一部改正が行なわれ、酪農経営改善計画の制度が定められ、国内産牛乳・乳製品による学校給食等の牛乳の消費増進、需給調整のための国の奨励に関する規定が加えられた。

こうして集約酪農地内市町村、または酪農経営改善計画樹立市町村に対し、家畜導入、高度集約牧野の造成、草地管理用機械の導入、産乳能力検定事業、乳質改善事業、生乳共販模範地区設定事業等々の国庫補助事業が集中的に投入され、乳用牛の飼養の促進、経営の改善に大きな影響をおよぼした。

〈農業構造改善事業〉「農業基本法」にもとづき、農業生産の選択的拡大と生産性の向上を図り、自立農家を育成するためには、草地造成等を含む経営規模の拡大、農用地の集団化、家畜導入、営農の機械化等、農用地保有の合理化と農業経営の近代化を図る必要があり、昭和三七（一九六二）年度から一〇ヵ年の計画で農業構造改善事業が進められた。酪農は選択的拡大部門として多くの農業構造改善地区において基幹作物として取り上げられ、大きな役割を果たした。

牛乳・乳製品の需給調整 〈酪農振興基金〉戦後わが国の牛乳・乳製品の生産と消費は順調に拡大を続けてきたが、経済情勢が悪化するとその影響を受けて需給に大きな不均衡が生じて、深刻な乳価問題がひき起こされるようになった。昭和二九〜三〇年と同三二〜三三（一九五八）年に、続けて需要の不均衡と乳価問題が生じた。これを契機として政府は、昭和三三年四月に「酪農振興基金法」を制定し、酪農振興基金を設立した。これによって、生乳生産者と乳業者との間の取引関係の改善、生乳および乳製品の価格の安定、乳業者および生乳生産者の経営の維持安定に要する資金の債務保証を行なうこととした。

〈畜産物価格審議会と畜産振興事業団の設立〉昭和三六年一一月に「畜産物の価格安定等に関する法律」が制定され、酪農振興基金は発展的に解消し、畜産振興事業団が設立された。国はこの法律により、畜産物価格審議会の儀を経て、原料乳の安定基準価格、指定乳製品の安定上位価格と安定下位価格を定め、畜産事業団による買い入れと売り渡し、あるいは生産者等の調整保管等により、牛乳・乳製品の価格変動を調節することとなった。

〈国産牛乳・乳製品による学校給食の制度化〉昭和二九年の需給不均衡による酪農不況を契機に、国産牛乳・乳製品による学校給食が取り上げられ、昭和三三年一月から輸入脱脂粉乳による学校給食の一部を国産牛乳・乳製品に置き換える措置が講じられた。これが需給調整に大きな効果が得られたので、昭和三四年四月に「酪農振興法」の改正が行なわれ、国産牛乳・乳製品の学校給食が促進されることになった。

乳用牛の改良増殖　〈産乳能力検定事業の推進〉酪農経営の改善とその基盤となる乳牛改良を進めるには、乳牛個体の泌乳能力を把握することが前提となる。この事業は農家が飼養する乳牛の乳量、乳脂量および飼料給与量を調査し、その結果にもとづいて合理的な飼料給与と管理改善の指導を行なうとともに、低能力牛の淘汰を推進することが目的であった。この事業は三年間のパイロット事業として、検定員の設置、検定用器具の購入等に対し国が補助して、昭和三四年から実施された。計画ではパイロット事業の三年間に酪農家の自立的な検定組合の育成を図り、その検定組合に事業を移行させることとなっていた。しかし、検定組合の育成が思うように進まなかったため、三年を経過した昭和三七年末に国の補助金が打ち切られるとともに、この事業は消滅した。

〈家畜改良増殖法の改正と家畜改良増殖目標の公示〉わが国の酪農がどのような趨勢をたどるかは、食文化の推移や消費動向などとともに技術の進展が大きくかかわっており、それに適切に即応することが必要である。特に凍結人工授精技術の実用化とそれを有効利用する改良システムが強く求められ、それらに対応するために、昭和三六年一一月に家畜改良増殖法が改正された。その主な内容は、家畜改良増殖に関する目標等の制定と公表、家畜改良増殖審議会の設置、凍結精液保管の実用化に即応した種畜および家畜人工授精に関する規定の整備、および家畜登録事業に関する規制、などである。

〈保証乳用種雄牛制度の芽生え〉乳用牛の能力水準が高まるにつれ、種雄牛を従来のように血統と体型によって選抜するのでは、泌乳能力の改良を効果的に推進することが困難となってきた。そこで、後代検定の成績により選抜する保証乳用種雄牛を広く活用する、いわゆる保証乳用種雄牛（後代検定にもとづく選抜種雄牛）制度が強く求められるようになった。国は昭和三八年度、後代検定済種雄牛を広く活用することに着手し、各都道府県メインセンター繋養種雄牛の性能調査事業を実施することとし、その経費の一部を補助することとした。しかしながら、せっかくのこの事業も、零細補助金の打ち切りという全国知事会からの要求で昭和四二（一九六七）年に打ち切られ、世界の改良体制から大きく遅れてしまった。

なお、大きな遅れを取ってしまったわが国の種雄牛後代検定システムが再出発するのは、昭和四〇年代の後半からであるが、それについては次節で取り上げることとする。

草地改良事業　終戦直後の農地改革の混乱などで、酪農家は十分な粗飼料が確保できず苦しんだが、昭和二五年に牧野法が改正されて、国が草地改良事業を積極的に推進することとなった。昭和三三年には、集約酪農地域内または都道府県知事が酪農振興上必要と認めた牧野について、優良牧草の導入を図り生産性を

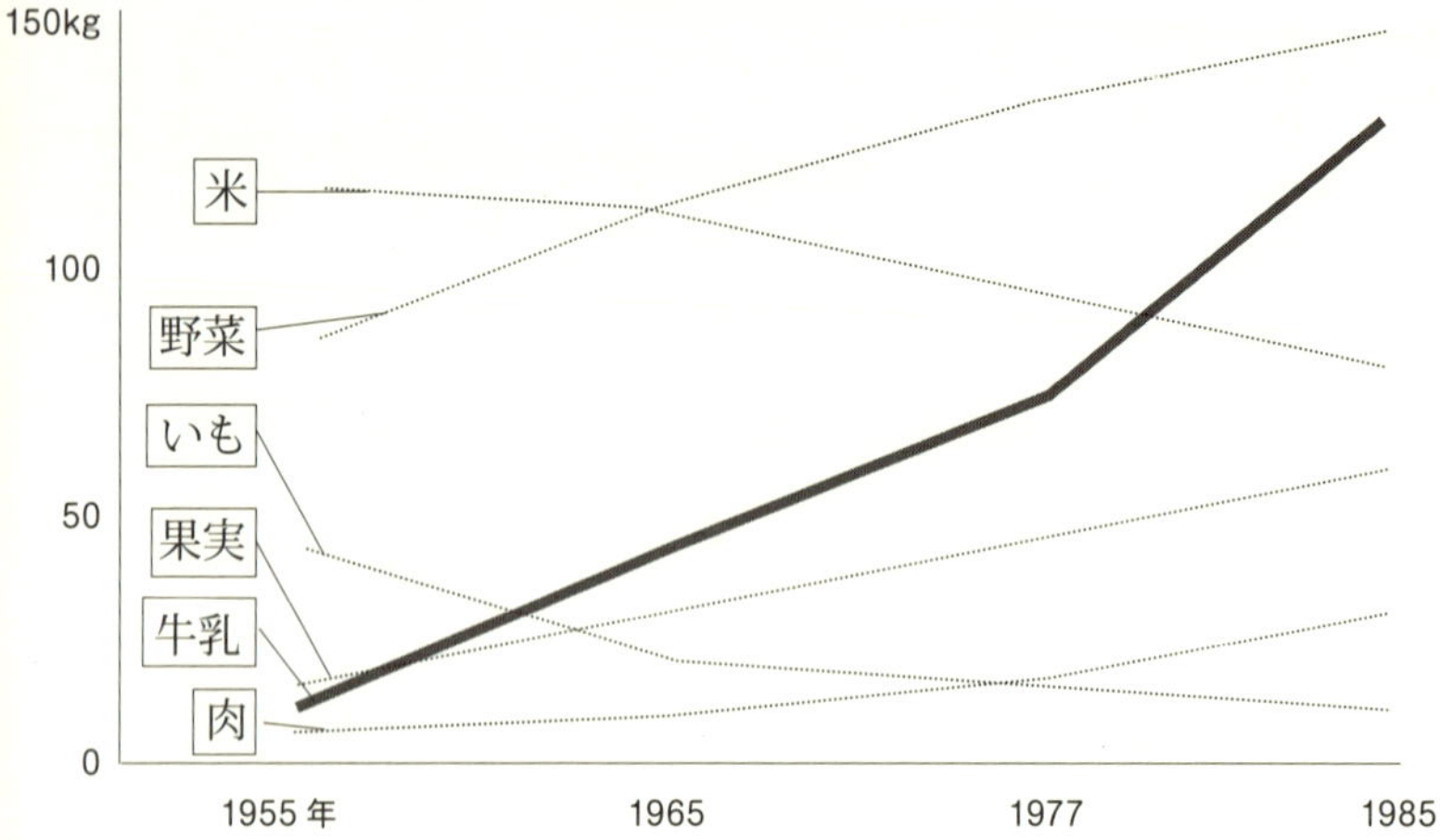

一人当たり年間消費量の推移

高めることを目的とした、高度集約牧野造成事業が開始され、国から補助金が交付されるようになった。この事業によって、昭和三六年までに累計二万五〇〇〇ヘクタールの草地が造成された。翌三七年からは草地改良事業は、農地開発事業（公共事業）の一環として実施された。

これらの改良牧野は、採草地、共同放牧地、あるいは子牛の共同育成場として、酪農の発展に貢献している。

不足払い法の制定　昭和三〇（一九五五）年頃を境として戦後の混乱期を脱却した日本経済は、昭和三五年の安保闘争後の池田内閣による所得倍増計画によって高度成長期に突入した。

経済成長が進み個人の所得が増加すると、それにともなって消費水準が高まり食生活も変化・向上する。昭和三〇年における食品の摂取量に対し四〇年のそれは、穀類九四％、魚介一一一％、肉類二七三％、卵二五九％、牛乳・乳製品三〇九％であった。昭和三〇～四〇年の実績と六〇年までを想定したのが図である。牛乳生産量はおおむね想定した通り推移することが多かったが、一方消費の伸びはばらつくこともままあり、昭和三〇年代は、生産抑制のための乳価値下げ

↓低乳価で生乳生産量の不足↓乳価値上げで生産刺激↓生乳生産活発化↓生産過剰↓生産抑制のための乳価値下げ、といった繰り返しの連続で、安定した酪農の発展と国民への牛乳・乳製品の安定提供ができかねる事態の明け暮れであった。

これを打破するために国は、乳価問題を抜本的に解決するために、昭和四〇（一九六五）年六月に「不足払い法（加工原料乳生産者補助金暫定措置法）」を施行した。それ以降、わが国の酪農は「不足払い法」を軸として「酪肉近代化方針」と整合性を保ちつつ展開されることとなった。

⑻グローバル化に向けた対応

昭和四〇年代後半になると、グローバル化の足音が聞こえてくるようになった。その背景が精液を超低温で凍結保存する技術の開発をはじめとする幾つかの品種改良技術の進展であり、また貿易の自由化交渉の進展であった。精液の凍結保存技術はイギリスのポルジ博士によって開発され、牛の凍結精液が一般商品と同様に、国境を越えて全世界に流通されるようになった。これは家畜の改良増殖上における二〇世紀屈指の研究成果であり、種雄牛利用効率の向上↓必要種雄牛頭数の減少↓種雄牛生産の場の減少という育種の場の喪失を、精液交配を世界規模に拡大させることにより、育種の場の失地回復だけでなく、拡大させることも可能とさせた。

後者についてはわが国も昭和三〇年に、貿易の差別撤廃を目的とするガット（関税および貿易に関する一般協定〔GATT〕）に加盟しており、グローバルな対応が求められ、年を追って強まる気配が感じられた。

以上のことから、この期におけるわが国の酪農は、幾つかの変革を計画立案し体験することとなった。それは、個畜の改良から牛群の改良への変化、人工授精と改良、種雄牛の後代検定、雌牛の牛群検定、世界の

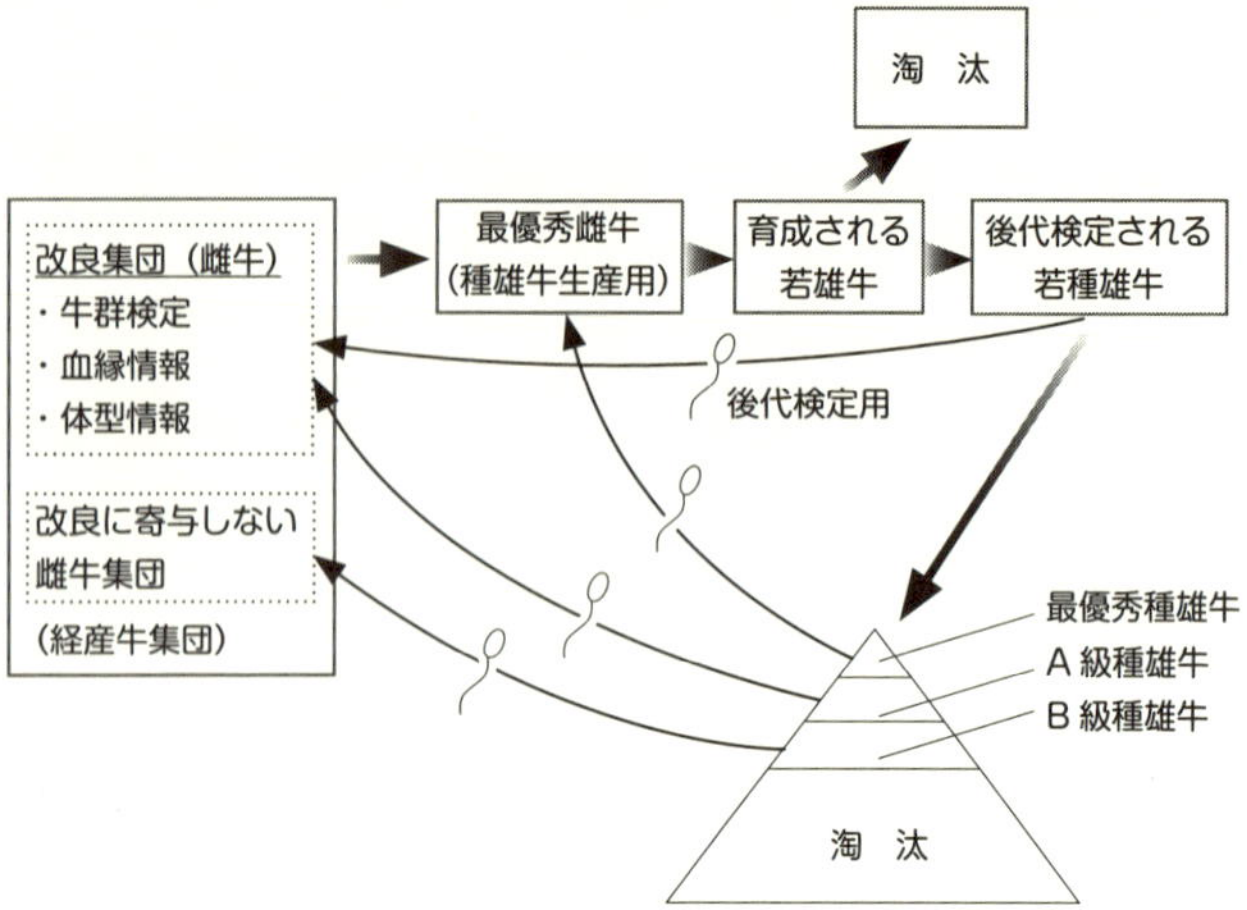

酪農家の牛群検定を中核とした改良システム

トップ・レベルへの挑戦、であった。

個畜の改良から牛群としての改良へ　近年における乳牛改良の大きな流れは、個々のブリーダーの経験と努力に頼っていた個畜中心の改良から、酪農家による全国規模の組織化された群としての改良への転換である。この趨勢は世界に共通した現象で、これを促した原因が凍結精液の急速な発展・普及および牛群検定の普及であった。

乳牛は、繁殖上の特性からみて集団の大きさを維持するには、生まれる雌子牛の六〇～七〇％を繁殖用に用いることが必要となる。これは、限られた場所や特定の個人・グループが改良を受けもてばよい作物および中小家畜と根本的に異なり、改良の組織やその実行に全酪農家の参加が不可欠となる。すなわち、乳牛改良にあっては、酪農家すべてがブリーダーと考えるべきで、酪農家の全面的な参加なしには効率よい改良が期待できない。これは、わが国のみの現象ではなく、世界的に共通した傾向であり、酪農先進国で特に顕著にみられ、組織化の重要性がさらに増大しているといえる（図は酪農家が全面的に参加した改良システムの模式図）。

人工授精と改良　人工授精の発達と普及は、品種改良に種々の影響を与える。その第一点は、一頭の種雄牛の利用範囲が拡大し、次の世代集団への遺伝的影響が増大することである。液状精液の時代でも人工授精所を中心とした一定地域で組織的な改良体制が可能であった。現実に、都道府県の範囲を区域とした改良組織体制がつくられていた。これが凍結精液になって、交配の地理的距離は問題でなくなり、全国をひとつの繁殖集団とすることを可能とし、全国の乳牛をひとつの改良集団とした改良計画が立案・実施できるようになった。

第二点は、種雄牛の選抜圧（ある集団において選抜された個体の割合い）の強化と効率利用が可能になったことである。すなわち

（ア）必要とする種雄牛頭数を減少でき、種雄牛の選抜強度をいっそう高めることが可能
（イ）後代検定の早期終了が可能（世代間隔の短縮で改良速度を高めることが可能）
（ウ）後代検定用娘牛を適切に計画配置することで、種雄牛評価値の正確度を高めることが可能
（エ）後代検定の結果にもとづいて選抜した種雄牛を広域的かつ効率的に利用することが可能

などの諸点である。このうちの（ア）から（ウ）の三点は優れた遺伝素質をもつ種雄牛の選抜にかかわる問題であり、（エ）は選抜した優れた遺伝素質を次の世代に効率的に伝える問題である。

家畜の改良は、優れた遺伝素質をもつ個体を育種し選抜すること、その選抜した個体の優れた遺伝素質（遺伝子）を効果的に次の世代に伝えること、この繰り返しによって進められる。したがって人工授精は、改良の全過程できわめて重要な役割をもっている。このことから現代の乳牛の改良システムは、各国とも凍

結精液による人工授精を核として計画されている。

わが国の乳牛改良事業も、種雄牛と人工授精に重点がおかれて進められてきた。人工授精技術の立場からみると、おおむね四期に分けられる。

第一期は、郡市町村単位で人工授精が行なわれ、急速に実用されていった昭和三〇年頃までの期間であり、郡市・町村単位の体制といわれている。都道府県の積極的な家畜人工授精師養成と相まって、人工授精普及率が昭和三〇年に九一・八％に達した。この期は全国で五〇〇〇個所あまりの家畜保健衛生所が、それぞれ種雄牛を繋養し、精液の採取・処理・保存を行なう人工授精体制であった。

それに続く第二期は、県（都道府）メインステーション（種畜場・畜産試験場など）単位の人工授精体制である。県内複数個所の家畜保健衛生所に分散繋養されていた種雄牛はメインステーションで集中管理され、採取された精液は恒温処理装置で処理・保存され、県内への精液を配付する人工授精体制が敷かれた。また精液の恒温処理・保存の結果、その保存期間も一週間以上に延長された。

わが国における凍結精液による人工授精技術の研究は昭和三〇年代初めに始まり、同年代の終わり頃に実用化された。これに対して国は、昭和三九（一九六四）年から凍結精液保管器設置事業を進め、昭和四〇年八月には凍結精液を取り扱う中枢機関として家畜改良事業団を設立し、精液が都道府県をこえて利用できるようにした。その結果、県単位の組織体制では非効率などの問題が浮き彫りにされ、その解決のために県をこえた全国規模の対応が要請され、第三期に突入した。

一方、昭和四四（一九六九）年からは種畜牧場乳用種雄牛後代検定事業が、昭和四六（一九七一）年からは優良乳用種雄牛選抜事業という二つの全国規模の後代検定事業がスタートした。合わせて、家畜改良事業団によるブロック別の広域家畜人工授精センター（岩手・群馬・岡山・熊本の四場）が設置されるとともに、凍結精液が全国的に流通する際の混乱を防ぐための組織整備が行なわれた。

わが国で全国規模の人工授精組織が整備された昭和四五（一九七〇）年頃、海外では牛凍結精液に国際商品化の傾向がみえ始め、さらにその一〇年後には、この傾向が急速に加速していった。特にアメリカ、カナダの乳牛精液が欧州諸国に大量輸出されるようになり、これに連動して欧州諸国間の精液流通も活発化した。このような凍結精液の国際的流通の進展に加えて、

（ア）海外産精液の活用は、育種素材を拡大するために有効

（イ）能力検定システムの確立と普及により種雄牛の遺伝的能力に関するデータが整備され、国際的な情報交換が容易

（ウ）対外経済政策の一環としての制度の改善・整備が必要

なことなど、海外精液の輸入・利用をめぐる状況が変化したことを踏まえて、昭和五八（一九八三）年に家畜改良増殖法が改正され、輸入精液に対する制限が緩和された。これにより、第四期の国際化時代に入った。この国際化に対応してわが国は、昭和五九（一九八四）年に、さきに発足した二つの後代検定事業を再編・拡大して全国統一の後代検定（フィールド方式）を発足させ、平成四（一九九二）年には雌・雄の遺伝的能力を同時評価するシステムを始め、平成一五（二〇〇三）年にはインターブル（各国の種雄牛評価法を標準化するとともに、その値を材料として国際的種雄牛評価値を計算する組織）の種雄牛国際評価に参加した。国際評価は毎年三回以上行なわれているが、毎回の評価結果は、わが国種雄牛の遺伝能力が世界のトップ水準にあることを示している。その主なポイントを示すと、

（ア）評価の都度、最も若い種雄牛群の評価値（乳量の平均値）はトップを示している

（イ）世界のトップ百位以内にランクされるわが国の種雄牛頭数は泌乳形質で三〇〜四〇頭、体型形質で

一〇～二〇頭を占めている
（ウ）毎回の評価で、複数の種雄牛が世界のベスト五位以内にランクされている
といった点があげられる。

種雄牛の後代検定　乳牛改良に占める種雄牛の役割はきわめて大きく、特に泌乳能力の改良を群として効率よく進めるには、後代検定にもとづき選抜された種雄牛を広く利用することが絶対必要である。

わが国で後代検定による種雄牛の選抜が本格的に始まったのは、昭和四〇年代半ばであった。このように雄牛の後代検定が遅れて始まった理由は、

（a）わが国酪農の経営規模が零細に推移した期間が長く（平均飼養頭数が一〇頭を超えたのは昭和五〇年）、そのために牛群検定実施の経済負担に酪農家が耐えられず、能力検定が普及しなかったこと
（b）わが国の人工授精推進理由が、スタート時点の事情などから、改良手段としてよりも種雄牛飼育の経済負担の軽減や繁殖関係の伝染病防除などに重点がおかれていたこと
（c）米国とカナダとわが国の間に乳牛の遺伝的水準に著しい差があったため、わが国の乳牛改良が米加からの輸入牛に依存する度合いが強く、いわゆる導入育種の状態が長く続き、彼地の遺伝情報とそれにもとづく種畜の輸入で、かなりの程度その必要性が満たされていたこと
などのためであった。

しかし凍結精液技術の発達・普及は、一般商品と同様に精液の全国的な流通を促し、それを利用する酪農家が種雄牛自体を確認する機会もないまま、宣伝だけに頼って利用することが多くなると危惧された。凍結精液の利用は、種雄牛あたりの交配雌牛数を著しく増大させるので、好ましくない種雄牛が供用された場合

の悪影響は、液状精液に比較してきわめて大きいものとなり、改良という点からは非常に大きな問題点をもつことになる。しかしこの機会を積極的に利用して全国規模の乳牛改良計画が実施できれば、改良効果は液状精液時代に比較してはるかに大きくなると予想された。加えて、改良との結びつきが薄かったわが国家畜人工授精体制の跛行的現象の是正が期待された。

ア　二つの後代検定事業

昭和四〇年代半ばに、種畜牧場乳用種雄牛後代検定事業（牧場事業）と優良乳用種雄牛選抜事業（事業団事業）の二つの後代検定がスタートした。

二つの事業は別々の事業として運営されたが、後代検定手法やデータ分析手法は類似していた。当時わが国では全国的な牛群検定がなかったため、検定雄牛の娘牛はやむを得ずすべて検定場に収容され、検定を受けなければならなかった。

事業は評価分析に用いられるデータ数一七以上を目標にして、検定雄牛あたり約三〇頭の娘牛数の作出が計画・実施された。娘牛は牧場事業では二牧場に、事業団事業では二二の道県の施設に収容された。

後代検定は、牧場事業では種畜牧場がみずから生産した若雄牛について、事業団事業では民間ブリーダーや農家との契約（計画）交配で生産された若雄牛について実施された。二つの後代検定事業では、毎年六〇頭（牧場事業二四頭、事業団事業三六頭）の若雄牛を検定し、検定結果により二〇頭が選ばれる計画となっており、約一八〇頭の雄牛がこの事業により選抜された。

イ　検定済雄牛の利用

牧場事業と事業団事業の両者によって選抜された検定済雄牛は、すべて家畜改良事業団の四種雄牛センターと一事業所に配置され、供用された。

ウ　後代検定事業の進展

雄牛の選抜と利用計画については、昭和四〇年代半ばに一応の体制が整えられた。その後、後代検定事業の進展と酪農の発展などによって、後代検定に関して次のような問題点が浮き彫りにされた。

（a）酪農家に検定済種雄牛精液の利用希望が高まり、後代検定の拡大が強く求められるようになったが、娘牛を検定する検定場の収容能力に限界があり、事業の拡大が困難なこと

（b）後代検定を受け公式に検定済として選抜されるのは国有種雄牛に限られていたが、これに対して民間種雄牛の後代検定事業への参加希望が急速に高まってきたこと。ともに、雄牛評価の統一的方式を確立してほしいという要望が強く出されたこと

以上を受けて、国は牛群検定事業の急速な普及・定着を背景に、昭和五九年から後代検定事業を再編・拡大することとして、次のような決定を行なった。

（a）牧場事業と事業団事業を再編して合併し、新事業に編入する

（b）民間若雄牛にあっても一定条件を満たし所有者から申請があれば、新事業に参加できる

（c）統一的方法による雄牛評価は、フィールドと検定場の両方のデータを用いて行なう（平成二年以降はフィールドデータのみ）。また、「待機」が要求されるこの制度以外の一般供用雄牛についても、評価が可能な場合は評価する

昭和五九年からの新しい後代検定事業では、従来より数多くの若雄牛が後代検定され、その結果、より多くの検定済雄牛が選抜・供用され、同時に、より強い選抜によって遺伝的に優れた検定済雄牛が確保されるようになった。

泌乳形質および体型形質の評価値は、ＢＬＵＰ（最良線形不偏予測と呼ばれ、種畜の遺伝能力を評価するために

用いられる統計手法）法によって計算される。昭和五九年から平成四年春まではＭＧＳ（母方祖父）モデルが、また平成秋以降はアニマルモデル（ＢＬＵＰ法において変量効果として評価する雌牛個体そのものを含めるモデル）が用いられている。この計算結果は、「乳用種雄牛評価成績」として、社団法人家畜改良事業団から印刷・発行されている。

雌牛の牛群検定

ア　牛群検定発足の経緯

戦後のわが国における乳牛改良は、おおむね人工授精技術の進展と人工授精の普及に対応して進められたため、種雄牛に重点がおかれて推移し、昭和四四～四六年に種雄牛の選抜・利用計画も一応体制が整えられたことは前述の通りである。しかしながら、酪農経営の改善ならびにその基盤となる乳牛改良からいえば、雌牛の能力検定が飼育乳牛すべてを検定する牛群検定でなく、すぐれた雌牛を選んで検定する個畜検定であり、かつ、その普及が非常に低いことは、著しい跛行的な状態であったといえる。このことは酪農経営の直接の担い手であり経営改善の根幹となる乳牛個体についての正確な能力把握を著しく困難にしたこと、優良種雄牛を作出するための優秀雌牛を選択する場を狭くして、母牛の選抜による遺伝的改良量を小さくさせ、種雄牛の後代検定において酪農家での現場検定方式が採用できず、止むなく検定場方式とせざるを得ない、という問題点を残した。

酪農家が飼育する経産牛（分娩の経験をもつ牛）の全牛を検定し、その結果を飼養管理の改善に活用し、また検定結果にもとづいて低能力牛の淘汰を行なえば、酪農経営の改善に直接かつ有効に寄与するであろうことは、酪農先進国の実例が雄弁に物語っている。この能力検定の重要性については識者の間では十分に認識され、広範囲な実施が強く主張され、その努力も重ねられていた。にもかかわらずわが国においては、全国規模の牛群検定がなかなか実施できなかった。その最大の理由は、酪農家の経営規模があまりにも零細で検定経費の負担に耐えられなかったためであり、加えて副業的酪農形態が多く、経営改善を切実に必要とする酪農家が比較的少なかったためと思われる。

しかしながら酪農家戸数の増加と飼養規模の拡大という外延的要因によって乳牛頭数が増加していた状態も、昭和三八年を境に一転して、戸数の減少と飼養規模の急速な拡大という構造変化が起こり、いわゆる選択的拡大による頭数増を示すようになり、酪農家戸数がピークの昭和三八年に二・七頭であった一戸当たり飼養頭数は、四五（一九七〇）年五・九頭、五〇（一九七五）年一一・二頭、五五（一九八〇）年一八・三頭、六〇（一九八五）年二五・六頭と急速に増加し、ようやく零細性から脱却した。

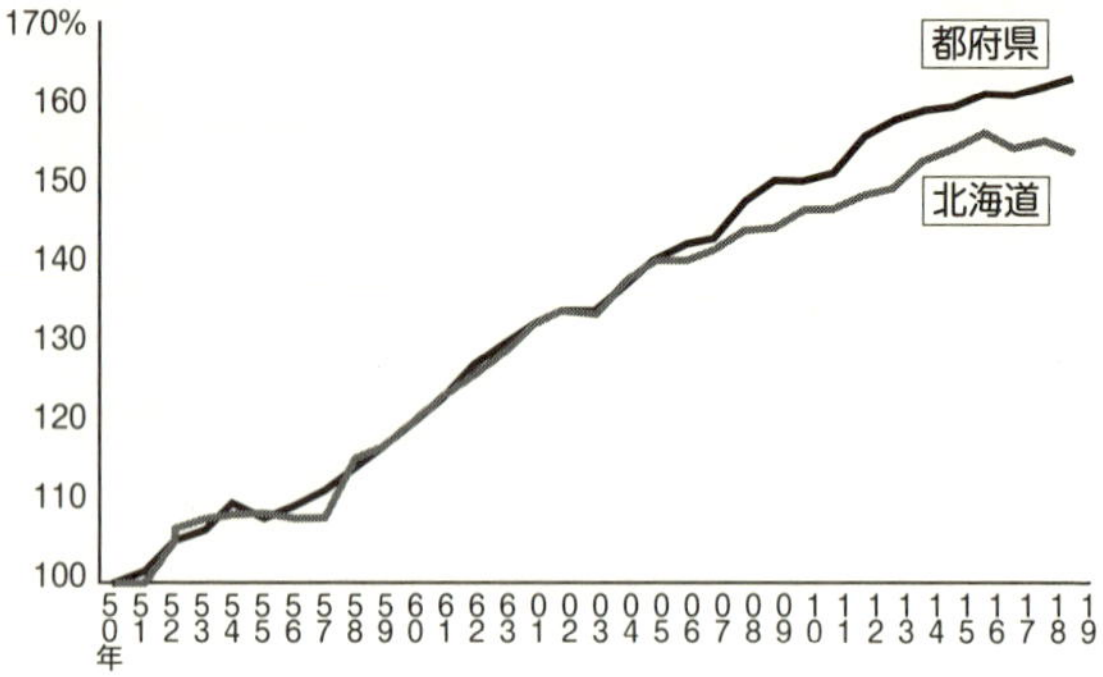

305日検定量の伸び率（昭和50年を100とする）
※立会検定・ホルスタイン種

一方、昭和四七～四八年に現われた飼料穀物の世界的な需給逼迫と、これと期を同じくして起こった第一次石油ショックは、食糧自給政策の根本的な見直しを必要とした。すなわちこの問題は、単なる二国間の貿易上の問題にとどまらず、世界的規模における食糧および生産諸資材の需給に関連する問題であった。酪農にあっても、生産過程の各般にわたって厳しい見直しと資源の有効活用の努力が必要となり、そのための手段として能力検定の実施が強く求められた。

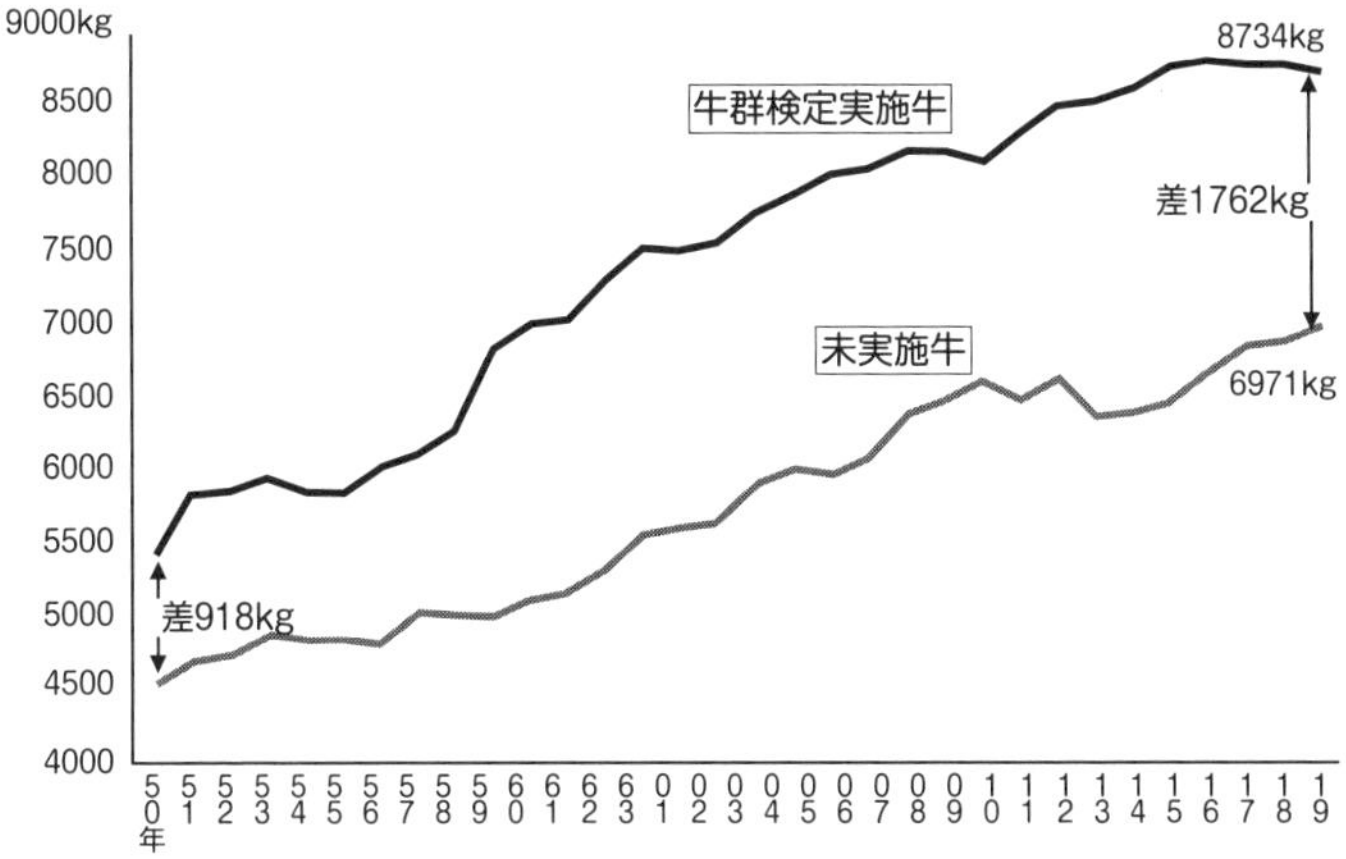

牛群検定実施牛と未実施牛の乳量の比較（経産牛１頭当りの年間生産量）（社）家畜改良事業団推計より

以上の情勢を踏まえて、国は昭和四九（一九七四）年度から牛群検定事業を開始した。スタートしたときの事業名は乳用牛群改良推進事業であり、次いで乳用牛群総合改良推進事業となり、その後、乳用牛群検定普及定着化事業として今日にいたっている。

イ　牛群検定事業の推移

当初、事業は都道府県を事業主体として国の1／2助成（残りは都道府県の負担）によって実施された。これは、従来わが国においては広範囲にわたる牛群検定を実施した経験がなかったためである。この事業における検定数値の集計分析業務は、家畜改良事業団に委託され、今日にいたっている。

昭和五〇年二月一日に検定を開始した牛群検定事業は、八八組合（二〇道県）でスタートしたが急速に普及し、平成元年に検定牛普及率が四〇％を超え、平成一九年度末（平成二〇〔二〇〇八〕年三月三一日）現在二八一組合（四六都道府県）となり、検定牛率五七・一％に達している。

わが国の乳牛集団に最も強い影響力をもつアメリカが、一九〇五年にミシガン州で牛群検定が始まって七五年後の一九八〇年にようやく四〇%の普及率に達したのに対し、わが国においては牛群検定スタート後わずか一五年で四〇%に到達するというスピードを示し、まさに驚異的な普及といえよう。

ウ　検定の効果

牛群検定の継続実施は、個々の酪農経営における気候、給与飼料の質・量、飼養管理等々の生乳生産におよぼす影響をリアルタイムで把握することを可能とする。すなわち、牛群検定に参加することによって、酪農家は検定成績表、検定終了通知書、検定成績集計表、検定終了牛成績一覧、繁殖管理表、牛群改良情報、などの貴重な情報の提供を受ける。

これらの情報を十分に理解し咀嚼すれば、これにもとづいて給与飼料の適正化（最適化）、飼育牛群の健康管理の改善、適切な改良計画の作成と実行、などによって効率的で収益性の高い酪農経営を行なう強固な基盤を確立させることができる。

牛群検定牛と非検定牛の生乳生産量を比較すれば、図に示すとおりである。平成一九年においては、年間の生産量に一七六〇kgほどの差が認められ、かつ、この差は年々増大する傾向がみられる。これは上述の牛群検定成績を活用した努力の成果といえよう。ちなみにアメリカのそれは、推計方法にわが国と若干の違いがあるようであるが、二六〇〇～二八〇〇kgを示している。わが国も、この差をさらに大きくさせる努力が必要と考えられる。アメリカをはじめとする酪農先進国においては、生産量の向上ないしは高い生産水準の維持には能力検定（牛群検定）が不可欠であるとの認識が強く浸透している。

家畜の改良は、畢竟するに次の三点に要約される。第一点は、改良集団の遺伝分散を好ましい方向に高めながら拡大させることである。第二点は、その集団から優れた遺伝子型値の個体を作出し正確に選び出すことであり、第三点は、選び出した個体がもつ優れた遺伝子をいかに多くの次世代に伝えるかである。

このことは国全体の乳牛集団を対象とする場合にあっても、各酪農家が自己の飼育する雌牛群を対象とする場合でも同じであり、それらを実現させるためには多くの工夫と努力が必要である。以下、その主なものを箇条書き的にまとめてみる。

（ア）さらなる牛群検定の拡大

a　検定結果活用による検定効果の拡大

b　血縁情報利用体制の推進

c　生涯生産性の向上

（イ）後代検定の拡大と検定済種雄牛の効率的利用

a　育種の場の拡充と選抜率のアップ

b　検定済種雄牛の効率的利用の徹底

（ウ）総合的指導体制の充実

（エ）新技術の育種・改良への応用

これらの多くの工夫と努力を重ねることによってのみ、わが国酪農は世界トップレベルに挑戦することが可能となる。

子牛を傍らにおいての搾乳
（左：トーゴ1974年、右：バングラデシュ1988年）

《世界の品種改良史》

家畜牛の誕生・牛の乳利用のはじまり

(1)家畜化の要因

人類文化は、旧石器時代→新石器時代→銅器時代→青銅器時代→鉄器時代と進展してきたが、旧石器時代は人は家畜をもっていなかった。人がはじめて家畜化した動物は犬で、紀元前一万年前後といわれている。次いで、羊や山羊が紀元前七〇〇〇年頃に遊牧民によって家畜化され、牛や豚が紀元前六〇〇〇年頃、農耕民によって家畜化された。馬や鶏などは、それからかなり遅れて家畜の仲間に加わった。

野生動物を家畜化した要因には、いくつかの説が提示されているが、その一つは、肉、乳、卵の利用という経済的目的とする考え方であり、ほかの一つは宗教的な動機がもとであるとする説である。しかし、家畜化が行なわれたのは数千年以上前で、その経緯を明らかにすることは不可能といえる。

いずれにせよ、野生動物と人間の間には、狩猟の対象といった密接な接近と接触があったこと、さらには、人間に動物に対する鋭い観察力と知識があった

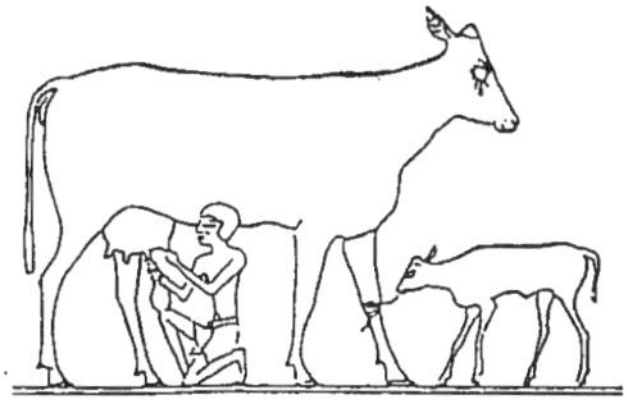

牛乳を搾る古代エジプト人（紀元前2000年頃）　H・デンベック著、小西正泰・渡辺清訳『家畜のきた道』1979年、築地書館より

メソポタミア、フルのニン・カルサフのア・アンニ・パト・ダ寺院の搾乳図（モザイク図、紀元前2900年頃）　加茂儀一『家畜文化史』1973年、法政大学出版局より

ことなどが家畜化を進めたものであろう。動物に対する鋭い観察と知識については、フランス・ラスコーなどの洞窟に残された見事な彩色の動物画がそれを証明している。

(2)牛の利用

人が牛を家畜に加えたことは、人類に労力（農耕や運搬）、肥料（ふん）、食料（肉や乳）、衣料（皮革）などを提供し、大きな富をもたらした。人類に対する貢献度は、ほかの家畜を押さえてナンバーワンである。

人が牛の乳利用を始めたのは、五〇〇〇～六〇〇〇年以上の昔（前四〇〇〇～前三〇〇〇年）にさかのぼるといわれている。これはメソポタミアで紀元前三一〇〇年にバターがつくられていたことや、遺跡ア・アンニ・パト・ダ寺院のモザイク画からもうかがえる。この図は後ろからの搾乳で、牛の乳利用が山羊の乳利用から導かれたと考える根拠となっている。なお、それから約一〇〇〇年後のエジプト第一一王朝（前二〇〇〇年頃）のレリーフでは、横からの搾乳が行なわれていた。以来、乳生産に重点をおいた改良が進められ、それぞれの飼養環境に適し、かつ食文化に応じた多くの品種が成立していく。

人が牛の乳を利用し始めたのは、五〇〇〇～六〇〇〇年以上の昔にさかのぼることは前述した通りである。その際に牛が出す乳の量は、子牛の成長するのに必要とする量（一日五〜六kg）ぐらいであったと考えられる。このような状態で搾乳するには、乳を欲しがる子牛を傍に繋いでおくことが必要であり、遺跡のモザイク画（メソポタミア）やレリーフ（エジプト）にみられる通りである。二〇世紀に入ってからも、一部の開発途上国では、子牛を傍に繋いでの搾乳が行なわれており、それを描いた郵便切手が発行されている。写真の切手は、一九八八年バングラデシュと、一九七四年トーゴ共和国（西アフリカ）で発行されたものである。

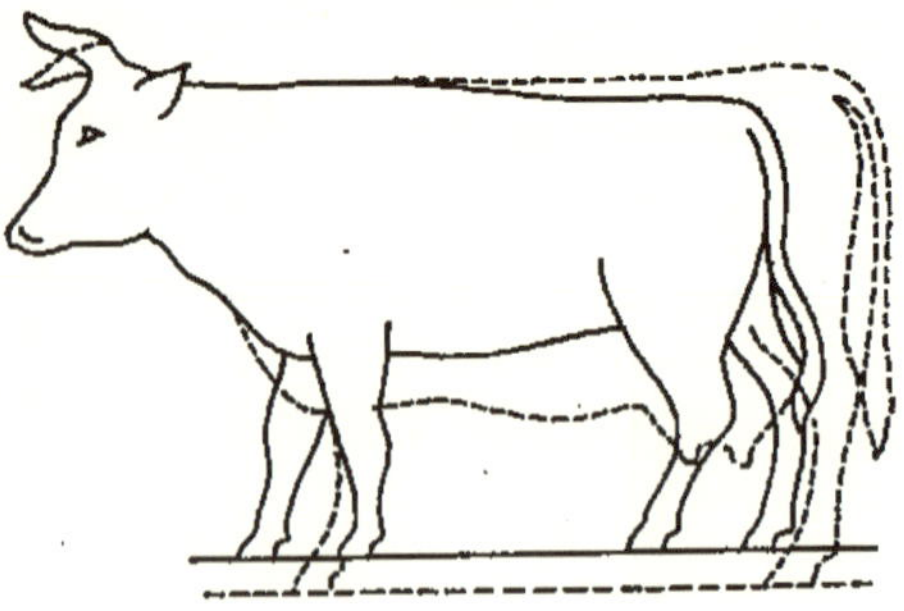

原牛とホルスタイン種雌の体型の比較（西田）

　紀元前三〇〇〇年以上も前から始まった乳生産に重点をおいた改良は、遺伝現象に関する知識が乏しいなかで、子が親に似ることやきょうだい同士は他人より似ているなどの経験を持ち、さらに家畜を飼うようになって自分達にとって望ましい性質・能力を持つものを大切にし、それらを交配して子を生ませた経験や、その成否を知識として伝承しつつ、自然淘汰の働くなかで進められた。したがって、改良の歩みは遅々たるものであったが、それぞれの地方の風土や食文化に適応する家畜がつくられていったと考えられる。

(3)家畜化で生じた変化

　家畜は、環境によってつくられるとともに、飼養する人間の意図によっても変化する。それぞれの地域に定着した家畜は、長い年月をかけて、その地方の風土に適応した形態的特徴・性質・用途などによって、多くの品種が成立した。

その結果、野生種にくらべて種々の変化が生じた。図はその一例で、原種である原牛（オーロックス）と乳用種ホルスタインの体型を、頭部を同一の大きさにして比較したものである。

近代的改良の幕開け

(1)ベイクウェルの改良技術

一八世紀の半ばから始まったイギリスの産業革命は、都市への人口集中をもたらした。そして、それを支える食糧、とりわけ畜産物の供給増を図るために家畜の生産性向上が強く求められた。家畜の生産性向上には、草地の生産性向上、飼料作物や根菜類の栽培促進、家畜の飼養条件および飼養環境の改善がなされるとともに、家畜の生産能力の改良が必要である。

このような背景の中でベイクウェル（一七二五～九五年）が登場した。彼は、イングランドのレスターシャーに一七八ヘクタールの農地をもつ郷紳《ジェントリー》（大きな政治的・社会的影響力をもち、都会から離れた地に居住する農業経営者）である。彼の改良手法は、当該家畜の改良目標を定め、その目標に近い形質や能力を示す個畜を探し出して交配し、当時忌避されていた近親交配も積極的に行なって、形質・能力の固定を図るというものであった。そのために思い切った選抜・淘汰を実施している。また、外国からもよいと思われる家畜を買い入れて自分の集団に加えて育種素材として利用した。これらのために、家畜の骨骼標本や防腐液浸標本（微生物の侵入・繁殖を防止し、腐敗を起きないようにした標本）をつくって研究を行なっている。さらに、自分の売却した雄畜については子孫の能力を調査する権利をもち、成績のすぐれた個畜を買い戻すなど、後代検定に近いことを実施している。これらの改良技術は、当時までに活躍していた改良家や繁殖家の成功例を彼なりにまとめ、それに彼自身の独創的なものを加えて体系づけたもので、現在でも立派に通用するものである。彼が「家畜育種の父」と讃えられるゆえんである。

ベイクウェルには多くの弟子があり、その中でも肉用ショートホーン種の種雄牛コメット号を作出・育種したコリング兄弟は有名である。

(2)登録制度と能力検定

ベイクウェルによる品種改良を契機として、一八世紀から一九世紀にかけて多くの品種が作出・改良された。これには、同じ品種の飼養者が協会をつくり、理想的な体型を目標として血統の純化と体型の整一化を図るという方法、すなわち登録制度の創設によるところが大きい。そして、登録報告簿の発行・公示が行なわれるようになった。最も古いのは一七九一年、馬のサラブレッドであり、次いで一八二二年牛のショートホーン種であり、いずれもイギリスにおいてであった。以下、主な品種の登録協会設立年次(国)をみると、ジャージー種の一八三三年(英国ジャージー島農会)、一八六八年(米国ジャージー種牛クラブ)、ホルスタイン種の一八七四年(ネザーランド畜牛協会)。なおホルスタイン種では、アメリカで原産地より一足早く一八七一年に純粋ホルスタイン繁殖者協会が設立され、一八七七年にダッチフリーシアン協会が設立されたが、一八八五年に合併してアメリカ・ホルスタイン・フリーシアン協会となった。また、一八四二年のガーンジー種(英国ガーンジー島農会)、一八七七年のエアシャー種(スコットランドエアシャー種牛登録協会)などがある。わが国では前述の通り明治四一年にジェルシー種牛協会(ジャージー種)が、同四四年に蘭牛協会(ホルスタイン種)が設立された。

理想体型は輓馬、肉用牛、緬羊、豚、鶏などでもつくられ、それに向けての登録と、それを補強するものとしての共進会によって、改良に一定の効果が見られた。

しかし、産乳能力や産卵能力では理想体型を追い求めても、それだけでは能力改良が進まないことが一九世紀末から認識されるようになった。牛乳の簡易脂肪率の測定法が、一八九〇年にバブコックにより開発されて泌乳能力の把握が、また鶏のトラップネスト（鶏が一度入ったら出られないようにした装置）の発明による個体の産卵能力の把握が可能となり、能力検定に重要な手がかりを与えることとなった。

登録簿は当初、血統の記載が中心であったが、体型と能力が測定されて記載されるようになった。オランダでは特選雌牛の登録制度（高等登録制度）が設けられて、一八九五年にはフリースランド地区で四九頭が登録されている。また、バブコック法（乳脂率の簡易測定法）が開発されたアメリカでは、一八九〇年から登録協会が能力検定に、この方法を採用している。

主要乳牛品種の成立史

(1)ホルスタイン・フリーシアン

起源　本種の原産地は、オランダのフリースランド地方である。紀元前三〇〇年頃に、ドイツのライン川のデルタ地域から、オランダ・フリースランド地方に移住してきた移住民のもたらした牛がもとになったもので、二〇〇〇年以上経過した古い牛である。頭骨からみると類原牛に属する。すなわち、もととなった牛はライン川デルタ地域からきているが、品種として成立したのはオランダのフリースランドである。しかし、この牛とその来歴が同じで、体重や能力もほぼ等しい牛種がベルギー、ドイツの北部地域（シュレスヴィッヒ・ホルスタイン州)、デンマークなどの各地で古くから飼育されていた。

本種の原産地オランダは、昔から地形の関係で河川(ライン川の下流でワール、ネーデル・レイン、リークなどに分流)の氾濫により、しばしば大洪水を受けていた。当時のオランダはドイツ語でニーダーランド(低地)と呼ばれており、大洪水と北海の荒波による浸食に悩まされていた。これを克服するために一三世紀から堤防の構築が始められたが、たびたび堤防が決壊したため、牛の被害も大きかったといわれる。一七世紀に入って堤防の構築が本格的に進められるようになり、一九世紀に堤防が完成すると、干拓された可耕地を利用して本種の飼育が著しく伸びた。

オランダではすでに一六世紀頃からチーズやバターを生産しており、牧野亮一は、『世界に於ける乳牛登録事情』(一九四三年)で「一五〇〇年頃には一日五、六〇封度(二二・七~二七・二kg)、中には八〇封度の牛乳を生産したものもある」と述べている。その頃から本種は、同国の農業にとってなくてはならない存在になっていたと考えられる。以上述べたように、ホルスタイン・フリーシアン種は最も古い品種の一つであり、その組織的な改良は一九世紀から開始された。オランダでの改良の途中において、体格と肉質の向上を図ることを改良目標に加え、その手法として、一八四四年からショートホーンとの交雑を行なった。しかし、その結果は乳量が減り、肉質にも予期したほどの向上がなかったため、一八七〇年に交雑が中止され、泌乳能力の向上に目標が絞られることとなった。だがこの交雑でショートホーン種の赤毛遺伝子が混入し、ホルスタイン同士の交配において、赤白斑牛が稀に生まれるようになった。

分布 乳用牛としては最も広く分布している品種であり、世界中に分布している。ヨーロッパでは原産地オランダをはじめとしてドイツ(北部)、デンマーク、スウェーデン、イギリス、フランス、イタリア、スイス、ポーランド、ハンガリー、ギリシアなどほとんどの国や地域で飼われている。北米ではアメリカ、カナダ、メキシコなどに、南米ではアルゼンチン、ペルー、ブラジル、チリ、エクアドルなどに、アジア・中東ではイスラエル、トルコ、日本、中国、韓国などに、また大洋州ではオーストラリア、ニュージーランドなどに分布している。

主な酪農国でホルスタイン・フリーシアン種が多く飼われている国をＩＣＡＲ（家畜の能力に関する国際委員会）資料の二〇〇〇年版から拾ってみると、次の通りである。原産地オランダでは乳牛のうち七五・八％をこの種が占めている。またほかのヨーロッパの国をあげてみると、ドイツ七一・四％（赤白斑ホルスタイン種を含む）、イギリス五八・七％、ベルギー六一・一％、スイス二四・三％（赤白斑ホルスタイン種を含む）、フランス七三・〇％、イタリア八一・九％、ポーランド九四・一％である。ヨーロッパ以外の地域では、アメリカ九五・一％、カナダ九四・四％、オーストラリア八四・四％、ニュージーランド五七・一％などである。わが国では乳牛のほとんどがホルスタイン・フリーシアンで、九九・四％を占めている。

呼び名　品種として成立したのがフリースランドであることからフリーシアンとよばれる。しかしアメリカへ最初に輸入されたのがドイツ・ホルスタイン地方のものだったので、一八七一年設立の協会名称が純粋ホルスタイン繁殖者協会となり、ホルスタインという呼称が用いられた。次いでオランダから直接輸入された牛の飼育者が集まってダッチフリーシアン協会が設立されて、フリーシアンと呼ばれた。しかし、これらの間には本質的な差がなく、一八八五年にアメリカ・ホルスタイン・フリーシアン協会として合併し、これにより呼び名もホルスタイン・フリーシアンと改められた。各国においては、黒白斑牛を示すシュワルツブンテ、ブラック・パイド、ピエ・ノワールなどと呼ばれていた。しかし現在では多くの国がＩＣＡＲへの

登録開始100周年記念切手

報告にホルスタイン、または国名＋ホルスタインを用いている。別の呼び名をしている国は、オランダ（ブラック・アンド・ホワイト）、フィンランド（フリーシアン）、ベルギーとチェコ（ピエ・ノワール）、イギリス（フリーシアン・ホルスタイン）、イタリアとスペイン（フリゾナ）である。中国ではホルスタインによる累進交雑で増殖・改良が行なわれ、ホルスタインの血液量八七・五％以上のものを中国ホルスタインとよんでいる。

登録の開始　一八世紀半ばに始まった産業革命は畜産分野にも多大の影響を与えた。飼養管理の改善と能力の改良が求められ、一八世紀後半にベイクウェル（一七二五～九五年）が確立した近代的改良手法を用いて組織的な改良が各地で進められるようになったが、その際に共通しているのは、登録の開始と協会の設立であった。

子が親に似ることや兄弟同士が他人より似ていることは、遺伝学がスタートするはるか以前から知られており、われわれの祖先は家畜の血縁関係を記録していた。ギリシアでは紀元前七〇〇年にすでに牛籍簿がつくられ、アラビアでは一〇〇〇年以上も昔から種馬の血統簿が存在していた。

近代的な家畜登録事業のスタートは、一七九一年のサラブレッドを嚆矢とする。牛ではベイクウェルの弟子コーツによって一八二二年に登録簿が刊行された。乳牛では一八三三年に王立ジャージー島農会が設立されて登録が開始され、一八六六年に登録報告簿第一巻が刊行された。

ホルスタイン・フリーシアン種の登録は原産地より早く、アメリカで一八七一年に始まった。オランダでは一八七四年にネザーランド畜牛登録協会（ＮＲＳ）が設立され、登録が開始された。写真はＮＲＳ設立一〇〇周年を記念してオランダで発行された切手である。ホルスタイン・フリーシアン種、ミューズラインイーセル種、グロニンゲン種の三品種が描かれ、切手左下には登録報告簿というオランダ語が印刷されている。同国では、次いで一八七九年にフリースランド種牛登録協会（ＦＲＳ）が設立された。ＦＲＳはアメリカやドイツなどへの輸出牛に対する要求から設立されたもので、登録の取扱方法はＮＲＳとほとんど同じである。

アメリカでは、一八七一年に純粋ホルスタイン繁殖者協会が設立されて登録が開始され、翌年、登録報告簿第一巻が刊行された。一八七七年には別にダッチフリーシアン協会が設立され、登録が開始された。この二つの協会は数年間併立していたが、取り扱う品種が同じであることから、一八八五年に統合してアメリカ・ホルスタイン・フリーシアン協会となった。そのほかの主な国としては、カナダで一八九二年にカナダ・ホルスタイン協会が、一九〇九年にイギリスでブリティッシュ・フリーシアン協会が、わが国では一九一一年に日本蘭牛協会が設立された。

本種の改良過程で、肉質向上の目的でショートホーン種を交雑したため、ショートホーン種赤毛遺伝子が混入し、時に赤白斑牛が生まれるようになったことは前述の通りである。アメリカ、カナダ、イギリス、日本などでは、黒白斑牛同士の間で生まれた赤白斑牛は、毛色上の失格として登録から除外していた。アメリカやイギリスでは赤白斑がかなり多発したために、独立した協会が設立され、別の品種として登録が進められた。その後、毛色と生産形質の間には遺伝的な関係のないことが明らかになったことから、現在では多くの国で、黒白斑牛と同じ登録簿に統一して登録している。この際、赤白斑牛には名号の末尾にＲＥＤの符号がつけられる。

	1970〜75年（平均）		2000年	
	乳量（kg）	乳脂率（%）	乳量（kg）	乳脂率（%）
オランダ	5288	4.01	8182	4.3
ドイツ	4906	3.90	7465	4.19
デンマーク	4854	4.02	8075	4.1
イギリス	5022	3.90	6494	3.79
フランス	3900	3.60	7026	4.07
日本	5800	3.60	8791	3.93
アメリカ	7336	3.64	9630	3.67

ホルスタイン・フリーシアンの乳量と乳脂率の推移 1970〜75年の数値は内藤元男『世界の牛』（養賢堂）とアメリカの「DHIレター」より。2000年の数値はICARの資料より。

被毛色と体格・体型 被毛色は、飼われている国や地域によってシュワルツブンテやブラック・パイドやピエ・ノワールなどともよばれているように、ほとんどが黒白斑である。ただ、改良の途中（一八四四年〜七〇年頃）、産肉性を改良するためにショートホーン種を交配した経緯から、赤白斑牛が稀に生まれることがある。

次に体格・体型であるが、品種の長い歴史と分布が広範囲におよんでいるために、その変異は大きい。大別して、ヨーロッパタイプと北米（米加）タイプに分けられている。北米では乳専用種として改良され、一般的に大型であり、痩せ型で角張っており、前躯が軽く、中・後躯が長大で、乳房が大きく、乳用種の特徴を示している。これに対してヨーロッパタイプの牛は、中型で乳肉兼用種の特徴をもっている。わが国では北米からの種畜導入が主流であったため、北米タイプの特徴をもっている。

しかしながら、一九七〇年代の後半から北米の乳牛精液がヨーロッパ各国に大量に輸出されるようになり、ヨーロッパでも大型で乳用タイプの体型に変わってきている。

泌乳能力の特徴 本種の泌乳能力の特徴は、乳量が多く乳脂率が低いことである。近年特に重視されている搾乳性も、搾乳速度が速い。これらを総合すれば、乳用種としては非常に優れた品種といえよう。

一九七〇年代後半から凍結精液を中心とする遺伝資源の国際商品化が著しく進展したことで、遺伝評価値の高い配偶子（精子、卵子）を利用できることと相まって、泌乳量が著しく向上した。一九七〇～七五年頃における牛群検定記録（平均）と、二五年を経過した二〇〇〇年との間には著しい向上を示しているのがわかる。なお、牛群検定記録（平均）の最も高い国はイスラエルであり、乳量一万四六三kg、乳脂率三・三五％、乳蛋白質率三・一〇％を示した。これに対して放牧中心のオーストラリアは六〇六五kg、三・九四％、三・二二％を、ニュージーランドは五〇四六kg、四・三九％、三・四六％を示している。乳量の日本記録は、北海道の杉浦尚氏の飼育牛ワイケーティー・テッチェ・アマンダ号の二万七〇九九kg（分娩時年齢七才一ヵ月、三六五日）である。世界記録はアメリカ・ウィスコンシン州ツインビーデーリイファームのランダ・オスカー・ルシンダET号が出した三万〇八〇五kg（一九九六年一一月二〇日分娩、三六五日）である。なお、この牛には、分娩後一六〇日目からBST（成長ホルモン）が投与されていた。

⑵ジャージー

起源　ジャージー種は、英仏海峡にあるチャネル諸島（海峡諸島）の中で、最も大きく最もフランスに近いイギリス領のジャージー島が原産地である。ジャージー島は東西一六km、南北一〇kmの小島であり、北から南へ傾斜し、最も高いところでも海抜一五〇mにすぎず、海流の影響から気候は比較的暖かく、平均気温は一月が四・五度、八月が一七・二度、年間降水量は一一二〇mmである。

ジャージー種は対岸フランスのノルマンディ地方とブルターニュ地方で飼育されていたブルトン種および

第９回世界ジャージー会議開催の記念切手

ノルマン種の二つの品種の血液が混じて成立したと考えられている。過去六〇〇年間にわたって、他品種の血液を混ぜずに純粋繁殖を行なってきたといわれるくらい、ジャージー島の島民は本種に対して、他品種より優れた資質を有するとして、強い誇りを抱いている。一七六三年に法律によって、フランスからの牛の輸入が禁じられ、さらに一七八九年にはこれが強化されて、二四時間以内に肉用に供するもの以外の牛は島外からの輸入が禁止された。

一八三三年に王立ジャージー島農会が設立されて、ジャージー種の登録が始まった。一八六六年には登録部門が拡充強化されて、独立の部局が新設されるとともに、登録報告簿第一巻が刊行された。また、一八三四年には、本種の品評会における体格採点法（審査標準）が定められた。さらに、優秀牛を褒賞するなど一定の目標のもとに改良が進められた。その結果、体格、資質および能力が均一化したジャージー種が出来上がった。なお、百数十年前から、バターの生産を考慮して改良が進められたことから、乳量は多くないが、乳脂率が極めて高い今日のジャージー種が作出されたと考えられている。登録が開始された当初から、高等登録制度も行なわれていたが、泌乳能力の公式検定はあまり広範囲に行なわれていなかった。その理由は、当時のブリーダーは体型資質の方に大きな関心を寄せていて、よいタイプの牛は当然高い泌乳能力を発揮するという信念を抱いていたためと思われる。しかしその後、泌乳能力の向上が最大の改良目標となり、泌乳能力の改良には、能力検定が欠かせないことが立証された。そして牛群検定普及の努力が世界的趨勢となったことにも刺激されて、ジャージー島においても牛群検定が著しく普及し、経産牛のほとんどが牛群検定されるようになった。二〇〇〇年のICAR（家畜の能力検定に関する国際委員会）の資料によれば、ジャージー島における検定牛率は九四・三％を示している。

ジャージー種で特筆すべきことに、家系（系統）の問題がある。ジャージー種の育種家は古くから家系を重んじて、近親交配ならびに系統繁殖を多用して育種を進めてきた。その結果ジャージー種ほどはっきりした系統を多くもっている乳牛の品種はないといわれている。多くの場合、種雄牛がそれぞれの家系の開祖となっている。記録にみられる著名な家系名としては、サルタン、ブレイブルック、セント・ランバート、ゴールデン・フェルンス、ドンシイ、ソフィー・トーメンター、ファイナンシアル・キング、セント・モーエス、オウルインタレスト、ゴールデン・グロウ、マジェスティー、サイビル、ローリー、ノーブル、ブロンディスなどがある。

ジャージー種について、どうしても触れておきたいことがある。それは、ジャージー島の農会やジャージー種とイギリス王室との関係である。現王室は、フランスからきたノルマンディー公ウイリアムがヘースティングズの戦いでイングランド軍を破って、一〇六六年に王位に就き、ウイリアム一世（ウイリアム征服王）となったのが始まりである。一方、チャネル諸島はその地理的関係から、英領ではあっても、風俗習慣などにフランス的なものが色濃く残っている。また、現国王エリザベス二世の父君ジョージ六世は、別名、ノルマンディー公と称されていたほどである。こういった歴史的な関係もあって、ジャージー島の農会は王立ジャージー島農会と称し、イギリス国王を名誉総裁に推戴している。

現国王のエリザベス二世は一九五二年に即位された直後にジャージー島を訪れた時に、ジャージー種の雌牛が贈られた。また、ウインザー城にある王室の牧場では、ジャージー牛が飼育されていて、そこで生産された牛乳や乳製品は王室の食卓を飾っているといわれている。このようにジャージー種は王室との関係があるので、写真のような切手が発行されている。切手に描かれている牛は一九七八年のイギリス・ロイヤルショーでグランド・チャンピオンになり、女王陛下からリボンを装着されたジャージー種の雌牛である。

分布　イギリス、デンマーク、スウェーデン、ノルウェー、ドイツ、アメリカ、カナダ、オーストラリア、ニュージーランド、インド、日本、南アフリカなど広く分布している。

牛群検定牛の中に占めるジャージー種の割合が高い国（および地域）をICARの資料をもとにピックアップしてみると、ジャージー島（九四・三％）を除けば、南アフリカ（三〇・三％）、ニュージーランド（一七・五％）、オーストラリア（一一・七％）、アメリカ（三・九％）などとなっている。

毛色と外観上の特徴および体格・体型　毛色は白に近い淡褐色から黒みがかった濃褐色まであるが、一枚毛が普通である。淡色のボカシ（雌に多い）と濃色のボカシ（雄に多く、体下部から肩、腰にかけて現われる）がある。また、口や鼻鏡の周りには白い糊口がみられる。

顔は短く、額が長く、しゃくれた感じがある。鼻鏡、蹄は黒色である。角は側前下方に伸び、内側に曲がっている。角根は白く、角尖は黒い。

ジャージー種では、国や地域による体格と体型の変異は小さい。

本種は乳用種の中では最も小さい体格の部類の牛であり、雌では体高が一二二cm、体重が三八〇kg、雄では体高が一三〇cm、体重が七五〇kgである。デンマークやアメリカ、カナダのジャージー種では、わずかに大きく、雌は体高が一二五cm、体重が四三〇kg、雄は体高が一三五cm、体重が八〇〇kgぐらいである。

体型は典型的な乳用タイプであり、痩型で繊細である。体は長いが、体幅はやや乏しく、腰角幅は尻長より小さく、かん幅、坐骨幅もやや小さい。乳牛の特徴である三つの楔形をよく備えていて、古典的な理想の乳用牛タイプである。頭はやや短く、眼は大きく側方に出て両眼間が深くてくぼんでいる。また、横顔は特有のしゃくれを示している。鼻孔と口は大きく、温和な相を呈している。乳房は付着面積が大きくて形状がよく、四つの乳区はおおむね均等で、質が優れている。

性質　乳用種の中では神経質で感覚が最もよく発達しており、刺激に対して敏感である。この神経質なところはジャージー種の長所であるとともに短所である。平素の管理を親切丁寧に行なっていれば、すこぶる従順でよくなつくので、管理が容易である。扱い方を誤ると、驚きやすく警戒心が強くなる。種雄牛では特にこの点に注意が必要であり、年齢とともに凶暴化するものが少なくない。

活発な性質と軽快な運動力をもっているため、草地での採食能力はすぐれているが、粗食に甘んじる性質は乏しい。したがって良質の牧草が豊富な牧草地ではよい成績をあげるが、牧草の乏しい牧野ではエアシャーほどのたくましい捜食性を示さない。

泌乳能力　泌乳能力におけるジャージー種の特色は乳脂率、乳蛋白質率および無脂固形分率が、ほかの乳用品種よりも、一段と高いことである。二〇〇〇年のＩＣＡＲの資料によれば、乳脂率が四・四八％～五・九七％（平均五・一五％）、乳蛋白質率が三・五三％～四・一〇％（平均三・八一％）であり、乳用種最高の数値を示している。また脂肪球が大きく、ホルスタインの脂肪球よりも直径が二五％も大きい。クリームの浮上が速いので、バターを製造する時には、チャーニング（牛乳中の乳脂肪球を集合団粒化させてバター粒子をつくる工程）の時間が短くてすむことから、製造効率がよくなる。またカロチンを多量に含むので、黄色の美しいバターができる。

乳成分率が高い反面、泌乳量は多い方ではない。泌乳能力をみると、一九七五年ごろの牛群検定平均で、イギリスでは乳量が三四七七kg、乳脂率が四・九％、デンマークではそれぞれ三五九五kgと六・〇六％、スウェーデンでは三七八九kgと五・六五％、ノルウェーでは四二二八kgと五・四五％、日本では三七三二kgと五・〇％を示していた。またアメリカの「ＤＨＩレター」は、一九七四年に乳量が四四八五kg、乳脂率が四・九二％、一九七六年にはそれぞれ四七二九kgと四・八八％であることを発表している。それから約二五年経過した二〇〇〇年には、牛群検定と後代検定の拡大・充実および凍結精液を中心とする遺伝資源の国際商品化の進展などにより、泌乳能力が著しく向上している。すなわち、各国からＩＣＡＲに報告された検定成績（平均）では、ジャージー島では乳量が四六一九kg、乳脂率が五・二一％、乳蛋白質率が三・七二％、イギリス本土ではそれぞれ四七七一kg、五・三六％、三・八七％、デンマークでは五六一四kg、五・九七％、四・一〇％、スウェーデンでは五三一八kg、五・二四％、三・八一％、アメリカでは六八四三kg、四・六三％、三・六一％、カナダでは六〇四八kg、四・九〇％、三・八二％、日本では五七九三kg、四・九二％、三・八三％、ニュージーランドでは三六四六kg、五・七七％、四・〇六％、オーストラリアでは四三八一kg、四・九八％、三・七二％、そして南アフリカでは四八九八kg、四・四八％、三・五三％となっている。

(3)エアシャー

起源　エアシャー種の原産地は、イギリスのスコットランド南西部に位置するエアー州で、品種名はこの地名から生まれた。類原牛に属し、そのもととなった牛はエアー州にいた古い土産牛であるが、品種として成立したのは比較的新しい。一七五〇年以前の経緯は明らかでないが、エイトン（一八一一年頃に『エアシャー種の鑑定』を著述・出版）および同時代のジョン・ダンロップらは、一七五〇年以降に、同地方の在来牛にオランダ牛、海峡諸島からの牛、ショートホーン種およびティースウォーター種などのいくつかの牛が交雑されて、本種がつくられたと推定している。すなわち、エアシャー種の本格的な改良は一七五〇年以降で、その呼称も当初はダンロップとされた。その後カニンガムと称せられ、エアシャーという品種名が確立したのは一八〇三年以降である。そして一八一四年に公認され、一八五三年に審査標準が制定された。一八七七年には、英国エアシャー種牛登録協会が設立されて登録が開始され、その翌年に第一巻の登録簿が刊行されて現在にいたっている。一八五〇年頃からスコットランドでは道路が著しく整備され、輸送量が伸びて市場が開けたために酪農熱が高揚し、本種の泌乳能力の改良が急速に進展した。このようにエアシャー種の改良は、ある特定のブリーダーの手によってなされたのではなく、エアー州を中心とした地域の酪農家たちの一致協力した努力の結晶とみなすことができる。英国エアシャー登録協会は、早くから能力検定事業を採用して、本種の改良に貢献したのみならず、無結核畜群の育成、種雄牛の後代検定、保証種雄牛制度などを採用した最初の協会として、その積極的な協会活動は特筆・賞賛されるものといえる。

性質　原産地のエアー州は、起伏に富む丘陵が多く、気候は一年の大部分が冷涼で湿度が高く、牛の飼育には決して恵まれた環境条件といえない。また低地では沼沢や、泥炭地が多く、滋味が貧しく草生に乏しい。本種の改良がスタートした当時は、改良の進まない草生の乏しい牧野における飼育が普通であった。そのため、エアシャー種の特徴とされる粗放管理によく耐え、我慢強く、かつ、草をあさり歩くというたくましい性質がつちかわれたといわれる。性質は非常に活発、かつ、神経質で、管理が悪いと悪癖を生じやすく、特に雄牛ではその傾向が強い。優れた採草能力は本種の大きな特徴で、他品種なら満腹にいたらない乏しい牧野でも、異常なほどの活発さと根気で、必要な養分を摂取するたくましさがある。強健で、気候風土に対する適応性が強く、粗放な飼養管理によく耐え、能力をよく維持する点は高く評価されよう。

分布　エアシャー種はイギリスのイングランド北部、スコットランドの南西部、スウェーデン、アメリカ、カナダ、オーストラリア、ニュージーランド、南アフリカなどで飼育されている。またスカンジナビアの諸品種の改良にも貢献している。

体格・体型と被毛色　体の大きさはガーンジー種より少し大きく、雌で体高一三〇cm、体重五〇〇〜五五〇kg、雄では体高一四五cm、体重八〇〇〜九〇〇kgぐらいの中型の乳用種である。国や地域による変異は少ないが、フィンランドのものはやや小型である。頭は比較的長く、顎は丈夫で、頚は中程度の長さである。胸垂は小さく、肩は幅広く立ち、背線はまっすぐで丈夫である。腰部は水平で肉付きがよい。四肢はやや短いが、関節および蹄は丈夫で、乳房は均衡よく発達しているが乳頭は短く、小さいものが多く、本種の欠点といえる。総体的には、体型的に整っており美しい。角は細く、長く、前上方に竪琴状に屈曲する。

被毛色は赤白斑で、子の赤は淡赤色から褐色、さらに黒に近い赤色まで種々の段階がある。一般に雄は暗色、雌は淡色のものが多い。白色のひろがりもさまざまで、全白に近いものや、わずかに頭および全躯に赤斑がある程度のものから、全身に斑紋のあるものまで、いろいろである。本種の被毛色は時代による変化が大きく、最も初期は黒白であったが、一七八五年から一八〇五年には赤褐や白の小斑が好まれ、一八一〇年頃には再び赤白が普通の毛色となり、現在の赤白斑や赤褐色斑につながったと考えられる。

泌乳能力　エアシャー種の泌乳能力は、乳量および乳脂率ともに、ほかの品種とくらべて特に優れた特徴はみられず、乳期もあまり長くない。しかしエアシャー種の乳は脂肪球が小さく、乳幼児や病人用の飲用乳に適するという特徴がある。

普通の牛群における泌乳能力は、乳量四〇〇〇～四五〇〇kg、乳脂率四・〇％前後、乳蛋白質率三・三五～三・五％といわれている。一九七〇～七五年当時の牛群検定における検定記録の平均を、内藤元男博士の『世界の牛』とアメリカの「DHIレター」から引用すれば、イギリスでは乳量が四四四七kg、乳脂率が三・八五％、スウェーデンではそれぞれ四八五六kg、四・二九％、フィンランドでは、五〇九七kg、四・四〇％であった。また、アメリカ（一九七四年）での乳量は五二五二kg、乳脂率は三・九一％であった。

それが二五年あまり経過した二〇〇〇年には、イギリスでは乳量が五八七九kg、乳脂率が四・一〇％、乳蛋白質率三・八五％、フィンランドではそれぞれ七七〇七kg、四・三六％、三・三七％、アメリカでは六九九八kg、三・八八％、三・二五％、カナダでは六七九一kg、三・七七％、三・三一％、オーストラリアでは四八七四kg、四・一三％、三・三五％、ニュージーランドでは四五三七kg、四・三九％、三・五五％と、著しい向上（ICAR）を示した。その原因は、BLUP法とスーパー・コンピューターとの結びつきで、きわめて正確度の高い個体の遺伝評価値が得られるようになったこと、凍結精液および凍結受精卵など遺伝資源の国際商品化が進み、遺伝評価値の高い配偶子（精子、卵子）が広く利用できるようになったことによると考えられる。

繁殖能力　本種はガーンジー種よりはやや晩熟であるが、ホルスタイン種よりは早熟である。初産分娩時月齢もホルスタインより一～二ヵ月程度早い。泌乳能力の最盛期は六～七才である。他品種より長寿といわれ、一八～二〇才の老齢になっても生産活動を続ける個体があるといわれているように、繁殖能力は旺盛である。子牛の生時体重は三一～三六kgで、活力があって育成が容易である。その原因は、本種が近親繁殖および集約的な飼養管理によって改良が進められた品種ではないためと考えられている。

⑷ガーンジー

起源　ガーンジー種の原産地は、イギリス領のチャネル諸島（海峡諸島）中のガーンジー島である。ガーンジー島はチャネル諸島中ジャージー島に次ぐ大きさである。ほぼ二等辺三角形に近い形をもち、幅の最も広い南岸（底辺）で八km、南北一九kmの面積約六六〇〇ヘクタールの島である。気象条件はジャージー島とほぼ同じである。

本種の起源は紀元九〇〇～一〇〇〇年頃、ブルターニュから布教に来た僧がもたらしたノルマン種とブルトン種との交雑によって成立したといわれている。交雑に用いられたノルマン種は強健で多乳の系統で、またブルトン種はそれよりやや小型の体格をもつ系統であったと考えられる。ジャージー種の成立にはブルトン種の血液が多く影響しているのに対して、本種はブルトン種よりもノルマン種の影響が大きいとみられている。ガーンジー種もジャージー種と同様に、永きにわたってほかの品種の血液を混じえずに繁殖が行なわれてきた。さらに、一八二四年には法律によって島外からの種牛輸入が禁止された。一八三〇年には、品種としての体格・体型の斉一化を目指して、体格審査規定が設けられた。一八四二年には英国国王を名誉総裁に戴く、王立ガーンジー島農会が創立されて登録が開始された。なお英本国においては、一八八五年に英国ガーンジー種牛協会が設立された。

分布　イギリス（ガーンジー島および英本国）、アメリカの東北部およびカナダに多く飼われている。そのほか、オーストラリア、日本、ケニア、南アフリカ、西インド諸島、ペルー、アルゼンチンなどで飼われている。なお二〇〇〇年のＩＣＡＲに本種の検定成績が報告されているのは、イギリス、アメリカ、カナダ、オーストラリアおよび南アフリカである。

被毛色と外貌上での特徴　被毛色は淡黄色や淡褐色ないしは赤色の地色に、いろいろの大きさの白斑をまじえている。斑の出方は複雑であり、顔面、四肢、側腹および乳房に白斑が多くあらわれる。鼻鏡はクリーム色ないしは肉色を呈する。ジャージーのような糊口が時々現われるが、これは品種の特徴とはなっていない。蹄は肉色である。顔は狭く、ジャージーにくらべると長く、しゃくれ具合も軽い。有角で側前下方、または上方に伸び内方に曲がる。角根は白く、角尖は黒い。頚は細長く、胸部は比較的広い。背はゆるいものが多く、後躯は広い。均称《きんしょう》（枝肉の形）の点では、ジャージーほどの整った美しさがなく、いくぶん粗野な感じがする。乳房はよく発達し、丸みを帯びた方形を呈している。

体格・体型　本種はその成立においてジャージーと近い血縁関係にあるので、種々の点で似かよっているが、ジャージーよりは体格は一まわり大きい。体重は雄牛で七五〇～八五〇kg、雌牛で四〇〇～五〇〇kg、体高は雄牛で一四〇cm、雌牛で一二七cmぐらいであり、国や地域による変異は小さい。体型もジャージーに似て、古典的な乳用種の理想体型に近いが、やや粗野で気品に欠ける感がある。

性質　活動は活発で敏捷であるが、ジャージーほど神経質でなく温順である。また、きびしい気候に対する抵抗性が強い。

繁殖性は比較的早熟であるが、ジャージーにくらべると二ヵ月ほど遅い。長寿性ならびに繁殖力については、ほかの品種とさほど変わらない。

子牛の生時体重は三〇～三五kgで、母牛の体重の約七%に当たる。初産の子牛には時々、丈夫でないものがみられ、育成はやや面倒といえる。ガーンジー種はジャージー種と同様に、飼料中のカロチン色素を体脂肪中にそのまま沈着する性質が強い。したがって、体脂肪は著しく黄色を呈する。このことは肉付きのよくないことと相まって、肉用価値を少なくしている。

泌乳能力　ガーンジー種の牛乳の特徴は、黄色味が濃く脂肪球が大きいことである。特に、青草で飼った場合には一段と色調が増す。乳脂率はジャージーに次いで高く、四・六～四・九%を示し、バターの製造に適している。しかし、チーズや練粉乳用の原料乳として適していない。ただ、味の濃い特別牛乳としての価値は高く評価されている。

泌乳量は本種がジャージーとくらべて体が大きいだけ、優れている。泌乳能力は乳量三六〇〇kg、乳脂率四・六%ぐらいといわれ、搾乳速度はやや遅い。一九七五年頃のイギリスの牛群検定の平均では、乳量三六八五kg、乳脂率四・四八%(『世界の牛』内藤元男博士)を示している。またアメリカの「DHIレター」では、一九七四年に乳量四七一六kg、乳脂率四・六二%、一九七六年にはそれぞれ四九五九kg、四・六二%と報告されていた。その後、一九七〇年代後半から始まった凍結精液の急速な国際商品化の進展、次いで起こったET(受精卵移植)技術の進展と受精卵の国際流通化、BLUP法による正確度の高い遺伝評価法の普及と国際比較(インターブルによる多国間評価・MACE)体制の進展などによって、二五年を経過した二〇〇〇年にICARが取りまとめた資料によると、本種の泌乳能力(牛群検定の平均値)は次のように大きく向上した。すなわち、イギリスで乳量五〇九五kg、乳脂率四・六八%、乳蛋白質率三・五八%、アメリカでそれぞれ六五四六kg、四・五四％、三・四五％、カナダで五八六一kg、四・四五％、三・四八％、オーストラリアで四六七六kg、四・四〇％、三・五一％、南アフリカ共和国で五一八一kg、四・三六％、三・三五％となっている。

⑸ブラウン・スイス

起源　ブラウン・スイス種の原産地は、スイスの東北部シュヴィーツ州とその周辺の山岳地帯である。本種は乳用種牛において最も古い品種で、湖棲民族の遺跡（新石器時代・紀元前七〇〇〇〜二五〇〇年）から発掘された家畜牛（泥炭牛）の骨と酷似しており、その子孫牛とみられ、長額牛（短角牛）と類原牛との交雑で生まれた品種と考えられている。この地方では九世紀から、褐色で短角の牛が役肉用として飼育されていた。一九世紀に入って、飼料作物の導入や飼養管理方法の改善などが行なわれるようになり、その頃から本種の泌乳形質に対する改良が開始され、乳・肉・役の三用途を兼ねる品種となった。その後、使役に従事することがなくなり、乳肉兼用種への転換が進められた。その結果、泌乳量を高めることを改良の第一目標に、産肉性の高い体型を備えることを第二の目標として改良が進められた。原産地のスイスでは一八七八年に登録が開始された。

分布と呼び名　原産地のスイスでは、シュヴィーツ州を中心にチューリッヒ、ツークなどの東北部の諸州で多く飼育されている。この地域を中心に同国における飼養牛の約四五％（二〇〇〇年のＩＣＡＲがまとめた検定牛では四三・三％）を占めている。

スイスでは、本品種は種畜として外国へ輸出され、産業上重要な地位を占めている。輸出先はスイス周辺の南ドイツ、オーストリア、イタリア北部、フランス東南部、東ヨーロッパ諸国およびロシアなどであり、ヨーロッパでの分布はきわめて広範囲にわたっている。また、アメリカ、カナダ、ブラジル、アルゼンチンなどでは、乳用牛として活躍している。

スイス、ドイツ、オーストリアでは、ブラウンフィー、フランス、イタリアではブリューヌとよばれ、それ以外のヨーロッパ諸国およびイギリスではスイス・ブラウンと呼称されている。

アメリカには一八六九年に雄二五頭と雌一四〇頭がスイスから輸入され、乳用種としての改良が行なわれ、六大乳用種の一つとなった。そしてブラウン・スイスとよばれ、カナダやわが国もその呼称を使っている。

被毛色と外貌上の特徴　被毛色は灰褐色の単色で、色調には銀灰色から黒褐色まで種々の階級がある。鼻鏡は明色の毛で囲まれている。鼻鏡・舌は黒色を呈する。一般に、雄は雌にくらべて暗色のものが多い。子牛は生まれた時には美しい銀灰色であるが、成長するとともに濃色へと変化する。

頭部は大きく幅広く、両眼間はややくぼみ、耳は厚く大きい。角はやや短く、始めは外方に、次いで前方から上方に向かう。角は白く角先のみ黒くなっている。胸垂はあまり大きくなく、頚は短く太い。背線は水平で、胸は深く、肋張りも良い。腰角は突出し、十字部はおおむね水平である。四肢は強健で、やや骨太、蹄は黒色で固い。

体格・体型　国や地域による変異がかなり大きい。ヨーロッパ型とアメリカ型とでは、体型がかなり違っている。前者は兼用種で乳肉比率六・五対三・五で、体下線は背線と平行で豊かであり、体躯は長く広く充実し、腿の筋肉は飛節（下腿骨と足根骨の関節）まで充実している。後者は乳用種の特徴をもち、体積は豊かで、楔形を示す。乳房は発育良好で、付着は広く大きく、乳頭の形や配置も良い。

体の大きさは中～大型である。兼用種タイプでは、雌は体高一二七cm、体重五五〇kg、雄は体高一四〇cm、体重七〇〇kgぐらいである。乳用種タイプでは、雌は体高一三二cm、体重六〇〇kgぐらい、雄は体高一五〇cm、体重一〇〇〇kgぐらいといわれていた。アメリカでは乳用種としての改良が進むにつれて大型化し、雌は体高一三八cm以上、体重六〇〇～七〇〇kg、雄は体高一五五cm以上、体重九五〇～一二〇〇kgになっている。なお、近年アメリカからヨーロッパに凍結精液が大量に流入したことで、両者の差は縮まっている。しかし、ヨーロッパでは完全にアメリカ型にしようというのではなく、ヨーロッパ型の雌にアメリカ型雄を交配したF1にヨーロッパ型の種雄牛を戻し交配して、アメリカ型種雄牛の血液量を二五％以内にとどめて、産肉性の低下を防ぐ努力が行なわれている。

性質　非常に温順で、容易に興奮せず、管理が非常に楽である。強健で、きびしい気象条件によく耐え、飼料を選ばずに食べ、採食性がよく発達している。

乳用種の中では晩熟である。初産分娩月齢は三〇～三三ヵ月で、完全に成熟するのは六才以降である。その分だけ、長寿で長く繁殖に使用でき、生産活動が続けられる。一二才を超えてからでも高能力を発揮する例が少なくない。初生子の体重は四〇～四三kgで、大きく丈夫である。人工哺乳になれにくいきらいはあるが、育成は比較的容易である。

泌乳能力　泌乳能力についても国や地域によって、かなりの差がある。かつては兼用種タイプで、スイスでは、乳量四〇〇〇kg、乳脂率四・〇％、ドイツではそれぞれ四五〇〇kg、四・五％ぐらいといわれていた。また、乳量は飼育する土地の高度によって異なる。実例では、年間を通じて標高八〇〇m以下で飼われる場合の平均乳量が三九〇〇kgであるのに対し、夏の間のみ一六〇〇m以上の高地に放牧される牛群は平均三四〇〇kg、冬季に一二〇〇〜一六〇〇mで飼われ、夏季は一六〇〇m以上の高地に放牧される牛群の平均乳量は三二〇〇kgである。これに対しアメリカでは、乳量四八〇〇kg、乳脂率四・〇%ぐらいといわれていた。それがアメリカにおいて、泌乳能力の遺伝的改良が著しく進展し、その凍結精液が大量に輸出されたので、各国においても乳量が大きく増加した。ICARがまとめた二〇〇〇年の検定記録では、スイスでは、乳量六一四二kg、乳脂率三・九九%、乳蛋白質率三・二二%、ドイツではそれぞれ六〇八〇kg、四・一〇%、三・五二%、オーストリアでは六一三六kg、四・一一%、三・三五%、フランスでは五九七〇kg、四・〇五%、三・三四%、イタリアは六〇一〇kg、三・八八%、三・四一%、アメリカでは七八八四kg、四・〇六%、三・四五%、カナダでは七一一三kg、三・九六%、三・四二%を示している。

(6)デイリー・ショートホーン

起源　ショートホーン種は、イングランド東北部のダーラム、ノーサンバーランド、ヨーク諸州が原産地である。ティース川にまたがるヨークシャーおよびダーラムの沃野で品種として成立した。かつてアメリカにおいて、ショートホーン種のことがダーラムとよばれたのは、このためである。なおショートホーン種という名称は、ロングホーンという長い角の牛に対して短いという意味でつけられた名であって、角は普通の牛程度の長さである。

ショートホーンの起源は、古くはイングランドに侵攻したローマ人がもち込んだ牛、およびノルウェー人などのノルマン民族が侵入した際に連れてきた牛などがもととなって土産牛がつくられ、これにオランダ牛などの多くの牛が交配されて、その祖先牛がつくられたものと考えられている。この祖先牛は、平凡で均一性を欠いた集団であったといわれる。一七四〇～五〇年頃までの本種は、後に改良されたものにくらべるときわめて粗野で、被毛色もいろいろな色の混った牛であったと記録されている。

一七八〇年頃には、かなり有名な育種家がすでに活躍していて、一八二二年に初めて発行された本種の登録簿にその名が載っている。

ここで一八世紀から一九世紀にかけての家畜改良の流れについて、もう一度復習してみよう。一八世紀の半ばに始まったイギリスの産業革命の影響で、都市に人口が集中するのにともなって畜産物の消費が増大し、それに対応するために家畜の生産性向上が強く求められた。そのために、野草地の牧野化、飼料作物と根菜類の栽培などが促進され、家畜の飼養条件の改善に努力が払われるとともに、家畜の生産能力の改良が強く要求された。このような背景のもとに登場したのがロバート・ベイクウェルである。彼は一七八ヘクタールの農地を所有するレスターシャーの郷紳である。

彼の改良技術は、その当時までの改良家や繁殖家の成功例を彼なりにまとめ、それに彼自身の独創を加えたものと考えられる。それらを要約すると、家畜の骨骼標本や防腐液浸標本をつくって研究するとともに、

（ア）改良目標を定める。

（イ）それを実現するために目標に近い形質・能力を示す個体を雌雄ともに重視して選抜し交配する。

（ウ）当時忌避されていた近親交配を行なって形質の固定を図り、その際思いきった淘汰を実施する。

（エ）よいと思われる家畜を国内のみならず外国からも買い入れ、自己の集団に加え、育種素材として利用する。

（オ）後代検定を有効に実施する。そのためには雄を売却する際、その子孫の能力を調査し、成績のよかっ

たものを買い戻す権利を保有して売却する。

などと要約される。

　彼は多くの弟子をもったが、よく知られているのは肉用ショートホーンをつくり上げたコリング兄弟とデイリー・ショートホーンのトーマス・ベーツである。コリング兄弟の兄であるC・コリングがベイクウェルを初めて訪れたのは一七八三年といわれ、近親繁殖を中心とした改良技術を学んで、ショートホーンの本格的な改良がスタートした。ベイクウェルが確立した改良技術を駆使したコリング兄弟の努力により肉用ショートホーンが育種され、有名な種雄牛コメット号を作出し、コリング畜牛群を確立させた。

　次いで、ベーツはコリング畜群の血統を詳しく調べ、乳用資質を兼備したものを作出するために、泌乳能力の高いダチェス号（雌）と孫娘ダチェス三世号を一八〇四年に選び出した。そして、これらを中心に強い近親繁殖を行なって、泌乳能力に秀でたダチェス家系をつくりあげた。現在の乳用ショートホーンの多くは、血統をさかのぼると、そのほとんどがベーツの畜群に帰するといわれている。本種は一八八五年に公認され、一九一二年に協会が設立された。なお、乳用のショートホーンとしては、一九世紀の初めにイギリスからオーストラリアへの移民船で運ばれたショートホーンの中から、オーストラリアのニューサウスウェールズ州イラワラで、多乳のものを選び分離したイラワラショートホーン種がある。

分布　かつては世界で広く飼われており、ヨーロッパ諸国をはじめ多くの国にイギリスから多数輸出されていたが、現在ではイギリス、アメリカ、オーストラリア、南アフリカなどで飼われているにすぎない。その原因は、産乳性および産肉性ともにさしたる特色がなく、中途半端であるためと考えられる。原産地であるイギリスにおいても、一九〇八年には搾乳牛の七一％を占めていたが、漸次減少を続け、特に第二次大戦後急速に減少し、一九六六年には搾乳牛の六％に減少するまでとなった。その後も漸減を続け、二〇〇〇年の牛群検定では三・七％を占めるのみである。またアメリカでは、六大乳用種に数えられていたが、二〇〇〇年の検定記録によると〇・一％以下（全検定牛四三二万五〇〇〇頭中三六七二頭）を占めるにすぎない状態になっている。

外貌上の特徴および被毛色　頭は短く、幅広く、額と顔とがおおむね等しい長さを呈する。角は有角のものと無角のものがある。被毛色は純白および暗赤色の一枚のもの、赤白斑のもの、白地に褐糟毛を混ずるものなどかなりの変異がみられるが、白地に濃赤色糟毛のものが最も普通である。

体格・体型の特徴　体型は頚が短く太く、前胸は広く前方に突出し、胸は深く、肋骨の湾曲が大で、肩の肉付きがよい。背は広く、短く、腰は丈夫で十字部にかけて幅広く、肉付きがよい。四肢は比較的短く、乳房は大きく発達している。側望は矩形で肉用型を示すものと、ホルスタインに酷似した楔形を呈するものとがあり、変異に富みさまざまである。

体格は、雌で体高一三〇cm、体重六〇〇kg、雄で体高一四五cm、体重九〇〇〜一〇〇〇kgぐらいである。

泌乳能力　泌乳能力は、乳量四〇〇〇kg（一九七〇年頃のイギリスにおける牛群検定の平均は四一四五kg）、乳脂率三・六％ぐらいといわれていた。その後、アメリカにおける急速な遺伝的改良の影響を受けて向上した。二〇〇〇年のＩＣＡＲのまとめでは、平均でイギリスでは乳量五六九五kg、乳脂率三・八五％、乳蛋白質率三・二九％、アメリカではそれぞれ七六六九kg、三・六二％、三・二五％、オーストラリアのイラワラショートホーンで五〇三一kg、四・〇五%、三・四三%を示している。

(7)シンメンタール

起源と沿革　シンメンタール種は、スイス・ブラウン種（スイスの東北部で成立し、アメリカ名はブラウン・スイス）とともに、スイスの代表的な乳肉兼用種の牛である。大額牛に属し、スイス西部のシンメンタール渓谷が原産地である。中世にはすでにその存在が知られていたが、詳しいことは明らかではない。古くから役肉兼用牛として飼われ、役用能力が重視されていた。この頃の役用能力試験の成績によれば、牽引力は三kmの持久牽引が七三・三kg（一・一七馬力・牽引速度一・二〇m／秒）、四〇〇mの重輓曳《ばんえい》が一〇六・六kg（一・六八馬力・牽引速度一・一八m／秒）、一五mの最大牽引が一七七・九kg（三・三三馬力・牽引速度一・三七m／秒）である。一九世紀に入って泌乳形質の改良が行なわれ、乳・肉・役の三用途の兼用種になった。現在は乳・肉の兼用種として、多くの国や地域で飼われている。

中世以来、ほかの品種との交雑が行なわれずに、純粋繁殖によって改良された古い品種である。一八六二年に公認され、次いで一八九〇年に協会が設立されて登録が開始された。

呼称と分布　本品種の呼び方には、大別して、シンメンタールとフレックフィーの二通りある。ICARに対する各国からの報告では、前者のシンメンタールを用いているのは、原産地スイスのほかにフランス、クロアチア（旧ユーゴスラビア）、ポーランド、スロベニア（旧ユーゴスラビア）およびスロバキア（旧チェコ・スロバキア）である。またフレックフィーを用いているのは、オーストリア、チェコ（旧チェコ・スロバキア）、ドイツ、ハンガリーおよび原産地のスイスである。原産地のスイスが本種のICARに対する報告に、シンメンタールとフレックフィーの二つの名称を使い分けている理由ははっきりしない。しかし後述するように、スイスにおける泌乳成績の数値、フレックフィーとして報告している国とシンメンタールとして報告している国の泌乳成績の数値などから判断して、シンメンタールよりもフレックフィーの方が泌乳能力にウエイトを大きくおいていると類推できる。

本品種の分布をみると、原産地のスイスでは経営面積が比較的大きく、重粘土質土壌の西部地方で多く飼われている。またスイス以外では、オーストリアの東部、ドイツ南部、フランス東南部、イタリア北部、ハンガリー、ブルガリア、ポーランド、スロバキア、スロベニア、ルーマニア、旧ソ連、イギリス、アメリカ、カナダ、オーストラリア、南アフリカ、アルゼンチンなど、広く分布している。特に旧ソ連では、六九〇〇万頭の牛のうちの二五・六％にあたる一七七〇万頭がシンメンタールあるいはこの品種の系統となっている（一九八〇年）。なおイギリスやアメリカなどでは、肉専用種として飼われているとみるべきであろう。

被毛色ならびに外貌上の特徴　被毛色は淡黄褐色または赤褐色と白斑で、頭と四肢は白色である。鼻鏡と蹄は肉色で、黒斑のあるものもある。有角と無角のものがあり、有角のものは側上後方に伸びる。角は肉色で角根が白、角尖は黒である。

体格・体型上の特徴　ブラウン・スイスほどではないが、国や地域による変異はかなり大きい。ヨーロッパの牛の中ではイタリアの牛と並んで最も大きく、雌でも体高一五〇cm以上のものも珍しくない。ヨーロッパでは雌で体高が一四〇cm、体重が七五〇kg、雄で体高が一五五cm、体重一一五〇kgぐらいである。またアメリカでは雌では体高が一四二cm、体重が八〇〇kg、雄では体高が一五五cm、体重が一二五〇kgぐらいを示している。

肩幅は厚く肉付きがよく、肋張りもよく後躯の幅も富んでいる。中躯が短く、肢が長く、側望すると正方形に近いという役用牛の名残を残す体形も散見される。

しかし一般には体積に富み、中躯は長く、深く肉付きがよい。乳房はからだの割に小さく、垂れ気味で、乳頭が近接し、全体として下に尖った感がある。飛節の立った直飛のものもかなりみられるといわれる。

泌乳能力　一九七五年頃における本品種の泌乳能力を概観してみると、乳量が三九〇〇〜四〇〇〇kg、乳脂率三・九〜四・〇%ぐらいといわれている。牛群検定の平均値も、スイスでは乳量が四三六六kg、乳脂率が三・九三%であり、ドイツではそれぞれ四〇九九kg、四・〇%（内藤元男『世界の牛』）であった。その後、牛群検定および後代検定の拡充、遺伝評価法の改善、凍結精液を中心とした遺伝資源の国際流通の急速な進展などにより、急速に能力が向上した。一九七五年から二五年を経過した二〇〇〇年にICARがまとめた資料によると、次の通りになっている。

原産地のスイスは、前述の通りフレックフィーとシンメンタールに分けて報告している。前者については、九万二六九八頭の平均（三〇五日の記録）で乳量が六三四六kg、乳脂率が四・一〇%、乳蛋白質率が三・二二%である。これに対して後者では、一万八四六一頭の平均でそれぞれ五四四六kg、三・九九%、三・二七%となっている。ちなみに同国の牛群検定頭数に占める割合は、前者が二五・三%、後者が五・〇%である。

品種名をフレックフィーとして報告している国は、オーストリア、チェコ、ドイツ、ハンガリーである。その成績は、オーストリアでは乳量が五七二〇kg、乳脂率が四・一五%、乳蛋白質率が三・四二%、チェコがそれぞれ五四四七kg、四・三一％、三・四一％、ドイツが五八四九kg、四・一〇％、三・四六％、ハンガリーが四八〇一kg、四・〇二％、三・三九％である。なお旧ソ連における泌乳能力（一九八〇年）は、乳量が三五〇〇〜四三〇〇kg、乳脂率が三・七〇〜三・九五％となっている。

次に、品種名をシンメンタールとして報告している国は、フランス、クロアチア、ポーランド、スロベニア、スロバキアである。その成績は、フランスでは乳量が五〇二二kg、乳脂率が三・九八％、乳蛋白質率が三・三三％、ポーランドがそれぞれ四〇六八kg、三・九四％、三・三二％、スロベニアが四四〇五kg、四・一七％、三・三八％、スロバキアが三九〇二kg、四・一二％、三・三五％となっている。

二〇世紀における改良動向

ベイクウェルによって近代的な改良の幕開けが行なわれて百数十年を経過した一九世紀末から二〇世紀初めにかけて、乳牛の品種改良にとって大きな転機となる二つの出来事があった。一つは牛群検定の発足であり、もう一つはメンデル遺伝法則の再発見と進展である。

(1)牛群検定の発足

一八九〇年に牛乳の簡易脂肪率測定法が開発されたことを受けて、オランダやアメリカでは登録簿の血統記録に泌乳能力記録を結び付けた部門が設けられたが、その頃デンマークのヴァイエン村で、酪農家による世界初の牛群検定が始められた。それは、農業試験場長夫人アンナ・ハンセンの働きかけによるものであった。女史は、常々、酪農家たちに「乳牛から搾る乳を計ってみると一頭ごとに違っており、与えた飼料を計ってくらべてみると、飼料の一定量当たりの産乳量も牛ごとに違う。したがって、飼料給与量を計り、給与飼料一kg当たり産乳量の多い牛を選んで飼わなければ経営は良くならない」と説いていた。それが村の牛飼いの人達を動かし、一八九五年一月二四日、酪農家による世界初の乳牛経済検定組合がつくられ、牛群検定がスタートした。

以来、一九世紀末から二〇世紀初頭にかけて、乳牛の組織的な牛群検定がデンマーク周辺の北欧酪農先進国に、さらには一九〇五年に北米（アメリカ・ミシガン州）に広がっていった。この組織的な牛群検定が拡大することによって、従来のブリーダーによる個畜を中心とした乳牛改良が、全酪農家の組織化された群としての改良に変わってきたといえる。

(2)遺伝法則の発見と遺伝学の進展

メンデルの遺伝法則は一八六五年に提起されたものの、長い間顧みられなかった。一九〇〇年になってド・フリース（オランダ）、コレンス（ドイツ）、チェルマク（オーストリア）によって再発見され、それ以来、遺伝学の進歩は著しいものがある。当初、家畜でも質的形質の遺伝の解析に応用され効果をあげたが、一九三〇年代の半ばまでは、遺伝学の成果が家畜の育種に対して実用的な指針を与えるまでにはいたらなかった。

遺伝学が家畜の品種改良に大きく貢献できるようになったのは、一九二〇年前後にフィッシャーやライトらによって始められた、統計理論を用いた量的（形質の）遺伝学の基礎的研究結果が提示されてからである。これはその後、多くの遺伝学者や統計学者によって洗練・明確化されていった。これらを総合して、家畜改良に対する具体的かつ実用的な指針にまとめ、一九三七年に提案したのが、アイオワ州立大学のラッシュであった。その後も量的形質に関する遺伝の理論は、ラーナーやファルコナーらによって発展を続けた。一九七〇年以降の統計遺伝学の進展でＢＬＵＰ法が実用化され、さらにスーパー・コンピューターと結びついて、家畜改良に大きく貢献するようになった。

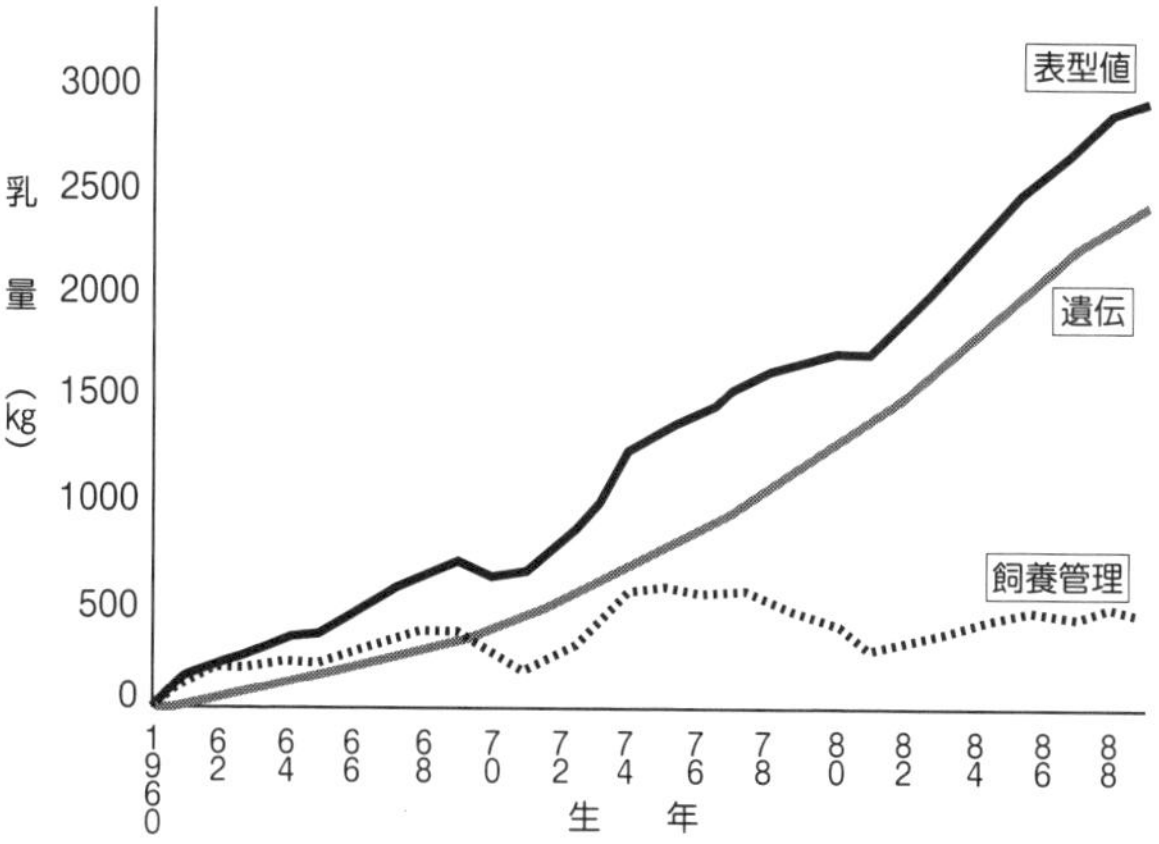

アメリカにおける乳量の変化とその要因
Freeman et al (1993)

⑶牛群検定農家を中核とした改良システム

二〇世紀における改良の特色は、多数の酪農家が牛群検定を通して改良の枢軸を担ったこと、量的形質に関する遺伝学の進展が大きな貢献を果たしたことである。また、それを全面的にバックアップしたのが凍結精液の人工授精技術であり、ＢＬＵＰ法が使えるスーパー・コンピューターの出現である。

酪農先進国では、生産性向上と酪農経営改善には、牛群検定が必要かつ不可欠であるとされている。アイオワ州立大学のフリーマンは、一九六〇～八八年の間に、ホルスタインで乳量の表型値（測定によって得られた値で、この値は遺伝的要因と環境的要因の和と定義される）の推移を分析した。表型値はこの二八年の間に三〇〇〇kg増加しているが、その内訳は、

（ア）遺伝による部分が二五〇〇kg、飼養管理にかかわる部分が五〇〇kgである。

（イ）一九七五年頃までは遺伝的改良量が小さく、乳量の増

加を支えていた主な要因が飼養管理を中心とした環境にかかわる部分であったが、それ以降はその効果はほぼ一定となり、増加しなかった。
（ウ）年当たりの遺伝的改良量は、一九七五年頃を境として大きく増加して、生産量の増加を支える主な要因となった。
と分析している。

この現象は、わが国においても同様にみられ、昭和五〇（一九七五）年と平成一二（二〇〇〇）年の間に図のようにホルスタインで二九六八kg、ジャージーで二〇四七kg増加している。その内容もアメリカのそれと類し、平成元年生まれの雌牛を境にして年当たり遺伝的改良量が六五kgから一二二kgと倍増し、飼養管理などの環境による効果は横ばい、もしくは微減となり、乳量（表型値）の増加の主な要因のほとんどが遺伝的改良量によるものとなった。

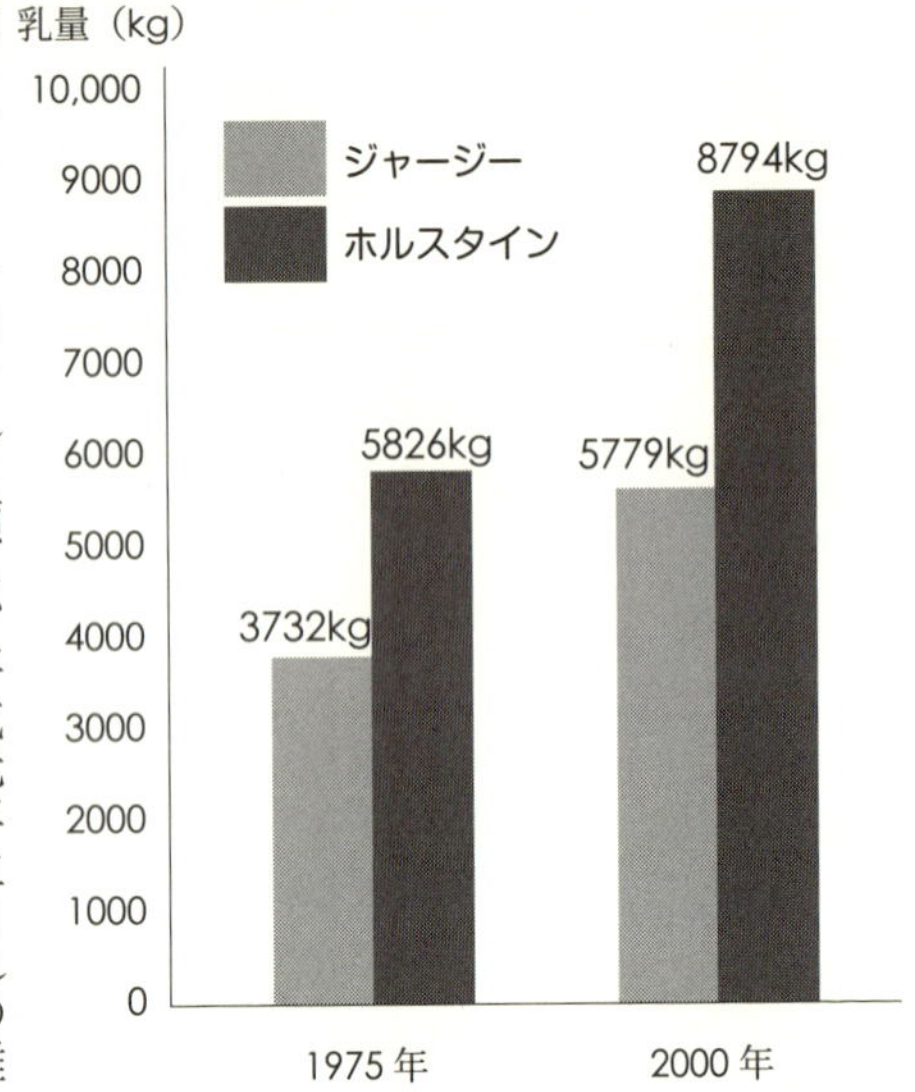

日本における 25 年間の乳量増加量
（牛群検定の平均乳量）

これらによって、牛乳一kg当たりの生産コストに与える影響について検討すれば、図「産乳量と濃厚飼料費」「乳用牛の能力差と収益差」の示す通りとなる。前者は、牛群検定の記録からみた生産乳量と一kg当たり生産に要した濃厚飼料費である。後者は、牛乳生産費統計を組替集計した「乳用牛の能力差と収益差」に「支出計÷平均乳量」の値を書き加えたものである。そのいずれも生産性の向上によって生産費が低減し、牛乳・乳製品の価格上昇を抑制しつつ、消費者に納得してもらえる価格で安定的に供給することに役立つと

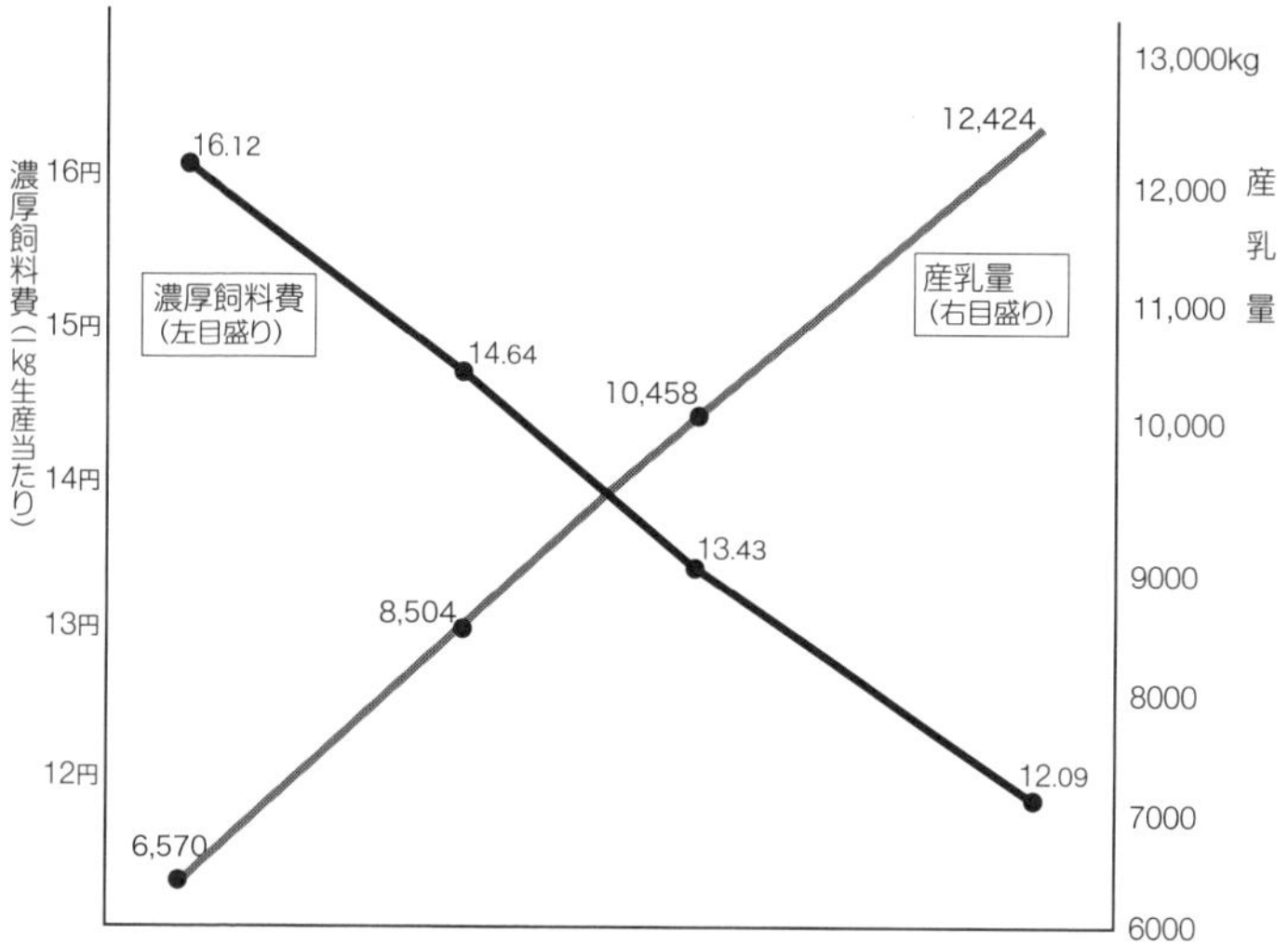

産乳量と濃厚飼料費（牛乳1kg生産当たり）

考えられる。

(4) まとめと課題

一八～一九世紀にかけて、ベイクウェルによる品種改良理論と登録制度で、多くの品種が作出された。続く二〇世紀は、牛群検定の普及と遺伝学の進展によって、改良が目覚ましく進められた。

また品種改良は、新技術の開発によって大きな影響を受ける。二〇世紀において品種改良が大きく進展した技術としては、

ア　牛精液の凍結保存（摂氏マイナス一九六度）と人工授精体制（凍結精液の一般商品化・国際商品化）

イ　乳用雌牛の泌乳能力などのように対象個体自身の記録がある場合、雌牛の遺伝評価値が雄牛と同一水準で推定できるＢＬＵＰ個体モデル（アニマルモデル）の開発

ウ　膨大なデータによるＢＬＵＰ個体モデルの評価が計算できる超大型電算機（スーパー・コンピューター）

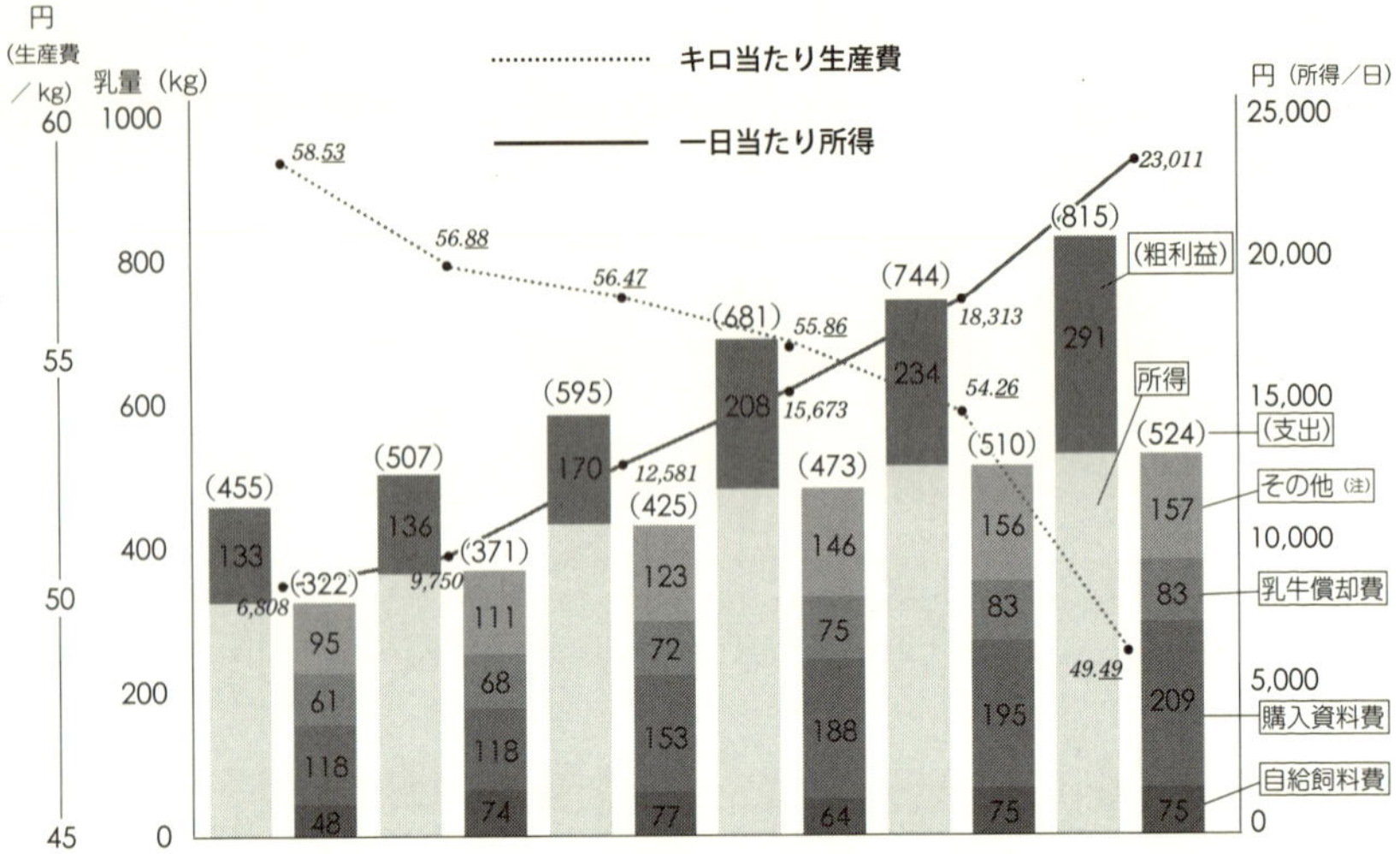

千kg	～6	6～7	7～8	8～9	9～10	10～	乳量階層
kg	5501 [5030]	6523 [5889]	7526 [6784]	8468 [7597]	9400 [8365]	10587 [9293]	平均乳量 （乳脂率 3.5%換算） [平均実乳量]
時間	156	111	108	106	102	101	経産牛 1 頭当たりの家族労働時間
頭	75	74	59	48	43	34	1000 万円の所得を得るために必要な経産牛頭数
頭	55	46	40	35	32	28	出荷乳量 300t とした時の経産牛必要頭数と所得
万円	726	623	680	736	747	823	

乳用牛の能力差と収益差（平成 12 年・全国）

資料：農林水産省「平成 12 年牛乳生産費統計」による組替集計結果

（注）自給飼料費、購入飼料費、乳牛償却費以外の物財費と雇用労費、支払利子・地代

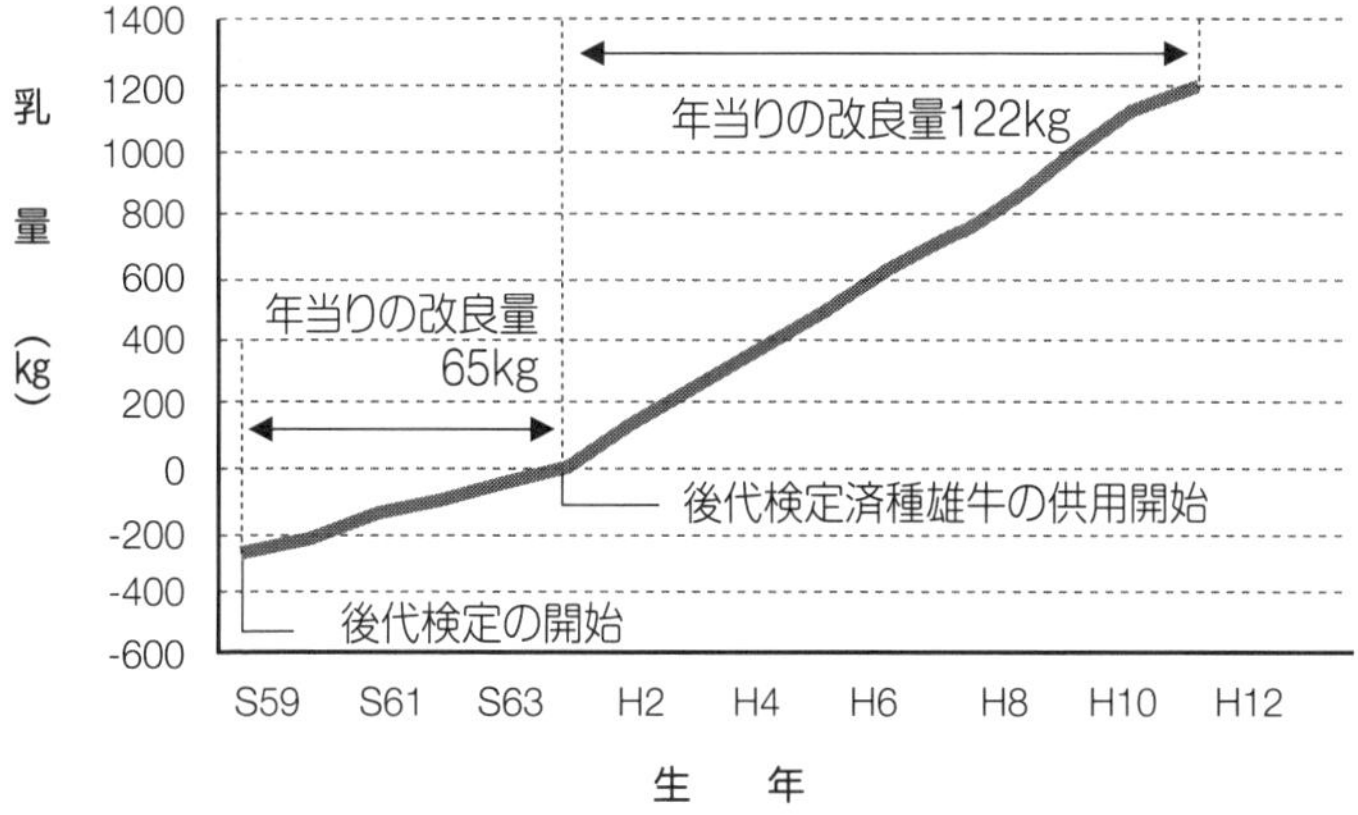

検定牛の遺伝的能力の推移（全国）

家畜改良センターより

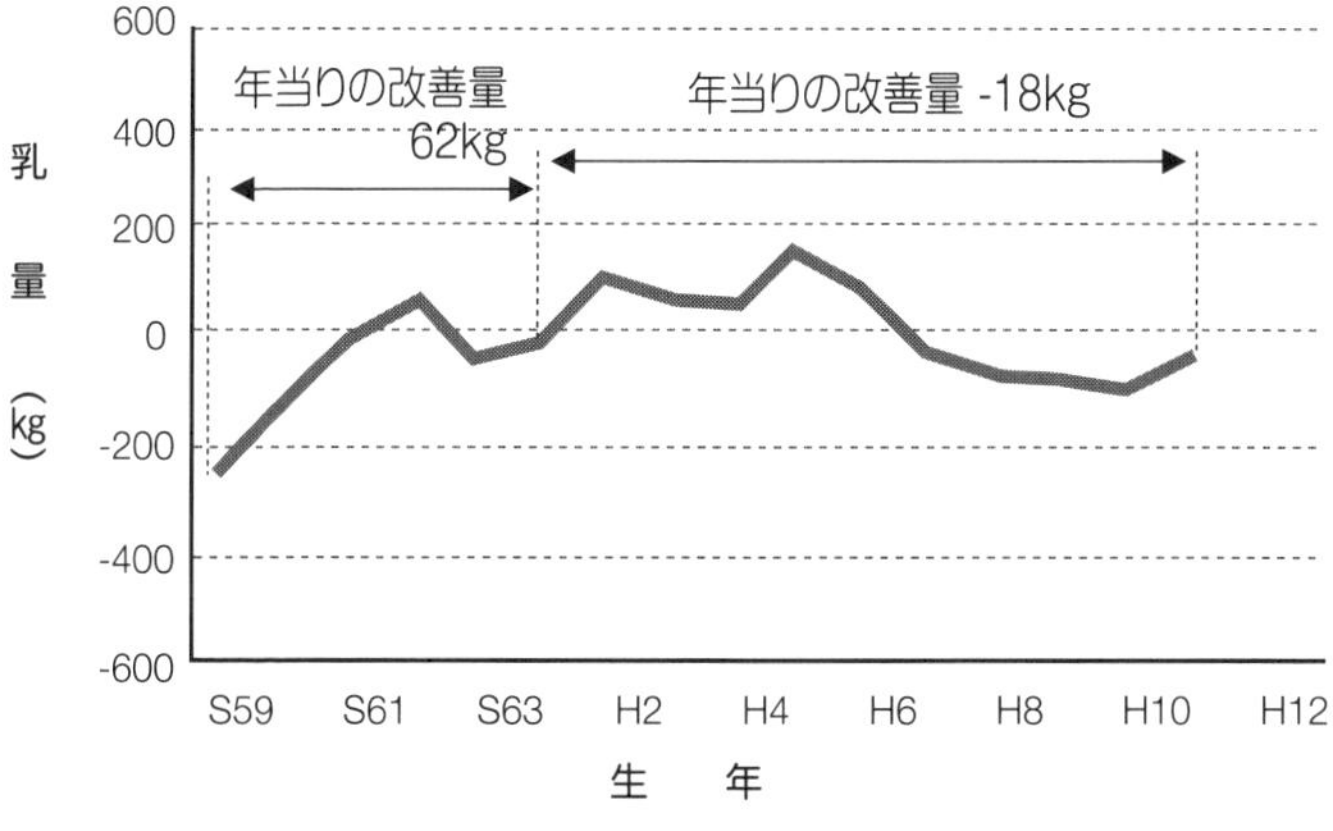

飼養管理・年ごとの気象等環境の効果（全国）

家畜改良センターより

などがある。

牛群検定が普及し、雄牛のみならず雌牛の泌乳形質や体型形質などの推定育種価が正確に計算できるようになれば、雌牛個体ごとに改良すべき形質とその改良期待量を明確にできる。公表または酪農家に返される推定育種価は雄・雌とも同一水準で評価された値であり、直接比較し利用することが可能で、雄と雌の推定育種価の平均値が生まれる子牛に期待できる推定育種価となる。このように、次の世代に期待する改良量の実現を計画でき、改良を効率的かつ効果的に進めることを可能とする。

続いては、課題である。品種改良は、技術の開発によって大きな影響を受ける。かつての人工授精技術や凍結精液はその典型であり、胚の移植（ET）を中心とするバイオテクノロジーは、現在および近い将来、その影響が期待される技術である。

乳牛の品種改良の展望を考えた場合の課題をいくつかあげると

ア　多排卵処理と胚移植を組合わせたMOET法（優れた雌牛の集団の多排卵と受精卵移植技術により、その産子を増殖する手法）や核移植によるクローン個体の利用といった発生工学的手法の利用

イ　ゲノム解析による育種改良の推進。これはゲノム解析（ゲノムの構成を明らかにすること。ゲノムとは配偶子または生物体を構成する細胞に含まれる染色体の一種）、DNA多型の解析と育種利用の可能性（その一例としては遺伝病遺伝子の診断や、遺伝病遺伝子をヘテロとして一個もつキャリアの除去などがある）。

ウ　遺伝資源の保全の重要性

などがある。

第3章

ウマ

◎

楠瀬　良

ウマの家畜化とウマ利用の歴史

(1)ウマの家畜化

多くの動物は、人により野生から隔離されて家畜化されると、初期に急速な形態的変化が生じる。そうした形態的な変化の有無が、出土遺骨を野生種か家畜種か判別する一つの基準となっている。その典型はウシで、野生原種であるオーロックスは、家畜化されると急速に小型化したとされる。ウマでは家畜化初期にそうした形態的変化があまり生じなかった。このことは、ウマの家畜化の年代特定を難しくする要因ともなっている。

現在までのところ、ウマの家畜化を示す最も古い証拠は、南ウクライナのドニエプル川右岸の新石器時代の遺跡から出土したシカの角でできたハミの断片と、その使用によって磨滅した臼歯を有したウマの頭蓋骨、さらに人が使った容器に残された馬乳の脂肪などである。これらの遺物の年代は、今からおよそ五五〇〇年前（紀元前三五〇〇年）と推定されている。

また最近行なわれた世界各地のウマの出土遺骨からの毛色関連遺伝子の探索により、紀元前一万年以前のサンプルはすべて鹿毛《かげ》（章末〈毛色の説明〉参照）のみだったのが、紀元前三五〇〇～前三〇〇〇年頃にかけて小斑を持つものが出現し、紀元前一五〇〇～前一〇〇〇年頃には、栗毛《くりげ》（章末〈毛色の説明〉参照）や斑毛のウマが出現したと報告されている。毛色の多様化は家畜化による一つの変化と考えられるが、この研究成果は、ウマの家畜化がおよそ五五〇〇年前に開始されたとする推定と矛盾するものではない。

当初、ウマはおそらく食用の動物として囲いこまれ家畜化されていたと考えられるが、その時代は主要家畜の中では最も新しいといえる。しかし、ひとたびウマが家畜化され使役に利用されるようになると、人びとの生活は大きく変わっていった。すなわちウマは軍事、物流、通信、農業生産といった役割を通して、人類の歴史に影響を与えたのである。ウマは家畜化の年代は遅かったが、人の歴史に果たした影響、とりわけ軍用馬として民族の覇権の成否を握るほどの動物だったという点で、ほかの家畜をはるかにしのぐ存在だったといっても過言ではない。

ウマがこのように人類の歴史で長期間重用されてきた理由として、いくつかの生物学的な理由があげられる。もともとこの動物が群居性で、温順な性質をもつなど、家畜化可能な素因を有していたことはもちろんである。これらに加えて、ウマが進化の過程で獲得してきたスピードとスタミナが、役用家畜としてほかの追随を許さない美点となった。ウマは草原を生息の場所とする草食獣として、体を大型化し第三指を長大化させるという方向に適応を遂げてきたが、それは同時に柔軟性に乏しい脊椎、長い頸といった体型をもたらした。こうした特徴は、騎乗時の安定性を生み出すには不可欠な要素でもある。またウマの歯列の特徴である歯槽間縁なしには、ウマの制御に不可欠なハミの存在はありえない。人による各種馬具の発明がウマの役畜としての利用を促進したが、ウマの側がそうした工夫を受けつける生物的な素地を有していたことも事実である。

⑵ウマの人類史への影響

われわれの祖先にあたるクロマニヨン人は、およそ一万五〇〇〇年前にアルタミラ（スペイン）やラスコー（フランス）に洞窟壁画を残したが、そこにはウマの図像も多く描かれている。これらの図像は、狩りの成功を祈願して描かれたものと考えられている。

エジプトの軽戦車とウマ（前1500～前1000年頃） 遠山記念館所蔵

家畜化当初、ウマはその肉や皮革を利用されていたものと推定される。しかし程なくして、そのパワーとスピードを利用して使役用の家畜として利用されるようになった。

使役用の家畜としてのウマの利用は、人びとの移動距離を著しく増大させた。しかしこの動物が戦車と結びついた時、いわば生物兵器として帝国の興亡を左右するといってよいほどの影響を人類の歴史におよぼした。ウマを有効に活用した民族は、領土を拡大し栄華を誇ることができたのである。

兵器としてのウマはまず戦車をひくスピードのある動力として、次いで騎馬として用いられた。例えば、栄華を誇った古代エジプト王朝は、一時期（紀元前一七〇〇～前一五六七年頃）ヒクソス人による支配を受けるが、ヒクソスがエジプトに対して優位であったのは、ウマがひく戦車を主体にした戦力のゆえとされている。その後、外国人王朝からの解放を勝ち取ったエジプトは、広大な種馬牧場と戦車（チャリオット）工場を建設し、その力を確固たるものとした。また古代ギリシア、ローマでもウマがひく戦車は有力な兵器であり、その競走は市民を熱狂させる娯楽にまでなっていた。

一方、紀元前一〇〇〇年頃から、騎馬に巧みな遊牧系騎馬民族が登場し始める。初めのうち彼らは、都市文明との間で平和的な交易を行なっていたが、やがて掠奪者、征服者と化してゆく。スキタイ人、サルマタイ人と呼ばれた人びとだが、彼らが擁していた騎兵は機動力、自在性の点で戦車をはるかに凌駕していた。彼らはその戦力を背景に強大な国家を形成していった。ウマは歴史の進展とともに戦術上の用いられ方は変化していったが、軍事面での主力の地位は近世まで続き、いわば民族の興亡の鍵を握る存在であり続けた。

もちろんウマは戦争でばかり利用されていたわけではない。大帝国を築き上げ、それを維持するためには、為政者による情報の収集把握が不可欠である。情報の価値が正確さと鮮度にあるのは、今も昔も変わらない。情報の伝達という面でも、ウマのもつスピードが利用されてきた。

広大な領土に、ウマを用いた情報通信システムを世界で初めて築き上げたのは、古代ペルシャ王ダレイオス一世（紀元前五二二～前四八六年）とされている。その通信システムでは、情報は早馬にまたがった使者によって伝達された。使者は特別な色のはちまきを締め、武装をし、自分の分担区間をウマにまたがり疾走し、次の区間の使者とウマとに情報をリレーしていった。

また、アジアに大帝国を築き上げたチンギス・ハーン（一一六二頃～一二二七年）も、この古代ペルシャの方法に似た情報通信システムを整備した。その情報網は何千という中継局と何万頭ものウマで構成され、最長距離は五一〇〇kmにおよんだとされている。

さて戦闘におけるウマを使った戦術は、時代とともに変化し洗練されていった。そして一九世紀初頭、ナポレオン時代がウマの戦場における栄光のピークだったといえよう。ナポレオン一世（一七六九～一八二一年）は一八一二年、モスクワ遠征に一八万頭を超える軍馬を連れていったが、その数は日本全国に現在繋養されているウマの数をはるかに凌ぐ。

戦争におけるウマの利用は、戦車や航空機など武器の機械化が進んだと思われる第二次世界大戦でも衰えてはいなかった。鉄道も道路もない戦場での物資の輸送には、相変わらずウマが不可欠だったのである。例えばドイツ軍は、第一次世界大戦では兵士七人にウマ一頭の割合で戦場に赴いていたのが、第二次世界大戦ではウマの割合が増え、四人に一頭の構成となっていた。ただし戦争における実質的なウマの役割は、この大戦をもって終わった。

ウマの品種と分類

⑴品種の成立

人が動物を野生から切り離し家畜化したかなり早い時期から、好ましい形質を有した個体を選抜し、そうした形質を受け継いだ子孫を多く残そうとしてきた可能性はかなり高いと考えられる。ただし、もちろんきわめて古い時期の記録は残されてはいない。

ウマに関しては、古代ローマ時代に改良の試みがなされたことが知られている。すなわち、この時代、スピードのある小型のウマと体力に富む大型のウマとを交配することで、スピードとスタミナを兼ね備えた乗用馬を作出することが広く行なわれていた。さらに中世から近世にかけては、主にヨーロッパにおいて、王侯貴族が中心となって、同様の方法で資質の優れた軍用馬を生産する努力が繰り返されてきた。

しかしこうした営みは、現代のシステマティックな「品種改良」とはかなり異なっていると言わざるをえない。せっかく得られた駿馬もその代限りの場合が多く、たとえ目的に合った形質が相当程度固定されても、基本とすべき血統台帳が継承されていくということはなかったからである。

家畜を体系的に交配し、目的に合った品質の個体を均一に生産し、さらに改良を加えるという、現在行なわれている家畜の品種改良技術の先駆者は、イギリス人ロバート・ベイクウェル（一七二五〜九五年）とされている。彼は計画的な選抜、遺伝的に近縁な個体同士の交配、交配記録の作成などの方法を駆使することで、イギリス在来のヒツジやウシの改良を精力的に行なった。その結果、在来の家畜をより産肉量の多い家畜へ改良することに成功し、肉利用の面で画期的な成果をあげた。

ウマの改良については、ベイクウェル存命中の一七九三年、同じイギリス人であるジェームス・ウェザビー（一七三三〜九四年）が、当時主に貴族諸侯によりイングランド各地で盛んに生産されていた競走用馬の繁殖記録を一〇〇年さかのぼって記載した『ジェネラル・スタッド・ブック』第一巻（サラブレッド血統書）を一七九三年に刊行した。また彼は、この書籍の刊行に先立ち、競走用馬に求められるパフォーマンスの記録である、各地の競馬場で行なわれている競走成績を集成した『レーシング・カレンダー』を一七七三年に刊行し始めていた。これら二種類の書籍、すなわち繁殖記録と当該家畜の改良すべき目標に関するパフォーマンスの記録は、体系的な品種改良には不可欠なものといえる。これら二種類の書籍を刊行して競走用馬の品種改良に供したウェザビーは、おそらく同時代の品種改良の先駆者ベイクウェルによる品種改良の手法の影響を受けていたものと考えられる。

イギリスで品種改良が開始されたこの競走用馬は、のちにサラブレッドと呼ばれるようになり、一九世紀以降、世界各地に輸出されるようになった。

『ジェネラル・スタッド・ブック』と『レーシング・カレンダー』は、現在でもウェザビー家の人びとによってイギリスで刊行が続けられている。さらにサラブレッドの生産および競馬が行なわれている世界の国々でも、同種の書籍がサラブレッドを統括する団体の管理のもとで刊行されている。すなわち現在世界で繋養されているサラブレッドは、どのウマをとっても、少なくとも牡系は『ジェネラル・スタッドブック』第一巻に記載のある一八世紀初頭に存在した種牡馬にさかのぼることができるのである。また同時に、それぞれのウマの祖先の競馬における成績も知ることができる。これらの点でサラブレッドは、家畜史上初めて作出された品種といっても過言ではない。

サラブレッドが誕生した後、一九世紀から二〇世紀初頭にかけて、新しいウマの品種が続々と登場した。ただしそのほとんどは、それぞれの地域で長い年月の間飼われていた固有の在来馬を、新たに決められた規程にもとづいて血統書に登録することで、特定の品種として呼ばれるようになったものである。そのためシャイアー、ブルトン、トラケーネン、アラブなど、原産地の地名をそのまま品種名としたものが多い。

(2)品種の登録

現在、世界各地で繋養されているウマの品種は一五〇品種とも二〇〇品種ともされている。ただし、ここで品種とされるものの定義はきわめてあいまいであり、その数字もあてになるものとはいえない。特定地域の在来馬で登録団体の存在しないウマたちの集団や、「ポロ・ポニー」といった遺伝的背景に関係なく、利用目的でひとくくりにされている集団、個体数が極端に減少していて品種の体をなさないものも、上記の品種に含まれるからである。

品種を「品種登録をおこなう公認された団体により、規程にもとづいて登録された集団」と定義すると、ウマの品種数は五〇品種程度になるものと思われる。さらに、同じ品種に属する両親からの産駒しかその品種として認めないという閉鎖登録を実施している品種であれば、その数はさらに減るものと考えられる。

特定の登録団体が存在する品種であれば、生産馬がその品種に属するウマであることを公に認められるためには、その品種の血統書を管理する登録団体に申請をおこない、登録を受けなければならない。かつて軍用馬や役用馬としてウマが社会の中で重要だった時代は、わが国をはじめ、大多数の国では政府みずからが登録事業にかかわっており、法律も整備されていた。しかしウマの社会的地位が大きく変化した現在、多くの国において、品種登録は民間の団体によって実施されている。

ウマの生産者は品種としての登録は強制されないものの、家畜としての経済的価値は、登録の有無に大なり小なり左右される。その極端な例としては、品種登録していなければ公営競技としての競馬に出走できず、競走馬としての取引の対象にもならないサラブレッドがあげられよう。

ウマの登録の方法については、①外貌登録、②能力登録、③閉鎖登録の三種類に便宜上分けることができる。登録団体によっては、二つ以上の方法を採用しているところもある。

外貌登録　登録の条件を外貌上の特定の形質におくもので、品種の固定を容易かつ短期間に成し遂げることができる登録方法といえる。

特定の毛色を有していることを登録の必須条件としているものに、クリーブランド・ベイ、ピント（ペイント）・ホースなどがあげられる。クリーブランド・ベイはその名の通り「ベイ」、すなわち鹿毛であることが登録の必須条件で、額の小さな星以外は白斑も認められない。

また体高を登録の条件にしている品種もある。ミニチュアホースの登録団体はいくつか存在するが、例えばアメリカン・ミニチュアホースの登録団体である協会は、品種登録の条件として、体高を三四インチ（八五cm）以下としている。

能力登録　走能力や牽引能力など、特定の運動能力の基準をもうけ、その基準を超えること、あるいはその基準を超えたウマの親であることを登録の条件としている品種で、この方法も品種の固定のためには効果的かつ合理的なものといえよう。この方法で品種の固定化を進めた代表的な品種として、アメリカ原産の繋駕競走用馬のスタンダード・ブレッドがあげられる。またヨーロッパ各地で育種改良が進行中の乗用の品種の多くは、登録にあたり、厳格な能力検定が実施されている。

閉鎖登録　父母がともに同じ品種として登録されていることを条件として登録する方法をいう。閉鎖登録の品種では、原則として他品種からの遺伝子の流入はなくなる。普通は、外貌登録や能力登録を進めてゆき、品種の固定が一定程度進んだと判断された場合に、閉鎖登録に移行する。例えば能力登録を続けて改良を進めてきたスタンダード・ブレッドは、一九四一年に閉鎖登録に移行している。

サラブレッドは閉鎖登録の典型と考えられがちだが、現在の規程では、八代にわたりサラブレッドを交配すれば、サラブレッドとして登録できることになっている。その面では、完全な閉鎖登録とはいえない。

(3)ウマの分類方法

ウマは体型、体格、用途によっていくつかの呼称で大きく分類されてきた。それらの分類には定義があいまいで便宜的なものもあり、現在ではほとんど使われていないものもある。また、文化圏によってその定義にくい違いが見られる場合もある。

わが国においてはウマを軽種、中間種、重種、在来種の四種類に分けて呼ぶ方法が一般的な習慣となっている。軽種はサラブレッド、アラブ、およびこの二品種の雑種であるアングロ・アラブを指し、重種はペルシュロンなどの大型のウマを指す。中間種は軽種以外の乗用馬および雑種を指す。また中間種に含まれる雑種は、その交配の仕方により、軽半血種、中半血種、重半血種に分類される。この呼び方は、昭和一二（一九三七）年、軍馬の管理監督をもっぱらおこなう行政機関であった馬政局が、フランスで採用されていた方法を模して出した「馬の種類呼称」という規則に端を発しているが、第二次大戦の終わった時点でこの規則が失効した後でも、そのまま通用してきているものである。

ウマの体格にもとづく分類法として英語圏で用いられているものに、軽量馬（light horse）、中等重量馬（middle weight horse）、重量馬（heavy horse）という分け方がある。一般に軽量馬は、重量馬とポニー以外の、体の大きくない乗用に向くウマを指し、重量馬は大型のウマの品種、例えばシャイアー、クライズデール、ペルシュロンなどを指す。

ウマの運動性の違いから分類する方法として、温血種（hotblood：熱血種とは訳されない）と冷血種（coldblood）に区分する方法がある。この分類法はドイツで用いられ始めたものだが、温血種は軽種に、冷血種は重種にほぼ対応している。

一方、軽種で改良された馬を半血種（half-bred horse, part-bred horse）、もしくは温血種（ウォームブラッド：warmblood）と呼ぶ場合もある。なお、半血種に対して純血種（pure-bred horse, blood horse）という呼び方も用いられるが、この語は一般的に軽種を指して用いられる。

ウマの分類を数値にもとづいて行なおうという試みも存在する。一八八九年、イギリスの王立農業協会は体高が一四八cm以下のウマをポニーと称するように提唱した。この提唱にもとづいてイギリスの多くの在来馬においてポニーという品種呼称が定着した。ただしこの基準は、現在では目安としての意味しかもたない。近年アメリカで改良の盛んなアメリカン・ミニチュアホースは、体高が八五cm以下と規定されているがポニーとは呼ばれない。これは、そのプロポーションがあまりポニーを連想させないためとも言われる。このように品種を体の大小を問わず、そのプロポーションからホース・タイプ（horse type）とポニー・タイプ（pony type）に分類することもある。なお、アメリカなどでは多用途に用いられる乗用馬をポニー（例えばカウ・ポニー、リード・ポニーなど）と呼ぶ習慣が認められる。

歩法にもとづき駈歩馬（galloper, runner）、速歩馬（trotter）、常歩馬（walking horse, walker）と呼ぶ場合もある。これらの呼称で呼ばれる品種は、それぞれの歩法時でのスピードや優雅さを主な育種の目標として改良されたものが多い。駈歩馬としてはサラブレッド、アラブ、クォーターホース、速歩馬としてはスタンダード・ブレッド、常歩馬としてはテネシー・ウォーカーなどが有名である。速歩馬は、さらにその得意とする歩法から、斜対速歩馬（trotter）と側対速歩馬（pacer）に分けられる。

また用途別に乗用馬（riding horse）、輓用馬（draft horse）、駄馬（pack horse）とに分けられることもある。

世界の品種

(1)スピードの追及

古くから人は、ウマのスピードを競い合ってきたであろうことは想像に難くない。ウマによる競走に関しては、ホメロス（前八世紀後半頃）による叙事詩『イーリアス』に有名な叙述がある。二輪馬車（チャリオット）による戦車競走の臨場感あふれた描写で、当時のギリシャの人びとの熱狂が伝わってくる。この競技は古代オリンピックの花形となり、盛んに行なわれ、やがてローマの人びとに受け継がれた。そしてローマ帝国の拡大にともない、ヨーロッパ各地にも伝わっていった。

現在、イタリア、フランス、スウェーデンをはじめとしたヨーロッパ各国、北米、オセアニアなどで盛んな繋駕速歩競走は、古代の二輪馬車による競走に由来している。この競走のための品種は、世界各地で育種が行なわれているが、アメリカ合衆国原産のスタンダード・ブレッドは、その代表的品種といえよう。

一方、騎乗してスピードを競い合うことも、古くから行なわれてきている。古代ギリシャ時代にも、戦車競走ほど盛んではなかったが、騎乗しての競走が行なわれていた。アジアにおけるウマの競走で最も有名なものは、モンゴルのナーダムであろう。ナーダムでの競馬はきわめて長距離（三〇km の場合もある）で、その優劣が競われる。この競走に関する記載は、五世紀に編まれた『後漢書』に見られるが、それ以前からモンゴル民族の間で行なわれていた行事といえる。

日本におけるウマの競走が記録として初めて出てくるのは、『続日本紀』である。この中に、大宝元（七〇一）年五月五日、文武天皇（六八三〜七〇七年）臨席のもと群臣に走り馬を出させたとある。

さて現在、馬関連産業として世界的に最も大きな規模をほこるサラブレッドによる競馬は、一七世紀にイギリスで開始された。当時の貴族の間では、キツネをウマで追い立てて捕らえる、いわゆるキツネ狩りなどのハンティングが盛んに行なわれていた。ハンティングの成否はウマの能力に負うところが大きいが、そのためのウマのスピードと持久力を競い合う競馬も盛んになっていった。また競馬では、当然のように金銭も賭けられた。各地に競馬ができる場所が設定されていったが、一八世紀初頭には実にイングランド一一二ヵ所、ウエールズ五ヵ所の計一一七ヵ所で競馬が行なわれるようになった（現在は北アイルランドの二ヵ所を含めて六一ヵ所）。

一方、競馬のためのウマの改良も盛んになった。一七世紀から一八世紀前半にかけてアラブをはじめ、多くの素軽いウマが北アフリカやトルコ、中近東から輸入され、改良に供された。サラブレッド作出の開始である。

一八世紀半ば、ロンドンで競馬好きの貴族・ジェントルマンが集ってジョッキー・クラブが創設された。ここは貴族たちの社交の場であり、支配層としての結束力強化の場でもあったが、この場で競馬のルールの統一がはかられた。またそれを期に、後にクラシックと呼ばれるようになるレースが続々と始められた。まず、一七七六年にセントレジャーが創設された。さらに三歳の牝馬に限定したレースとして、一七七九年オークスが、翌年にはダービーが創設された。一九世紀に入って一〇〇〇ギニー、二〇〇〇ギニーが創設され、五大クラシックレースの体系が完成し、近代競馬の組織とレースの体系が整えられた。

イギリスで生まれた近代競馬は、大英帝国の覇権の拡大とともに世界各国へ移出され、現在では世界をまたにかけた産業として定着している。ただし競馬の運営主体は国によって異なっている。そうした相違が生じた要因は、競馬がそれぞれの国に持ち込まれた当初の状況に求めることができる。すなわち北米、オセアニア、南アフリカ、香港などでは競馬は民間団体によって運営されているが、これらの諸国はイギリスの植民地かそれに準ずる地域として、イギリスの競馬のシステムが丸ごと移入され定着したものである。一方、フランス、ドイツ、イタリアなど、かつてのいわゆる欧州の列強ならびに日本は、競馬をもっぱら軍馬の改良の手段として、国家主導で取り入れたという歴史的背景がある。そのため、これらの国々では、現在でも競馬は国営か、それに順ずる機関が運営を行なっているのである。

アラブ　体高は一四五〜一五五cm。原産地はアラビア半島を中心とした現在の中東地域。

アラブは、世界のウマを代表する品種といっても過言ではない。世界各国でみられる馬種の中で、重種も含めて、ほかの多くの品種作出に際して最も影響を与えてきた品種といえるからである。また、その上品な外貌と運動性から、現在でも人気はきわめて高い。

アラブがほかの品種作出に際して大きな影響を与えた代表例として、サラブレッドがあげられる。サラブレッドは一七世紀後半から一八世紀にかけてイギリスに輸入されたアラブならびにその近縁種を種牡馬として用いることで育種改良が開始され、現在にいたっている。

アラブは、多くの品種に多大な影響を与えてきている品種であるにもかかわらず、その起源はあまりよく知られてはいない。アラブを飼い続け、利用してきた砂漠の遊牧民であるベドウィンが、口伝以外、文字資料はもとより、ウマの起源をうかがい知るような考古学的遺物をほとんど残していないことがその要因といえる。

アラブ　『世界家畜品種事典』より

ベドウィンの有名な口伝では、アラブのウマの祖先は、紀元前三〇〇〇年に野生馬だった雌馬のバズと雄馬のホシャバにさかのぼるとされている。ちなみにこれらのウマを捕獲して手なずけたのは、ノアの末裔のバックスとされる。また改良の歴史を伝える伝説として、古代イスラエルのソロモン王（紀元前一〇三五頃〜前九二五頃）が所有する何万頭ものウマから七頭の基幹馬を選んで持ち帰ったことが伝えられている。

いずれにしろ、原産地ではかなり古くからウマが飼われていたことは確かなようで、砂漠の民族ベドウィンがペルシャやイエメンのウマをもとに、乾燥した過酷な環境に適合するウマとして、おそらく二〇〇〇年近くをかけて選抜交配を重ねて作り出してきたものと考えられる。

本品種の発展には、イスラム教開祖ムハンマド（五七〇頃～六三二年）の存在が大きかったものといえる。好戦的な宗教家だったムハンマドは、異教徒との戦いで大敗したことで馬産の重要性を認識し、教徒たちを指揮して、過酷な環境と粗食に耐える丈夫な優秀馬の作出を目指した。彼は、血統の純粋性、選択交配、純粋交配、系統繁殖、近親交配といったアラブの育種繁殖の基礎を築いたともされている。イスラム教の聖典コーランやほかの教典には、ウマには愛情を注ぐこと、大切に育てることなどを命じた部分が多く含まれている。この宗教がアラブ作出に深い関係があったことをうかがわせるものといえよう。

イスラム教徒のアラブ人たちは、アラブ世界から外に向かって遠征を繰り返したことでも知られる。そうしたイスラム教徒の遠征にともない、アラブのウマたちも七世紀以降、イベリア半島を通ってヨーロッパの国々に浸透していった。

アラブ種のウマたちが歴史の舞台で再び大きく注目されるようになったのは、一六世紀に入ってからである。一五〇〇年代以降、ヨーロッパにおける戦闘スタイルが、重い甲冑を着た騎士のぶつかりあいから、小型火器の普及により、軽い装備での騎馬戦法へと変化していった。これにともない、軍馬の需要がいわゆる頑丈なグレート・ホースから軽い乗用馬へと変わっていった。こうした需要の変化を反映して、中近東からアラブやその近縁種がヨーロッパに多く持ち込まれ、それぞれの土地で在来の馬種の改良に用いられるとともに、生産、育種が行なわれるようになっていった。

アラブは、その資質の優秀性からさまざまな国で改良が行なわれてきているが、改良の中心は一六〇〇年以降ポーランドが担い、一八〇〇年代にはエジプトへと移った。さらに一八八〇年頃からはイギリス、一九〇〇年代にはアメリカへと改良の中心が変化してきている。

現在、アラブの生産頭数が最も多いのはアメリカ合衆国である。しかし近年、サウジアラビア、ヨルダン、オマーンなどを中心とする、いわばこの品種のふるさとであるアラブ諸国が、豊富なオイル・マネーを背景にアラブの増殖と選抜を盛んに行なうようになってきている。

毛色は鹿毛、栗毛、芦毛《あしげ》、青毛《あおげ》等で河原毛《かわらげ》（章末〈毛色の説明〉参照）はない。頭部は細くて短く、顔はくぼんで、鼻孔は大きく、眼もまた大きい。頸は優美で湾曲しており、筋肉質の体躯を有する。き甲（馬の頸と背の境にある膨らんだ部分）はそれほど高くはなく、頑丈な背に移行している。胸は広く、肋張りはよい。尻は広く水平で、尾の付着は高い。繋ぎは弾力に富み、蹄は堅牢で丸い。動きは闊達で、持久力に富む。エンデュランス競技で優秀性を発揮する。その歴史と上品な外貌からきわめて人気が高く、世界各地で飼われている。

サラブレッド　『世界家畜品種事典』より

サラブレッド　体高は平均一六二〜一六四㎝。原産地はイギリス。

サラブレッドは、イギリスにおいて走能力の優れたウマを作り出そうという明らかな意図をもって、選択淘汰を繰り返した結果生み出された品種である。明確な意図と、その改良の記録が残されているという点で、ウマのみならず家畜全般を通じて、近代的品種の第一号と位置づけることができる。

サラブレッドには、この品種が改良を開始されて以来の繁殖記録（血統書）と競馬の記録（競馬成績書）が残されている。このことは、例えば今年生まれた子馬でも、およそ三〇〇年前の先祖様まで血統と成績を調べることができるということを意味している。

サラブレッドの血統書（『ジェネラル・スタッド・ブック』）第一巻は、イギリスのウェザビーによって一七九三年に出版された。収録されているウマは同書が刊行されるおよそ一〇〇年前までさかのぼる。そのうち繁殖牝馬は、約二〇〇頭を数える。これらの牝馬たちは、当時イギリスで飼われていたハンターと呼ばれるウマたちだった。これらの牝馬群はサラブレッド作出のいわば土台となったウマといえるが、その後、子孫の途絶えたものも多く、現在までに直系子孫を残しているのは八〇頭足らずにすぎない。

一方、同書（第一巻）には一〇二頭の種牡馬が記載されている。これらのウマは、一七世紀後半から一八世紀前半にかけてイギリスに輸入されたアラブならびにその近縁種である。この一〇二頭の種牡馬群の直系子孫も時代とともに次第に姿を消し、一九世紀末までにはダーレイ・アラビアン、バイアリー・ターク、ゴドルフィン・アラビアンの三頭の種牡馬の直系子孫のみしかいなくなってしまった。逆にいえば、現在のサラブレッドの父をずっとさかのぼれば、必ず血統書第一巻でこの三頭のどれかにたどり着く。

ダーレイ・アラビアン、ゴドルフィン・アラビアン、バイアリー・タークの三頭のウマは、サラブレッドの根幹種牡馬と呼ばれている。ただし、それぞれのウマの直系子孫の数は、これら三頭のウマの間でも大きく異なっている。現在最も優勢なのはダーレイ・アラビアンで、世界のサラブレッドのおよそ九五％はこのウマの直系子孫にあたる。すなわち、現在活躍しているほとんどのサラブレッドは、父をずっとたどっていくとダーレイ・アラビアンに行き当たるのである。ちなみにディープインパクトも、この偉大な種牡馬の二六代目の直系子孫である。

血統書第一巻に記載されているほかの種牡馬たちは、直系子孫こそ残さなかったが、現代のサラブレッドにも遺伝的影響はおよぼしている。例えば、曾祖母の曾祖母のそのまた曾祖母の曾祖父といったあたりに名前が出てきたりするのである。こうした見方で、現代のサラブレッドに対するそれぞれの種牡馬の遺伝的な貢献度を育種学的に計算すると、意外なことが明らかになる。最も貢献度が高いのはゴドルフィン・アラビアンで一四・五％、次いでダーレイ・アラビアンで七・五％、三位は、現在ではほとんど知られていない種牡馬カーウェンズ・ベイ・バルブの五・六％、そして四位がバイアリー・タークの四・八％となる。

さてこのサラブレッドという品種名がいつ成立したかは、実は余りはっきりしていない。この品種の血統書である一七九三年に発刊された『ジェネラル・スタッド・ブック』第一巻には、書名にはもとより本文中のどこにも品種名の記載はない。一八三六年に発刊された第四巻の序文に、「本書はイギリスで生まれたサラブレッド・ホースの総括的かつ正確な記録書である」という記載が初めて登場する。ただしここで用いられているサラブレッドという単語は、あくまでもホースにかかる形容詞として使われているにすぎない。ただし巻間では、この頃はすでに競走馬として改良されてきているウマを指してサラブレッドと言い慣わしていたようではある。

サラブレッドという品種名が、明確に定義された形で初めて『ジェネラル・スタッド・ブック』に記載されたのは、一九六九年発刊の第三六巻である。いわく「登録を求める馬は、その馬の先祖全馬が既刊の血統書に記載されている馬にたどりつくことができなければならない。こうした馬をサラブレッドと称する」。もっとも一九七〇年代になってから、サラブレッドの定義は「当該馬の先祖八代前までの各馬すべてが、既刊のサラブレッド血統書に登録されていることが証明されれば、原則的にサラブレッドとみなす」と改められた。

イギリス以外の国でのサラブレッドの生産は、フランスでは一八六〇年代から、米国では一八八〇年代から開始された。日本には一八七七年、下総御料牧場に初めてサラブレッド種牡馬が招来された。また一九〇七年、小岩井農場にサラブレッド牝馬二〇頭が輸入され、本格的な生産が開始された。以後、軍馬の改良を目的にかかげ、在来馬の改良にも多く用いられた。

現在、日本では毎年ほぼ七五〇〇頭前後が生産され競馬に供されている。日本の馬産では唯一産業として成り立ちうる品種といえる。サラブレッドを用いた競馬が、全世界的な巨大産業であることは言を待たない。現在でも世界中で改良が進行中であり、競走馬としてばかりではなく、乗用、狩猟用にも生産されている。

登録はそれぞれの生産国の登録協会が行ない、イギリスに本拠のある国際血統書委員会がそれらを統括している。

スタンダード・ブレッド　体高は一四二〜一六二㎝。原産地、アメリカ合衆国、大西洋岸。アメリカン・トロッターあるいはアメリカン・ペーサーとも呼ばれる。

本品種は繋駕速歩競走用に育種された品種であり、速歩で驚異的なスピードを誇る。一八〇六年、アメリカにおいて近代繋駕競走が開始されたが、本品種は一八〇〇年代中期に繋駕競走用サラブレッドを基礎として、トロッター、ハクニー、アラブ、バルブ、モルガン、ナラガンセットを交配して作り出された。

品種作出初期の種牡馬である芦毛のサラブレッド、メッセンジャー号は一七八八年にイギリスから輸入されたウマで、速歩に非常に適した産駒を多く残した結果、同馬が本品種のいわば始祖とされる。またメッセンジャー号の子孫であるハンブルトニアン一〇号は、この品種の中興の祖ともいえる存在だが、このウマは持ち主によって価値のないウマと判断され売られてしまった。後に、種牡馬として多くの優秀な子孫を残した。パリで散水車を引いていたところを見出されたとされるゴドルフィン・アラビアン（サラブレッドの三大始祖馬のうちの一頭）のエピソードを彷彿させるものといえよう。

一八七九年、血統登録を開始した際、標準（スタンダード）記録を上回ることを登録の条件にしたため、この名称がついた。まさにアメリカのプラグマティズムの象徴ともいえよう。この標準記録は、一マイル（一六〇〇m）を速歩なら二分三〇秒、側対歩なら二分二五秒と定められていた。その後、育種改良、走路の改良、ハーネス（輓馬具）の軽量化などで速度は速くなってきており、現在は最速一マイルおよそ一分五〇秒で走破する。繋駕競走はヨーロッパ、ロシア、オセアニア諸国でも人気が高く、イタリア、ドイツ、スウェーデン、ロシアなどのトロッターの改良にも貢献している。

毛色は単色で、鹿毛、青鹿毛《あおかげ》、黒鹿毛《くろかげ》（章末〈毛色の説明〉参照）、栗毛などがある。胴はサラブレッドより長く、胸郭は広く、四肢は短い。持久力に富み、心肺機能が優れている。前肢を前方に十分伸ばすことができ、その能力が速歩でのスピードにつながっている。速歩馬（斜対歩：トロッター）と側対歩馬（ペイサー）とがあり、側対歩馬のほうが走行スピードは速い。

当初は、上述したように能力登録により品種改良を進めてきたが、一九四一年には閉鎖登録に切り替わっている。現在は北アメリカばかりでなく、オセアニア、ヨーロッパ諸国でも生産が行なわれている。

(2)古典馬術から近代馬術へ

古典馬術にしろ近代馬術にしろ、発達の契機は騎士もしくは騎兵の戦場でのウマの制御技術の向上にあった。ウマの戦場での動きは、修練の中で洗練され一種の様式美にまでに昇華し、それを見る観衆を魅了すると同時に、優美さと人馬一体の境地を競い合うスポーツにまでなっている。

現在、ヨーロッパの伝統あるいくつかの乗馬学校で目にすることのできる古典馬術は、ルネッサンス期以降のヨーロッパで発展をみた乗馬技術を現代に伝えるものである。中世の時代、騎士は重い甲冑と長い槍を持って正面からぶつかり合うという形で雌雄を決していた。こうした中世の典型的な戦闘では、ウマの荷重に対する耐久力と馬力が重要であり、ウマを乗りこなす技術はあまり発展しなかった。しかし一五世紀になって、小型火器が戦場で用いられるようになると、ウマを機敏に動かす技術が必要とされるようになった。

そうした中、まずイタリアで古典馬術の基礎が築かれ、一五三二年にはナポリに乗馬学校が創設された。さらに一五七二年にはウィーンにスペイン乗馬学校が作られるなど、ヨーロッパ各地に貴族の子弟に馬術教育を施すとともに、ウマの品種改良や調教法などの研究を行なう学校が設立されていった。

これらの学校では、長期にわたって王室等の保護のもと、乗馬技術が伝承され現在まで伝えられてきている。アンダルシアンやリピッツァナーは、主に古典馬術における訓練性能を評価基準に育種改良が進められてきた品種といえる。

一方、近代馬術は古典馬術と同様、戦場におけるウマの制御技術から始まったものだが、古典馬術とは異なる、スポーツとしての独自の発展を遂げて今日にいたっている。

各種のスポーツ競技の世界規模での発展に、近代オリンピックが果たしている役割は計り知れない。スポーツとしての馬術競技の歴史もその例外ではない。

馬術競技が近代オリンピックの競技種目となったのは、一九〇〇年に開催された第二回パリ大会からで、この時は障害飛越競技一種目だった。その後、一九二一年に開催された国際会議で、オリンピックでは馬場馬術、障害飛越、総合馬術の三競技で構成することが決められた。オリンピックに参加した馬術選手は、初期は各国の陸軍の軍人がほとんどを占めていた。このことは、近代馬術競技が、純粋なスポーツというよりは、軍馬のパフォーマンスを洗練させるという目的をその基礎に置いていたことの証ともいえよう。

しかし第二次世界大戦の終了とともに、戦争におけるウマの役割がほぼ消滅した結果、馬術競技は純粋なスポーツとしての歩みを開始した。馬術競技における成績は選手の技術もさることながら、ウマの資質に負うところはきわめて大きい。馬術競技の盛んな欧州各国では、マーケットの裾野が広いこともあり、スポーツとしての馬術競技に向いたウマの育種改良が盛んに行なわれてきている。

アラブやサラブレッドは両親が同品種でなければ、原則として品種としての登録はできない閉鎖登録だが、現在、馬術競技に用いられるウマの品種では、必ずしもそういう制限がない場合が多い。すなわち、目標とする競技に向いた資質のウマを生産できる可能性があれば、他品種のウマを配合に用いることも多い。この場合、登録に先立ち能力検定を実施することもある。いずれにしろ、純粋なスポーツとしての馬術競技という新しい改良目標の成立の歴史は浅く、ウマのライフスパンからいっても、近代馬術競技に改良目標を変更した各品種は、まだ育種改良の途上とすることができよう。

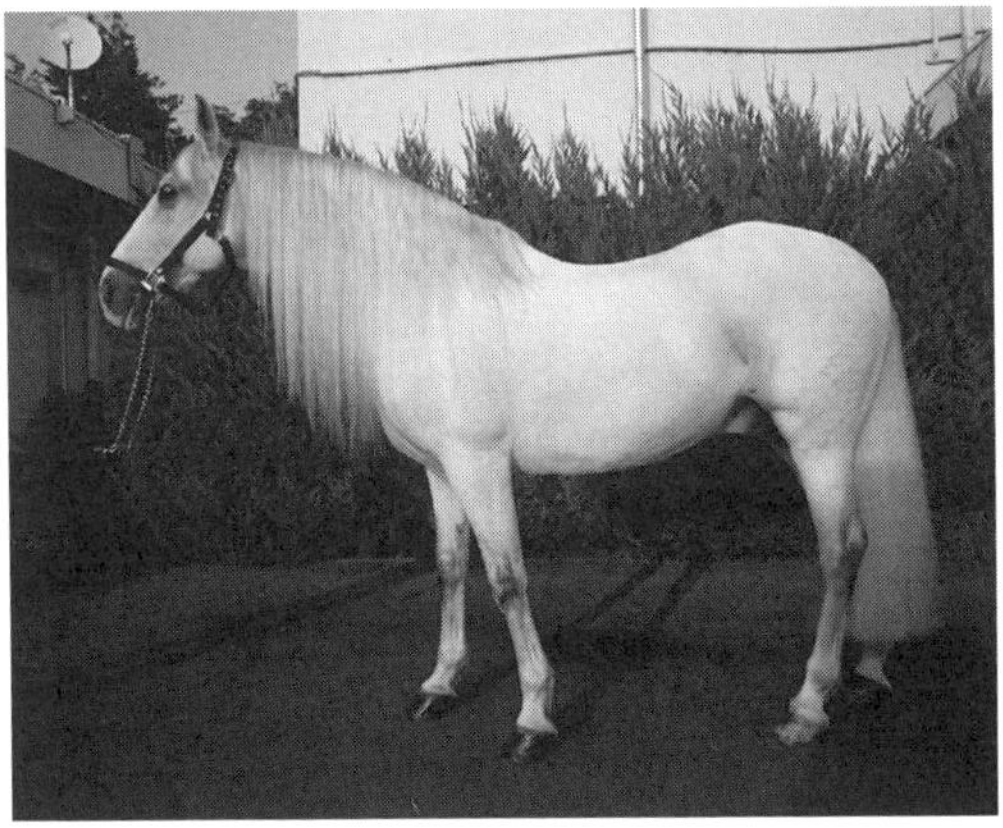

アンダルシアン　『世界家畜品種事典』より

アンダルシアン　体高は一五五～一六〇cm。原産地、スペイン。スパニッシュ・ホース、スペイン純血馬（ＰＲＥ）とも称する。

この品種の起源は、少なくともイスラム教徒によるスペイン占領の頃までさかのぼる。スペインは七一一年にイスラムの勢力に征服され、その支配は一四九二年にイスラム王朝がイスパニア王国に駆逐されるまで続いた。この間、スペインはイスラムの影響を色濃く受けたが、アンダルシアンの成立もその一つといえる。

アンダルシアンは、イベリア半島の在来馬に北ヨーロッパ原産の大型のウマ、イスラムの人びとが持ち込んだ北アフリカ原産のバルブが交配されて成立した。一七〜一八世紀にはカルトゥジオ修道会の修道士が保護し、純粋な系統の繁殖に力を入れた結果、現代スペインにその姿が伝えられたという歴史をもつ。

この品種は、アラブ、バルブに次いで世界のウマの品種改良に貢献した。コロンブスによるアメリカ大陸の発見以来、アンダルシアンを中心として多くのウマがイベリア半島からアメリカ大陸に持ち込まれ、アメリカ原産の品種の基礎となった。また、リピッツァナーの作出には特に大きな影響を与えている。

毛色は大部分が芦毛だが、鹿毛や青毛も認められる。頭部は中等度の大きさで頸はたくましい。胸は厚く、背は長め。豊かな尾の毛とウエーブのかかったたてがみに特徴がある。

アンダルシアンは軍用馬として優秀だったこともあり、長らく原産国からの輸出が禁止されていたが、一九六〇年代以降輸出が解禁され、現在では二万頭以上のアンダルシアンが、世界中で飼養されている。本国では闘牛で用いられるほか、スペインの国立乗馬学校などでの古典馬術供覧、近代馬術の種々の競技などで広く活躍している。現在は複数の登録団体により血統が管理されている。

リピッツァナー　体高一五二〜一六三cm。原産地はオーストリア。リピッツァ、リピツァーナとも表記する。
一二七三年、ハプスブルグ伯ルドルフ（一二一八〜九一年）がドイツ王に選出されてからおよそ六五〇年間、ハプスブルグ家は中欧を中心に大帝国を築き、維持してきた。一六世紀にはハプスブルグ家はスペイン、オーストリア、ハンガリーを統治下におさめていたが、当時軍隊でも使え、貴族の馬術教育のための学校でも使用することのできる、力強く、かつ身のこなしの軽いウマの育種と生産が望まれていた。そこで皇帝マクシミリアン二世（一五二七～七六年）は、一五六二年にクラドルービー（現チェコ共和国）にスペイン原産のウマを導入し、生産を始めたのがこの品種の起源とされる。一五八〇年には、皇帝の弟、カール二世大公（一五四〇～九〇年）によって、イタリア北東部のリピッツァ（現スロヴェニア）に王室牧場がつくられ、宮廷用にウマの生産が始められた。リピッツァナーの品種名は、その牧場のあった土地の名前に由来する。

本品種は北ヨーロッパの在来馬とアンダルシアンに、アラブ、バルブなどをかけ合わせて作り出されたものだが、最も影響が大きかったのはアンダルシアンである。第一次大戦後、リピッツァがユーゴスラビア領になってからはオーストリアのグラーツ近郊、ピーバーに牧場が移された。第二次世界大戦中、この伝統ある品種は消滅の危機に瀕したが、危うく免れた。

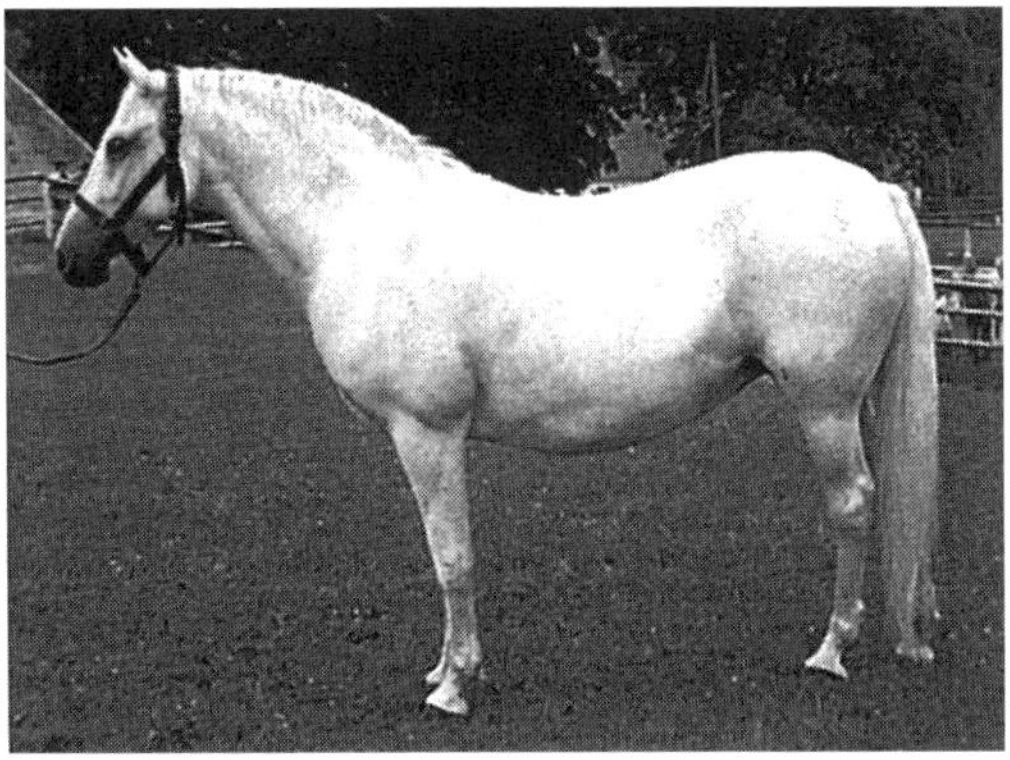

リピッツァナー　『世界家畜品種事典』より

現在はオーストリアでは、ピーバーにおいて育種が続けられているが、スロヴェニアにおいても生産が続けられている。

毛色は芦毛が大部分だが、鹿毛、栗毛、粕毛《かすげ》（章末〈毛色の説明〉参照）もある。アンダルシアンよりやや小型で、特に後躯が力強い。頸も力強いが、肩の傾斜はやや不十分である。蹄は小さいが堅牢である。性質は穏和で扱いやすい。

ウィーンのスペイン乗馬学校における高等馬術の供覧に用いられるほか、一般の乗馬、軽輓馬、ハンターとしても利用される。

セル・フランセ　体高は一六二～一七三cm。原産地フランス。フレ

セル・フランセ　『世界家畜品種事典』より

ンチ・サドルとも呼ばれる。

フランスを代表する乗用馬。一九五八年、フランス各地で生産される優秀な乗馬はセル・フランセの名称に一本化され、一九六五年から血統書が発行されるようになった。

フランス各地では、かつて狩猟などに使える優れた乗用馬を得るために、在来の牝馬にサラブレッド、アラブ、アングロ・アラブ、ノーフォーク・ロードスターなどを配合することで、さまざまな半血種が作られていた。その代表的な半血種として、ノルマンの牝馬にサラブレッドを交配して作り出されるアングロ・ノルマンがあげられる。アングロ・ノルマンは第二次世界大戦までは、優秀な軍用馬としても利用されていた。

アングロ・ノルマンには、スピードのある乗用タイプと輓用タイプが存在したが、前者をスポーツや競技に向いたウマとしてさらに発展させたのがセル・フランセとすることができる。実際、アングロ・ノルマンという品種呼称はなくなり、その血統書はセル・フランセに引き継がれている。

現在のセル・フランセはサラブレッド、アングロ・アラブ、セル・フランセ、トロッターなどさまざまな品種の種牡馬を用いて生産されている。未だ純血化は進んでおらず、体型などは個体ごとに変異が大きい。繁殖登録に際しては飛越能力、体型、動きの良さが客観的に評価され、グレード分けがなされる。その成績は開示され、繁殖に供用する時の参考にされる。

毛色はさまざまだが、ふつうは栗毛、鹿毛。頸は長く、たくましい肩に乗っている。胸は深く、胴回りは太い。四肢は長く骨量に富み、飛節の位置は低い。ただし馬格は用途に応じて変異に富む。

持久力、飛越能力に優れ、総合馬術用馬として特に優秀性を発揮するが、馬場馬術、障害飛越競技にも広く用いられている。また、サラブレッドの出走しない競馬にも用いられる。


ホルスタイナー　体高は一六二〜一七五cm。原産地、ドイツ北西部のシュレスヴィッヒ・ホルスタイン地方。ホルスタインとも呼ばれる。

一三世紀からホルスタイン地方で飼われてきた古い品種で、軍馬として用いられていたマルシェ・ホースをもとに、一六世紀に中近東原産のウマが多く交配され、一八世紀からはサラブレッドが改良のために用いられた。またヨークシャー・コーチ・ホース、クリーブランド・ベイ、トラケーネンも品種成立に貢献している。

血統書は一八九一年から刊行が開始された。

第二次世界大戦後、馬術競技用のウマを目標に、多くのサラブレッドが種牡馬として導入された結果、洗練されたウマができあがった。ハノーバーよりはやや重い。

繁殖登録に際しては、牡も牝も厳格な審査を受ける。

毛色は単色で、青毛、鹿毛、青鹿毛が一般的である。頸は太く、後躯がよく発達している。胸が深く幅がある。四肢は短い。パワー、スピード、跳躍力、柔軟性に富むため、特に障害飛越競技用馬として優れている。また馬場馬術、総合馬術競技でも優秀な成績をおさめてきている。近年、オリンピックの馬術競技でドイッチームがこのウマで戦い、優秀な成績をおさめている。

ハノーバー　体高、一六二〜一七八cm。原産地、ドイツ・ザクセン。ハノーファー、ハノーフェリアンとも表記される。

一六〇〇年代に重輓馬として作り出されたウマだが、その後、サラブレッドとトラケーネンの影響を受けて、より軽快な輓馬となり、乗用にも用いられるようになった。

イギリス国王でハノーファー選帝侯でもあったジョージ二世（ゲオルク二世：一六八三〜一七六〇年）は、ドイツ北部ハノーファー近郊のツェレに、輓用馬、特に王室の馬車用の輓馬を生産するために牧場を開いた。ホルスタイナー、サラブレッド、クリーブランド・ベイなどが交配に用いられることで、一八世紀末には格調の高い馬車用の輓馬となった。

一八八八年に最初の血統書が刊行され、やがてヨーロッパで最もポピュラーな馬車用輓馬であると同時に、軍用馬としても知られるようになった。

第二次世界大戦後は育種の目標を乗用馬に切りかえ、サラブレッド、アングロ・アラブ、トラケーネンなどが改良に用いられた。繁殖に供する種牡馬には厳密な検査が課せられるが、従順な気質もその対象とされてきた。

比較的大格で力強い。毛色は単色で、鹿毛をはじめさまざま。頭は平らで直頭。頸、胸、肩、腰はいずれもたくましい。また尾つきは高い。直線的な歩様で、歩幅が広い。ドイツでは、現在乗馬としての人気が非常に高く、障害飛越ならびに馬場馬術の競技用馬として世界的にも高い評価を得ている。

トラケーネン　体高一六二～一六八cm。原産地、ポーランド・トラケーネン。トラケナーとも称する。東プロイセンで作出された乗用、輓用馬で、軍馬として大きな足跡を残すとともに、馬術がすべての競技の中で最も花形だった初期の近代オリンピックで、トラケーネンの多くが優秀な成績をおさめたことで特筆される。プロイセンならびにドイツで作出された半血馬としては、最も有名な存在といえる。

トラケーネンは一七三二年、プロイセンのフリードリヒ・ヴィルヘルム一世（一六八八～一七四〇年）の創設したトラケーネン牧場（現ポーランド）で、軍馬として用いる目的で作出された。フリードリヒ・ヴィルヘルム一世は兵隊王と呼ばれ、質実剛健を旨としていた。

本品種は、ホルスタイナーにアラブ、サラブレッドを交配して作り出された。四歳以降、徹底した調教を受けた後、能力検定を経て最優秀なグループのみトラケーネン牧場で繁殖に供されるというかたちで育種改良が行なわれていった。一九四〇年代には二万五〇〇〇頭ほど登録されていたが、第二次世界大戦で消耗された。そのうちのドイツ西部に徴用されて生き残ったウマが、現在のトラケーネンの基礎となっている。

一九四七年、この品種を再興するため、トラケーネン協会が設立され、能力検査、気質検査が実施され、繁殖が行なわれている。登録は基本的には閉鎖登録だが、サラブレッド、アングロ・アラブ、アラブ、シャギア・アラブとの交配が許される場合もある。

毛色は単色。頭部は羊頭のものが多く鼻先に向かって尖ってみえる。頸は長く、肩と後躯がよく発達し、胴回りは太く全体にたくましい。ヨーロッパの温血種の中では、軽くて動きがよい。

性質は温和で、各種馬術競技で優秀な成績をおさめてきた実績がある。

オランダ温血種　体高は平均約一六〇～一七〇cm。原産地、オランダ。オランダ語の品種名の頭文字をとってＫＷＰＮと表記することもある。また、ダッチ・ウォームブラッド、オランダ乗用馬と呼ばれることもある。

オランダでは、ヘルデルラントとフローニンゲンの、主に輓用に用いられてきた二品種が飼われてきた。オランダ温血種は、一九世紀にオランダ原産のその二品種を基礎に、フランスとドイツ原産の半血種を交配して作り出された。

第二次世界大戦が終了して一五年、一九六〇年代からオランダ温血種血統登録協会により、競技用の乗用馬生産のプログラムが開始された。そして、多くのサラブレッドの血の導入および厳格な能力審査によって、力強くかつ軽快な現在のオランダ温血種ができあがった。他品種との交配は今も行なわれており、閉鎖登録には移行してはいない。

毛色は単色で鹿毛、黒鹿毛が一般的である。頸は湾曲し筋肉質である。肩ならびに前躯の発達がよく、背は長くまっすぐで、後躯も力強く洗練されている。動きが軽快で性質は温順である。最近の国際的な競技会での活躍には眼を見張るものがある。

血統はＫＷＰＮの血統書に記載されるが、この血統書は四つのセクションに分かれている。すなわちヘルデルラント、オランダ軽輓馬、馬場馬術用ＫＷＰＮ、障害飛越用ＫＷＰＮである。

(3)新大陸の発見と開拓時代

北アメリカ大陸はウマ科動物の進化の舞台だった。何千万年もの間に、この大陸で進化を続けたウマ科動物は、時どき地続きとなるベーリング海峡を渡ってユーラシア大陸、さらにアフリカ大陸へと拡散を繰り返してきた。しかし、今からおよそ一万一〇〇〇年前、北アメリカ大陸のウマ類は突如絶滅した。この絶滅の原因について、近年有力視されてきているのは、人類が主に食料とするために乱獲したことにあるとする説である。最終氷河期であるこの時期には、ちょうどベーリング海峡が地続きとなっており、アメリカ先住民の祖先であるモンゴロイドが大陸に初めて到達した時期と一致している。また彼らが、大型哺乳類を大量に殺りくするために有効な道具を持っていたことも推測されている。

北アメリカ大陸のウマの絶滅以来、アメリカ先住民はウマのいない生活を続けてきた。再びアメリカ大陸にウマが到来したのは、一四九二年のコロンブス（一四五一頃～一五〇六年）によるアメリカ大陸の発見以降のことである。

ヨーロッパからの入植者がアメリカ先住民を制圧するにも、また広大な土地を開拓するにも、ウマの力は不可欠だった。このためヨーロッパ各地から、さまざまな品種のウマが持ち込まれると同時に、それぞれの用途に見合った目標に向けて独自の育種改良も行なわれた。その結果、牧場の牛群を管理する際に不可欠な、瞬発力に富んだクォーターホース、長時間騎乗し続けても疲れの少ないミズーリ・フォックス・トロッター、テネシー・ウォーキング・ホース、アメリカン・サドルブレッドなどの特殊歩法馬が成立した。一方で、特に米国ではウマの毛色を育種改良の目標におくという伝統があり、パロミノ、アパルーサ、ピント（ペイント）・ホースなどが生み出された。

こうした歴史の中で、ほかの地域では見られない四〇〇m前後の距離でスピードを競い合うクォーターホースによる競馬や、騎乗したカウボーイによる牛群の制御技術から発展したウェスタン・スタイルの馬術競技などのスポーツも生み出された。

クォーターホース　体高は一五二～一六一cm。原産地はアメリカ合衆国バージニア州、両カロライナ州。アメリカン・クォーターホースとも表記する。

アメリカ合衆国原産の品種では最も古いものとされている。一七世紀に、スペイン、イギリスから北アメリカ大陸に持ち込まれたウマにアラブ、バルブ、トルコマン、さらにサラブレッドを交配して作り出された。その名が示すとおりクォーター（4分の1）マイル、すなわち約四〇〇ｍの距離の競馬で選択淘汰が繰り返され、改良されてきた。

イギリス人の競馬好きは筋金入りといえる。大航海時代の大英帝国は世界各地に植民地を領有したが、生活が落ち着くと、たいていの場所で競馬を始めた。バージニアでは、街のメインストリートに、普段は主に牧場の牧畜作業で使っていたウマを持ち寄り、競馬を行なった。距離はせいぜい四〇〇ｍ、しかしその迫力ある競馬は多くの人を魅了し、独自の品種の作出につながった。その優れた瞬発力とウシの動きを予測する独特のセンス（牛感）から、一八〇〇年代にはカウボーイが乗るウマとして広く普及した。

現在でも、短距離のレースで競走馬として利用されるほか、カウ・ポニーとして牧場作業やウェスタン・スタイルの馬術競技会にはなくてはならない存在でもある。一品種としては世界で最も数が多く、原産国アメリカ合衆国で最も人気がある。

クォーターホースの登録は、原則として父母がクォーターホースでなければクォーターホースとして認められない閉鎖登録だが、例外的に一方の親がサラブレッドの場合に限り、外貌審査を通ればクォーターホースとして登録することができる。

毛色は単色で栗毛が多く、そのほか鹿毛、青毛、黒鹿毛、芦毛など。胸は広く背は短い。筋肉質で後躯はがっしりしていて丸みを帯びている。

ミズーリ・フォックス・トロッター　体高は一四〇～一六〇cm。原産地、アメリカ合衆国ミズーリ州、アーカンソー州。

本品種は独特の歩法を示すことで有名である。常歩では後肢の踏み込みの深い独特な歩き方をみせる一方、滑るような独特の速歩はフォックス・トロットと呼ばれる。フォックス・トロットは着地の衝撃がきわめて少ない。また、頭部の上下運動は四肢の着地と完全に一致（同期）する。

ミズーリ州とアーカンソー州にまたがるオザーク高原に入植した人たちは、森林や岩のごろごろした土地を長期間行動する必要があった。そのため持久力があって乗り心地のよいウマを得ようと、一九世紀にモルガン、サラブレッド、アラブ、スパニシュ・バルブを交配し、後にサドルブレッド、テネシー・ウォーキング・ホースを導入することで、この特有な歩法の品種を作り出した。騎乗が楽で、疲労が少ないため、両州の山地などで乗用馬として盛んに利用されてきた。

一九四八年に生産者協会が組織され、一九五八年にミズーリ・フォックス・トロッター生産者協会（MFTHBA）として公式に認定された。一九八三年には、両親が同品種でなければ登録できないという閉鎖登録に移行した。

ぶち毛を含めすべての毛色が認められる。直頭で、き甲が高く、背は短く強く、胸郭は広い。体は全体的に筋肉質で、引き締まっている。アメリカ合衆国、カナダで多くの愛好者に飼われているほか、森林レンジャーにも利用されている。

テネシー・ウォーキング・ホース　体高一五〇～一六〇cm。原産地、アメリカ合衆国テネシー州。テネシー・ウォーカーとも呼ばれる。

農園、特に綿花栽培農園の耕地を園主が見回る時に、何時間も快適に乗っていられる実用的なウマとして作られたもので、一八〇〇年代後期に飼われていたブラック・アラン号を唯一の祖先種牡馬とする。ブラック・アラン号はモルガンとハンブルトニアンの血をひいていたが、この品種の成立にはスタンダード・ブレッド、サラブレッド、アメリカン・サドルブレッドも貢献している。

この品種の特長は、何といっても地面の上を滑るように移動するランニング・ウォークという歩法を示すことである。この歩法で移動する際には、頭部を上下させ歯をカチカチ鳴らす。そのほか、フラット・ウォーク、ロッキング・チェアー・キャンターと呼ばれる特有の歩法も示す。

毛色は単色で青毛、鹿毛、栗毛が一般的である。頭部は平らで耳が尖っている。頸はやや湾曲しており胴は幅が広く、肩、腰、後躯ともにたくましい。尾の毛は豊かで高く挙上するように整形し、蹄先部を極端に伸ばすような削蹄をする場合が多い。

一九三五年に登録団体が組織され、一九四七年に閉鎖登録に移行した。

アメリカン・サドルブレッド　体高は一五〇～一六〇cm。原産地アメリカ合衆国ケンタッキー州。単にサドルブレッド、サドラー、あるいはアメリカン・サドルホースとも呼ばれる。

一八〇〇年代にケンタッキー州の大農場主の手により、サラブレッド、モルガン、ナラガンセット・ペイサーを交配して作り出されたウマで、当初はケンタッキーあるいはケンタッキー・サドラーと呼ばれていた。品種作出の目的は、プランテーションの巡視用の乗馬にあった。実際、本品種の運歩は円滑で、きちんとした道の整備されていない農場に分け入っていく活発な気質を有している。種々の農作業において、乗用ならびに輓用で用いられていた。ちなみに、南北戦争の時には北軍のユリシーズ・S・グラント将軍（一八二二

〜八五年）、南軍のロバート・E・リー将軍（一八〇七〜七〇年）の双方が、この品種のウマを使っていた。頸は長くて筋肉質、肩、背、後躯は強力で、四肢も筋肉質である。頭部が小さく自然に高く保持する。尾も高く保持させるために筋肉を切断し、尻がいを通して引き上げ、動作を強調するために蹄は極端に伸ばされ、重い蹄鉄を装着する習慣がある。この品種に特徴的な五種の歩法（常歩、速歩、駈歩、スロー・ゲート、ラック）を示す。

アメリカン・サドルブレッド　『世界家畜品種事典』より

ハリウッド映画の全盛時代には、この品種のウマが多く用いられている。例えば「風と共に去りぬ」に出てくるウマや、一九六〇年代に製作され日本でも評判となったTVコメディー「ミスター・エド」の主人公もこの品種のウマである。

現在は、この品種を用いた競技会が米国各地で開催されている。ウェスタン馬術ばかりでなく、馬車の牽引、ブリティッシュ馬術の馬場競技などに用いられることもある。

ピント・ホース　体高はさまざまなサイズ。原産地はアメリカ合衆国。アメリカン・ペイント・ホースあるいはキャリコとも呼ばれる。

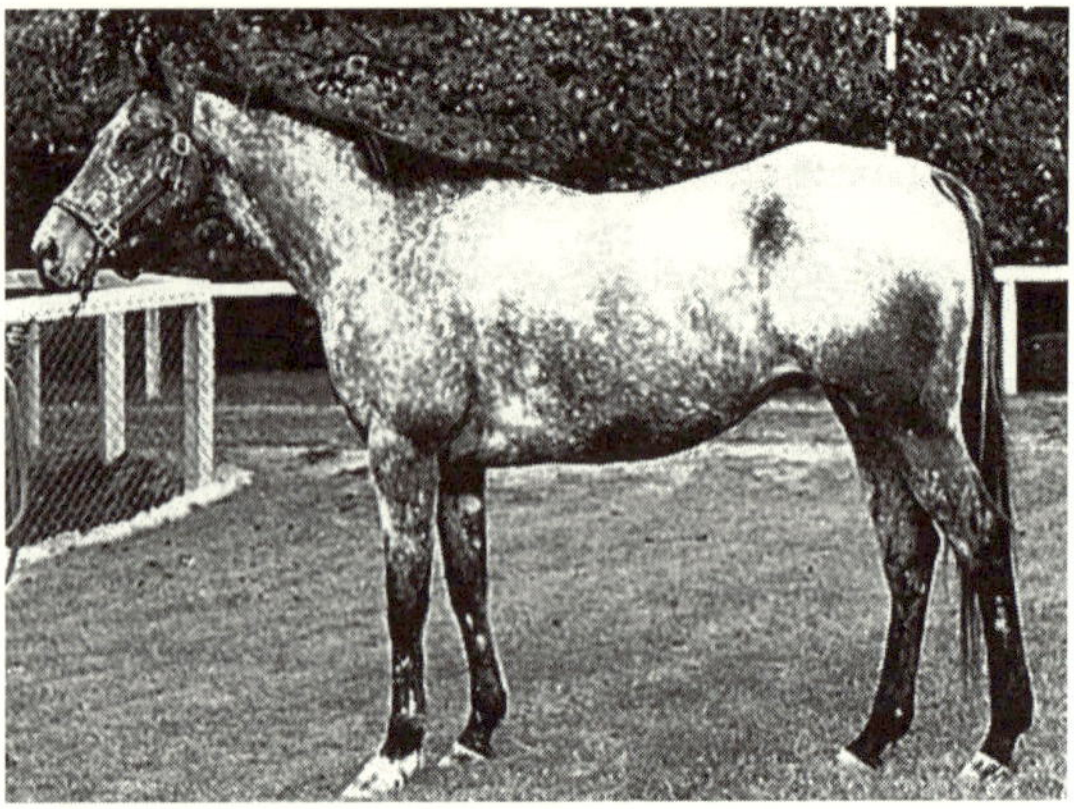

アパルーサ　『世界家畜品種事典』より

馬体に大きな斑紋があることが登録の条件とされるウマで、アメリカ合衆国でのみ品種として認められているといえる。スペインなどから北アメリカ大陸に持ち込まれたウマに、その毛色遺伝子が存在していたものと考えられる。カモフラージュが容易ということで、特に平原インディアンに好まれ、古くから乗用に用いられてきた。

選択淘汰は、主にその特徴的な斑紋だけを基準に行なわれている。大きな白と黒の斑紋のあるものをオバーロ（オヴェロ）、黒以外の色（茶色など）と白の斑紋のあるものはトビアーノ（トビアノ）と呼ぶ。こうした毛色は、例えばサラブレッドと交配しても出現することがある。

登録は、一九四七年に設立され、一九五六年に正式な法人となったアメリカ・ピント・ホース協会（ＰｔＨＡ）と、一九五七年に設立され、血統書を一九六三年に創刊したアメリカン・ペイント・ホース協会（ＡＰＨＡ）の二つの団体によって行なわれている。後者のＡＰＨＡは、登録の対象がクォーターホースとサラブレッドを血統的背景に持つウマのみに限定されているのに対して、前者のＰｔＨＡはクォーターホースとサラブレッドのほか、アメリカ原産の特殊歩法馬やポニー、ミニチュアホースであっても登録の対象としている。

アパルーサ　体高一四七〜一六三cm。原産地アメリカ合衆国。

特有の小斑を有する派手な乗用馬。小斑をもつウマは古くから知られ、二万年前にクロマニヨン人によって描かれた洞窟壁画にも認められる。

インディアンのネズパーズ族が、ヨーロッパ大陸から持ち込まれ野生化していたムスタングを再家畜化し、特有の小斑の毛色の遺伝子を持ったウマの集団として育種を行なった。このインディアンがパルース川周辺に居住していたため、この名がついた。一八七六年、ネズパーズ族はアメリカ歩兵連隊との戦いに敗れ、ウマの多くも失われた。

しかしこの毛色のウマを愛好する者も多く、サラブレッドなどで改良が加えられていった。そして一九三八年、アイダホ州モスクワにアパルーサ・ホース・クラブが設立され、この品種は復活した。登録は両親がアパルーサであるか、両親のうちの片方がアパルーサで片方がアラブ、クォーターホース、サラブレッドのいずれかの場合に限られる。

体の斑点の位置や色合いからレオパード（腰と尻が白く、そこに濃い卵形の斑紋）、マーブル（全身がまだら）、フロスト（濃い色の地に白い小班）など五種類に分類される。骨太で体は引き締まっている。たてがみと尾の毛は少なく、よくネズミの尻尾、あるいは指のような尻尾などと形容される。

優秀なカウ・ポニーであり、ウェスタンの馬術競技会にはなくてはならない存在である。またポロ競技、障害飛越競技などに用いられるほか、その派手な容貌から、サーカスでもよく使われている。

パロミノ　体高は一四一〜一六〇cm。原産地はアメリカ合衆国。

毛色は特有の黄金色で、たてがみと尾の毛が輝くような白（アイボリー、シルバー、ブロンド）という外見

パロミノ（クオーターホース）　『世界家畜品種事典』より

に特徴がある。ただし、この毛色は遺伝的に固定されたものではない。その意味でパロミノは品種の範疇からは外れる。

パロミノの名前の起源には諸説あるが、スペインの探検家エルナン・コルテスがイサベル女王から下賜されたこの毛色のウマのうちの一頭を、アメリカでファン・デ・パロミノに与えたことに由来するという説もある。

パロミノの生産は、一般にパロミノと栗毛のウマ、またはパロミノ同士の交配で行なわれる。尾花栗毛《おばなくりげ》（章末〈毛色の説明〉参照）の牝馬とパロミノの種牡馬との交配では、八〇％の確率でパロミノが生まれる。パロミノ同士のかけ合わせでは五〇％の確率でしかパロミノは生まれない。眼の色は黒色または薄茶色で、ブルーおよび灰白色は認められない。外貌はアラブまたはバルブタイプを呈するが、馬格はやや大きい場合が多い。

登録はパロミノ・ホース協会が行なっており、毛色がパロミノであることはもちろんだが、両親の少なくとも一方がパロミノとして登録されており、もう一方がアメリカン・クォーターホース、アラブ、サラブレッドでなくては登録できない。乗用や輓用に用いられるほか、ロデオ競技などにもよく出場する。ちなみに一九六〇年代のＴＶ番組「ミスター・エド」の主人公はアメリカン・サドルブレッドだが、毛色はパロミノだった。ただし番組は白黒放送だったので、その美しさがすっかり伝わったというわけではない。

(4)騎士を背にしたウマたちの末裔

重種と呼ばれる大型のウマは、ヨーロッパ特有の存在である。これらの大型馬は古代ローマ人が戦いのために大型の軍馬を育種したことに始まるとされる。ただし、当時使われていたウマは、筋肉は発達していたものの、体高は一五〇cm程度だった。その後、何世代もかけて育種を重ねた結果、中世の時代には体高は一六〇cmにまで達した。これらのウマはグレート・ホースと呼ばれ、もっぱら重い甲冑を身にまとった騎士を背に戦闘に臨んだ。

しかし時代が進み、小型火器が発明されて戦闘での使用が一般化されるにともない、戦闘スタイルも変化した。より軽快な動きのできる騎馬が、戦闘の場では求められるようになったのである。その結果、グレート・ホースの乗用の軍馬としての役割は消失した。しかし重輓馬としての役割は保ち、軍馬としてばかりでなく、農耕、運輸、交通、森林作業などで利用されてきた。

重種のウマは農耕馬として、とりわけアメリカ大陸やオーストラリア大陸の大規模農場での作物生産で大いに活躍し、農業の生産性向上に貢献した。しかしこれらの重輓馬の役割も、モータリゼーションの進展の結果、一部の特殊な用途を除いて、ほぼ消滅した。

現在は祭りや観光、森林作業、食肉用などで飼われているほか、一部品種は企業が保護を行なっている。

一方、人がウマを家畜化して使役に使うようになった当初、ウマは実質的には輓用馬として利用されていた。輓用馬の利用は、人や物資の移動範囲を格段に広げた。輓用馬は、戦場ばかりでなく平時にも広く活用され、輓用に特化したウマの育種も進んだ。その代表的品種としてクリーブランド・ベイがあげられる。

さて、日本には「ばんえい競馬」という世界に類をみない独特の競馬が帯広で行なわれている。これは五〇〇kg（牝は四八〇kg）を超える重量のソリを引いたウマたちが、途中にある二基の障害を上り下りしながら二〇〇mのコースでの先着を競い合うという競馬である。かつて北海道で木材を運び出すために用いられたウマの力くらべに端を発するが、一九四六年の地方競馬法の制定にともない、ギャンブルをともなう公営競技として正式に認められた。ここで使われているウマは、在来馬がもとになってはいるが、ペルシュロン、ブルトン、ベルジャン等の重種の馬との交配を重ねてきたものである。

シャイアー　体高は一七二〜一八三cm、原産地はイギリス中部諸州（シャイアー）。

一一世紀、ノルマン征服の際に、ヨーロッパ大陸から持ち込まれたグレート・ホースに由来するオールド・イングリッシュ・ブラック・ホースから一〇〇〇年かけて発展した品種。一六〜一七世紀前半にイギリスの沼沢地帯の灌漑工事のために、オランダ人とともにやってきた大型のフランダースの影響も強く受けている。

一八七八年に血統書第一巻が刊行されたが、現在の登録は一八八四年に名称変更されたシャイアー・ホース協会によって行なわれている。

世界最大のウマとされ、体高が一八〇cmを超えるものもいる。ちなみに体高の記録は一八四六年生まれのサンプソン号で、二m二〇cmあったとされている。また近年で最も体高のあったウマは、二〇〇一年に死亡したゴリアス号で一m九二cmだった。

毛色は鹿毛、青鹿毛が普通だが青毛、芦毛も見られる。一般的に白徴が認められる。頭部は中位で耳は長い。頸は長く、湾曲している。肩は雄大で、背は広く、腰はたくましい。斜尻で四肢は長い。距毛《きょもう》（肢〔あし〕の毛）は豊か。性格はおとなしく扱いやすい。

現在は、サーカスでよく用いられるし、イギリスで人気の高いすき牽引競技でよく見られる。また飾りをつけて、ビール樽を積んだ馬車をひかせることで有名。イギリスのビール会社が保護に協力している。

クライズデール　体高は平均一六七～一八三cm。原産地はスコットランドのラナーク地方。一八〇〇年代、大型の輓用馬として、ラナーク地方の在来馬の牝にフランダースの牡馬を交配して作り出された。シャイアーの影響も受けているが、シャイアーほどの重量感はない。しかしシャイアーにくらべると動きははるかに敏捷で軽快である。農作業で広く用いられてきたほか、乗合馬車を引くウマとして長く利用されてきた。

クライズデール　『世界家畜品種事典』より

登録は一八七七年に設立されたクライズデール・ホース協会である。ここが発行した本品種の血統書第一巻には、一〇〇〇頭を超える種牡馬が記載されている。

毛色は鹿毛、青鹿毛が主だが、青毛、粕毛、芦毛もいる。頭部、四肢に白徴が見られるのが一般的。頭の幅が広く、鼻孔が大きい。頸は長く、湾曲しており、背は短くたくましい。距毛はきわめて豊かである。

オーストラリアの農地開拓ではこの品種のウマを通常七頭を一組にして並べ、三台のすきを同時に引かせて開墾を行なった。このため「オーストラリアを建設したウマ」という肩書きをもつ。現在では世界的に人気が高く、広く輸出されている。牽引の競技で用いられるほか、ホースショー、自然農法の農業、パレードなどで用いられる。またビールの銘柄であるバドワイザーの象徴的存在にもなっている。

ペルシュロン　体高は一五七～一六八cm。原産地はフランス、ペルシュロン地方。

この品種は中世の軍馬に由来する。八世紀にフランク王国のカール・マルテル（六八六～七四一年）は、ウマイヤ朝の軍団をポアチエの戦いで打ち破り、イスラム教徒の西ヨーロッパへの侵入を防いだ。この時にカール・マルテルが率いた軍隊が乗っていたウマが、この品種の祖先といわれている。敵が乗っていたアラブやバルブを戦利品として持ち帰り、品種改良に使ったことで、この品種は気品のあるウマになったとされる。

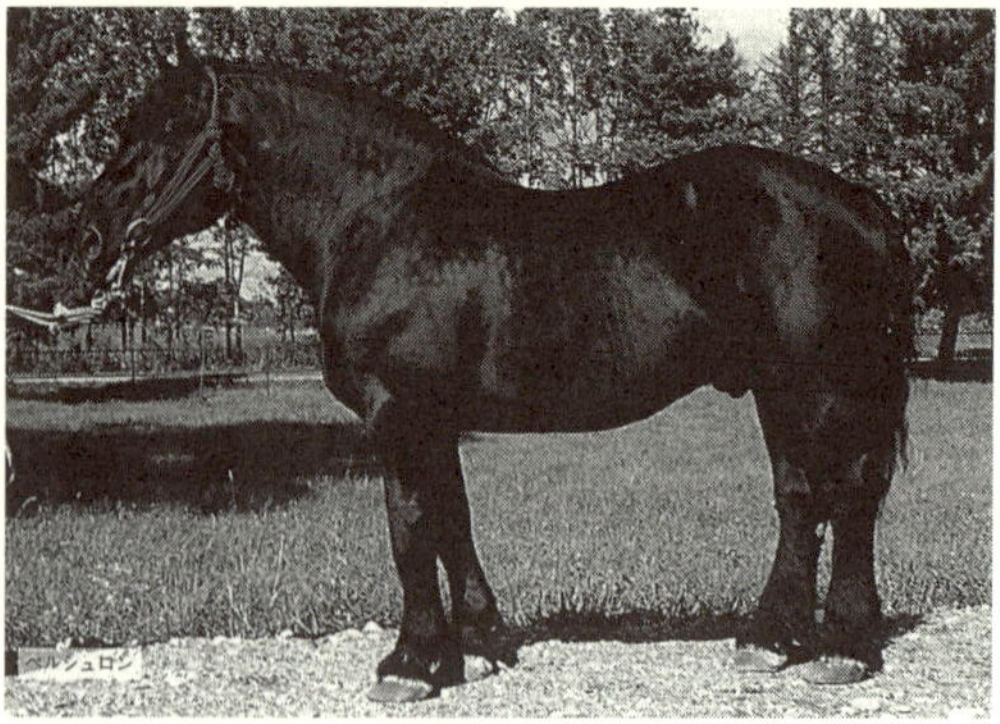

ペルシュロン　『世界家畜品種事典』より

近年になっても軍用馬として広く輸出され、世界中で生産されていた。日本にも特に第二次世界大戦前までに多く輸入され、軍用馬生産のため在来馬の改良に用いられた。日本のばんえい競馬用馬の基礎ともなっている。

毛色は青毛と連銭芦毛が多いが鹿毛、栗毛、粕毛も認められる。胸が厚く、後躯はきわめてたくましい。イギリスの輓馬にくらべると四肢は短く、距毛も少ない。四肢や額に白徴のあるウマもいるが、極端に大きい白徴はきらわれる。気質はとても温順で、特に二輪馬車を引くウマとしては世界で最もポピュラーな品種といえる。

現在は森林における木材搬出作業で使われるほか、馬車の牽引、乗馬およびそれらの競技会で活躍している。ディズニーランド（カリフォルニア）では、パレードにはこの品種がながらく使われてきている。またサラブレッドと交配して重い狩猟用馬が生産される。

ブルトン　体高は一六〇cmまで。原産地はフランス、ブルターニュ地方。ブルターニュ地方の在来馬にペルシュロン、アルデンネ、ブーロンネが交配された。古くから軍馬、輓用馬、農用馬として利用されてきた。

毛色は鹿毛に近い粕毛、ブルーローン（黒に赤褐色の被毛が混じる）、栗毛など。頸は短く、胴は太くてたくましい。距毛は少ない。断尾の習慣があるが、これはウマに軽快な印象を与えると同時に、手綱が尾の下に巻き込まれないという実用的な意味もあった。北海道のばんえい競馬の輓馬の改良に、ペルシュロンとともに多く用いられてきた。

本品種はポスティエ・ブルトンとブルトン重輓馬（トレ・ブルトン）に分けられる。ちなみにポスティエは郵便の意、トレは曳くという意味である。ポスティエ・ブルトンにはノーフォーク・ロードスターの血が混じっており、体高は一五〇cmまでであり、優雅なトロットが特徴的で客馬車を引くウマとして用いられてきた。ブルトン重輓馬の体高は一六〇cm以下で、現在では主に食肉用として生産されている。

血統はブルトン馬生産者組合により管理されており、血統書は一九〇九年から刊行が始まっている。ただしブルターニュ地方で生まれたウマしかブルトンとして登録ができない。

ベルジャン　体高は一六〇～一七三cm。原産地はベルギー、ブラバント地方。ベルギー輓馬、ブラバントとも呼ばれる。

古くからベルギー・ブラバント地方で飼われてきたウマで、力強い輓用馬である。ヨーロッパ在来のきわめて古い品種で、他品種の影響はほとんど受けていない。中世の時代にはフランダース馬と呼ばれ、グレート・ホース、のちにはシャイアー、クライズデールの改良に寄与したほか、近年でも多くの国で品種改良に用いられてきた。日本においても、ばんえい競馬のウマたちに遺伝的影響を与えている。

毛色は栗毛、粕毛。頭部は短く、頸は太い。前後躯ともにがっしりしており、背は短い。個体間での変異は少ない。

現在は農用馬として使われているほか、各種の競技会でも利用されている。アメリカ合衆国ではほかの重種同様、ベルジャンも多く生産されているが、キリスト教の一派であるアーミッシュは、多くのベルジャンを現在でも農耕に用いている。

フリージアン　体高一五〇cm以上。原産地はオランダ・フリースラント地方。青毛の輓馬として知られており、ベルギー・ブラックとも呼ばれる。

オランダ北部には何千年も前から大型のウマが生息しており、人はそれらを家畜化して利用してきたと考えられている。二〇〇〇年前にローマ人がイギリスに侵攻した時に、この地のウマを連れて行き、それがシャイアーやクライズデールの祖先となったともいわれている。中世の時代には重い甲冑を着た騎士を載せて、軍用馬として活躍した。一二～一三世紀には東洋のウマが、さらに一六～一七世紀にはスペインのアンダルシアンが交配された。軍用馬としての利用のほか、農業や物資の運搬にも使われてきた。また、黒（青毛）一色という独特の風貌から、葬送の儀式で馬車を引くウマとしても利用された。第一次大戦の直前には、ほとんど消滅しかかったが、その後復活した。

体型からは考えられないほど機敏で優雅ともいえる。毛色は青毛のみで白徴はきらわれる。頭部は細く頸は太い。たてがみが長く、時に地面にまで達する。また距毛も目立つ。

登録団体は一八七九年に設立され、一八八〇年に最初の血統書が発刊された。種牡馬の繁殖登録には厳しい基準をパスする必要がある。

現在では乗用、輓用で用いられる。馬場馬術や馬車競技で利用されるほか、サーカスの曲馬でよく用いられる。


クリーブランド・ベイ　体高は一六二～一六八cm。原産地イギリス。

鹿毛一色が大きな特徴の代表的な軽輓馬で、特にグレート・ホースの血を引いているわけではない。中世から飼養されてきた運送用のウマ、チャップマン（商人）・ホースがこの品種のもとになっている。生産は長くイングランド北東部のクリーブランド地方の教会や修道院で行なわれてきており、品種名はその地方の名に由来する。

チャップマン・ホースにスペインウマの血が導入され、一八世紀にはスピードを加えるためにサラブレッドとアラブが導入された。

一八世紀半ばにはイギリス王室が利用するようになり、最初の血統書はクリーブランド・ベイ協会によって一八八四年に発刊された。

毛色は鹿毛で四肢の先端は黒い。時として小星、小白が認められるが、ほかの白徴はきらわれる。頭部は幅が広く直頭。頸は長く厚みがあり、肩はよく発達している。四肢は短くて頑健である。胴は幅があり深く、あまり長くはない。繋ぎ（蹄から球節の部分）はよく傾斜している。

馬車競技に用いられるほか、特に客馬車タイプは儀装用馬車を引くウマとして世界的に需要がある。日本でも宮内庁が繁殖、繋養しており、新しく日本に赴任した大使が信任状を天皇陛下に奉呈する時など、種々の行事で用いられている。サラブレッドと交配することで、がっしりした馬格の優れた狩猟用のウマが生産される。

⑸児童福祉法とポニー

ポニーに分類されるウマの体高の目安は一四八㎝とされているが、この基準に従えば、多くのアジアの在来馬はほとんどポニーに分類される。ただしその利用が世界規模で広範におよび、また繋養頭数が多く、ほかの品種への影響も大きいのはイギリス原産のポニーたちである。

イギリスならびにアイルランド各地に繋養されているポニーの多くは、ヨーロッパの先住民族ケルトがブリテン島に持ち込んだいわゆるケルト・ポニーに由来するとされている。在来のポニーはそれぞれの地域で農耕、運輸、交通などの用途で用いられていたほか、一部は再野生化した。

これらのポニーはイギリスの産業革命の進展とともに運輸、交通面での需要が増し、繋養頭数が増加し、改良も進んだ。特に炭坑で石炭を運び出すいわゆるマイン・ホースとしての需要が多く、小型だが持久力、筋力に富むポニーが育種されていった。

イギリスの炭坑では、かつて子供が重労働を強いられることも多かったが、児童に労働させることを禁止する法律が一八四二年に制定された。いわゆる児童福祉法である。この法律の制定がイギリスにおける在来ポニーの改良増殖の契機となったとされている。以後およそ一〇〇年、ポニーは炭鉱をはじめとして、産業社会におけるさまざまな物資の運搬に用いられてきた。十数年間、地下の坑道から一歩も出ずに失明したポニーもいたとされる。いわば産業革命を、文字通り縁の下から支えたウマともいえよう。

しかしその後、炭坑の閉鎖、モータリゼーション進展とともに使役馬としての需要は消滅した。現在ではイギリス原産のポニーは、その優美な体型と温順な性格から、子供用の乗馬として多く飼われているほか、馬車の牽引、各種娯楽、愛玩用に用いられてきている。

シェトランド・ポニー　体高はイギリスでは一〇七cm以下とされるが、アメリカ合衆国においては六二～一一二cm。原産地、イギリス、シェトランド諸島。単にシェトランドとも呼ばれる。

シェトランド諸島には青銅器時代以来、ウマが生息していたことが分かっている。そのウマは、この地がスカンジナビア半島と行き来できた氷河期の終わりまでに、スカンジナビアから渡ってきたものと信じられている。その後、ケルト人が持ち込んだケルト・ポニーの影響を受けて、この品種が成立したものとも考えられる。

シェトランド・ポニーは、海草や泥炭の運搬、農地の耕作などのため輓用、駄載用のポニーとして利用されていた。しかし産業革命に際し炭鉱で用いられるようになると、マイン・ホースとしての需要が増え、生産頭数も急増した。このポニーは力が強

シェトランド・ポニー　『世界家畜品種事典』より

く、体重の二倍の荷物を牽引することができる。その力強さからスコットランドの小巨人（Scotland's Little Giant）と呼ばれてきた。

最初の血統書は一八九一年に刊行されたが、そこには四五七頭のポニーが記載されている。

毛色は青毛が多いが、鹿毛、栗毛、芦毛、斑毛なども見られる。登録では小斑以外はすべての毛色が許される。頭部は小さく耳は短い。肩は力強く適度に傾斜しており、胸は非常に厚みがある。たてがみは豊かで尾は短い。性質は温順。

現在は、子供用のポニーとして世界各地で繫養されている。またホース・セラピーなどにも用いられている。

ニュー・フォレスト・ポニー　体高は一二〇～一四二cmでタイプによって異なる。原産地はイギリス、ハンプシャー州のニュー・フォレスト地方。ニュー・フォレスターとも呼ばれる

ニュー・フォレスト地方は、今から九〇〇年以上前に、現イギリス王室の開祖である通称「征服王」ウィリアム一世（一〇二七～八七年）が、みずからの猟場とするための特別な保護を命じて以来、開発をまぬがれ昔の姿を保ってきている。ここには種々の野生動物ばかりでなく、家畜も最小限の管理のもとで飼われてきている。ニュー・フォレスト・ポニーもそうした自然の中で生活しているが、もちろん純粋な野生馬ではなく、所有者がおり、一頭ごとに放牧料が支払われている。

ニュー・フォレスト・ポニーは、同じイギリス原産のポニーであるエクスムアと共通の祖先を持つと考えられているが、ウェルシュ、サラブレッド、アラブ、バルブほかさまざまなウマの影響も受けている。ただし過去五〇年は、ほかの品種からの遺伝的影響は受けていない。

鹿毛、黒鹿毛が優勢だが、種々の毛色が存在する。頭部と四肢の白徴は許されるが、斑毛は認められない。頸は短めで、肩はよく発達し、胴は太い。歩様は歩幅が広く低いという特長がある。現在はオールラウンドの乗用ポニーとして広く用いられているほか、馬車競技にも使われる。

一八九一年にニュー・フォレスト・ポニー改良協会が設立され、最初の血統書は一九一〇年に発行された。

ハフリンガー　『世界家畜品種事典』より

ハフリンガー　体高は一四〇〜一四七cm。原産地はオーストリア、チロル地方。きわめて近縁の品種に北イタリア原産のアベリネーゼがいる。

この品種の祖先はオーストリアからイタリアにまたがる一帯で飼われていたウマで、起源は中世までさかのぼることができる。五五五年にビザンチン帝国の軍隊に追われて敗走した東ゴート族が放棄したウマがもととなったと考えている人びともいる。いずれにしろチロル地方に古くから飼われていた在来馬にアラブやヨーロッパの種々の品種が交雑されて、現在のハフリンガーができあがった。

この品種の外貌は均質性がきわめて高い。毛色は栗毛もしくはパロミノのみで、亜麻色のたてがみと尾を有している。たくましい体型をしており、胸が深く腰も力強い。

ハフリンガーは、かつては山岳地帯での運搬作業や林業や農業での使役に使われていた。また軍馬としても利用されていた。しかし現在では、馬車競技、ウェスタン・スタイルの各種競技、馬場馬術、障害飛越、ホース・セラピー、トレッキング、エンデュランスなどさまざまなことに用いられている。

多くの国で繁殖が行なわれており、登録はそれぞれの管理団体で実施し、各団体は世界ハフリンガー連盟（ＷＦＨ）によって統括されている。ＷＦＨは、登録の基準、登録方法、能力検定の国際的ガイドラインを設定している。

ファラベラ　『世界家畜品種事典』より

ファラベラ　体高は七六cm以下。原産地はアルゼンチン。

昔から突然変異などで超小型のウマが生まれると、希少価値が高いものとして愛玩されてきたが、そうしたウマは一代限りで終わることが多かった。ファラベラは品種として固定された超小型のウマの最初の集団とされ、世界的に有名な品種である。

一九世紀半ばにブエノスアイレス近郊の農場で、ファラベラ一家により作出された。品種名はその家名に由来する。先住民が所有していた小型のウマをもとに、小格のサラブレッドやシェトランド、クリオージョなどが交配された。

プロポーションは、ポニーというよりはアラブやサラブレッドに近いとされる。毛色はさまざまで、斑紋のあるウマもいる。蹄は卵形で小さく、たてがみは豊か。肩の筋肉は発達している。複数の腰椎と肋骨の欠損が認められる個体もいる。体質的には脆弱。もっぱら愛玩用のウマとして需要が高い。乗用には不適当。

⑹日本の在来馬

縄文・弥生時代、日本列島ではウマは飼養されていなかったと考えられている。ウマにまつわる遺物は、五世紀末以降の各地の古墳から数多く出土するようになる。おそらくこの時期に馬具、ウマならびに騎馬にまつわる種々の技術が、朝鮮半島を経て初めて大規模に流入してきたと考えられている。

わが国においても、ウマは権力者にとって重要な存在だった。大化の改新（六四五年）以降、軍馬、運輸通信用の駅馬、農耕用の牛馬の管理は厳密に規定されるようになり、それらの生産育成の場である牧の制度化が進んだ。律令国家のいわば直営牧場である官牧は三二にも達し、そこでウマは国家により直接生産された。その後、律令国家の解体とともに官牧は衰退したが、それに代わり私牧が各地に設置されていった。

中世武家社会でも騎馬がたいへん有効な戦力だったのはもちろんである。各地で馬産が盛んに行なわれたが、そのうちで一貫して主産地であり続けたのは、現在の青森県東部から岩手県にまたがる南部地方であった。この地には鎌倉、室町時代にかけて時おり中国大陸から大規模な繁殖用馬の移入が行なわれ、より優秀なウマの生産がうながされた。

時代は近世に移り、馬産はそれなりに継続され、やがて明治維新をむかえた。幕末のころ、国内で飼養されていたウマは数十万頭と推定されている。

明治三七（一九〇四）年から三八年にかけて勃発した日露戦争は勝利に終わったものの、日本軍の擁する軍馬の資質が馬格、力強さの点で、近代戦には向かないものであることを白日のもとにさらした戦争でもあった。そこで政府は、当時日本に飼われていたウマすべてを西欧系の品種と交配することで改良する馬政計画を発足させた。第一次を三〇ヵ年計画とし、それが終了した後、ひき続き昭和一一（一九三六）年に第二次三〇ヵ年計画を発足させた。昭和二〇（一九四五）年、第二次世界大戦の終了とともにこの計画も雲散したが、それまでのおよそ四〇年間で行なわれた国内のウマの改良は、きわめて広汎にわたるものだった。

戦前の馬政計画により、多くの在来馬の純血性が失われ、国内で繋養されているウマで純粋の在来馬はほとんどいなくなっていた。さらに戦後のモータリゼーション、特に農業の機械化は、使役馬の存在意義を失わせた。そうした荒波をくぐりぬけ、明治の開国以前からの古い血を色濃く残しながら、かろうじて生き延びてきたのが、現在、日本在来馬と位置づけられるウマたちである。これら日本在来馬の間には、隔絶した離島や山間部の僻地で飼われていたという共通点が存在する。

現在、「北海道和種」「木曽馬」「対州馬」「トカラ馬」「御崎馬」「与那国馬」「宮古馬」「野間馬」の計八種のウマが日本在来馬とされ、日本馬事協会が主体となって登録事業と保護のための施策が行なわれている。しかし「北海道和種」を除いて頭数は少なく、現在でも多くの馬種で消滅が危ぶまれている。

北海道和種　『世界家畜品種事典』より

北海道和種　体高は一三〇～一三二cm。原産地、北海道。

北海道に古くから生活してきたアイヌの人びとの間で、ウマを飼育することはなかった。鎌倉時代、本州から大和民族（和人）が渡り、南部馬を持ち込み、使役に利用したのが北海道におけるウマ飼育の始まりとされる。江戸時代に入ると北海道の漁場の開発が進み、漁獲物の運搬などのために盛んにウマが持ち込まれるようになった。ただし漁は主に夏季に行なわれ、冬には使役に使ったウマはそのまま残し、翌年冬を越すことのできたウマを再び捕獲して漁に使うということを繰り返した。また、幕末には北海道内の伝馬制度が設けられ、北海道各地に幕府直営の牧が設けられ、馬生産も行なわれるようになった。こうした環境の中で、厳冬と粗食に耐える特有の資質を有したウマとなったものと考えられる。

かつて北海道和種は駄馬として用いられることが多かった。その中で、手綱を前のウマの尻尾に結び付けて縦隊を組んで荷物を運ぶ「駄（だん）づけ」という特有の利用方法で運搬作業が行なわれていた。

毛色は単色で粕毛が多い。白徴は基本的には認められない。

北海道和種は日本在来馬の中では最も数が多く、現在はトレッキング、ホース・セラピー、流鏑馬《やぶさめ》などさまざまな用途に活用されている。

木曽馬　体高は平均一三三cm。原産地、長野県。

信州木曽谷は、耕地は狭く日照も少なく、農業の生産力の低い土地といえる。この地方では古くから馬産が行なわれてきた。平安時代末期には、木曽義仲（一一五四〜八四年）が木曽馬を用いて合戦に参加したとされている。江戸時代中期以降、この地での馬産は隆盛となり、諸国に大量に販売されるようになった。また、木曽における馬産は、子馬の販売という面からばかりでなく、厩堆肥の生産という点でも経済的価値があったとされている。

木曽馬も明治になって始まった馬政計画での改良の対象だった。ただし、洋種の種牡馬による木曽馬の品種改良に対して、木曽の馬農家の反応は冷やかだった。洋種との交配により大型化したウマは農作業に使いにくく、販売価格も安くなってしまったからである。しかし第二次世界大戦中の昭和一八（一九四三）年、軍部の圧力に抗しきれなくなり、木曽馬の断種が実施された。

戦後はわずかに残っていた純血に近い木曽馬の牝、および神馬として飼われていて断種をまぬがれた牡により、熱心な関係者の努力により木曽馬の復活がはかられ、現在にいたっている。

御崎馬　体高は平均一三二cm。原産地は宮崎県。

野生馬として知られる御崎馬だが、もちろん厳密な意味では野生馬とはいえない。粗放に飼われている家畜ウマという言い方が御崎馬を正しく表現しているといえよう。

現在、御崎馬が生活している土地は、元禄一〇（一六九七）年に高鍋藩主、秋月種信（一六三一～九九年）が創設した藩営の牧だった。高鍋藩は全部で七ヵ所の牧を経営し、ウマの増殖を図った。しかし、日本在来馬として現在まで伝わるのは御崎馬のみである。

明治七（一八七四）年、廃藩置県により官有となっていた牧場は、ウマとともに御崎牧組合に払い下げられた。馬政計画による品種改良の波は御崎馬にもおよび、大正二（一九一三）年に栗毛のトロッター雑種が種牡馬として牧場に放たれた。種牡馬としての供用は一年間だけだったが、その遺伝的影響は強く、かつては存在しなかった白徴のあるウマが今でも時どき生まれる。本来の御崎馬の外貌に近づけるため、そうしたウマは集団から除外されている。現在は、御崎馬は宮崎県の貴重な観光資源として保護が加えられている。

野間馬　体高は約一一〇cm。原産地は愛媛県。

野間馬は、昭和六三（一九八八）年、日本馬事協会により日本在来馬として認定を受けた。八種の日本在来馬のうちで最も新しく認定されたウマであり、最も小型のウマという特長をもっている。

野間馬の起源は寛永年間に松山藩主が領内の野間郷一帯の農民に、ウマの増殖を委託したことが始まりとされる。藩は四尺（一二一cm）以上の良いウマが生まれると飼料費と報奨金を与えて買い上げ、小さいウマは農民に無償で払い下げた。小型のウマは島嶼地帯の急傾斜地や細道での駄載運搬能力に優れ、農作業には有用だった。その結果、小型のウマ同士の交配が繰り返され、現在の野間馬ができあがったとされている。

明治以降の馬政計画では、小型のウマの生産は禁止されたが、農作業、特に傾斜地におけるミカンの収穫では不可欠な存在であったため、密かに繁殖が続けられていた。しかし第二次世界大戦後の農業の機械化で激減し、一時は消滅が危ぶまれるほどになった。

そうした中、野間馬がいなくなることを惜しんだ動物園や個人、農協など関係者が協力しあい、その努力により、現在では八〇頭を超えるまでに増やすことができた。現在では、今治市により専用施設が建設され、子供の情操教育など動物とのふれあい活動に活用されている。


〈毛色の説明〉


鹿毛（かげ）——被毛は茶褐色で、たてがみ・尾・四肢の下部の黒いもの。

栗毛（くりげ）——被毛は黄褐色で、たてがみ・尾は赤褐色あるいは黄褐色のもの。

芦毛（あしげ）——被毛の原毛色は栗毛、鹿毛、青毛等で、年齢とともに白くなるもの。

青毛（あおげ）——全身真っ黒の最も黒い毛色のもの。

河原毛（かわらげ）——被毛が淡い黄褐色ないし亜麻色のもの。

青鹿毛（あおかげ）——全身ほとんど黒色で、目及び鼻の周辺、わきなどわずかに褐色のもの。

黒鹿毛（くろかげ）——黒みのある鹿毛のもの。

粕毛（かすげ）——原毛色は栗毛、鹿毛、青毛等で、頸、体幹、四肢の上部に白い差し毛のまじったもの。芦毛と違い、年齢とともに白くはならない。

尾花栗毛（おばなくりげ）——栗毛のうちで、たてがみ・尾の白いもの。

第4章

ヒツジ

◎

角田健司

ヒツジの起源

(1)家畜化の始まり

紀元前一万年頃、地質年代では完新世にあたり、ヴェルム氷河期が終わって気候に大きな変化が現われた。これまで寒気で閉ざされていた世界に温もりがもたらされる、いわゆる温暖化の始まりである。この影響で、西アジアにおいてチグリス川とユーフラテス川流域以外の土地では乾燥化が始まり、森林地帯が徐々に後退、それに代わって草原地帯や乾燥・砂漠地帯が拡がってきた。人びとは、これまでのように森林での狩猟が困難となり、乾燥地帯で生息していた野生のヒツジやヤギなどを狩猟の対象にした。これらの動物は餌場や水場を求めて移動し、それにともなって人びとも移動した。そのうち彼らに生活を依存するようになり、いつしか捕獲し、飼いならし、そして繁殖させるようになった。これが家畜としてのヒツジの始まりであると考えられている。

西アジアでは紀元前八〇〇〇年頃に、すでにムギ類を主とした農耕が開始され、定住生活が行なわれるようになった。これはヒツジやヤギの牧畜が始まる以前のことである。このような定着農耕民であっても、住居跡から多くの野生動物の遺骨が出土しており、農耕のかたわら狩猟も行なっていた可能性が認められる。穀物栽培による安定した生活基盤の上で、野生ヒツジや野生ヤギなどの生態や行動習性を熟知している人びとにとって、その野生動物を馴化することは充分に考えられることである。また完全な狩猟採集民のように移動をともない、獲物の確保もままならない生活基盤の不安定な状態では、動物の集団的な馴化は容易でなかったと察せられる。

野性ヒツジの家畜化は神を祭るための生け贄、また神として崇《あが》める対象としての宗教的な観念から始まったのではなく、単に狩猟時代から引き継がれてきた、肉や毛皮などを獲得するための実用的な立場からであった。そこには、新石器時代に入ってからの気候変動や、農耕の開始による土地や周辺環境の変化により狩猟動物が減少し、獲物の確保が脅かされてきた背景がある。さらに野生ヒツジを家畜化するのは、狩猟段階で身近に存在し、確保しやすく、また群居する習性があり、それを利用して群れで飼養するのにきわめて都合よく、効率のいいことがあげられる。成獣からは無理としても、幼獣であれば、時間をかけて、飼い方しだいでは充分に成果がえられる。あらゆる野生動物が家畜化の対象になったとは限らないが、野生ヒツジは、それに適した動物の一つであったに違いない。それには人為的な拘束下でも生存に耐えられる性質、あるいはヒトとの親和性をもちやすい性質を備えていたからであろう。そしてヒトに依存し、天敵獣からの保護や食の安定が受けられるが、ヒツジにとっては不利な共生的な関係が強いられることになった。

⑵発祥年代と地域

野生ヒツジが家畜として飼い馴らされたのは、前七〇〇〇～前六〇〇〇年の先土器新石器時代の中期から後期にかけての時期であり、西アジアの肥沃な三日月地帯として有名な古代メソポタミア文明の発祥の地、いわゆるレヴァント地方である。特にそこを囲むタウルス山脈の南麓からザグロス山脈の西麓にかけての丘陵地帯において家畜化が先行したと推定されている。この周辺地域の遺跡には、家畜化の特徴である小型化した羊骨が頻繁に出土しており、それが発祥年代特定の有力な手がかりとなった。

それよりもやや古く、前一万一〇〇〇年頃のイラク北東部のザグロス地方にあるシャニダールで最初に家畜化が行なわれたとする説がある。しかしこのシャニダール遺跡で出土した羊骨は、幼年期のものが主で、標本数も不十分であり、家畜化されたものかどうかの同定が曖昧なため、現在では疑問視されている。

それとはまったく別の地域、インドの中東部を流れるガンジス川中流域のヴィンディヤー地域でヒツジの家畜化が始まったと推測された。ちょうど西アジアにおいて家畜化が始まった時期と同じ頃で、前七〇〇〇～前五〇〇〇年頃のマハーガラ遺跡において、家畜小屋や居住地の近くにヒツジやヤギの蹄の跡や骨が出土したのである。ここでは野生ヒツジが生息していたのかどうかは明らかでない。また家畜化が本当に行なわれたのかどうかについても判然としない。この地域は新石器時代が長く続いており、おそらく遅い時期に西アジアからもたらされた原始的なヒツジか、あるいは同じ頃、アフガニスタンにヒツジがいたといわれており、それが連れて来られて飼育されたのではないだろうか。

(3)ヒツジの原種

家畜化の対象動物は、狩猟時代から常に身近にいる野生動物が条件とされている。それを捕らえて馴化し、そして繁殖させてきた。ヒツジの場合、その標的になったのがユーラシア大陸に生息する野生ヒツジで、動物分類学でいうヒツジ属 *Ovis* の仲間である。中でもその原種の候補としてアジアムフロン、ヨーロッパムフロン、ウリアルおよびアルガリの四種類があげられる。殊にアジアムフロンとヨーロッパムフロンは分類学的には別種であるが、似たような外部形態をもち、同一種であり、別亜種とも考えられている。

それぞれの野生ヒツジには外部形態に特徴があり、体格は、中でもアルガリが最も大きく(体高一二〇cm)、ついでアジアムフロン、ウリアルの順で、ヨーロッパムフロンは最も小さい(体高七〇cm)。特にアジアムフロンとウリアルではあまり大差がなく、体高はそれぞれ九〇cmおよび八五cmである。雄の角はアルガリが最も長大で、根元が特に太く、先端まで全面に盛り上がった横皺《よこしわ》が重ねたようにあり、一回以上旋回して前方

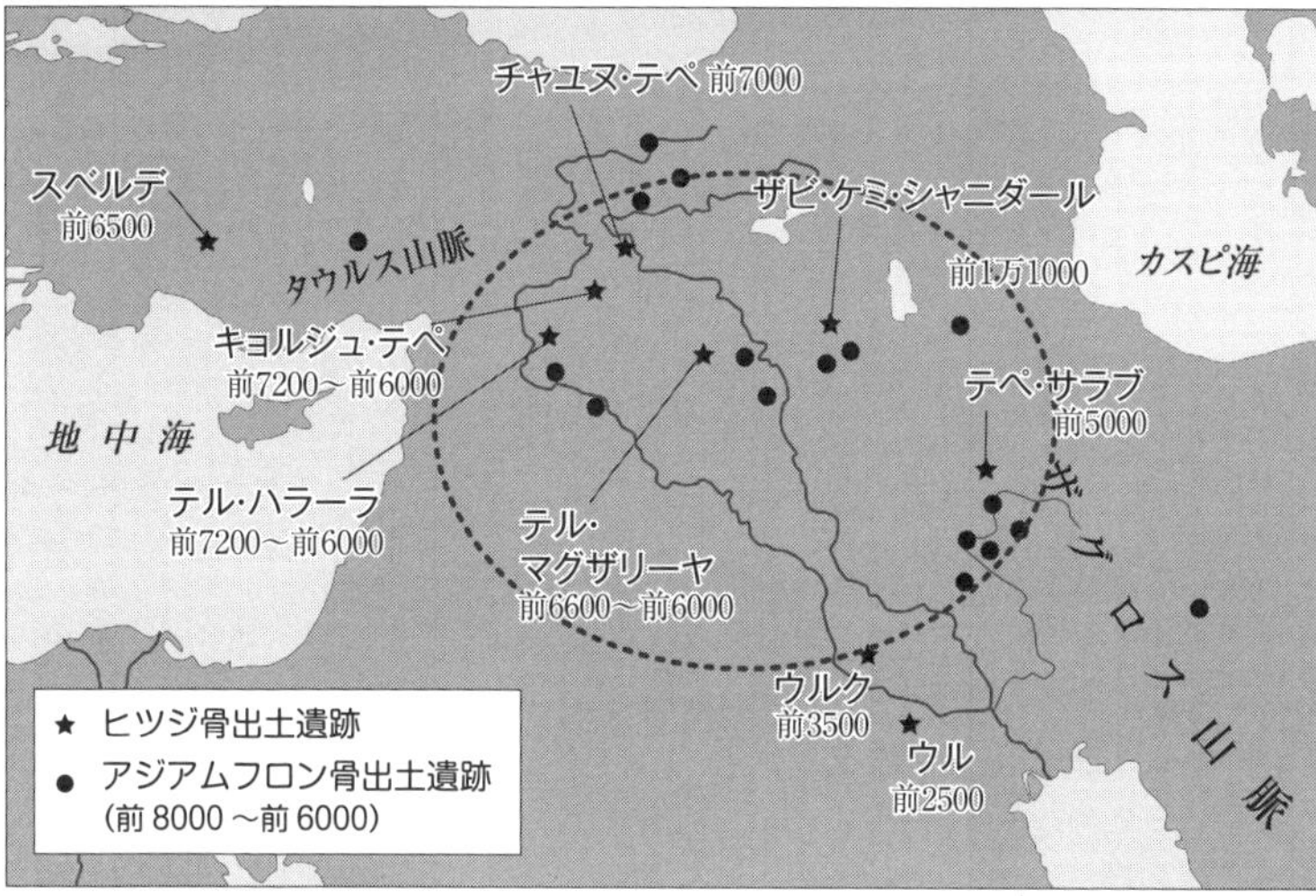

レヴァント地方の主な遺跡分布

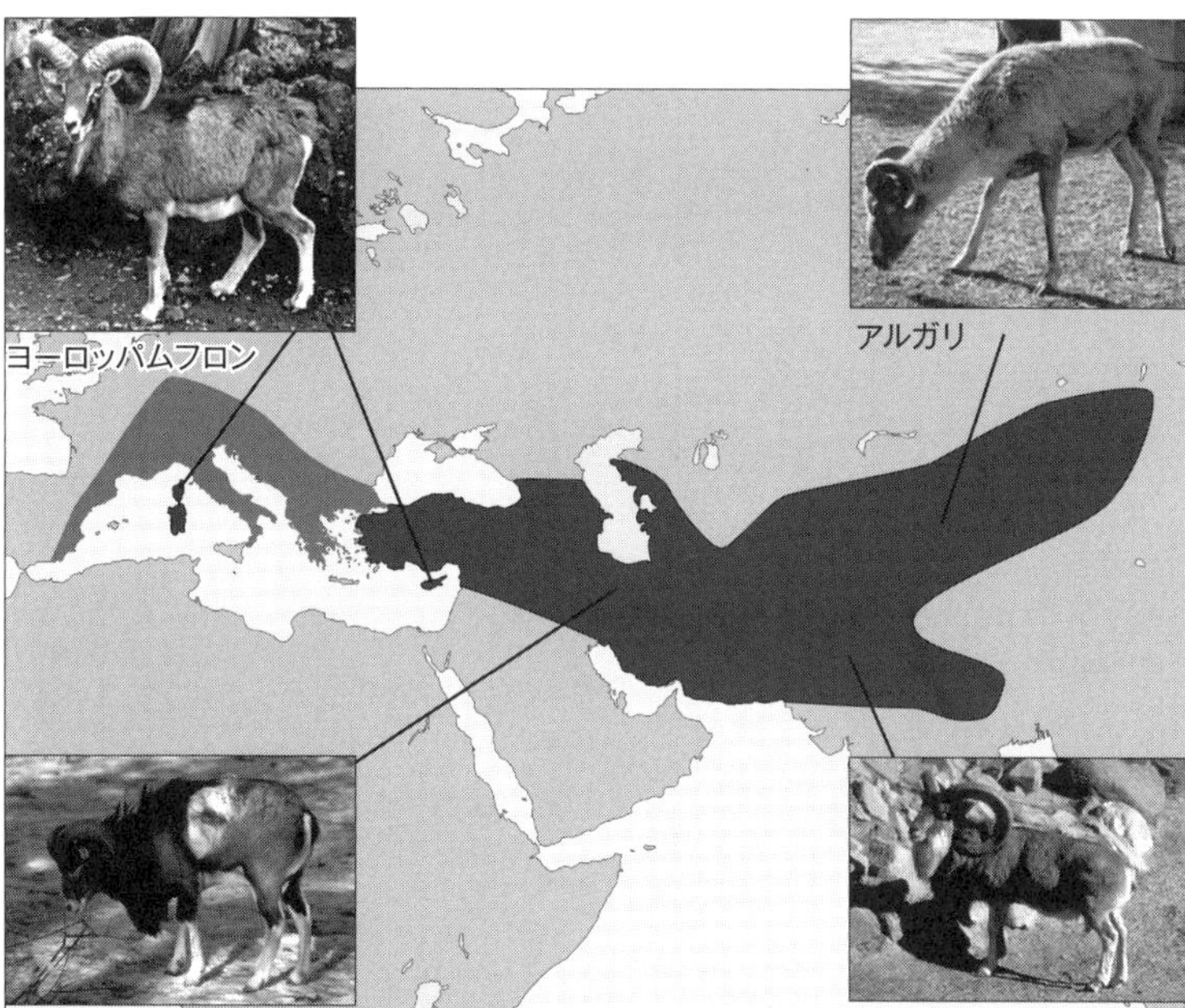

野生ヒツジの外貌と生息区域　ヨーロッパムフロンは新石器時代の推測分布域である。
アジアムフロン、ウリアル写真提供：株式会社オアシス。ヨーロッパムフロン、アルガリ写真：筆者撮影。
Ryder, 1984; Davis. 1987 より一部改変。

の外側へ向かう渦巻型を示す。ヨーロッパムフロンの角は横皺が弱く、根元が近接し、斜めに曲がって後方に半円を描く渦巻型である。中には、はじめ右巻に外後方に曲がり、途中で左巻に変わり内後方に曲がる変形型もいる。アジアムフロンの角は多数の鮮明な横皺があり、ヨーロッパムフロンと同じような変形型である。ウリアルでは、角は強い横皺があり、顔の横前方を曲がって内側または外側に向いている右巻のカーブ型である。雌の角はどの野生ヒツジも短く小さいが、ヨーロッパムフロンには角のないものもいる。体色も種類によってさまざまである。アジアムフロンでは、夏は赤黄色または赤キツネ色でレッドシープとも呼ばれ、冬になると暗黄褐色になる。ヨーロッパムフロンは赤褐色ないし黒褐色である。前者のムフロンは胴の側面部に白色の鞍《くら》状斑があり、後者の鞍状斑は胴側面で背に近い部分にあり、灰白色を帯びている。ウリアルは夏に赤褐色を帯びた灰色か灰褐色で、冬には褐色を帯びた灰色に変わる。一方、アルガリはほかのものにくらべて体色が薄く、淡褐色である。通常、野生ヒツジの尾は短いが、特にウリアルは少し長い尾をもち、中には尾に脂肪を蓄えたものもいるといわれている。この系統の野生ヒツジは、アラブ諸国で好まれる脂肪尾をもつヒツジの起源と考えられているが、真偽のほどは疑わしい。

四種類の野生ヒツジの生息区域は、ヨーロッパからモンゴルの山岳地帯にいたる広大な地域である。種類によっては生息地域がはっきりと区分し切れず、互いに重複しているところもある。そのような地域では、それぞれが互いに自然交雑を行なっている可能性がある。なおヨーロッパムフロンは、新石器時代にドイツ南部やハンガリーから地中海沿岸にいたるような生息地域を有していたが、現在では稀少種として、地中海のサルデーニャ島やキプロス諸島およびイラン西部などのごく限られた地域にしか生存していない。

これらの四種の野生ヒツジは家畜化に関与した、いわゆるヒツジの原種であると古くから考えられてきたところが近年では、その説とは異なり、ある特定の野生ヒツジだけが原種であるとする説が提唱されている。

しかしそれも確定的な証拠がなく、いまだに結論を得るにいたっていない。これに関してもう少し詳しく触れてみたいと思う。

⑷原種の特定

外部形態の比較　これらの野生ヒツジはいずれも動物学的には近縁種で、生殖学的に互いに交雑が可能であり、その間に生まれた雑種も次代に子孫を残すことができる。もちろんヒツジとも交雑が可能であり、彼らがヒツジの先祖であっても何ら不思議ではない。また野生ヒツジと家畜ヒツジの外部形態を比較すると、どの家畜ヒツジをみても、いずれかの野生ヒツジの特徴が認められる。例えば、捻《ねじ》れた角はムフロン系、淡色の角はウリアルまたはアルガリ系、短脚はムフロン系、長脚や長い尾はウリアル系などのように類似性が高いのである。このようなことから、家畜としてのヒツジは、アジアムフロン、ヨーロッパムフロン、ウリアルおよびアルガリが交雑してできたものと考えられている。その関与の度合は明らかでないが、いわゆる多源説である。イギリス人考古学者 F・E・ゾイナー博士によれば、ヒツジの品種の基本はウリアル系であると考えられている。ヒツジの種類によってはそうでないものもあり、特にスカンジナビアおよびイギリスのシェトランド島やマン島の地方種はムフロン系の影響が強い。またアルガリ系は家畜化への影響がごくわずかであるといわれている。このようにヒツジの成立には四種の野生ヒツジが複雑に関係し、単一種だけで成立したとは考え難いというのである。

ヒツジの原種に関する問題は、現在では細胞遺伝学や分子系統学の分野で関心がもたれ、ヒツジの原種はムフロン系が唯一であると主張されている。いわゆるムフロン単源説である。しかし、そう簡単には単源説が完全に認められるまでにはいたっていない。

それを説明する前に、考古学的研究では、前八〇〇〇～前六〇〇〇年頃の西アジアの遺跡において、アジアムフロンの遺骨が多く出土することが報告されている。この事実は、家畜化がその野生原種の生息地域と関連性が高く、最も身近にいる野生種を狩猟の対象にすると同時に、捕獲して家畜化することからしても、アジアムフロンがヒツジの原種である傍証にもなりえる。

染色体数の変異　体を構成する細胞、特に細胞核の中には多数の遺伝子の鎖が存在し、細胞分裂する時に、その類似したものが集合していくつかにパックされる。それが染色体であり、どの生物種も決まった本数で構成されている。細胞遺伝学は、この染色体の構成本数の比較から種の類似性を追究するもので、ここでは四種の野生ヒツジと家畜ヒツジのもつ染色体数の構成が重要となる。

家畜としてのヒツジの染色体数は五四本であるが、野生ヒツジの染色体数は一様でない。ヒツジと同じ本数をもつ野生ヒツジは、アジアムフロンとヨーロッパムフロンだけである。ウリアルとアルガリはそれぞれ五八本と五六本の染色体数で構成されており、ヒツジやムフロンとはまったく違っている。しかしながら、これらの野生ヒツジの間では、前述のように、互いに交雑が可能であり、染色体数がまったく異なっても子孫を残せる。実際にムフロンとウリアルの交雑では、減数分裂した二七本のムフロンの配偶子と、同様に減数分裂した二九本のウリアルの配偶子が接合し、五六本の染色体数の雑種が生まれる。また同じようにムフロンとアルガリでは、五五本の染色体数の雑種が生じる。しかも、それらの雑種は次代に仔が残せるのである。したがって、このような五四本とは違った染色体数の個体は、現在のところ家畜のヒツジ集団の中にはまったくみつかっていない。家畜ヒツジはムフロン系のみが原種に相当し、ほかは関係がないことになるのである。これがムフロン単源説の有力な根拠になっている。

さらにムフロンとほかの野生ヒツジの間にできた雑種が、偶然か、あるいは人為的かにしても、再度ムフロンとの交雑が繰り返されたり、また雑種同士の交雑などが行なわれた場合には、ヒツジと同じ染色体数五四本の仔が生まれてくる可能性がある。それが純粋なヒツジ集団へ混入し、ウリアルやアルガリの遺伝子が間接的に流れ込んでいるとも限らない。ここに単源説では説明できない難しさがある。だが野生ヒツジが家畜化された時代や、それ以降において実際にこうした特異な交雑が本当に行なわれていたのかどうかについては、何の確証も得られていない。

西アジアのイラン高原ではアジアムフロンとウリアルの雑種集団が自然に形成されており、染色体数が五四〜五八本までのさまざまな交雑種が生息している。中には、アジアムフロンとウリアルの交雑だけではあり得ない五五本や五七本の染色体数をもった雑種もみられる。これにはアルガリの影響を受けた個体が少なからず混在していることによると考えられる。したがって、すでに人為的な交雑が行なわれる以前に、自然交雑によって生じた五四本の個体が家畜化に使われた可能性もある。ヒツジの品種にウリアルやアルガリの形態的な特徴が出現しても、なんら不思議ではないのかもしれない。

ミトコンドリアDNA分析　一方、分子系統学の分野では、ヒツジと野生ヒツジの系統関係を解明するのに、細胞内に局在し細胞エネルギーの生産を担うミトコンドリア器官内に独自のDNA（mtDNA）があり、それを対象にして、ある特定領域の塩基配列を分析し、その配列データをもとに、コンピュータによって系統解析する方法が採用されている。ヒツジにはAとBの二つの塩基配列の異なったハプロタイプ（ある特定の遺伝子領域における塩基配列のセット）が認められる。ハプロタイプAは主にアジア系のヒツジに、そしてハプロタイプBはヨーロッパ系のヒツジに多くみられる。この二種類のハプロタイプが四種類の野生ヒツジのいずれかにみられるならば、ヒツジの原種を特定することができる。原種として注目されるヨーロッパムフロンは、家畜ヒツジのハプロタイプBのグループに入ることが明らかにされた。しかしながら、ウリアルやアルガリの仲間はヒツジのいずれのハプロタイプのグループにも入らず、まったく別のグループを形成し大きく分岐した。よって、この二種類の野生ヒツジを原種と考えるのは難しいことになる。ムフロンのもう一種、アジアムフロンに関しては、まだハプロタイプの分析は進まず、その系統的な位置関係は未解明のままであるが、この分子系統学の分野でも、ムフロン単源説が有力視されている。

ごく最近の研究では、AとBのハプロタイプ以外にCとDのハプロタイプがアジアの家畜ヒツジでみつかった。しかし、これらのハプロタイプがどの野生ヒツジから由来したのかはまったく検討されていない。ムフロンの仲間に見出せるかどうかは今後の課題である。このようにmtDNA分析による原種の特定はいまだ研究途上にあり、それを確実にするには多くの野生ヒツジを対象にした分析が必要である。だが、いずれにしてもDNA分析による方に軍配が上がりそうに思われる。

ヨーロッパヒツジは、ヨーロッパムフロンを原種にして成立したと思われていたが、最近のmtDNAの研究で否定された。西アジアでヨーロッパムフロンが家畜化されたかどうか確証はないが、アジアムフロン系の家畜ヒツジがヨーロッパに伝わり、ヨーロッパムフロンとの交雑が行なわれたことは充分にありえる。

ウールと脂肪の獲得

人類にとって最も重要なヒツジの畜産物として、乳肉はもとより、ウールと脂肪があげられる。古くから農牧民にとって大事なものはウールであり、ステップ・砂漠地帯の遊牧民にとっては、ヤギでは充分に得られない脂肪である。ほかにも内臓、毛皮、骨、角および糞にいたるまで、民族に応じてその有用性はさまざまである。殊に、ウールと脂肪の二つの産物は野生ヒツジでは得られず、家畜化することで強いてヒトの手で生み出されたものといっても過言ではない。ウールや脂肪形成にかかわる突然変異を利用し、またそれらを生む生来の資質をみきわめ、幾世代もの選抜交配、時には近親交配などをかさね、優れた形質を求め、それに関する多くの特徴をもった品種を作成、改良してきた。ここではウールと脂肪に関する個々の品種の成立史でなく、これらの産物を獲得するまでの歴史的経過を概説したい。

(1)ウールへの変遷

毛の評価　ヒツジは肉の供給源としての価値は充分にあるが、毛の供給源としての価値も高く、家畜化の動機もそこにあると考えられていた。だが実際には当初から毛のみを目的に家畜化されたのではない。野生ヒツジから被毛を刈り取って単独で何かに使うということはなかった。むしろ毛をそのままにした、いわゆる毛皮として使われた。ただ野生ヒツジには春期に被毛が抜ける体質があり、人びとはその抜け落ちた毛屑をみて、それに利用価値を認めていたかも知れない。しかし実際に何に使われたという痕跡は出ていない。家畜化されてから被毛の最初の利用として、抜け落ちた毛屑や手で毟《むし》り取った毛を集めてフェルト（羊毛や獣毛を材料に、水分と熱および圧力を加えて絡み合わせて厚い布状にしたもの）にした可能性がある。その製作の起源は、前二三〇〇年頃の新石器時代中期の中国、前一四〇〇年頃の青銅器時代のドイツ、また前五〇〇年頃の青銅器時代の北アジアのアルタイ地方ともいわれているが、確かなことはわからない。敷物、帽子、袋物およびモンゴル族の住居であるパオのようなテント用の防寒シートなどの用途に使われ、今でも中央アジア一帯で広くつくられている。なお野生ヒツジの被毛の下には細く柔らかい毛が隠れており、それについての

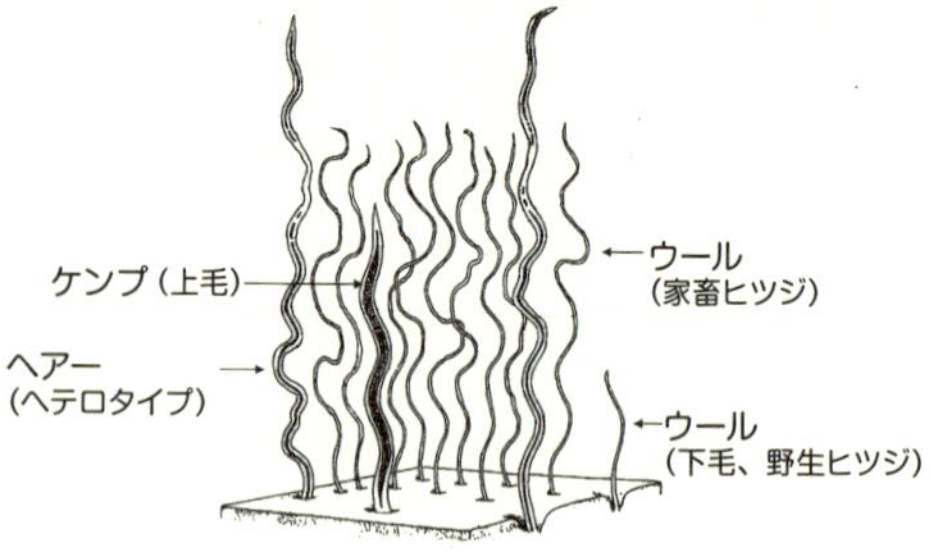

ヒツジの被毛構造　Ryder, 1968より一部改変

将来的な価値は狩猟時代も、また家畜化された後でもまったく評価されることはなかった。だが、どのような理由でこの細毛に価値を見出したかは明らかでないが、改良して多量に獲保する方向に意識が向いていった。これが後にウールとして成立し、織物に使われるようになったのである。それもヨーロッパでは青銅器時代以降といわれている。

被毛の構造　野生ヒツジの被毛は上毛と下毛の二種類の毛からなり、二層構造を呈している。上毛はケンプとして、繊維が厚く粗い手触りでもろい傾向にあり、そして色素に染まりにくく、約六cmの長さで繊維の太さ、つまり繊度（繊維直径）が約一四〇ミクロン（一ミクロン＝〇・〇〇一㎜）で、毛の中に髄《ずい》質を有する。粗毛、剛毛もしくは死毛として知られている。一方、下毛はウールとして上毛にくらべ目が細かく、産毛のように柔らかく短い毛で、いわゆる緬毛で、繊度が約一二ミクロンで、髄質がない。これは上毛に隠れるように生えていてわかりにくく、毛質としてはまだ充分に発達していない。このような二層構造は野性ヒツジに生来備わっているもので、原始的なヒツジあるいはその血をひく未改良種にはそのまま継承されている。しかし家畜化してから剛毛のケンプが細いヘアーに変わり、最終的にウールだけが生えるようになった。

家畜としてのヒツジの毛はケンプ、ヘアーおよびウールの三種類があり、ケンプは繊度が七〇ミクロン以上の太い毛で、ウールは繊度が一五～四〇ミクロンの細い毛である。そしてヘアーはケンプとウールの中間の繊度で断続的な髄質をもつ、ケンプとウールのヘテロタイプである。ヒツジにはケンプやヘアーをつくる

A

B

C

D

古代の遺物におけるヒツジの外貌

A. ヘアーヒツジ（壷の断片，ウルク出土，前 3500）／B. ウールヒツジ（ウルのスタンダード，前 2500）／C. ヘアーヒツジ（石鉢の断片，ウルク出土，前 3000）／D. ウールヒツジ（ペルセポリス宮殿のレリーフ，前 500）　Ryder, 1983 より転載

毛嚢《もうのう》（表皮が陥入し、毛根を包み栄養を供給する袋状の組織）とウールをつくる毛嚢がある。品種によって二種類の毛嚢の割合や密度も異なるため、ヘアーとウールがさまざまに入り混ざった段階からウールのみの段階がある。ウールヒツジも品種によって毛質のランクは一様でないが、両方の毛嚢の働きで均一な細い毛を産生する。

ウールの成立　最初のヒツジの被毛は野生ヒツジのそれとほとんど違いがなかった。それは現在もヘアーヒツジとして、短いケンプあるいはヘアーの上毛と細い毛の下毛をもち、熱帯アフリカやインドの平原などのような熱い環境のもとで飼育されている。このような原始的なヘアーヒツジは、新石器時代に中東やヨーロッパでも飼われていた。それに対して家畜化され始めた当初のウールヒツジからとれたフリース（主に胴体部からとれる刈り取られたままのウールで、羊毛がからみ合い、つながっているので、一枚の毛皮のようになっている）は、純粋なウールだけからできているのではなく、ケンプやヘアーが混ざったものではないかと考えられる。そしてヨーロッパの青銅器時代以降に、ヘアーヒツジから本格的に改良が始まったと考えられている。ほかの地域では、いつ、どのような過程を経て成立したのかあまり判然としていない。ただ新石器時代の中東において、ウールヒツジが存在していた可能性がある。イラン西部のザグロス山麓中南部にある、前五〇〇〇年頃のテペ・サラブの遺跡でヒツジの形の粘土板が出土し、それにはウールを示すようなV字形の模様が描かれていたのである。この当時、野生ヒツジに近い家畜ヒツジの原型ともいえるヘアーヒツジのほかに、ウールヒツジが家畜化の始まりとされる前七〇〇〇～前五〇〇〇年の間にすでに存在していたことになる。

その後、同じ中東において、前四〇〇〇～前二五〇〇年の青銅器時代のシュメール、アッカド文明、さらには前二〇〇〇～前五〇〇年頃にかけてのバビロニア、アッシリア文明にはヘアーヒツジは無論、ウールヒツジも存在していた。バビロニアの国名は「ウールの国」を意味し、ウールがトウモロコシや植物油と並んで当時の三大産物の一つで、いかに重視されていたかが理解できる。これらのヒツジの存在の証として、現在のイラクを流れるチグリス・ユーフラテス川の下流域におけるウルクおよびウルのような都市遺跡から出土した壷や石鉢のレリーフ、さらに瀝青《れきせい》に貝やラピスラズリによるモザイク画で有名な平和のパネル「ウルのスタンダード（旗章）」、あるいはアッシリア時代の宮殿の壁に彫られたレリーフなどに、当時のヘアーヒツジやウールヒツジの姿がみごとに描かれている（前頁の図を参照）。

このように残されたヒツジの姿から、前出のゾイナー博士は、当時さまざまなタイプのヒツジが飼われていたことを指摘し、主に五種類に分類している。まず水平に伸びたコルク栓抜き状の、いわゆるラセン角で長めの尾をもち、明らかに被毛がヘアータイプのヒツジである。二番目はラセン形の角で尾が細く短いウールヒツジ。三番目が渦巻き状の角（アモン角）で垂れ耳、中高鼻タイプの搾乳にも使われたウールヒツジ。

四番目が捻《ねじ》れた棒状で鋸歯《のこぎりば》のようなギザギザの角をもつウールタイプのもので、これに似たようなヒツジが現在もバルカン諸国で飼われている。そして五番目がアモン角で脂肪尾のあるヘアーヒツジである。その後、この仲間はウールタイプに変わり、バビロニア時代からアッシリア時代にかけてよくみられていた。これらの五種類のヒツジは、文化人類学者の加茂儀一氏によれば、基本的に二つの形態にわけられる。ラセン形で水平に伸びた角のあるヘアーヒツジと、アモン角をもつウールヒツジである。

家畜化が始まってから前二五〇〇年頃までに、このような現代のヒツジに匹敵するような基本タイプのヒツジが現われていたことは驚嘆に値する。この期間は、おそらくヒツジの交雑化が盛んに行なわれ、さまざまな形態のヒツジが出現したのであろう。この時期は一種の形態の分化期といえる。この時代を含めてそれ以降も、これまでと似たようなタイプのヒツジが中東近辺に現われている。エジプトでは前二五〇〇年頃には、メソポタミアから由来したと思えるコルク栓抜き状のラセン角に尾の長いヘアータイプのヒツジが存在し、前二〇〇〇年頃にはアモン角の脂肪尾をもつヘアーヒツジがみられる。しかしウール繊維のヒツジは前一〇〇〇年頃まで現われていない。アフガニスタン、パキスタンおよびインドには前七〇〇〇年頃からヒツジが飼われていたが、どのような毛質のタイプであったかは明らかでない。前一〇〇〇年頃に書かれたインド最古のバラモン教の聖典（詩編）『リグ・ヴェータ』の文書にはヒツジの毛刈りやウールを編むことが言及されており、その当時、すでにウールヒツジによる牧羊が営まれていたようである。

前一六〇〇～前一二〇〇年頃のヨーロッパの青銅器時代において、本格的にヘアーを少なくする選抜育種が行なわれるようになった。ヒツジの大部分がよりヘアーに近い細いケンプか、あるいはまったくケンプがないものに改良されてきた。この時代の織物が遺されており、それに使われたウールは北西スコットランドのセント・ギルダ諸島における小型で褐色のソアイ（またはソーエイとも）羊のそれと類似している。このヒツジは遺骨の類似性からも、当時のヒツジの生き残りであろうと考えられている。その上毛のフリースは、後にも出てくるが、毛の繊維が細いケンプからなり、二つのタイプがある。一つは、その繊維の直径が一〇〇ミクロン以上のヘアータイプのものと、もう一つは直径が五五ミクロン以下からなるウールタイプのものである。この二種類のフリースは、ケンプが細く、ケンプとヘアーの中間段階（ヘアー・ミディアム）のものと、ケンプのない普通のヘアーメディアムとウールの中間段階（ジェネラァライズド・ミディアム）のものに分類されている。ヨーロッパで選抜育種されたヒツジの影響によるものか、前一四〇〇年代における新王国時代のエジプトでは、このような二種類のフリースタイプのヒツジが現われていた。

その後、地中海世界では、前一五〇〇年頃から中東に近い海洋貿易民族国家のフェニキアが勃興し、レバノン杉やメソポタミアの白いウールなどを交易物資として広範囲の貿易を行なっていた。その一つに、メソポタミアのウールヒツジと思われるものが、フェニキア人によってコーカサス山脈のふもとに広がるコルキス地方に送り込まれたといわれている。前四〇〇年頃に海洋貿易に進出してきたギリシャ人は、この良質なウールを有するヒツジをコーカサス地方でみつけ、黒海を越えて故国にもち帰った。コルキス羊として黄金羊伝説を生むほど大切に扱われた。これが後のメリノ羊の原型とされるヒツジで、これ以降の話は、現代の細番手（紡績糸の原料となる細めの羊毛）のメリノウールを獲得する歴史でもある。やがてローマ帝国の時代に入り、コルキス羊は南イタリアのタラントで在来種と交配され、タレンティーネ種として開発、白色に選抜育種され、細くて長い柔毛が得られた。

一方、前一一〇〇年頃にイベリア半島では、フェニキア人によって小アジアや中東の細番手のウールをもつヒツジが直接もたらされていた。前二〇二年、ローマ帝国のイベリア半島侵攻で移住してきたローマ人によって、そのウールヒツジの牧羊が進展され、西暦五〇年代には、タレンティーネ種がローマからカディスに導入された。そこで、以前フェニキア人によってもたらされた中東のウールヒツジの子孫かどうか明らかでないが、比較的細いウールの在来種とアフリカの野生ヒツジの間にできた雑種の雄とタレンティーネ種を交配し、できた交配種を種雄に、アジア、アフリカ、ヨーロッパ系のヒツジと交配を重ねて、よりいっそう良質なウールの基礎ができあがった。イベリア半島は西暦七〇〇年代にサラセン帝国の支配下に入り、アンダルシア地方においてムーア人（アフリカ北西部のモロッコ地方に住む、同北部のバーバリー地方の土着民とアラビア人との混血人種で、後にスペインを侵略して定住した）により良質なウールを求めて改良が続けられた。やがて西暦一三〇〇年代に、カスティリア王国において、細番手レベルのウールとして一応の完成をみるにいたったのである。そのフリースをもつヒツジがメリノ種である。後年メリノ種を基礎畜に、ドイツ、フランスおよびオーストラリアなどにおいて品種改良が爆発的に進展し、ジャーマンメリノ、ランブイエメリノ、オーストラリアメリノなどを生み、今日にいたるまでその品質の向上は止むことがない。したがって本格的なウールフリースを獲得する歴史は、少なくとも古代メソポタミアの時代以前から始まり、西暦一三〇〇年代、南ヨーロッパのイベリア半島において完了にいたったといえる。その間、始まりを前五〇〇〇年として六〇〇〇年以上も費やしていることになろうか。

野生ヒツジの被毛からウールが誕生するまで、どのような過程を経て変化してきたのか、ヨーロッパヒツジを中心にその様相が、イギリス人動物学者M・R・ライダー博士によって、具体的に捉えられている。博士によると、毛の繊維の太さ（繊度）に変化があったと推定されている。野生ヒツジを家畜化させた後、被毛の構造に著しい変化が現われたのである。すなわち、選抜育種により上毛ケンプを段階的に細毛化させ、それを減少させていき、下毛を発展させることによって、さまざまなタイプのフリースへ分化させていった。

野生ヒツジの段階では、繊度が大きいものと小さいものとでは著しい差がみられる。その最頻値（モー

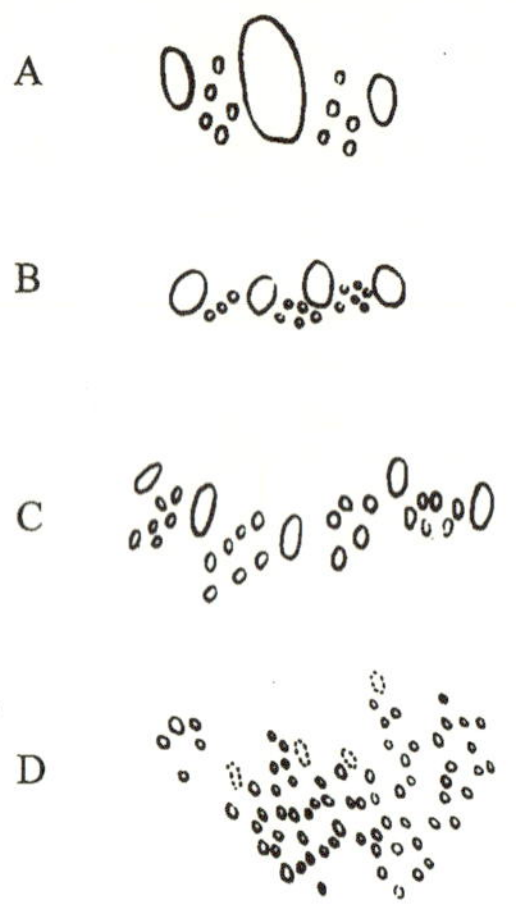

死海文書の羊皮紙における被毛の繊維痕

A. 野生ヒツジのもの／B. ヘアーヒツジのもの／C. ケンプのない普通の中間段階のウール／D. ファインウール　Ryder, 1983 より転載

ド）は、ケンプに該当する繊度の大きいもので一六〇ミクロン、下毛に当たる小さいものでは一四ミクロンとされている。このような段階から、最初に、野性ヒツジではケンプの平均繊度が一四四ミクロンであったのを三七ミクロンにまで約四分の一近くまで減少させた。これが前述の「細いケンプを有す中間段階のウール」（ヘアー・ミディアム・ウール）のレベルで、その代表がヘアーをもつソアイ羊である。

次の段階として、ケンプの喪失をはかり、平均繊度を二四ミクロンまで減らした。これが「ケンプのない普通の中間段階のウール」（ジェネラァライズド・ミディアム・ウール）のレベルである。ウールをもつソアイ羊がそれに該当する。

さらに、その進化段階のヒツジを基礎に、三種類のタイプに分化させたのである。第一のタイプは緬毛を粗毛化させて、その平均繊度を四二ミクロンに増加させた長毛ヒツジであり、第二のタイプは繊度のバラツキを減少させ、平均二八ミクロンに減じた短毛ヒツジである。それぞれに該当する品種がイギリス原産のコッツウォールド種とノーフォークホーン種である。第三のタイプは中間段階のウール繊維をさらに細毛化し、平均繊度二三ミクロンに縮めた。これが最も進化させた細番手のヒツジで、その代表が前に述べたようにスペイン原産のメリノ種である。ほかにもヘアー・ミディアム・ウールの段階から、さらにケンプを完全なヘアーに発展させて、真毛のヘアーヒツジの段階にした。これに該当するのがドイツ原産のグレイハインドシュヌッケ種である。

このような繊維の変化は、意外な遺物からも明らかにされている。一九四七年にパレスチナの死海近くの洞窟で発見された、死海文書として有名な羊皮紙で作られた巻物からである。その皮に被毛繊維の痕跡が残されているのが、顕微鏡下で認められた。羊皮紙によってそれぞれ異なった繊維グループがみられ、そこから当時のヒツジのフリースタイプを同定することが可能である。図は繊維タイプの痕跡を図式化したものである。最初のスケッチは比較対照として野生ヒツジのもので、太い上毛繊維痕と細い下毛繊維痕がみられる。このスケッチ以外の繊維パターンは死海文書の羊皮紙で見出されたものである。すなわち、第二のスケッチはヘアーヒツジのもので、野生ヒツジよりも細い下毛の繊維が粗くない上毛ヘアーの間からすでに発達し始めている。第三のスケッチでは、多くの羊皮紙がこの繊維グループのヒツジであり、ヘアーとウールの中間タイプとして同定され、上毛の繊維が中サイズの直径まで細くなり、下毛はさらに外に向かって伸びていた。第四のスケッチでは、細い繊維のみからなり、今日のメリノ種に相当するもので、真の細毛のウールタイプで、少数例にもかかわらず二〇〇〇年前に、すなわちメリノ種が完成する以前に、すでにこのような優れたウールヒツジが存在していたことが示された。一連の羊皮紙の分析から、ヒツジのウール繊維グループにおける進化は、上毛の間からの下毛の発達にあった。それには、上毛でのヘアーの減少と細毛化の傾向がともなっていたのである。下毛が細いウールタイプに発展したのは、その下毛の繊維が上毛と入れ代わって、大きな繊維グループを形成するために伸びてきたことにある。

換毛能力の消失　野生ヒツジでは、ほとんどの被毛が春に抜けかわっていく、いわゆる換毛現象がみられる。原始的あるいは未発達なヒツジは、まだかなりの毛が抜けかわる。アジアのヒツジではこの現象がまだ多くみられ、春から夏にかけて抜けた毛が固まった状態で体にまとわり着いている。これではウールやヘアーの収量を増やせないため、換毛能力を無くす選抜育種が試みられた。その努力の結果、西暦一七〇〇年代以降、換毛能力は消え、高度に改良された現代のヒツジでは、換毛現象はほとんどみられなくなっている。

換毛のないヒツジをつくるための取り組みは、大鋏《おおばさみ》の発明がきっかけであったともいわれている。それ以前ではウールやヘアーの刈取りは、手で直接毛を毟《むし》り取っていた。さらに時代が進んで、銅製のナイフや櫛のような梳《す》き具が使われた。だがこのような方法では毛の収量にバラツキが出て、損失が多かったようである。鉄器時代になって、初めて大きな鋏（剪子《せんし》）がつくられ、そのバラツキを防ぐ意味で、換毛のないヒツジが必要とされるようになった。

白毛化　野生ヒツジの被毛は赤黄色、赤褐色または黒褐色などのような有色繊維からなっている。家畜化された後も、原始的なヒツジは野生ヒツジの被毛の色と変わらなかったが、ウールをいろいろな色に染めあげるには、色素が邪魔であった。そのためフリース全体から自然色のウール繊維を除去し、白毛に変えることが必要とされた。選抜育種を重ねることによって、徐々にこれらを形成していた自然の色素は失われていった。この改良の発端になったのが、染色技術の獲得であったといわれている。

前三〇〇〇年頃の中東の青銅器時代には、白毛のヒツジが記録されている。これが選抜改良によるのか突然変異によるのかは明らかでない。いずれにしても、白黒斑のヒツジで白の部位の大きいものを選択していくか、あるいは野生パターンのヒツジが全白のヒツジに突然変異することがあり、それを利用するなどして進展させたものと思われる。前一〇〇〇年頃までには、白毛の品種は完成していたようである。

ヒツジの尾部と臀部における脂肪蓄積　左から脂尾羊（モンゴル産ハルハ羊）筆者撮影／脂尾羊（中国産同羊）常洪博士提供／脂臀羊（中国産バインブルク羊）筆者撮影／皮を剥した脂臀羊の屠体　筆者撮影

⑵脂肪の獲得

五大栄養素の一つである脂肪は、現代人にとって心臓疾患や脳疾患の元凶のように何かと忌み嫌われる傾向にある。しかし、この栄養素は貯蔵エネルギー、ホルモン合成の材料などとして、身体に欠くことのできない重要なものである。食物として入手するには植物あるいは動物に依存しなければならないが、動物、特に家畜からの場合、民族、宗教および自然環境によって入手が異なるようである。特にアジアの温帯・亜熱帯気候の農耕民は一般にブタから脂肪を入手するが、中東、中央アジアおよびアフリカのステップ・砂漠気候の遊牧民は、飼養に不適応な自然環境や宗教的忌避のため、ブタではなくヒツジから得られる脂肪を重視している。

ヒツジにおける脂肪の蓄積部位は、内臓、筋肉周辺以外に、特異な部位として尾部および臀部があげられる。尾部に脂肪を形成するタイプとしては、一五～一八個の尾椎骨による正常な長さの尾をもち、S字状ないし湾曲した尾に脂肪の蓄積が認められる。この脂尾タイプのヒツジは起源が古く、シュメール時代にさかのぼる。その形態はヒツジの中でも奇異である。その典型が今日の中国産の大尾寒羊で、この種のヒツジは脂肪尾が大きく重い状態にまで発達すると、動きやすくするため、太い尾を台車に乗せたり袋に入れたり、棒で支えたりなどする。そうした記録が前四〇〇年代から残されている。

一方、臀部に脂肪を蓄積するタイプは、尻部の中央で二つに割れた臀部に枕状の脂肪形成がみられるもので、この場合の尾椎骨は脂肪組織に埋もれ、外見では尾のない状態になるが、中には三㎝前後の尾のあるものもいる。また臀部の脂肪蓄積がかなり少ないと、小さな尾がむき出しになっている。両タイプの成立は尾部の長さと関係し、脂臀タイプは尾の短いタイプから、脂尾タイプは尾の長いタイプから、それぞれ形成されてきたと考えられる。

いずれの形質も野生状態ではみられず、家畜化の過程で生じたものである。ヒツジにおいて尾や臀部に脂肪蓄積する体質は遺伝性と考えられるが、その遺伝の仕組みは把握されていない。この形質を入手する発端は突然変異による可能性があり、それをもとに選抜育種して固定化させたと考えられる。あるいは突然変異によらず、脂肪形成しやすい体質の個体を選抜育種して成立させたとも考えられる。おそらく脂臀タイプのヒツジは、短尾羊において突然変異したかどうかにかかわらず、そこで得られた脂肪形成の素質を選抜育種して発展させたものであろう。一方、脂尾タイプのヒツジは、長尾羊を基礎に脂臀タイプのヒツジとの交配選抜によって、長い尾部のヒツジに脂肪形成の機能を遺伝的に導入させたのではないかと思われる。すなわち、家畜化が始まって以来、まず短尾羊から長尾羊や脂臀羊の系統が分化し、次いで長尾羊と脂臀羊との交配により脂尾羊の系統が分化成立したと推測される。脂尾羊にしても脂臀羊にしても、メソポタミア文明以降の改良の歴史はほとんど知られていない。古代から現代にいたってもそのままの形態で、単に大きさや重量に変化があったに過ぎない。

脂尾タイプのヒツジは、ユーラシアでは西アジアが優勢で、ほかにアフガニスタン、パキスタン、東ロシアおよび中国北東部などでみられ、その範囲は比較的に広い。アフリカでも広範囲に分布している。エジプト、リビア、チュニジアの北部アフリカ、エチオピア、ソマリア、ケニアなどの東部アフリカから、ザンビア、モザンビーク、南アフリカなどの南部アフリカである。一方、脂臀タイプは中央アジアを通してみられ、アフガニスタン北部、パキスタン北西部、または中国西部のウイグル自治区などに分布している。アフリカではエチオピア、ソマリア、ケニアなどの東部アフリカとスーダンの中央アフリカおよび南アフリカなどの南部アフリカで飼養されている。脂臀タイプはステップ気候の草原地帯など冬に寒冷で年間の気温差の著しいところに多く、一方の脂尾タイプは砂漠・半砂漠気候で寒冷に曝されることなく、かなりの乾燥と年間の気温差のゆるいところに集中している。しかし欧米では、この種類の特異なヒツジはまったく必要とされていない。

このような乾燥地域で両タイプのヒツジは、尾や臀部にラクダの瘤《こぶ》のように脂肪を蓄える性質があり、これと同じ理由でエネルギーの保存や水分補給に役立ち、生存に有利であると考えられている。ヒツジの脂肪は体脂肪と尾脂肪では栄養価が異なり、食味も違うようである。尾脂肪の方が柔らかく美味で、動脈硬化の予防や脳組織の構造脂質として重要な不飽和脂肪酸を多く含み、健康によいとされている。臀部の脂肪はデータがなく明らかでないが、尾脂肪の価値に準ずると思われる。

脂肪蓄積部位の異なる二種類のヒツジが、ステップ気候と砂漠・半砂漠気候のような自然環境の下で、明確には区別しがたいが、棲み分けられたように飼養されている。脂臀は冬の寒さに耐える必要から、脂尾よりもエネルギー貯蔵の効率化をはかる必要があるのであろう。両タイプの好みは民族や宗教による違いでもなさそうであり、そもそも牧羊者は脂肪形成部位の違いにあまり関心がなく、臀部の脂肪を尾として認識しているらしい。脂肪の蓄積量は、飼料の影響にもよるが、脂尾タイプの方が太く長く発達し、ヒツジにも負担が大きく、あまり移動を必要としない人びとに好まれるのかもしれない。また移動を必要とする遊牧民にとっては、重い脂肪尾を下垂させて長い距離を進むより、動きやすく機敏で機動性に富むような脂臀タイプの方が都合よいのではないだろうか。興味深いことに、この脂肪の塊の臀部はヒトと違って、雄と雌の体格の差にもよるが、雌よりも雄の方がずっと大きく目立ってみえる。

伝播拡散

ヒツジは家畜化地域である西アジアを離れて東方のアジア、西方のヨーロッパあるいは南方のアフリカへ伝播された。それには家畜化にかかわったメソポタミアのシュメール族などの未知の民族からセム系、ハム系、インド・ヨーロッパ系諸族を通じて、彼らの移動とともにもたらされた。それも歴史時代までにかなり完了していたと考えられている。伝播の間に時代や地域などに応じて、ヤギやウシなどの家畜とともに肉、毛、乳などを供給し、そして広範囲にわたるさまざまの種類との異系交配により変異が生みだされ、さらには同系交配により形質の固定などが図られ、野生原種とは異なる外貌や優秀な能力を新たに備えるようになった。この傾向はヨーロッパへ伝播されたヒツジで顕著にみられる。

最初の頃、どのようなタイプのヒツジが遠隔地にもたらされたのか確かなことはわからない。おそらく前四〇〇〇年頃までは、まだ家畜化の過程にある原始形態をとどめたヒツジであろう。ちなみに前五〇〇〇年～前四五〇〇年頃のヨーロッパにはソアイ羊のような原始タイプのヒツジが存在していた。ほかにも、この年代に近い頃、西方のスカンジナビア、東方の中国にもすでに原始的なヒツジが存在していたと考えられる。その後、中東にシュメール、アッカド王朝（前四〇〇〇～前二〇〇〇年頃）が興り、先に述べたように、かなり形態分化が進み、ラセン角をもつヘアーヒツジ、アモン角のウールヒツジ、脂肪尾のヘアーヒツジなどのさまざまなタイプが現われてきた。要するに、メソポタミア文明以前には原始タイプのヒツジが最初に東西南北に伝わり、続いてある程度形態分化したヒツジが流れていったのではないかと推察される。それも一度ならず、何度かにわたって家畜化地域から波紋のように伝播が繰り返されたのであろう。

ヒツジはレヴァント地方を中心に東西南北へ伝播拡散したが、そのルートについてはあまりはっきりしていない。ルートの探索はヒツジやヒトが残した考古学データにもとづいており、特にヨーロッパ、アフリカへ向かうルートの解明は、これに負うところが大きい。一方、アジアルートに関しては、イラン高原あたりまでは考古学データによるが（推測の域をでない段階であるが）、それより先の中国とインドへのルートになるとほとんど曖昧である。そこで血液タンパク質・酵素やＤＮＡのもつ遺伝的多型（同じ生物種の中で、遺伝子の構成の異なる個体）を指標にした系統遺伝学データを補足し、これまでにわかってきた範囲で東方への伝播を模索してみよう。

(1)西方ルート

ヒツジのヨーロッパ方面への伝播ルート、いわゆる西方ルートは、東方および南方ルートにくらべ、いくらか明らかなようである。まずヨーロッパへヒツジを伝播させた中継地、アナトリア（小アジアとも称し、現在のトルコ）であるが、そこは中東の新石器文化をヨーロッパへ伝播させたところでもある。トルコ南部でシリアとの国境に近いチャユヌ・テペ遺跡の発掘調査において、前七〇〇〇年頃の農耕村落で、ヒツジと、おそらくヤギが飼われていたことが明らかにされている。また前六五〇〇年頃にトルコの南岸から奥地のスベルデ遺跡では、居住者がヒツジを食料にしており、野生ヒツジでなく家畜化されたものと考えられている。

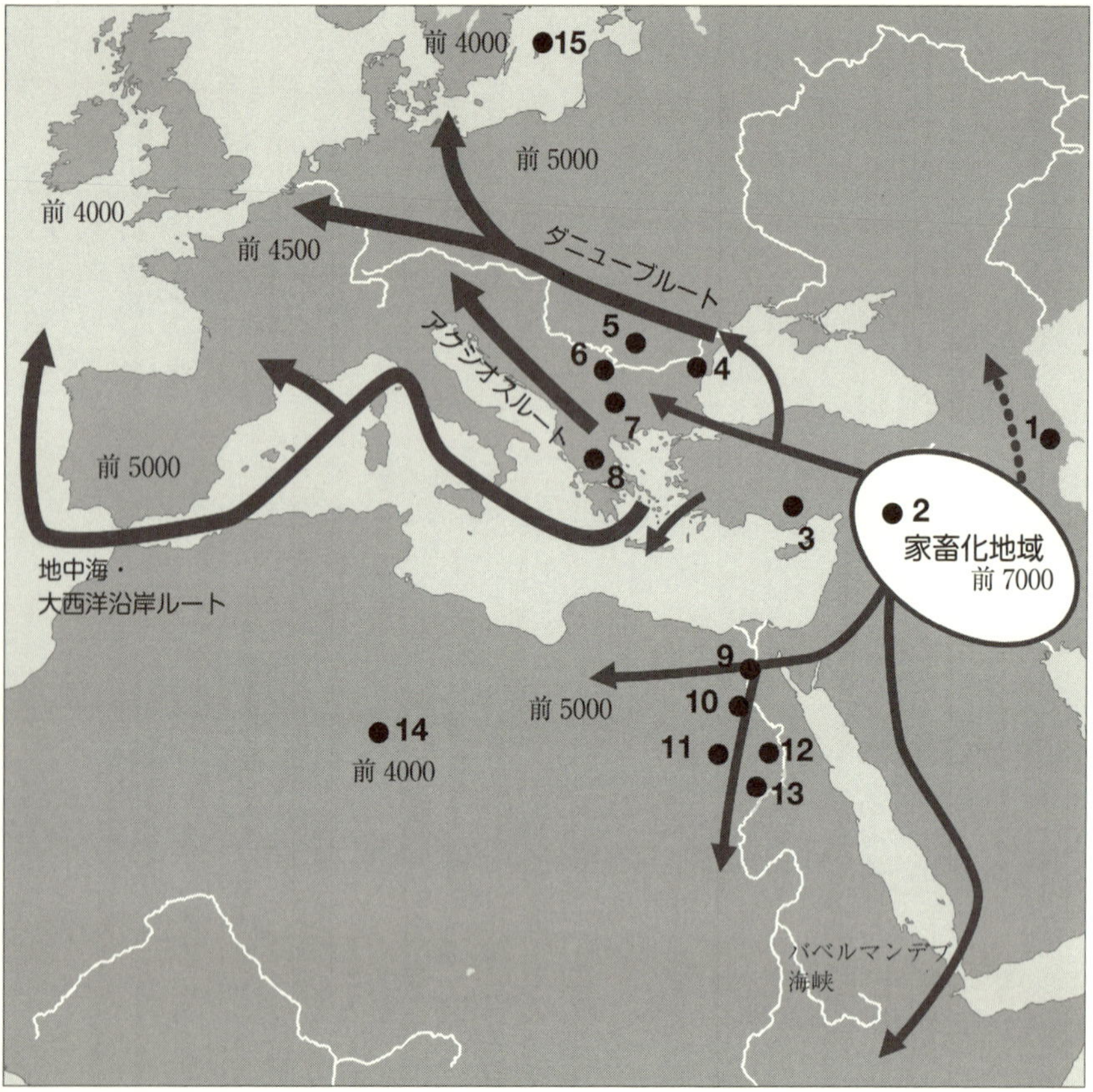

ヨーロッパおよびアフリカへの伝播拡散ルート（推測） 1. チョク（前 5000）／ 2. チャユヌ・テペ（前 7000）／ 3. スベルデ（前 6500）／4. カラノヴォ（前 5500 ～前 5000）／ 5. ケレス（前 5500 ～前 5000）／ 6. スタルチェホ（前 5500 ～前 5000）／ 7. ネアニコディア（前 6100）／ 8. アグリッサ（前 6200）／ 9. メリムダ（前 5500）／ 10. ファイユーム低地（前 5000）／ 11. バタリ（前 5000）／ 12. ナカダ（前 4000）／ 13. ナブタ（前 5500 ～前 4350）／ 14. タッシリ（前 4000）／ 15. アルバストラ（前 4000）

すなわち、小アジアには、少なくとも前六五〇〇年頃までにレヴァント地方からヒツジが到達していた。

次に、アナトリアで発達した農耕牧畜をヨーロッパへ伝播させた最初の土地がギリシャであった。前六〇〇〇年頃までにエーゲ海、さらには黒海を渡ってきていた。前六二〇〇年頃のギリシャ中部のラリサに近いアグリッサ遺跡からは、ヒツジやヤギの遺骨が八〇％以上も出土し、加えて大麦、小麦などの農耕栽培が行なわれていた。少し遅れて前六一〇〇年頃のアイオロスのテッサロニーキ南西のネアニコディア遺跡でも数多くのヒツジとヤギの遺骨が出土している。その後、クレタ島には前六〇〇〇年頃までに到達していた。それもギリシャでなく、トルコ西部から由来したのではないかと推測されている。

ギリシャを基点に、さらにヨーロッパへのヒツジの伝播は三つのルートで行なわれたと推定されている。これらは西アジア起源の農耕牧畜文化をヨーロッパ中に拡大させたルートでもある。それにはダニューブ（ドナウ）川流域ルートと、地中海・ヨーロッパ大西洋沿岸ルートがある。あと一つは、規模は小さいが、ギリシャのアクシオス川流域ルートである。

ダニューブルートでは、小アジアからダーダネルス海峡かボスポラス海峡を越えて黒海沿岸を北上するか、あるいは黒海を直接渡りダニューブ河口域にいたり、そこから川沿いに上りハンガリー盆地に出て、ドイツに向かったとされる。バルカン半島にはブルガリア南部のカラノヴォ遺跡やドナウ川中流盆地のケレス遺跡などに農耕牧畜文化の足跡が残されている。このルートに挑んだ人びとは、ヒツジ、ヤギ、ウシなどの家畜をともなう最初のヨーロッパ農牧民であり、ダニューヴィヤンとよばれ、森林を伐採し、焼き払って、中央ヨーロッパの肥沃な黄土地帯を開墾していった。彼らの農耕牧畜文化は前五〇〇〇年頃までにドイツ中部から北海に注ぐエルベ川中流域、そしてドイツ低地に拡大された。やがて前四五〇〇年頃にオランダの西、ブリュッセル、ライン川からポーランドのバルト海に注ぐヴィスワ川までおよんだ。そして前四〇〇〇年頃までにイギリス諸島に渡った。したがって、このルートを駆使して約二〇〇〇年の期間をかけて、ヨーロッパの南東部のバルカン半島から中央部および北西部にヒツジを拡散させたのである。

地中海・大西洋沿岸ルートは、小アジア、あるいはギリシャからエーゲ海を南下し、ヨーロッパの地中海沿岸に沿ってジブラルタル海峡を越え、ヨーロッパ大西洋沿岸を北上した。途中、コルシカ島へ前五五〇〇年頃までに到着し、また前四五〇〇年頃には、フランスのリオン湾に注ぐローヌ河口域やナルボンヌに上陸してフランスに向かった。前四〇〇〇年頃にはブリテン島に到達した。このルートは、ブリテン島の西を含めて、ライン川より西側のヨーロッパにかなりの影響をおよぼしている。さらに同じ年代にスカンジナビア半島にまで伝播した。スウェーデンのバルト海に浮かぶゴトランド島のアルバストラ遺跡では前四〇〇〇年代の羊骨が発掘され、ヘアーとウールの混在したヤギのような角をもつ小型のヒツジ（ゴートホーン羊）が飼われていたといわれている。やはり当時、イギリス諸島のソアイ羊、シェトランド羊などを含め、これと似たような原始タイプのヒツジがヨーロッパ大陸でもみられたのであろう。

アクシオスルートは、あまり詳しく知られていない。小アジアからダーダネルスあるいはボスポラスの両海峡を越えてエーゲ海沿いに南下して、ギリシャのテッサロニーキより西側で、エーゲ海のテルマイコス湾に注ぐアクシオス川に沿って北上し、ユーゴスラビア方面へ抜けたのであろう。この川は上流のユーゴスラビアではヴァルダル川と名を変えている。このルートはいずれダニューブルートと合流し、広大なハンガリー盆地にいたり、オーストリア、ドイツ、さらにはイタリアへ拡散していったのではないかと考えられる。

⑵南方ルート

アフリカへは、西アジアで野生ヒツジが家畜化されたと推定される前七〇〇〇〜前五〇〇〇年頃までには、家畜化の初期段階と思われるヒツジがすでにエジプトをはじめ、北アフリカの各地に到達していた。最も初期にヒツジが伝達したと思われる地域は、サハラ砂漠の北辺である。狩猟、採集および漁労のほかに小麦を主とした西アジア起源の農耕牧畜が、小規模ながら半定住的に行なわれていた。この農牧様式は前二〇〇〇～前一〇〇〇年頃まで続いていたようである。サハラ砂漠奥地のタッシリでは、前四〇〇〇年頃のものといわれるヒツジの岩絵が残されている。そのヒツジは、有角で野生タイプとは明らかに違う滑らかな毛をもっているようで、すでにこの辺りにもヒツジが群れていたのかもしれない。

前五五〇〇年頃に北アフリカの南部にも西アジア起源の農耕牧畜が伝播し、ヌビア北部のナブタで多くのヒツジがヤギやウシとともに飼われ、そして小麦が栽培され、定住生活が行なわれていた。このナブタ新石器文化は、前四三五〇年頃に乾燥化の進行とともに終息し、後にナイル川流域へ移動している。

前五〇〇〇年頃にナイル川下流域のファイユーム低地で起こったファイユームA文化でもヒツジ、ヤギ、ウシ、ブタなどを飼育し、小麦を栽培する西アジア起源の農耕牧畜が行なわれていた。それと同じ時期に、ファイユーム低地よりやや北方のメリムダでも同様であった。その後、ナイル川中流域でバタリ文化やナカダ文化が現われ、ヒツジの飼育が続いた。後にエジプトに王朝国家が興ると、それまでは飼われていたヒツジのタイプはほとんどわからなかったが、それを印した彫像や絵図が多く記録されるようになった。前述したように、先王国時代から中王国時代末期頃まではラセン角で長尾、長脚のヘアーヒツジ、それと同じムフロン系のヘアータイプで短尾、短脚のヒツジが飼われていた。後者は前者よりもいく分か後に導入され、北アフリカ沿岸経由でヨーロッパから、あるいはエジプト経由でアジアから由来したらしい。二つのヘアーヒツジは新王国時代に消滅した。それ以後、アモン角で脂肪尾のヘアーヒツジが登場した。これは前二〇〇〇年頃の中王国時代にスエズのイスマイリアを経由し、また東アフリカのバベルマンデブ海峡を経由してもたらされた。この脂尾ヒツジは後にウールタイプに入れ代わり、今日でもエジプトで存続している。ほかにもかなり後の時代になるが、アラビア半島から東アフリカのエリトリアとソマリアへ、脂臀タイプのヘアーヒツジが伝播された。

　このようにアフリカにおけるヒツジの伝播拡散は、西アジアを起点に北アフリカからナイル川流域、あるいは東アフリカにかけて行なわれた。さらにここから南下してスーダンをはじめ、エチオピア、ソマリアを経てアフリカ各地へ拡散していったのであろう。だがそれに関する資料は入手できていない。アフリカ各地で飼われている、西アジアから伝播されたと思われる未改良な多数の地方種をイギリス人考古学者H・エプスタイン博士が紹介しているが、彼らがどのようなルートで拡散してきたのか、興味深いところである。

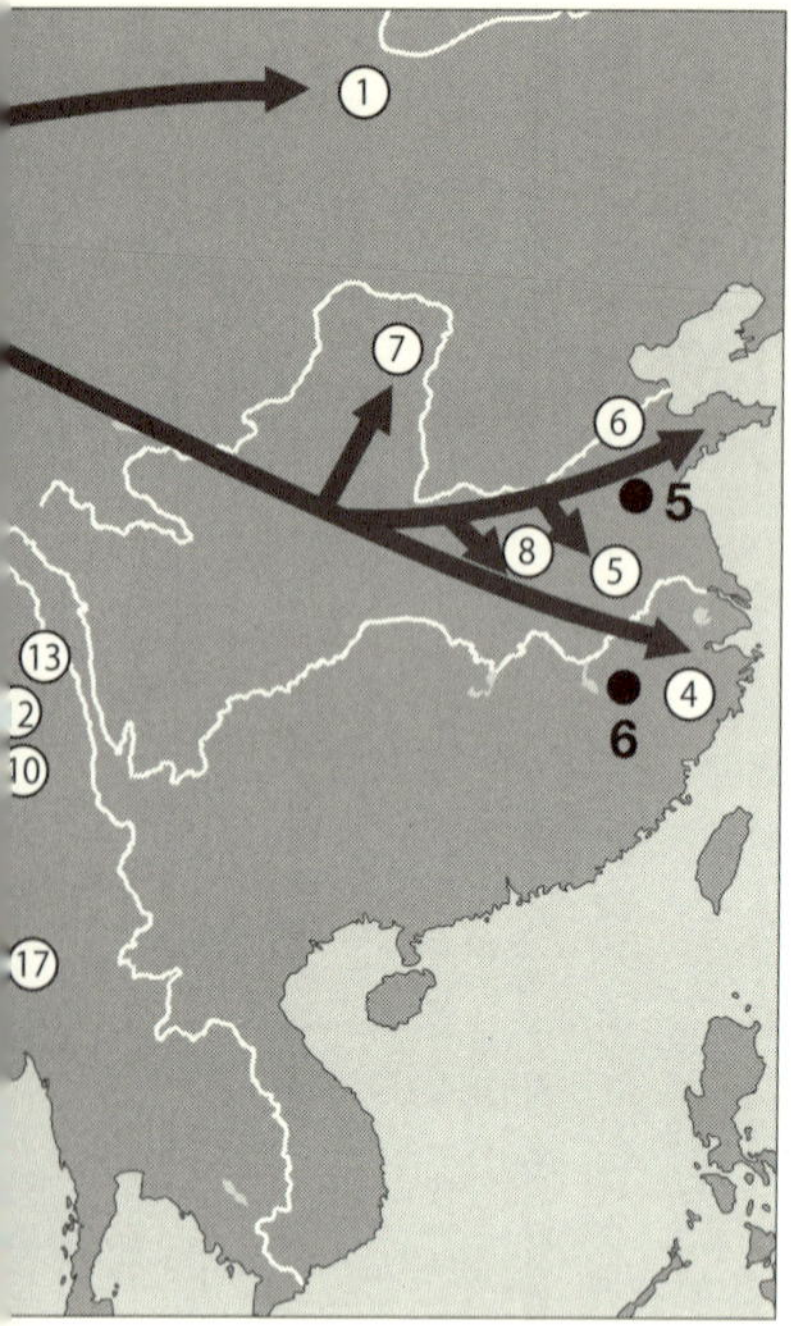

(3)東方ルート

　アジアルートに関しては、家畜化地域から現在のイランあたりまで二つのルートの存在が考えられている。イラン高原中央の砂漠地帯を挟む北と南の迂回ルートである。一つは北ルートとして、家畜化地域からトルクメニスタン南西部のジェイトゥン（前六〇〇〇～前五〇〇〇年頃の遺跡）へいたるもので、そこはアフガニスタン方面への伝播拡散の起点でもあり、また中央アジア方

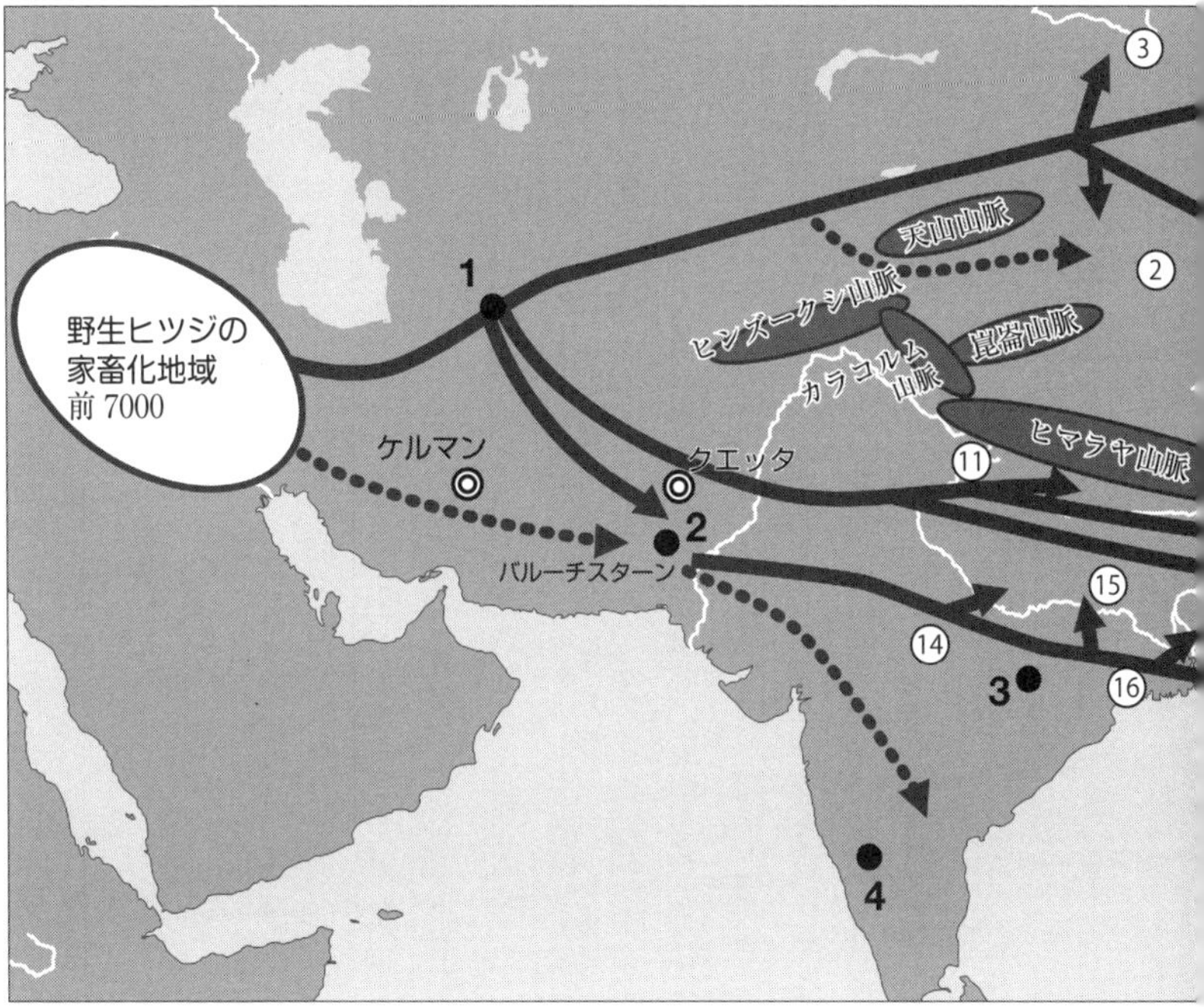

アジアへの伝播拡散ルート（推測） 1.ジェイトゥン（前6000～前5000）／2.メヘルガル（前6000）／3.マハーガラ（前7000～前5000）／4.ブラフマギリ（前2500～前1000）／5.廟底溝（前4500）／6.城頭山古城（前4500） ①ハルハ羊、②バインブルク羊、③アルタイ羊、④湖羊、⑤小尾寒羊、⑥窪地羊、⑦灘羊、⑧同羊、⑨バルワール羊、⑩シプス羊、⑪ビャンラング羊、⑫ジャカル羊、⑬サクテン羊、⑭ランプチェレ羊、⑮カギ羊、⑯ベンガル羊、⑰ミャンマー羊

面への起点にもなりえた。もう一つはイラン南東部の先土器新石器文化の遺跡のあるケルマンを経て、パキスタン西部のメヘルガル（前六〇〇〇年代後半の遺跡）へ向かう南ルートである。このルートの実態は不明な点が多く、メヘルガルはインド方面への起点であったかもしれないが、ジェイトゥンからの南下地点とも推測されている。イラン高原では前三〇〇〇年頃の原エラム文明以降から、ラピスラズリを求める東への交易ルートが生まれ、時代の変遷とともに新たに

インダス平原へのルートが開発されている。ヒツジの移動もこれらの開発とともにさまざまなルートで東や南へと向かったのであろう。

イラン高原はさらなる東方への分岐点となったが、その先の中国およびインド方面へのルートについては明らかにされていない。中国へは歴史時代のシルクロードと同じようなルートが古くから存在していたのではないかと推測される。図に示すように、東アジアにおいてヒツジの系統分析に有効な遺伝情報をもつ五種類の血液タンパク・非タンパク質型の遺伝子座位を選定し、その全遺伝子頻度データをもとにコンピュータにより系統解析し作成された系統樹を、実際のアジア地図に重ねてみた。

この図によると、ヒマラヤ山脈を境に北側のモンゴルおよび中国地域などに向かう北方系統と南側のインド地域に向かう南方系統のヒツジの流れがある。このルートの実態はわからないが、北方系統の流れはさらに二つあり、一つは中央アジアからシルクロード沿いに天山北路を通りモンゴル、中国へ向かう流れで、モンゴル系および中国系のヒツジである。もう一つはパミール高原やチベット高原などの山岳地帯を迂回するように、ヒマラヤ山脈の南斜面を中腹沿いに東へ向かう流れで、ネパール、ブータンあたりで留まる。これがヒマラヤ・チベット系のヒツジである。二つは同じ系統から分岐している。ほかにもパミール高原を越え、かつて緑であったタクラマカン砂漠のタリム盆地をぬける天山南路などのルートが考えられるが、いずれにしても、中国には前四五〇〇年頃の新石器時代にすでに到達していたことが、黄河中流域の廟底溝遺跡や長江中流域の城頭山古城遺跡において出土した羊骨の発掘調査からうかがえる。

さらに、それとはまったく別にインドへ向かう南方系統のルートがある。インド北部の平地を東へ向い、ミャンマーにいたる。これはヒマラヤ・チベット系のヒツジと平行するように流れ、主にインド系のヒツジに相当する。

考古学データによれば、現代のインドへ入る手前のアフガニスタンおよびパキスタンにおけるヒツジの伝播状況は、次のようであった。前七〇〇〇年頃にアフガニスタンにヒツジが存在し、前六五〇〇年頃までにパキスタン西部のバルーチスターンやインダスの谷まで到達していた。その後は不明であるが、バルーチスターン地域に三〇〇〇年から四〇〇〇年以上も長く留まっていたのだろうか。パキスタンのクエッタの谷から前二〇〇〇年代に飼われた多くのヒツジとヤギの遺骨が出土している。しかしその後、ヒツジは減退してしまったのか、新石器時代が続いた前一〇〇〇年頃までに遺骨の八五%がウシに代わってしまった。パキスタンからインドへヒツジの移入された時期は、はっきりしないが、インド東部や南部にかけて拡散したものと推定される。最終的に南部へは前二五〇〇~前一〇〇〇年頃の新石器時代の遅くに到達し、ウシやヤギなどとともに広く飼われるにいたった。

インドでは前一五〇〇年頃にアーリア民族の侵入により本格的な牧羊がもち込まれたが、それ以前から全インドにいた先住民のドラヴィダ人は、アーリア人と起源を異にするヒツジをもっていたといわれている。インドには二つの系統の異なるタイプのヒツジが存在していたことになる。ドラヴィダ人はアーリア人の圧迫によって南下し、南インドには彼らによってもち込まれたインド古来のヒツジが存続している可能性がある。

遺伝学データから得られたアジア系ヒツジの主な地方種の系統関係について触れてみたい。北方系統において中国産の主なヒツジの種類は遺伝的に近縁種であり、相互の遺伝距離も狭い範囲にあり、遺伝的分化がそれほど進行していない。中国種といっても脂尾系と脂臀系が含まれ、その外部形態による分類とは異なり、特に二つのグループに分類される。一つは小尾寒羊、窪地羊、同羊、灘羊およびモンゴルハルハ羊の仲間で脂尾系であり、もう一つは湖羊、バインブルク羊およびアルタイ羊のグループである。バインブルク羊は形態的には脂臀タイプであるが、遺伝的にはモンゴル羊とカザフ羊のような脂臀羊との交雑種ではないかと推測される。アルタイ羊は脂臀系の典型的タイプである。中国羊の脂尾系は伝承通りモンゴル羊と同じ系統であり、そこには西アジア由来の脂尾系に端を発し、モンゴル羊、中国羊への系統的流れがみられ、さまざまな中国種に形態分化していったと推定される。ただ、長江河口域に多く分布する湖羊だけは、寒羊や灘羊などのような中国種の仲間に入らず、バインブルク羊やアルタイ羊と同じ系統に属した。さらに湖羊は中国羊の中でも地方種として最も古く、モンゴル高原から中国へ初期に伝播されたタイプではないかと思われる。ブータン王国の山岳羊のジャカル羊やサクテン羊は同系統であり、チベット由来のビャンラング羊とは共通の先祖から分化した様相がうかがえる。

一角獣や闘羊として知られるネパール原産のバルワール羊は、当初チベット系と考えられていたが、それとは別にヒマラヤ系ともいえる一つの独自のグループを形成し、モンゴル羊や中国羊のグループとは系統的に全く異なるものである。この羊種はヒマラヤ山脈の中腹部一帯に飼われ、古くから塩の運搬に使役されているが、その由来は不明であり、中央アジアともチベットともいわれている。さらに東アジアのヒツジの中で遺伝的変異性が最も低く、ほかの羊種との交雑もなく遺伝的にかなり均質化した集団構造を呈している。この羊種は北方系に属するが、チベット系のビャンラング羊やブータン羊、それにモンゴル系のハルハ羊などよりもかなり古い年代に分化したようである。イギリスのソアイ羊と同様に比較的古いタイプのようで、毛質が粗くヘアータイプにみえる。これと関連して、今まで由来が不明であったブータン南部でネパール人によって飼養されているシプス羊は、血液タンパク・非タンパク質型による系統分析に加え、バルワール羊との耳型頻度の類似性や、そのネパール牧羊者のブータンへの移住経緯を鑑みると、バルワール羊と同じグループに属していると考えられる。

南方系統のインド羊では、北方系統とくらべ全体的にそれほど羊種間の遺伝的分化は進んでいない状況にある。しかし、バングラデシュ産のベンガル羊、ネパール産のカギ羊およびミャンマー産のビルマ羊は、互いに遺伝距離が短く、一つのグループを形成しているようであり、ネパール産の尾の長いランプチェレ羊とは別の系統のように推察される。

したがって血液タンパク・非タンパク質型の遺伝子座位からみる限り、東アジアのヒツジ集団は、その遺伝的構造として、ヒマラヤ山脈を境に、北方集団と南方集団の二つの巨大な遺伝子プールに分れて存在すると推定される。その巨大プールの間では、未だ互いに目立った遺伝子交流は行なわれていないようである。

現在では、このような血液タンパク・非タンパク質レベルから東アジアヒツジの系統関係が追究されているが、DNAレベルからも非常に関心がもたれている。最近の研究では、前に述べたミトコンドリアDNAのハプロタイプのうち、アジア系ヒツジのAグループは家畜化地域から最初に拡散し、それに次いでほぼ同時にヨーロッパ系ヒツジとされるBグループが、そしてコーカサスや中央アジアに分布するCグループはかなり最近になって拡散している。さらにいくつかの母系は、中東からロシアを越えて北ヨーロッパに到達したようである。この中東からロシアへ向かうルートとして、コーカサスを越える北方ルートがある。考古学データでは、コーカサス地方で新石器時代最古の遺跡の一つとして、カスピ海西岸ダゲスタン地方のチョク遺跡の新石器文化層（前五〇〇〇年代前半）においてヒツジの遺骨が出土しており、それらはこの地域特有のものでなく、中東からもたらされたと考えられている。だが湖岸ルート以外に、コーカサスの山岳地帯を越える詳しいルートはほとんどわかっていない。

第5章

ヤギ

◎

天野　卓

ヤギの特性と利用

ヤギは粗放な飼養管理や粗食にも耐え、さまざまな気候風土にもよく適応し、小型でもあるという特徴をもつことから、乳用、肉用、皮革用、繊維用として広く利用されている。昔から乳用ヤギが「貧農の乳牛」とよばれてきたのも、ウシのように高価な価格、飼料、施設あるいは広い牧草地を必要としないためである。特に発展途上国やイスラム教国において飼育頭数が多い傾向にあり、ヤギは世界の最も重要な家畜の一つといえる。

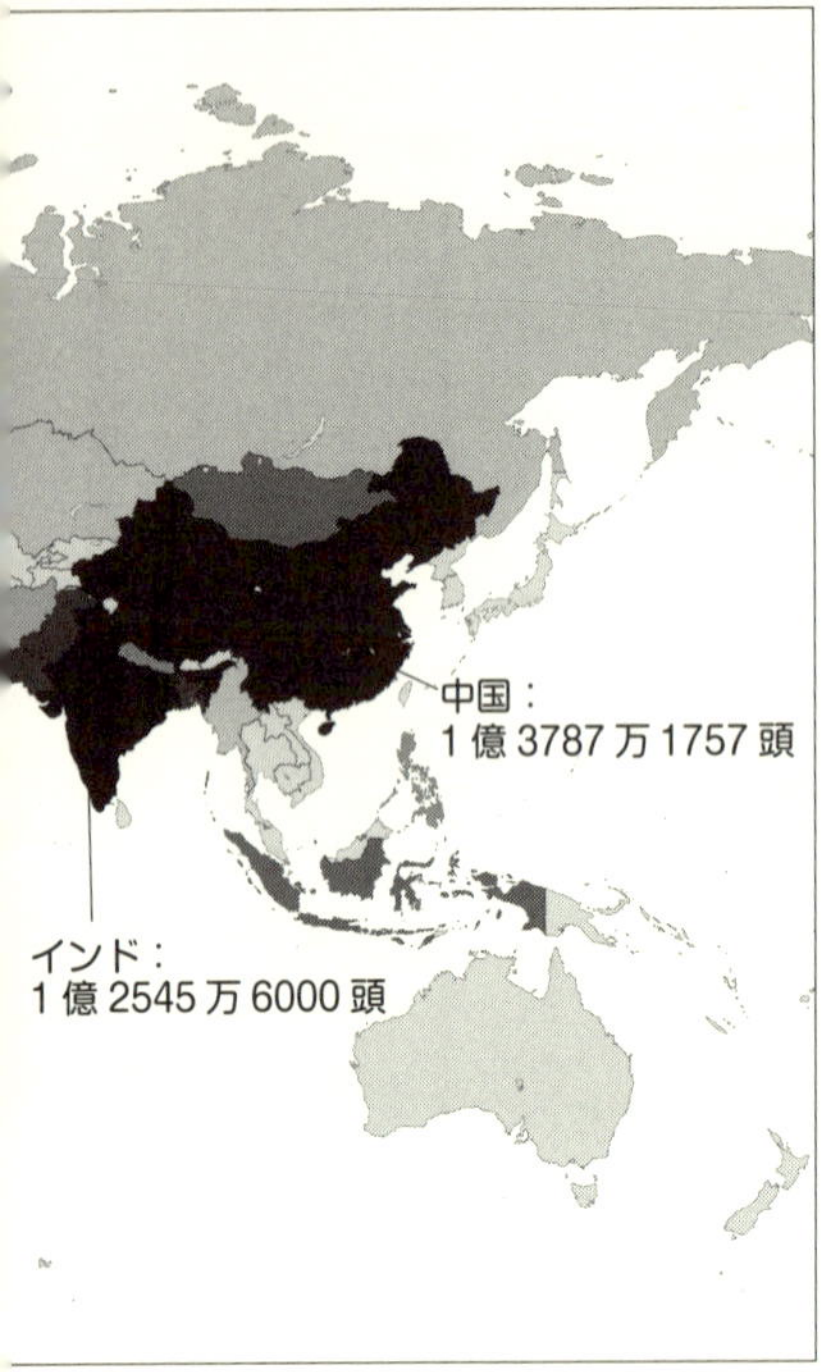

世界のヤギの飼養頭数（FAO統計資料、二〇〇九）を、最近の一〇年間（一九九八年から二〇〇七年）でみた場合、ヨーロッパを除く全ての地域で増加傾向にあり、世界全体でこの一〇年間に約一・二倍増加している。飼養頭数の多い国は、中国（一億三八〇〇万頭）、インド（一億二六〇〇万頭）、パキスタン（五五〇〇万頭）、バングラデシュ（五三〇〇万頭）、ナイジェリア（五二〇〇万頭）などである。アジアで世界の五九％が、アフリカで三四％が飼育され、アジアとアフリカで世界のヤギの

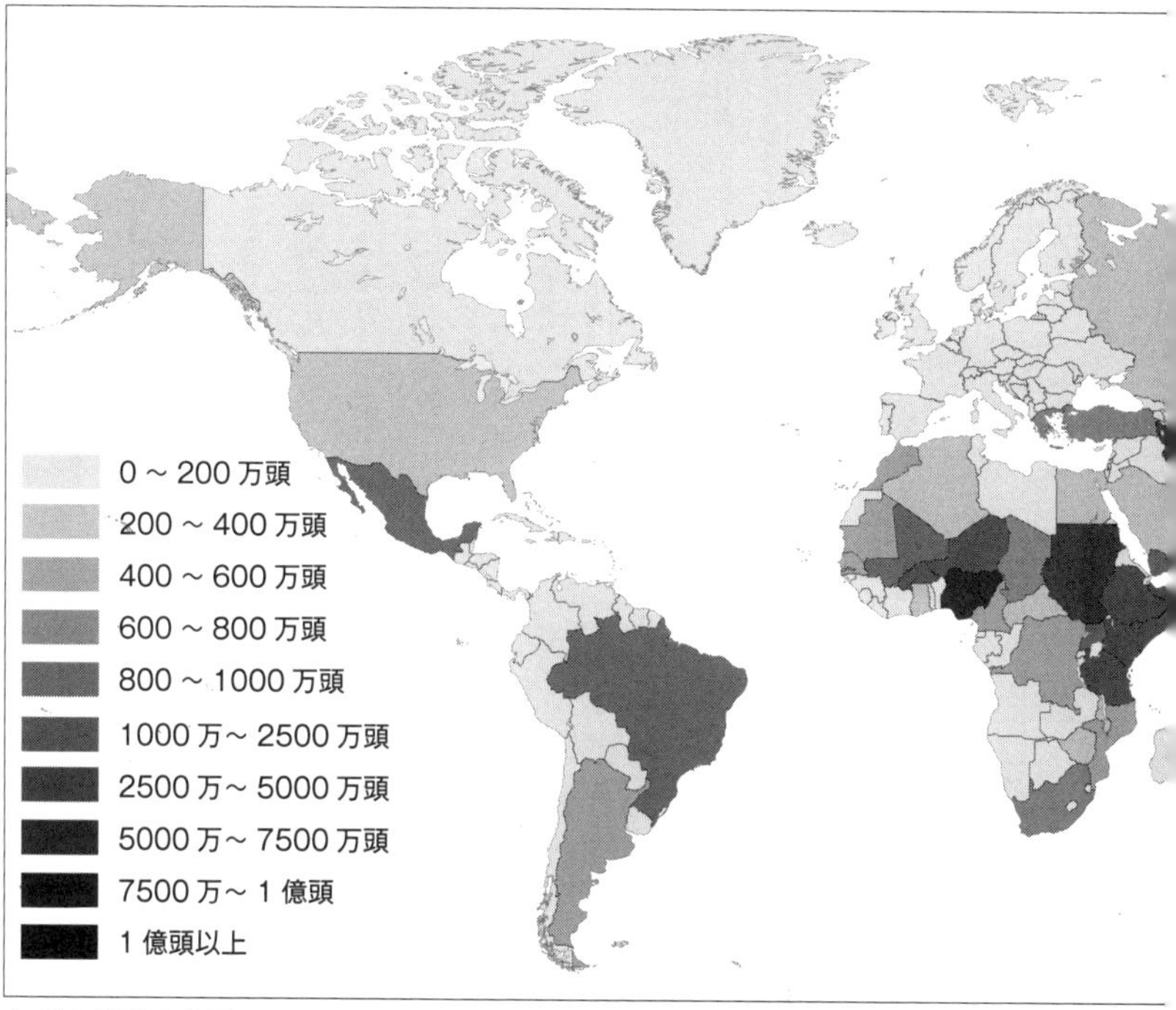

ヤギの世界分布図　FAO, 2007 年度データより

大多数（九三・二％）が飼育されている。

ヤギの飼育が極寒地帯を除くほとんどの地域におよぶことは大きな特徴である。中近東の砂漠に近い乾燥地から、東南アジアの湿潤地まで、またスカンジナビア半島のような高緯度地帯から赤道直下まで、世界中に飼われていることがわかる。

利用の仕方は地域により異なり、北および北東アジアでは主にカシミア繊維や肉を、遊牧民は主に乳と肉を、そして湿潤熱帯地では主に肉生産を目的として飼育している。また、豚を嫌うイスラム教徒にとって、ヤギは肉資源としてきわめて重要な地位を占め、マレーシアやインドネシアではヤギ肉の串焼きがサテーとよばれ、日本の焼鳥さながらに普及しているし、バングラデシュではヤギ肉のカレー（彼らはなぜかこれをマトンカレーと称する）はお客様をもてなす時のご馳走である。著者自身、両方とも食べてみたが臭い匂いもなく、やわらかくてとても美味しい。日本人の肉嗜好が牛肉、豚肉、鶏肉の三種に偏りすぎであり、改めなくてはいけないと強く感じたしだいである。

ヤギはいうまでもなく草食獣であるが、一般に草食動物は草を食うグレイザー（grazer）と、草木の芽や葉を食うブラウザー（browser）に分類される。ウマやヒツジは典型的なグレイザーであるが、ヤギはその両方の習性をもち、草よりもむしろ木本類の葉や若芽が好きで、小枝や樹皮までも喜んで食べてしまう。このような食性のために、ヤギは原野の開墾に利用されることもあり、定着農耕の初期にはヤギを飼って開墾の手助けをさせたという説もある。ただしこの特性で問題も生じている。実はヤギほど再野生化しやすい家畜はいないのである。昔の大洋の航海者は非常用食料としてヤギを生きたまま船積みする習慣をもっていた。船が無事にどこかの島に着くことができ、乗組員が島に上陸すれば、船積みしたヤギはもはや不要となり、島に放たれる。放たれたヤギはここで野生に帰り、増殖する。ハワイ諸島をはじめ、わが国の小笠原諸島の聟島《むこじま》などの無人島には、野生化したヤギの大群が生息し、植生やそれに支えられた自然環境の破壊が著しい。いったんこうなると、ヤギを駆除し、もとの自然環境にもどすことは大変に難しい。小笠原の野生ヤギについては、一八五三年にペリー提督が艦隊を率いて来島した時に放たれたのが始まりであると一般にはいわれているが、彼らが上陸したときにはヤギがすでにいたとの記述が残されていることから、この定説には疑問がもたれる。

家畜化の起源

ヤギはイヌに次いで古い家畜であり、紀元前一万年から七〇〇〇年頃に西アジア、チグリス・ユーフラテスのいわゆる肥沃な三日月地帯で家畜化されたと考えられている。家畜化当初はまず肉を、その後、毛皮や乳も利用されるようになったとされ、乳を利用した最古の家畜といわれている。

現存している野生ヤギは大きく三種、すなわちベゾアー（Bezoar, *Capra aegagrus*）、マーコール（Markhor, *Capra falconeri*）、アイベックス（Ibex, *Capra ibex*）に分類される。ベゾアーはパキスタン、イラン高原、アナトリアを中心とした西アジアの山岳地帯に分布しており、家畜ヤギの野生原種と考えられている。

ベゾアーは、現地ではパサンと称されており、およそ一〇〇年ほど前の大英博物館のライデッカーによる書物には、家畜ヤギ（*Capra hircus hircus*）のほか、野生ヤギ、パサン（*Capra hircus aegagrus*、主たる生息地域：ロシア、コーカサス地方）、シンド野生ヤギ（*Capra hircus blythi*、パキスタン、シンド地方）、クレタ野生ヤギ（*Capra hircus cretensis*、ギリシャ、クレタ島）、エリモメロス野生ヤギ（*Capra hircus picta*、ギリシャ、キクラ

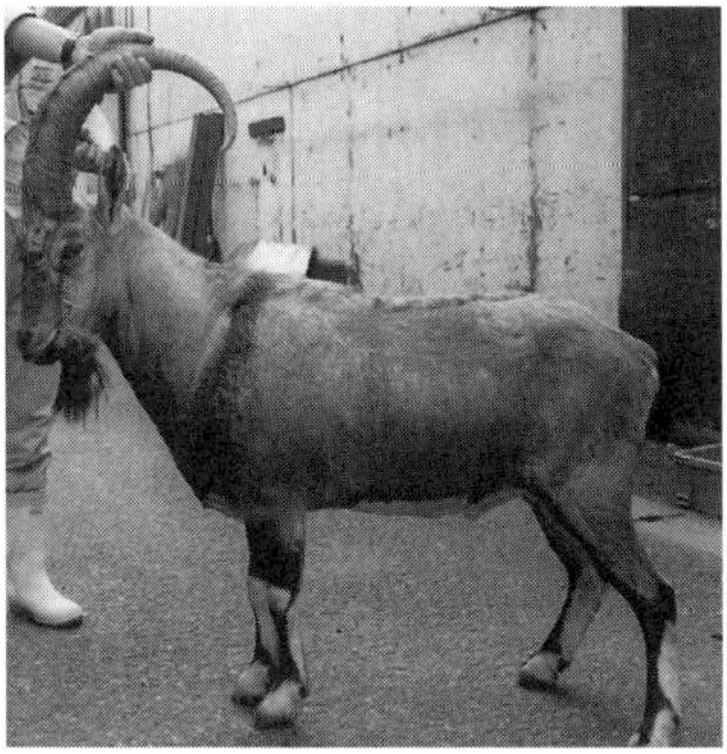

ベゾアー　群馬サファリパーク

マーコール　川崎市夢見ヶ崎動物公園

アイベックス　『世界家畜図鑑』より

デス諸島、アンチメロ島）の四亜種が記載されている。その大きさは大型家畜ヤギと同程度で、角の形はサーベル状を呈する。マーコールはペルシャ語で野生ヤギの王様という意味で、カシミール、西パキスタン、北東アフガニスタン、南ウズベキスタン地方の山岳地帯に生息しており、頚部から胸部にかけて長い体毛を有する。アイベックスは西アジアや東アフリカ、ヨーロッパなどの山岳地帯に生息している。角の形状はサーベル型であるが、前面に等間隔で結節（コブ）がみられる。

ハリス博士によれば、ベゾアーを祖先に西アジアで家畜化されたヤギは世界への伝播の過程で、西アジアから東および東南へ向かった集団にはマーコールが、アフリカへ入った集団にはアイベックスが交雑したとされる。マーコール交雑説の根拠は、インド西北部カシミール原産の毛用ヤギや中央アジアからモンゴル、中国のヤギに特異的にみられる角の形である。これらの地域のヤギの角には、よじれの方向がマーコールと同様の開放型のものが現われるからである。一方、アイベックス交雑説の根拠は、アフリカ原産のヤギの一品種ヌビアン種にみられる凸隆した横顔、いわゆるローマンプロファイル（ローマ人の顔面形状、特に鼻梁の形）であり、これはアイベックスの特徴を受け継いだものであるからとのことである。ただし、角のよじれの方向が開放型であるか閉鎖型であるか、あるいはよじれのないサーベル型であるかは、一九二〇年代の交配実験によると、開放型はほかの二つの型に対して優性を示し、単一座位の遺伝変異に過ぎないとみられる。また、アイベックスがローマンプロファイルをもつといっても、家畜ヤギのヌビアン種やジャムナパリ種にみられるほど著しいものではないことから、ハリス博士の説は決定的なものとはいえない。また、これらの三野生種は相互に交配が可能であり、かつ生殖力のある雑種が生まれるといわれており、その場合は種の分類そのものを見直す必要があるのかも知れない。

ヤギの家畜化に関し今西博士は、遊動生活をする狩猟民が動物群の移動に合わせて移動し、一網打尽式の狩猟ではなく、わながけのような穏やかな形の狩猟を行なって自己の食料を確保し、動物の側も少数の犠牲をヒトに提供して、オオカミのような肉食獣から保護してもらうという形の無意識的な共生関係がヒトと動物の間に成立したことが、家畜化の第一歩ではなかったかと推測している。つまり、この場合はイヌなどと異なり、野生動物を個体レベルで家畜化するというよりも、群れをひとまとめにして家畜化するという形をとったのではないかという考え方である。

ヤギが家畜化された主要因が肉利用目的であったことは想像に難くない。さらに当時の人々にとって毛皮は大切な衣料原料ともなり、道具ともなったはずである。つまり水とか乳とかをストックする、それもかなりの量を保管できる袋としてこんなに良いものはない。西アジアやモンゴルなどでは今でも日常的に使われている。その後、乳の利用が始まり、初めて搾乳された家畜はウシではなくヤギであったと考えられる。子を連れた母動物から乳を搾るという試みを、いきなりウシのような大型の動物に対して行なったと考えるよりも、より穏和で安全なヤギのような小型の動物に対して行ない搾乳や乳利用技術を習得した後、ウシに応用したと考える方が自然である。当然、乳製品製造技術も最初はヤギ乳を使って開発されたと想像される。

伝播経路

西アジアの山岳地帯で家畜化されたヤギは、西南に向かってはアラビア半島を通ってアフリカ大陸へ、西に向かっては小アジアを通ってヨーロッパへ、そして東に向かっては中央アジアの乾燥地帯を通って、モンゴルや中国に伝播していった。

図に、野澤博士らにより報告されたアジアにおける家畜ヤギの伝播経路を示した。野澤博士は、西アジ

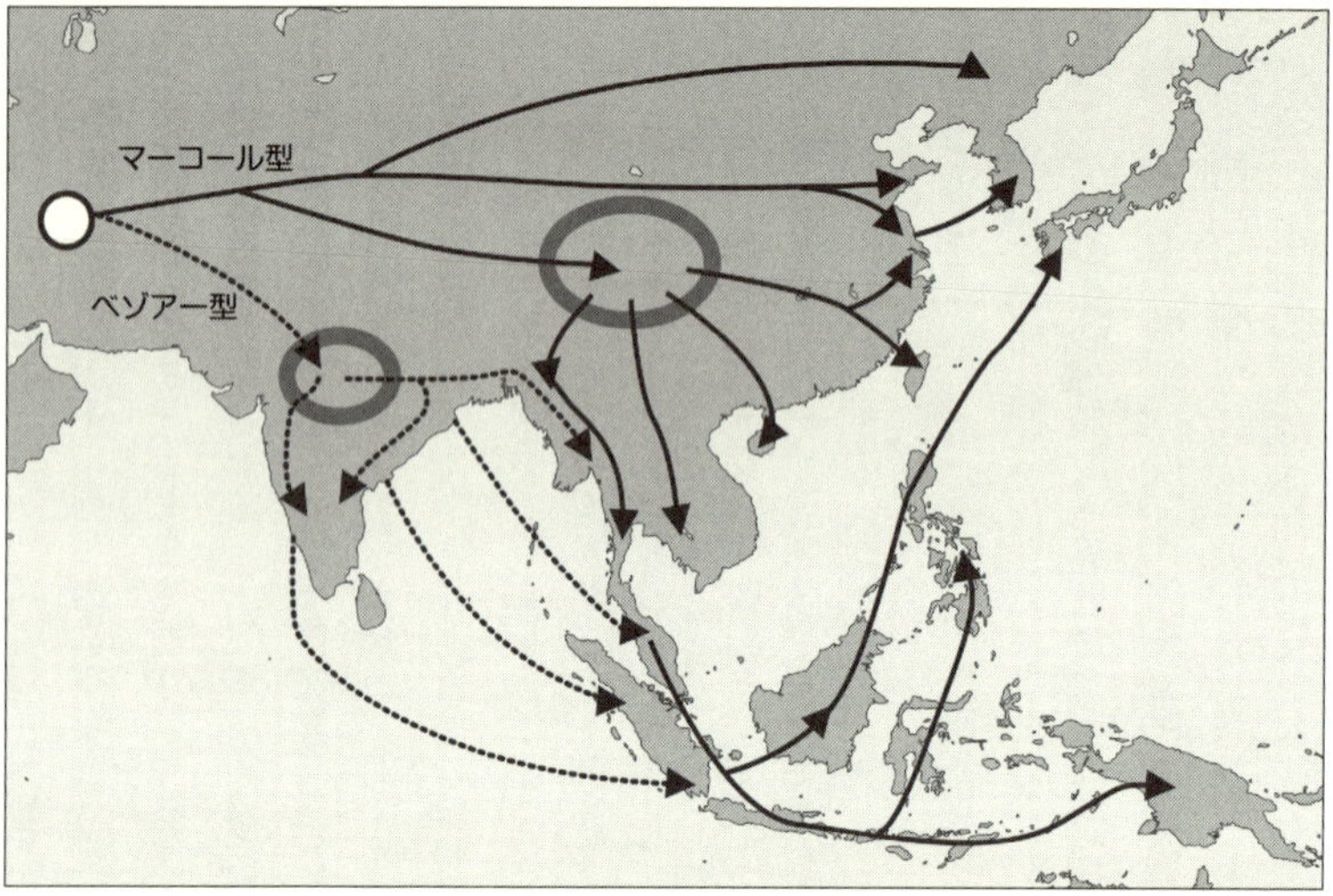

家畜化中心地からヤギがアジアに伝播した経路と想定図　野澤ら、1981より引用

アの家畜化センターから二つのルートをたどってアジアへ伝播したと推定した。第一のルートはシルクロードに沿って、中央アジアからモンゴル、中国へとつながるルート、第二のルートは第一のルートから分岐し、カイバル峠を越え、インド亜大陸に向かったルートであるとしている。中国やインドに伝えられた家畜ヤギはそれぞれの地域で発展し、その後、中国からは台湾やインドシナ半島に、またヒマラヤ山脈の東を南に越えてアッサムやベンガル地方へ伝えられたと推定している。さらにインドからはベンガル湾沿いにマレー半島や東南アジアに伝播され、さらに北進し、フィリピンや日本の南西諸島にまでいたったとしている。

また、アフリカやヨーロッパへの伝播について野澤博士は次のように考察している。西アジアで家畜化されたヤギは、まず遊牧民の手を経て分布を広げ、紀元前七〇〇〇〜前五〇〇〇年にかけて、現在中近東といわれている地域の農耕民に伝えられた。またオリエント文明の発祥地とされるメソポタミア地方、つまり現代のイラク地方やナイルデルタ地帯、現代のエジプト地方では紀元前四〇〇〇年前後にはヤギを手に入れていた。特に、メソポタミアの地に紀元前三〇〇〇～前二〇〇〇年の頃、世界最古の都市国家ウルを建設したシュメール人はすでに肉用、乳用および皮革用としてヤギを多数飼育していた。伝播を広げるヤギは、アラビア半島を経てエジプトとスーダン地方に入り、紀元前四〇〇〇年頃にはアフリカ大陸に初めてヤギが伝播したと考えられる。ヨーロッパへいろいろな文化が伝播するルートには、おおまかに二ルートがあったと考えられる。一つは小アジアといわれる現在のトルコ半島からダーダネルス、ボスフォラス両海峡を越え、黒海沿岸を北上するルートであり、ほかは近東地方から海に出て、キプロス島、クレタ島を経てギリシャをはじめとするバルカン半島南部、そしてイタリア半島からイベリア半島にいたるルートである。西アジアで家畜化されたヤギがヨーロッパへ伝えられる際にも、この二つのルートが使われたと思われる。

西アジアはヤギの家畜化が行なわれた地であり、野澤博士らが提唱した家畜ヤギにみられる三種類の基本型、すなわちベゾアー型、サバンナ型、ヌビアン型もまたこの地に生まれたのであろう。そしてまず最も祖先型に近い普通の顔面形状と三日月形の角をもつベゾアー型が世界に広がり、次いで標高が高く冷涼な乾燥地帯にはカシミアとよばれる下毛とよじれた角をもつサバンナ型が、温暖な平野部にはローマンプロファイルのヌビアン型が拡散したものと考えられる。ローマンプロファイルは一般的にインドを中心に東南アジア一帯にみられるが、同じ国内でも地域差がみられるケースも報告されている。例えばラオス、ミャンマーやカンボジアなどの東南アジアでは、山岳地帯にベゾアー型のプロファイルの割合が多く、海沿いや都市周辺部にローマンプロファイルを示す個体が多い。東南アジアではカンビンカチャン（ピーナッツヤギの意味）とよばれる小型ヤギが広く分布している。これは東南アジアにはもともとこのタイプのヤギが飼育されているところに、体格や乳量改善のためにジャムナパリ種、あるいはエタワ種とよばれるヌビアン型の乳用ヤギが導入されたためと考えられる。

系統分類

近年、家畜ヤギの系統分類や、その野生原種を推定する研究にＤＮＡ型分析が利用されている。そのうちミトコンドリアＤＮＡ（mtDNA）は、塩基置換速度が核ＤＮＡにくらべかなり早く、ＤＮＡ間での組み換えが起こらないことや母性遺伝をするといった特徴から、母系祖先を追究したり、系統遺伝学的解析を行なうために用いられている。

著者らはいくつかの家畜ヤギ品種と動物園で採取したベゾアーのミトコンドリアＤＮＡ型を比較し、系統樹を描き分析した結果、家畜ヤギとベゾアーのミトコンドリアＤＮＡ型が同一のクラスター（遺伝的に同一の集団のこと）を形成したことより、家畜ヤギの祖先はベゾアーと推定した。その後、ルイカート博士らは、ヨーロッパ、アフリカ、アジアから採集した家畜ヤギとベゾアー、マーコール、アイベックスの三種の野生ヤギを加えて分析を行ない、家畜ヤギのミトコンドリアＤＮＡは大きくA、B、Cの三つの系統（mt-lineage）が存在し、家畜ヤギの母系祖先種としてはベゾアーが最も近いものと推定している。

また、万年博士らはラオスの在来ヤギにBタイプを見出し、さらにミトコンドリアＤＮＡチトクロームb遺伝子の塩基配列を用いて、これらミトコンドリアＤＮＡタイプ間の分岐年代を推定し、各系統間は少なくとも一〇万年以上前に分岐したものと考察している。これはそれぞれのミトコンドリアＤＮＡ系統をもつ母系祖先が家畜化以前に分岐していたことを示唆しており、家畜ヤギの祖先としてベゾアーの亜種も考慮する必要があると述べている。

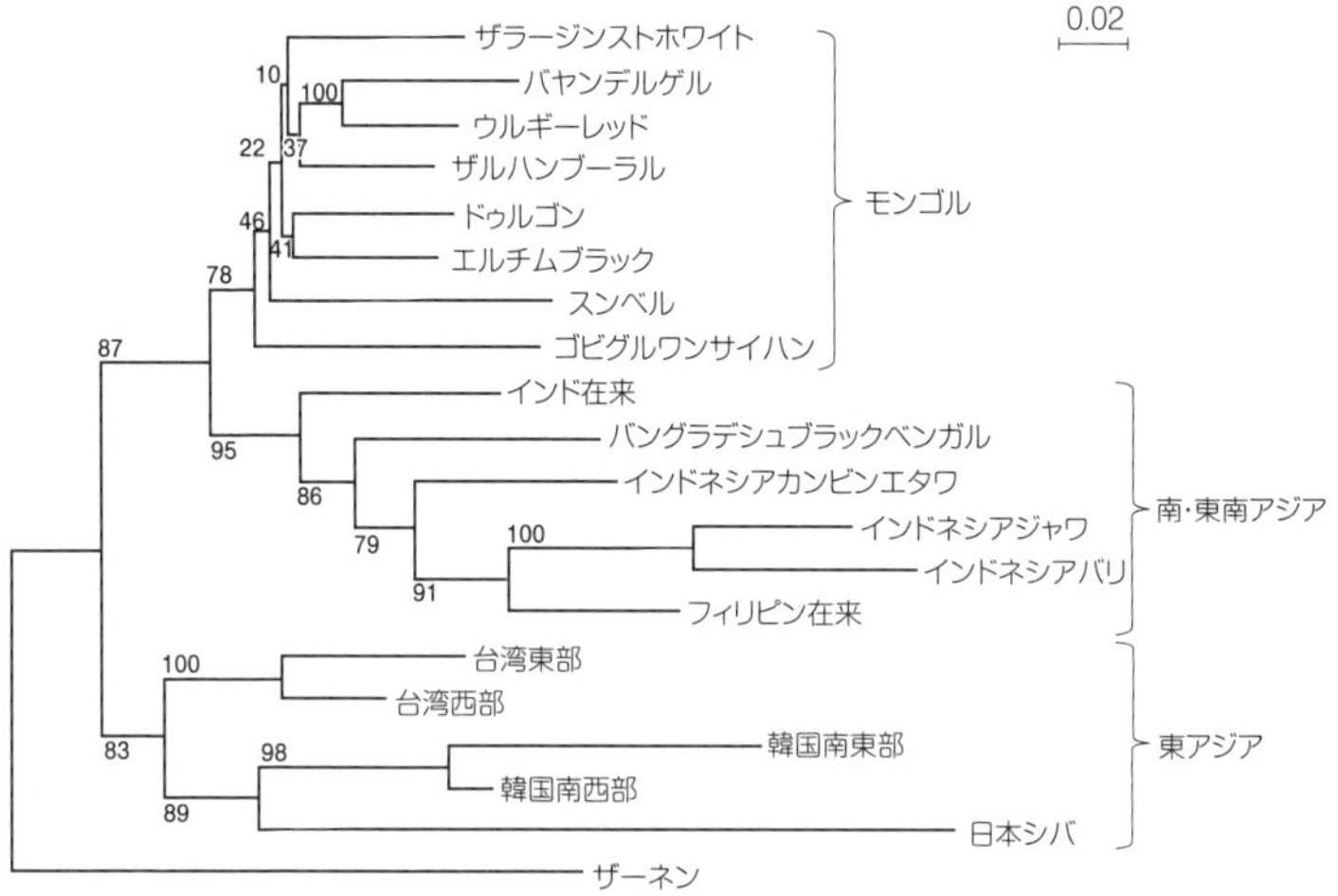

アジア在来ヤギ集団の系統樹　マイクロサテライトDNAデータから遺伝距離を算出して描いた。樹上の数字は分枝の確かさを示すブートストラップ値（%）

一方、ルイカート博士らは、ミトコンドリアDNA各タイプがどれくらい前から頭数を増やしたか、つまりどれくらいの時期に家畜化が行なわれたかを推定した。この推定拡散年代によれば、Aは約一万年前、Bは二〇〇〇年前、Cは六〇〇〇年前から拡散しており、これらの結果から、各母系祖先が家畜化された時期は一万年以内であり、それぞれが独立した場所と時期に行なわれたとしている。ミトコンドリアのタイプはさらにスルターナ博士らにより、パキスタン在来ヤギにおいて新たにD系統が見出されているが、これまでの研究からB、CおよびD系統に相当する遺伝子型をもつ野生ヤギは発見されていない。

ピダンシエール博士らは、母系祖先情報のみならず、父系祖先情報となるY染色体上の二つの遺伝子を解析し、家畜ヤギの祖先はベゾアーかマーコールのどちらか一種または両種であるとし、ミトコンドリアDNA領域解析で得たベゾアー単元説とは異なる考えを示した。彼らはさらに角の形状もこの結果を支持するとし、ミトコンドリアDNA領域解析がY染色体データとは異なった結果を示した理由は、ヤギ集団の拡散以前に祖先種が交じり合ったためではないかと推察している。

家畜化が起きた場所については、最近ナデリ博士らが、最初の家畜化センターはイラン中央高原と考えられるが、ここでは野生集団の管理が主であって、これらのヤギの現在の家畜ヤギ集団への貢献度合いは低いと推察している。彼らは、第二の家畜化センターとして東アナトリア北部および中央ザグロスを提唱しており、このセンターが今日のすべての家畜ヤギの発祥の地であると述べている。

著者らは、日本をはじめとするアジア八ヵ国二〇地域集団について、五〇種のマイクロサテライトDNAマーカーを用いて遺伝子構成を分析した（未発表データ）。その結果、アジア在来ヤギの遺伝的多様性は大陸部集団で高く、大陸周辺部や島嶼部で低い傾向が認められた。すなわち、インド内陸部やモンゴル在来ヤギ集団は遺伝的多様性が高く、日本のシバヤギ、韓国在来ヤギ、インドネシアのカンビンカチャンは多様性の低い集団であった。また、同一国内における集団間の分化程度を示すFST値は、モンゴルが他国よりも低い値を示した。この事実は、本著の主題でもある「品種改良の歴史」の過程をいみじくも示す実例となった。すなわち、同国は呼称の異なるいくつもの地域集団を系統や品種として位置づけようとしているが、その遺伝的分化程度は低く、いまだ系統や品種としての確立にはいたっていない。今まさに品種改良の長い道のりを進行中といえる。

著者らの核DNA情報を用いた系統分類研究の結果は、アジアの家畜ヤギをモンゴルのグループ、そのほかの東アジアのグループ、南・東南アジアのグループの三系統に分類した（アジア在来ヤギ集団の系統樹参照）。これら三系統の相互関係を示す分岐図からは、まず東アジアのグループが枝分かれし、それから南・東南アジアグループとモンゴルグループが分岐したことが読み取れる。これら三つのグループは、野澤博士らが提唱した形態的特徴から分類されたサバンナ型、ベゾアー型、ヌビアン型にそれぞれ相当する。また野澤博士は西アジアから東方への家畜ヤギの拡散に二つの経路を示したが、著者らが実施した現在のアジア在来ヤギの系統遺伝学的分析結果は、この歴史的背景をよく残しているものといえる。すなわち、西アジアで家畜化されたヤギは、シルクロードを通って北アジアへ入ったグループ、そこから中国を経て東方へいたったグループ、そしてインド亜大陸へ広がったグループへと、家畜化の場所から遠ざかるにしたがい、その遺伝的多様性を失いながら分化したことが推察される。

世界のヤギ

世界の家畜ヤギはヨーロッパとアジアで多くの品種が確立されており、用途別には乳用、肉用、毛用に分類される。ヨーロッパではザーネン種、トッケンブルグ種など乳用品種が、アジアでは乳肉兼用のジャムナパリ種、ビータル種、シロヒ種が、毛用としてカシミア種、アンゴラ種が有名である。またこれらに加えて、品種としては確立されていない在来種が世界各地に飼育されている。

⑴分類

メーソン博士は世界の家畜ヤギを、毛色、角や耳の形状、毛の長さや用途で、次の五グループに分類している。

（1）小型またはサーベル型の角もしくは無角で短耳のグループ
（2）ねじれ角で短耳のグループ

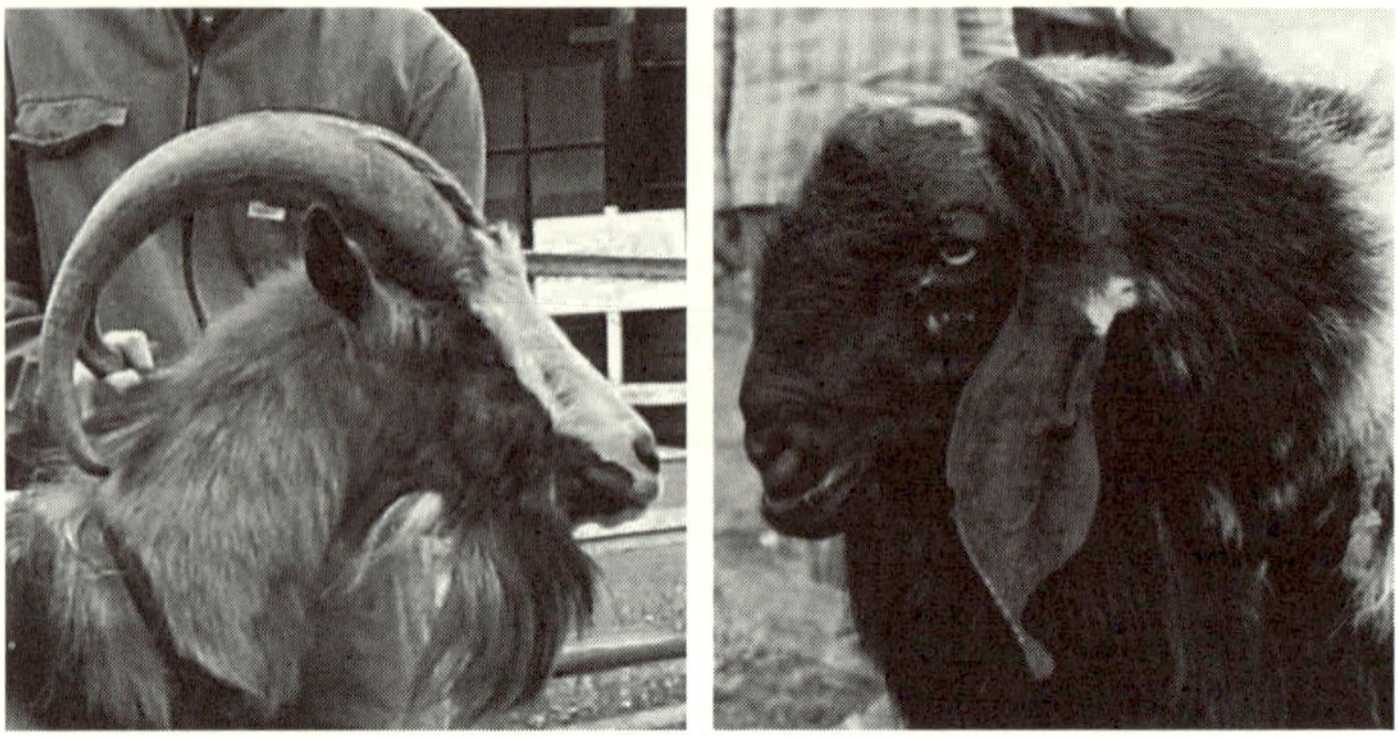

祖先型（左）とローマンプロファイル型（右）の横顔比較
（左：有色ザーネン種セーブル（家畜改良センター長野支場）、右：ジャムナパリ種）

（3）中央アジアのパシーム（カシミア）グループ
（4）モヘヤグループ
（5）垂れ耳グループ

ただし、この分類はあまり明確とはいえない。そこで本書では、野澤博士らが提唱した系統分化にもとづいた、より理解しやすい分類、すなわち世界の家畜ヤギを三タイプに分類し説明する。

（1）ベゾアー型：祖先種ベゾアーの形態をとどめ、角はサーベル型、耳は直耳のグループ
（2）サバンナ型：乾燥地帯の適応型、角はねじれ型のグループ
（3）ヌビアン型：大型の乳用ヤギで、鼻梁が凸隆した横顔（ローマンプロファイル）で、耳は長く垂れ耳のグループ

⑵ヨーロッパのヤギ

現代ヨーロッパに飼われているヤギは大きく二つに分けられる。一つはアルプスやスペイン品種群と称されるグループで、耳は直立し、角はサーベル型、時に無角もみられ、横顔は祖先型、いわゆるベゾアー型である。乳用種として優秀なものが多く、スイス、フランス、イタリア、北欧などで、昔は各農家に少頭数ずつ飼われる例が多くみられたが、最近はヤギを飼う農家は減少している。

ただしヤギ乳のチーズ生産のため、大頭数の近代的飼育例も見られる。

二つ目はバルカン品種群とよばれ、角が長く、閉鎖型のよじれをもつ、いわゆるサバンナ型である。乳用、肉用、毛用と用途は多面的である。前述と同様、昔は南部ヨーロッパで大群の放牧が行なわれ、しばしばヒツジとの混合放牧がみられた。品種として著名なものは見当たらない。

ヨーロッパのヤギには、系統的に特殊な品種としてイギリスのアングロ・ヌビアン種がある。北アフリカやインドからの輸入ヤギにイギリスの在来ヤギを交雑し、ジャムナパリ型の体格に育種された乳用品種であり、一九〇九年に品種として公認された。したがって名称にはヌビアンとつき、形態的にもヌビアンの特徴をとどめるが、遺伝的背景はヌビアンとはかなり異なる。アングロの名を冠したほかの家畜種も同様である。

⑶インドのヤギ

インドの在来ヤギは次の四群に大別される。

（1）ヒマラヤ地方のヤギ：毛用種として優れている。インド西北部のカシミール、パンジャブ地方を中心として分布し、大型で去勢雄が山岳地の運搬用にも利用されるといわれる。中央アジアのカシミア種と同系のものである。

（2）北部乾燥地のヤギ：乳肉兼用で、このグループの代表がジャムナパリ種である。大型で、長い耳、ローマンプロファイルの横顔をもつ。このほか、数品種がこのグループに入る。

（3）インド半島南部、デカン高原と海岸地方のヤギ：中型黒色の乳肉兼用種である。

（4）東部地域のヤギ：飼養地がベンガル、アッサムといった多湿地帯であるため、乳用ヤギは飼われていない。肉専用で平均産子数も多い。黒色が多く、ブラックベンガルヤギ、アッサム高原ヤギがこれに入る。

体型はベゾアー型であるが、ブラックベンガルについての著者らの解析結果は、興味あることに、ヌビアン型の遺伝子構成を示してる。

⑷そのほかのヤギ

毛用ヤギとして有名なカシミアヤギはインド北部、イラン東部、中央アジア一帯に広く飼われている。もう一つの毛用種アンゴラヤギはそれよりも西側、トルコやコーカサスで飼われている。これらはいずれも寒暖の差が著しい内陸ユーラシアの乾燥地に適応した地方型である。このタイプのヤギは、モンゴルなどのヤギにみられるガードヘアーとは別に生える綿毛（カシミア）ではなく、全身に柔らかい緬毛（太く粗い上毛の下に生える細く柔らかい短毛）をもち、その毛が高価な織物や衣類の原料として世界中で珍重されている。角には強いよじれがあることから、サバンナ型から派生したタイプと考えられる。なお、カシミアというのはインド西北部のカシミール州を意味し、アンゴラというのはトルコのアンカラ市を意味するが、それらの地がヤギそのものの主産地なのではなく、カシミア織、アンゴラ織の原料を集荷し、輸出する中心地であったことに由来する。

日本のヤギ

わが国先史時代にヤギの飼育があったことを示す信頼できる資料はないが、九世紀、嵯峨天皇の頃に朝鮮半島から九州に伝わったといわれる。現在日本各地でみることのできるヤギは、日本ザーネン種と称する乳用種である。ただし二〇〇七年の全国統計によれば、ヤギの飼養頭数は約一万五〇〇〇頭で、最盛期のわずか二％ほどにすぎない。

明治時代に入り牛乳の需要が増えるとともに、乳用ヤギに対する国民の関心が高まるのを受けて、明治四一年、農商務省によるスイスザーネン種の輸入に始まり、ブリティッシュザーネン、トッケンブルグ種などが導入され、政府機関による積極的な種ヤギの払い下げなどによって、わが国のヤギはしだいに乳用種へと改良されていった。こうして育種された「改良乳用種」は日本ザーネン種とよばれるようになり、長野県や群馬県など中部日本の山間部を中心にして全国的に飼養され、頭数のピークは一九五七年に約六七万頭が数えられた。戦争直後の食料や家畜飼料事情の悪かった時期には、ミルク生産のため、これだけのヤギが飼われていた。この頃に子供時代を過ごした世代のほとんどが、ヤギ乳の恩恵を受けたはずである。

乳用ヤギとは別に、わが国には古くから肉用ヤギが飼われていた。これには二つのグループがあって、一つは、長崎県西部の海岸地方と五島列島に飼われているシバヤギである。このヤギは、古来、「かくれキリシタン」と俗称される人々の手で飼われることが多かった。大部分が白色であるが、ザーネン種のような乳用能力はなく肉専用であり、体高が五〇cm前後といちじるしく小型である。このヤギは大多数が白色であること以外は、次に述べる南西諸島の肉用ヤギとよく似ている。

肉用ヤギのもう一つのグループは、南西諸島、すなわち、種子島、屋久島、トカラ列島、奄美群島、沖縄群島一帯に飼われているヤギで、それぞれ屋久島ヤギ、トカラヤギ、与那国ヤギなどとよばれている。毛色は褐色で、顔面、背線、胸、四肢などが黒い、野生原種ベゾアーと同じパターンのものが多い。角はよじれのないサーベル型で、家畜ヤギの三つの基本型のベゾアー型に入る。この点では、ザーネン種と同様であるが、周年繁殖すること、乳用ヤギがかかりやすいフィラリア病の腰麻痺症に強い抵抗性をもつ点などに特色がある。ただしこれら肉用ヤギは、本土から導入された乳用のザーネン種によって、今ではかなり雑種化

日本ザーネン種　家畜改良センター長野支場

されてしまっている。これは交配すべき在来ヤギそのものがいなくなってしまったこと、体格つまり肉量の増大を目的としてザーネン種が交雑されたこと、などが原因と思われる。ただし、この品種改良は貴重な遺伝資源を消滅させる結果となった。本当はその地域の環境や利用目的そして飼育スタイルに良く適合した品種、つまりその地域で長年飼養されてきた在来種を用いての育種改良を実施するのが理想的である。

以下、前述した代表的品種につき解説する。

(1)ザーネン種

スイスのベルン県ザーネン渓谷の原産で世界で一番乳量が多い代表的乳用品種である。全身白色、立ち耳、角はよじれのないサーベル型であるが、無角の個体もみられる。雌雄とも毛髯《もうぜん》（いわゆるヤギひげ）をもち、肉髯《にくぜん》（左右の顎に垂れ下がっている肉の塊のこと）はあるものとないものがある。体高七五～八五cm、体重は雄で七〇～九〇kg、雌で五〇～六〇kgである。一泌乳期間二七〇～三五〇日、乳量五〇〇～一〇〇〇kg、優れた個体は一五〇〇kgを超すといわれる。乳脂率三～四%である。本種の無角遺伝子は間性遺伝子と関連しており、これがホモとなると遺伝的に雌となる個体が間性（生殖力なし、したがって泌乳能力もない）となる。また、蚊によって媒介されるフィラリア症である腰麻痺に罹患しやすい欠点をもつ。日本ザーネン種は本種を累進交配し作出された。

(2)ジャムナパリ種

インドおよび近隣諸国、さらに東南アジアで飼育され、優れた乳生産力をもつ大型の乳肉兼用種である。長く下垂した耳と凸隆した鼻梁をもつ横顔が外貌上の特徴である。角は短く、毛色は白、褐色、黒と多様で、斑紋をもつものもある。体高は雄で約一〇〇cm、雌で約八五cm、体重は雄で約八〇kg、雌で約五〇kg、一泌乳期間約二六〇日、乳量約二三五kgといわれる。インド中部のガンジス河やジャムナ河流域で生まれたといわれ、ウタルプラデッシュ州エタワ地方のものはエタワ種とよばれる。東南アジア諸国でみられるのは、現地の小型在来ヤギの乳肉形質の改良のために導入されたものである。

(3)カンビンカチャン

インドネシアやマレーシアなどマレー語圏で使われている在来の肉用小型ヤギに対する呼称で、ヤギ

ジャムナパリ種（バングラデシュ）

カンビンカチャン（インドネシア）

シバヤギ　家畜改良センター長野支場

（kambing）とピーナッツ豆（katjang）の合成、つまり「ピーナッツ豆のように小さいヤギ」の意味である。体高は約五〇cm、毛色は多様で黒色や褐色も多くみられる。有角で肉髯を欠き、副乳頭を有する個体も多い。いわゆる典型的な島嶼型のヤギで、タイ南部からマレーシア、インドネシア、フィリピン、台湾、沖縄にいたる広範な地域に分布している。

(4)シバヤギ

長崎県の西海岸や五島列島には、昔から在来の小型の肉用ヤギが飼われていた。体高は雌雄とも五〇cm前後で、有角、肉髯を欠き、副乳頭を有する個体も多く、カンビンカチャン系のヤギと一致する。ただし現在の毛色は白色である。周年繁殖し、一腹産子数は一・八頭である。家畜改良センター長野牧場では、わが国の貴重な遺伝資源として保存している。また東京大学農学部附属牧場では、反芻家畜の実験動物としての有用性に注目し、一九六八年以来、実験動物としての本ヤギ系統の造成を行なっている。

新たな品種改良への挑戦

これまでに述べたアジアの在来ヤギのDNA解析を用いた系統遺伝学的研究から得られた成果をもとに、著者らが考えている新たな品種改良に向けてのアイデアや試みを以下に紹介する。

(1)ミトコンドリアDNA型と環境適応能力

前述の核外（細胞質）にあるミトコンドリアDNA遺伝子は、系統分類の仕事によく利用される。一方、いろいろなミトコンドリアDNA型は運動能力、疾病、寿命や地域環境への適応などとかかわりがあるという研究報告もある。著者らがこれまでに得たミトコンドリアDNAのDグループ領域の塩基配列情報によれば、アジアの家畜ヤギにはA～Dの四グループの母系祖先があり、グループAは多くの集団に優占的に存在する。一方グループBはインドネシア、フィリピンおよびバングラデシュの集団にみられるが、その比率は南下するにしたがい上昇し、インドネシアでは一〇〇パーセントを占める。また、グループCおよびDはモンゴルのヤギにごく少数存在するのみである。そこでミトコンドリアDNAのタンパクコード領域（一三領域）の塩基配列情報にもとづいて分子系統樹を作製してみた。この分析の目的は、DNAの塩基配列情報の中には形質発現とはまったく関係のない遺伝的変異もあるが、タンパクをコードする塩基配列（実際にはタンパク質のもとになるアミノ酸の塩基配列）の変異は個体がもつ何らかの形質に関与している可能性があり、これを探ってみようということにある。分析の結果、図に示されたようにきわめて興味深い系統樹が得られた。

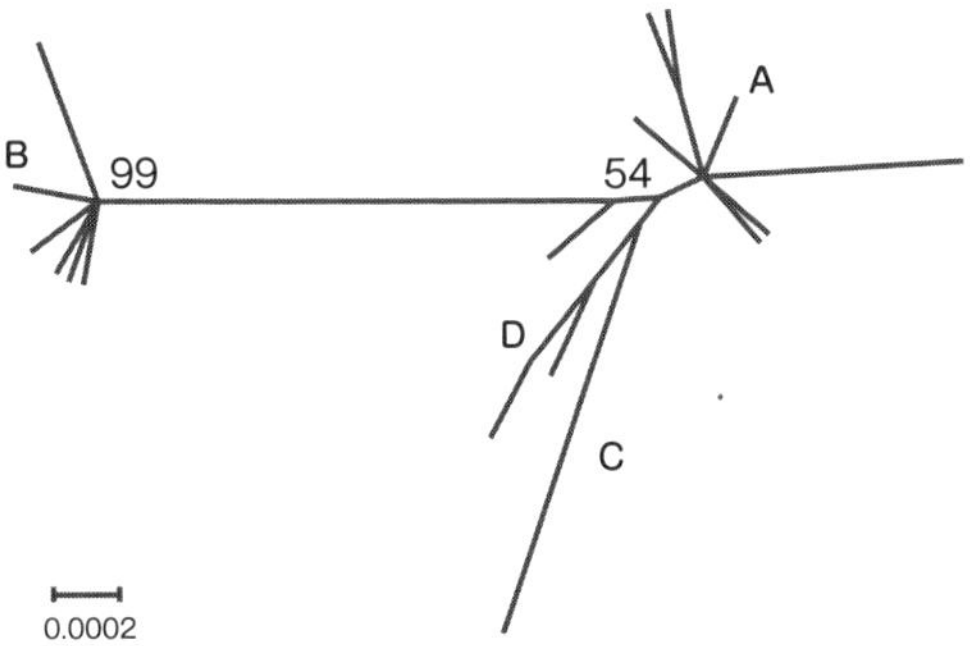

家畜ヤギの分子系統樹　ミトコンドリアDNAタンパクコード領域（13領域）の塩基配列にもとづく近隣結合法を用いた。樹上の数字は分岐の確かさを示すブートストラップ値（%）

まず、樹上の数字は分岐の信頼性を示すブートストラップ値（%）という値で、系統Bが九九%という高い信頼性でほかの系統から分岐し、これに対し系統A、C、Dは一つの大きなクラスターを形成していることがわかる。またA、C、Dの三系統のアミノ酸配列の進化速度や置換のパターンを調べても、三系統間に明確な違いは確認されず、三系統の違いは通常に生じる遺伝的変異の範囲内であることが考えられる。すなわち、系統Bは系統A、C、Dの三系統とは異なるアミノ酸置換をおこしており、系統BのミトコンドリアDNA遺伝子が他系統とは異なる選抜を受けて今日にいたったことを示唆している。

さらにアミノ酸配列の多様性が各系統にどの程度存在するのかをみるため、ミトコンドリアDNAの全タンパク質コード領域における各系統内の非同義置換率（タンパク質レベルでの変異につながる可能性率）を分析したところ、A・B間では非同義置換率が五％水準で有意に異なることも明らかとなった。さらに、哺乳類の間で保存性が高いCO2領域一三番目のアミノ酸も、系統Bだけはほかとは違うアラニンに固定されていた。以上のことから、系統Bは東南アジアでのみ高頻度に認められ、分布地域が特徴的であるとともに、アミノ酸配列の進化も特徴的であることが判明した。

これらの結果から、系統Bはほかの系統とは異なる淘汰圧を受けており、固定されているアミノ酸置換は地域への適応能力と関係している可能性が高いと考えられた。以上より、家畜ヤギ系統Bの遺伝資源としての重要性は高いと考えられ、これらのDNA情報をもとに、熱帯や亜熱帯地域の環境によく適応するヤギの新たな改良が考えられる。

(2)モンゴル在来ヤギの育種戦略

ヤギの下毛（ダウン、綿毛）であるカシミアは、モンゴルの輸出収入の一一％を占める重要な産業となっている。モンゴルにおいて調査したヤギ集団のいくつかは、ごく最近ではあるが、集団ごとに毛色をそろえ、品種として造成し、カシミア産業に利用しようとしている。そこで実際に各集団のカシミアを比較したところ、集団間でカシミア繊維の太さと長さに有意差が存在しているという事実を把握した。同時に、例えばザラージンストホワイト集団では太さが一五〜二五マイクロメートル、長さが五〇〜一〇〇㎜と、最小のものと最大のものの間に倍ほどの違いがあるなど、集団内のばらつきも大きいことが判明した。前述したモンゴル在来ヤギ集団では、遺伝的多様性は高いが集団間の分化が低いという遺伝的構造は、古くから行なわれている遊牧という飼養形態により絶えず集団間の遺伝子流動が起こったこと、さらに近代的育種を実施していないというモンゴルの歴史を反映した結果であると考えられる。これらのことから、モンゴル在来ヤギのカシミアは選抜を行なうことで、さらに改良の余地があることが強く示唆された。そこで、現在我々のグループを中心に、カシミア生産に関与する候補遺伝子を、マイクロサテライトマーカーを用いたＱＴＬ解析により追求中である。目的遺伝子が特定された暁には、遺伝子マーカーを用いた効率的な選抜育種が可能となり、一日も早い成果が期待される。

(3)日本の在来ヤギ遺伝子の世界的活用

ヤギはウシに比較して小型で扱いやすく、今後は女性や高齢者による管理が容易な家畜として、特に山間部農村で有力であると期待される。その乳は畜産先進国であるヨーロッパでは、嗜好性の高いチーズなどの加工品の原材料としても珍重され、需要が高い。また最近では食物アレルギーが問題となっており、牛乳に対してアレルギーをもつ人も多いが、ヤギ乳にはそのような抗原性はないとされ、注目されている。日本におけるヤギ乳普及の第一のネックは、年間を通じた生産ができないという欠点である。すなわち乳用ヤギザーネン種は春季にしか仔を生まず（季節繁殖性）、泌乳期間は出産後一〇ヵ月であるので、冬季には乳の生産がない。著者らはヤギ乳の安定生産を阻む乳用ヤギの季節繁殖性に着目し、日本におけるヤギ種畜生産の中枢である独立行政法人家畜改良センター長野牧場との共同研究で、乳用ヤギの育種改良に着手した。乳用ヤギに年間を通じて出産できる特質（周年繁殖性）を付与するため、この形質をもつ日本の在来種シバヤギと乳用ヤギザーネン種を交配する実験家系を作出した。雄シバヤギ一頭、雌ザーネン六頭を用いてF1世代三六頭を作出したところ、すべての雌個体が周年繁殖性を示し、この形質の乳用種への導入に成功した。ザーネン種への戻し交配の第二世代五八頭のうち、現在までのところ、雌の約八〇％が周年繁殖性を示している。以上のことから、シバヤギのもつ周年繁殖性はザーネン種に対して優性であり、その発現には複数の遺伝子が関与している可能性が示された。

ザーネン種はヨーロッパで育種改良され、世界中で飼養される有名な乳用種である。このヤギの大きな欠点に、日本の在来ヤギの周年繁殖性を導入できたことは、在来家畜遺伝子資源の活用の面からも大きな成果と考える。この技術を世界で活用させるためにも、周年繁殖性の分子遺伝学的解明を急ぎたい。

第6章

ブタ

◎

三上仁志

世界の豚品種の現状

豚は古くからその旺盛な繁殖力と発育により、貴重なタンパク源として利用されてきた。現在、世界で約二〇億頭が飼われており、その約半数が中国で飼養されている。イスラム教、ユダヤ教では豚肉を忌避するため、飼養国は牛や羊にくらべ地域的にかたより、中国、EUおよびアメリカが八五%を占める。

豚は多産で発育が早いため、生産コストが牛肉などにくらべ安く、洋の東西を問わず食材として幅広く利用され、またハム、ソーセージなどの加工原料にもなるため、世界全体の生産量は牛肉や鶏肉の約一.五倍である。日本では現在、一〇〇〇万頭弱が飼育されており、国民一人当たり純食料として年間約一一kgが食され、食肉の四〇%を占めるポピュラーな食品となっている。

世界中に現存する豚の品種は約四〇〇とされるが、二〇〇五年にFAO（国際連合食糧農業機関）の協力で社団法人畜産技術協会が取りまとめた『世界家畜品種事典』において、写真付きで記載できたのは一三〇品種となっている。豚に限らず家畜の品種は、登録協会などの組織が認定のための基準を設け、血統登録することにより認定されるべきものであるが、実際には長年にわたり隔離され、地域内で繁殖が続けられてきた集団も、血統管理に関係なく品種として位置づけられている。その多くは在来種とよばれる品種で、途上国などにおいては、その特徴や頭数などが正確に把握できていないものもある。

品種の中には、産地あるいは特徴により変種や系統とよばれる集団を多く含むものもある。また近年は既存の品種をいくつか交雑した合成品種、あるいは合成系統とよばれる集団が育種企業によって作出されており、品種に関係なく、企業名を冠した名が付けられる場合もあり、品種という概念も時代とともに変化している。

このように多くの品種が世界中で飼養されているが、養豚が産業化し、経済効率を厳しく競い合うようになると、多くの国で主要品種は大ヨークシャー、ランドレース、デュロックなど生産性の高い大型改良品種で占められるようになった。大型改良品種の普及にともない、生産性が低く競争力のない在来種や古典的な品種が消滅、あるいはその危機に曝されるようになった。イギリスではカンバーランド、リンカーンシャー、カーリー・コーティッド、ヨークシャー・ブルーなど古い品種が既に絶滅し、中ヨークシャー、バークシャー、ラージ・ブラック、タムウァース、ウエリッシュなど豚の育種史を語る上で欠かすことのできない古典的品種も危機状態にあり、希少品種（レア・ブリード）として保存活動がなされている。

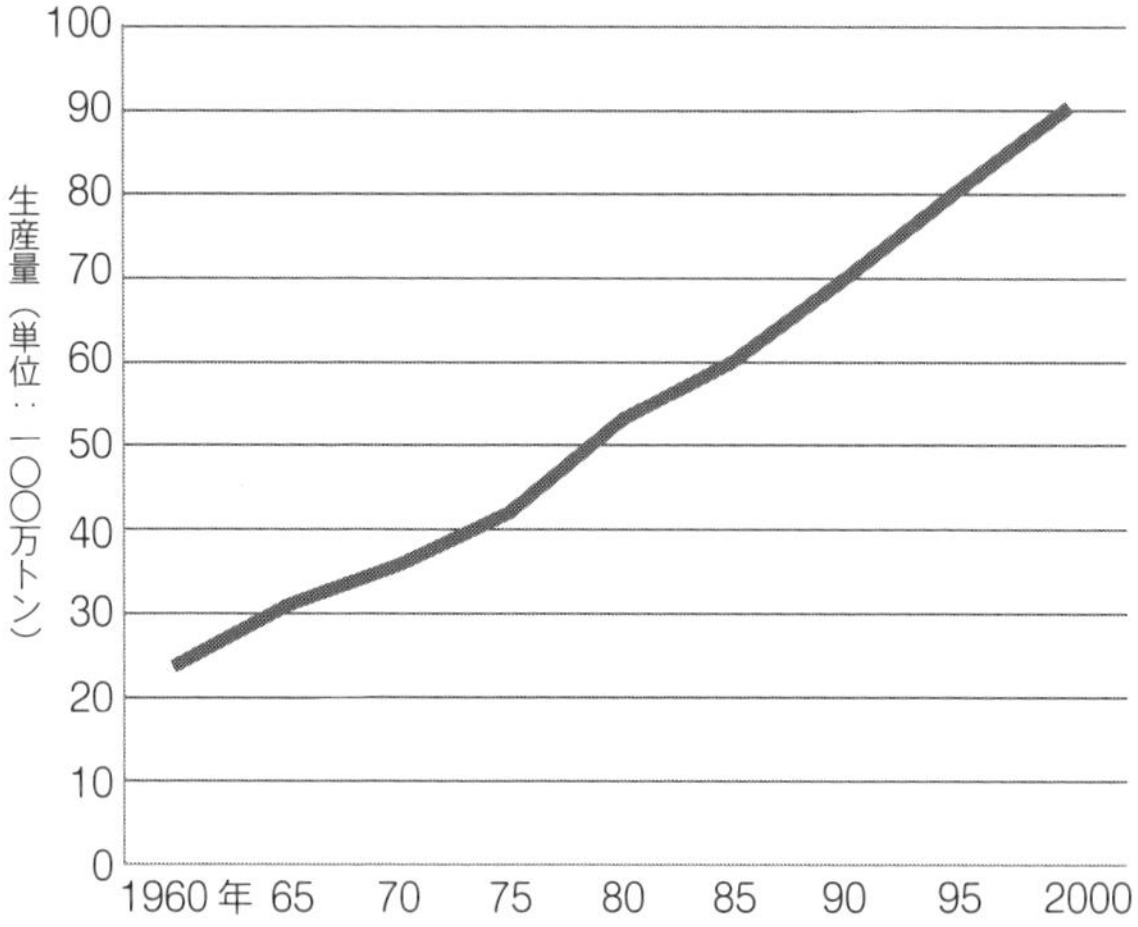

世界の豚肉生産量の推移　FAO統計

また中国やそのほかのアジア各国においても、二〇世紀後半になって多くの在来種が改良品種に追いやられ、山村僻地に残存するだけとなっている。最近ではこれら在来種を遺伝資源として見直し、保護する動きが出てきている。

豚の野生種イノシシ

よく知られているように豚の祖先はイノシシで、イノシシ属（スス）には、ヨーロッパ、アジア、太平洋島嶼、北アフリカと世界中に広く分布するイノシシ（スス・スクロファ）、インドネシア、フィリピンに分布するスンダイボイノシシ、インドのマナス野生生物保護区にのみ生息するコビトイノシシ、インドネシアのカリマンタン島周辺に分布するヒゲイノシシ、フィリピンのゼブ島、ネグロス諸島固有種のフィリピンヒゲイノシシなどの種が含まれる。

イノシシの仲間のうち豚の祖先となったのは、イノシシのみと考えられている。世界中に広く分布しているイノシシには多くの亜種がある。その中で豚の主要な祖先と考えられてきたのは、ヨーロッパイノシシとアジアイノシシである。

これらの亜種の中でも、地域によって体の大きさや形態的特徴にかなりの違いがみられるが、ヨーロッパイノシシとアジアイノシシを比較すると、体の大きさや体型が明らかに異なる。アジアイノシシはヨーロッパイノシシより小さく、頭骨が短く高い。耳は小さく、口から頬にかけて淡色の帯がある。ヨーロッパイノシシは大型で、頭骨は低く長い。耳は大きく立ち、首にはたてがみ状の剛毛がある。またこれら二亜種の中間的タイプであるインドイノシシを豚の祖先の一つに加える説もある。

イノシシは豚を含め種内での交配が可能であり、その子孫も正常な繁殖能力をもつため、亜種として独立させるか、地域的な変異集団とするか分類が難しい。日本にもアジアイノシシ系のニホンイノシシとリュウキュウイノシシの二亜種が生息している。リュウキュウイノシシはニホンイノシシにくらべ体が小さく、琉球列島の限られた地域に生息している。ニホンイノシシは本州、四国、九州に広く分布し、地域的な変異がみられる。なお、これら日本のイノシシが家畜化された歴史があるか否かについては後述するように明らかではない。

豚は雑食性で主食は植物であるが、爬虫類や昆虫、貝類などの動物も食べ、また環境への適応性に優れ、繁殖能力が高い。そのため人に飼われていた豚が逃げ出したり放たれたりすると、容易に野生化し、その子孫は再びイノシシ（ワイルド・ピッグ、ワイルド・ボアー）となることが多い。オーストラリアやアメリカなど、従来イノシシが生息しなかった地域では、その再野生化は明らかに確認できるが、従来からイノシシが生息していた地域では、土着のイノシシと交雑するため再野生化を確認することが難しい。日本でも肉利用の目的で飼育されているイノシシと豚の交雑種であるイノ豚が逃げ出し、イノシシと交雑したのではないかと危惧されるケースが報じられている。改良品種の豚は、イノシシと比較できないほど成長が早く多産であるため、豚の血が混じったイノシシは増殖能力が格段に高まる。

イノシシの家畜化

牛、馬、羊、山羊などが狩猟民族によって家畜化されたのに対し、豚は農耕民族によって家畜化された。長距離の遊牧が困難なこと、草のみで飼養できないことなどが、遊牧民に受け入れられなかった。このことが、遊牧を生活の糧としていたイスラムやユダヤ教徒に豚が忌避される一因になったといわれる。豚は集落周辺の森の木の実や野草を餌とするとともに、集落内の残渣《ざんさ》などを餌としながら、家畜化への道を進んだ。そのため長期間にわたり、食料の安定した生産ができる農耕社会の発達が、家畜化のために不可欠であった。

豚の家畜化が農耕社会の発展の中に組み込まれていたため、豚の起源や地域間の類似点を探ることが農耕文明の伝播研究の一助になると考えられ、畜産学だけではなく考古学的な興味も強くもたれている。イノシシの家畜化がいつ、どこで行なわれたかについては、古くから数多くの研究がなされ、現在でもＤＮＡ解析など新しい手法を用いた研究が続けられている。牛や馬では野生の祖先のほとんどが絶滅したが、豚の祖先であるイノシシは世界各地で今でも繁栄し、家畜化された豚との比較が容易であるため、文化史的観点を含め、新たな情報がなお積み重ねられている。

農耕は約一万二〇〇〇年前に、南西アジア、現在の中近東で始められ、紀元前七〇〇〇〜前四〇〇〇年にヨーロッパに広がった。最も古い豚の骨は紀元前七〇〇〇年にさかのぼる南西アナトリア、現在のトルコアジア地域のチャヨニュ遺跡で発掘された。また、南アナトリアでも紀元前五〇〇〇年頃の遺跡の壁画や骨などから、家畜としてすでに豚が飼われていたと考えられている。同地方での野生動物の家畜化は、犬が最初で、ついで山羊、羊、牛と豚はその後であった。

メソポタミア、現在のイラクでは、北部で紀元前六〇〇〇年、南部では紀元前五〇〇〇〜前四〇〇〇年頃に飼われていた。中央イランのオアシスでは、豚は紀元前六〇〇〇年頃の新石器時代にはみられず、紀元前四〇〇〇〜前三〇〇〇年の金石器併用時代になって多くの豚が飼われ、同地方を経由してトゥルクメニスタン方面に普及していったと考えられる。

インダス川流域で紀元前二五〇〇年頃から栄えたインダス文明では、牛、水牛、山羊、羊、鶏などが家畜化されていたが、豚については発掘される骨が野生のイノシシなのか家畜化された豚なのか定かでない。

中国における農耕社会の成立は、おおよそ一万年前にさかのぼるが、その時代の中国北部および長江中流域の遺跡群からは、家畜の飼養を裏付けるものは出土していない。その後、約六〇〇〇年前には、豚の骨格が出土してはいるが、鹿など野生動物にくらべ数が少なく、本格的に豚が食用とされたのは、それ以降と考えられている。

中国における家畜化も一元的なものでなく、地域ごとに異なったイノシシから行なわれた。華南イノシシから南方系の豚が、華北イノシシから華北系の豚が、東北白胸イノシシから北方系の豚が、矮脚イノシシからヒマラヤ山腹から雲南に接する地域の豚が家畜化された。台湾小耳種など島嶼部の品種は台湾イノシシなど島嶼のイノシシを祖先としていると考えられている。

わが国では、農耕定住社会が始まった弥生時代（紀元前一〇世紀中頃から前三世紀中頃）の各地の遺跡からイノシシの骨が出土している。その中で大分県の下郡《しもごおり》桑苗遺跡で出土した骨の形態が飼育されたイノシシであるとする報告がなされ、その後「弥生豚」として各地で報告が続いた。頭骨の後頭部が高いこと、歯槽膿漏がみられることなどがイノシシと異なり、家畜化された豚であるとする説である。さらにより古く、縄文時代中期にはすでにイノシシが琵琶湖周辺で飼われていた可能性があることが、最近報告されている。このように、わが国でも古くからイノシシを食肉として利用していたことは疑いないが、野生イノシシを管理、増殖し、家畜化の過程にあったかどうかは不明である。また、弥生豚は大陸からの移住者によりもち込まれたという説もあり、ニホンイノシシとの交雑も当然考えられる。

南西諸島では、古くから耳が大きく腹部が垂れている中国系の在来豚とは別に、耳の小さな野生型の豚が飼われていたことが知られている。この小耳系の豚は、リュウキュウイノシシが家畜化されたものか、南方より渡来したものか、あるいはそれらが交雑したものか定かでない。

養豚の伝播

ヨーロッパでは、最初に南西アジアからバルカン半島とコーカサス地方に養豚が伝わった。バルカン半島ではアナトリアより少し遅れて、紀元前七〇〇〇年後半に豚が飼われていたことが、ギリシャの新石器時代の地層から麦などと一緒に豚の骨が出土したことから推測されている。

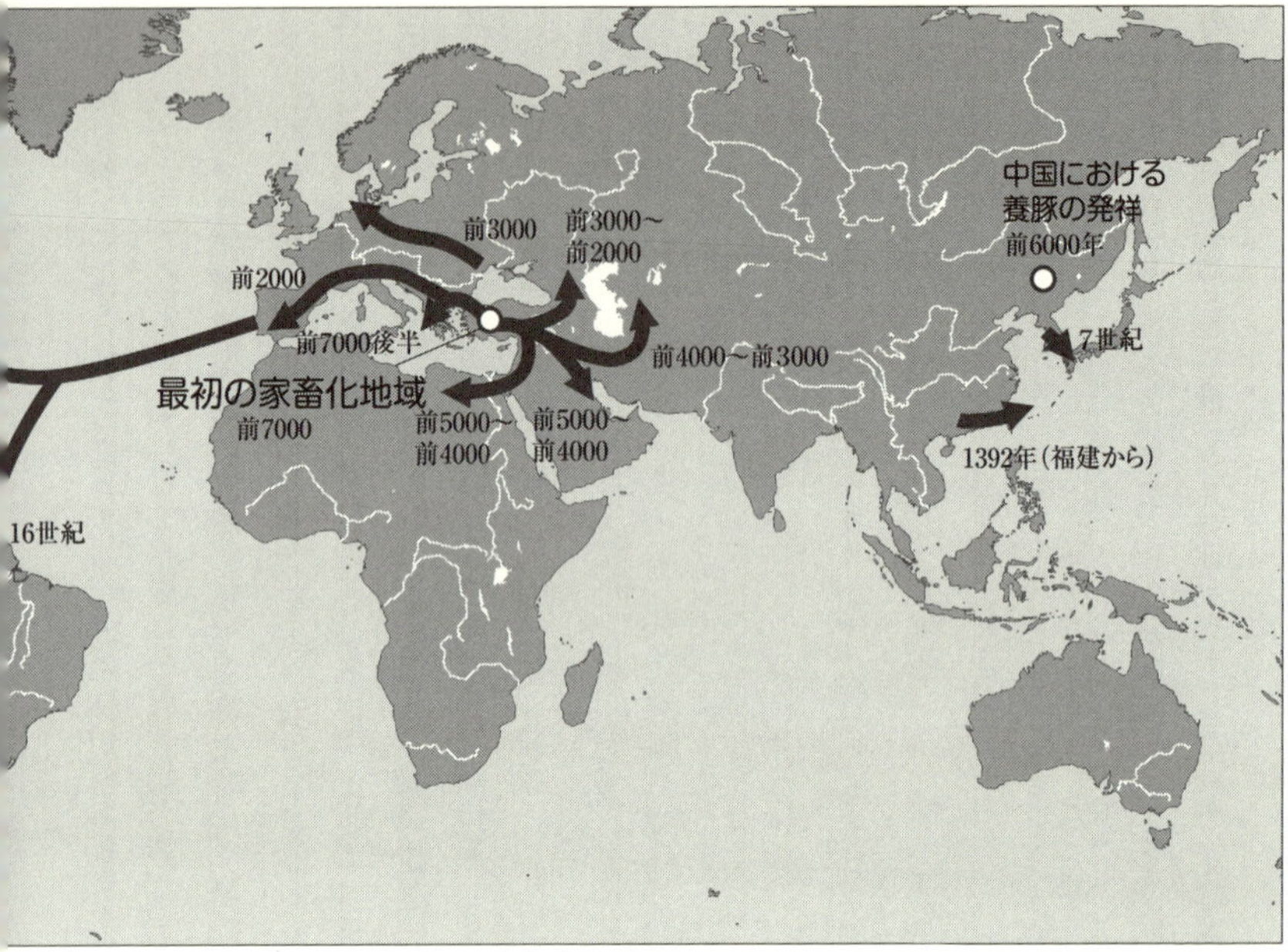

養豚技術の主な伝播経路

黒海とカスピ海に挟まれたコーカサス地方には、紀元前三〇〇〇～前二〇〇〇年に、黒海とドニエプル川の間のステップ地帯には同じく前三〇〇〇年頃には、アナトリアから養豚が伝わっていた。この両地方からボルガ川とドニエプル川に沿って東ヨーロッパの森林地帯に、さらにドイツ、北欧の森林地帯に養豚は広がった。

バルカン半島から西へは、陸路とともに海路でも豚が輸送され、イベリア半島では紀元前二〇〇〇年頃には多数の豚が飼養されていた。

養豚が農耕文化の伝播とともに南西アジアからヨーロッパ各地に広がっていく過程で、南西アジアからもち込まれた豚が営々と世代を重ねていったわけではない。養豚が伝えられたヨーロッパの各地では、地元のイノシシからの家畜化がなされ、南西アジア起源の豚は消滅したことが、最近のＤＮＡ解析から報

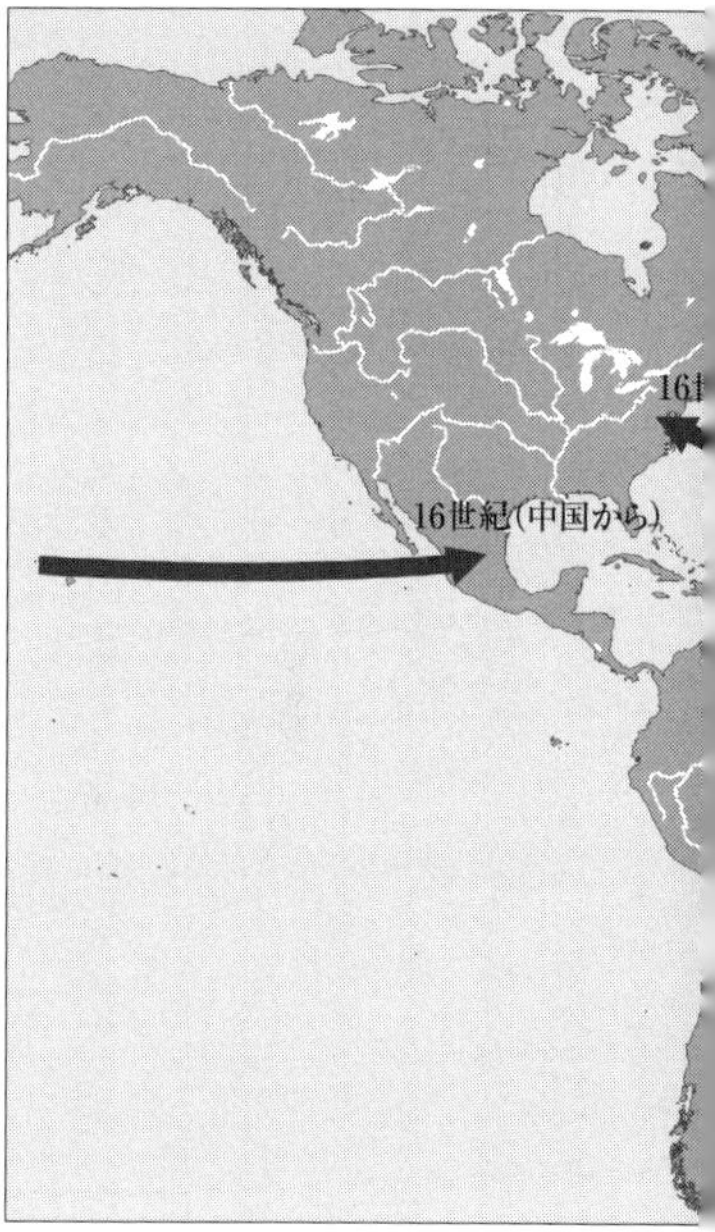

告されている。したがって、現在のヨーロッパ起源の品種は、すべて南西アジアではなく、ヨーロッパのイノシシを主要な起源としている。このような交替がなぜ起こったのかは非常に興味深い。南西アジア起源の豚が、ヨーロッパの気候風土へ適応しなかったのであろうか。繁殖性や発育などの生産性で、現地で家畜化した豚が優れていたのであろうか。

一方、現地のイノシシが家畜化される過程で、すでにもち込まれていた豚との交雑がなかったと考えるのは不自然であり、交雑の後に、家畜により適していた現地のイノシシ由来の遺伝子が多く子孫に伝えられたとも考えられる。南西アジア由来の豚とヨーロッパ起源の豚との関係については、今後のさらなる研究がまたれる。

いずれにせよ、これまで考えられてきた豚の伝播の経路は、豚という動物の経路とするよりも、より広く養豚という生産手段の経路と考えたほうが無難である。南西アジアからの養豚技術が伝えられたことが刺激となり、各地で地元に生息しているイノシシからの家畜化が進められたことは間違いないだろう。

スイスの新石器時代の湖上住居跡から牛、羊などとともに豚の骨が発見されたことはよく知られている。紀元前二八〇〇年頃の堆積層からの出土と考えられる。泥炭豚と名付けられた豚はヨーロッパのイノシシよりかなり小さく、細身で足の長いタイプであった。このタイプの豚はドイツ、ハンガリー、バルカン諸国、西欧、ロシアなどヨーロッパ各地でみられるが、その土地で家畜化されたものでなく、外部から導入されたという説が有力である。同じようなタイプの豚がトゥルクメニスタンやパレスチナ、上エジプトの遺跡でも出土しており、南西アジア由来の豚の流れを汲む可能性が高い。

石器時代の終わりにかけて泥炭豚より体の大きな、おそらくはヨーロッパのイノシシ由来の豚が現われ、青銅器、鉄器時代にはヨーロッパ各地で、これら両方のタイプの豚がみられるようになる。そして交雑による中間タイプも現われるようになった。

一方、アナトリアの南方では、養豚はシリアとパレスチナを経て、紀元前五〇〇〇～前四〇〇〇年にエジプトに到達した。紀元前一五〇〇～前一〇〇〇年のエジプト新王国時代にナイル流域で数多く飼われるようになり、祭祀で神に捧げられ、また母豚の小さな像がお守りとして身につけられた。エジプトに広まった豚は、まもなくヌビア（現在のスーダンと上エジプト）へも普及し、アラブ侵攻によるイスラム化まで、スーダンでも一般的な家畜として食用にされていた。

宗教上の戒律とともに、アフリカの気候が養豚に適さないこともあり、豚肉はアフリカで主要な食肉とはならなかった。エジプトのコプト人の村やスーダン中央と南部のいくつかの村でイノシシに似た小型の豚が飼われている以外、現在のアフリカの豚は後にヨーロッパから導入された豚の子孫である。

北米には野生のイノシシはおらず、豚はコロンブス以降、ヨーロッパからの移民によって、それぞれのふるさとの品種がもち込まれた。南米にもイノシシはいなかったが、一六世紀に中国からメキシコに、一六世紀以降にスペインとポルトガルからイベリアタイプの豚が導入された。この頃にもち込まれた豚の子孫は在来種とよばれ、二〇世紀になってからヨーロッパや北米からもち込まれた改良種と区別されている。

中国において家畜化された豚がどのようにほかの地域に伝えられていったのか、そのルートは明らかでない。中国文明は大きく分けて畑作を中心とした黄河流域と稲作を中心とした長江文明の二つがあり、それぞれの農耕文明の伝播とともに養豚は普及していったと考えられる。交通手段の発達していなかった時代、長距離移動に適さない豚は、おおげさにいえば村落ごとにほかと隔離された状況下で改良され、そのため数百以上もの在来品種が作出されたといわれる。西洋の改良品種の導入が遅かった農村地方を中心に、現在でも一〇〇近くの在来種が維持されている。

太平洋の島嶼では、豚は貴重な家畜として広く飼われてきた。これら太平洋島嶼部の豚は、東アジア大陸本土から台湾など東南アジアの島を経由して、移住者によって農耕とともに伝えられたと考えられてきた。しかし最近、ミトコンドリアＤＮＡの解析によりスマトラ、ジャワ、ニューギニアやオセアニア諸島の豚がベトナムのイノシシ由来とする報告が出され、移民と豚の起源はベトナムであることが提唱されて今後の研究課題となっている。

わが国への養豚技術の渡来は、七世紀頃と考えられている。六六三年に滅亡した百済から多数渡来した移住者により養豚が伝えられ、豚ももち込まれたとする説が有力である。大阪市の旧東成区猪飼野《いかいの》町の地名は、『日本書紀』に記された「猪甘津《いかいつ》」に由来し、朝廷に献上する猪を飼育する猪飼部《いかいべ》の住居地であった。猪は中国では豚のことであり、イノシシは野猪と標記される。当時、ニホンイノシシとの交雑が起きたか否かは明らかでない。

その後、奈良時代になり仏教が肉食を禁じたため、西南諸島や薩摩など一部を除き、豚の飼養は途絶えた。

沖縄には一三九二年に福建人の移住者によって中国系の豚がもち込まれ、この末裔がアグーとよばれる島豚とされる。島豚は明治以降、西洋種と交雑され純粋種は絶滅したが、最近、古いタイプの豚を探し出し復元が図られている。

家畜化による遺伝的変化

イノシシを家畜とした目的は肉利用であり、副次的に皮、骨、剛毛なども利用した。多くの子供を産むという豚の特徴は、効率的に動物性タンパク質や脂肪が得られるという点できわめて好都合であった。一方で、多くの子豚を同時に哺乳するため、人があまった乳を利用することは難しかった。メラネシアでは、逆に人が乳の足りない子豚に自分の乳を飲ませるという習慣があったほどである。またその生態から、牛や馬のような荷物運搬や乗用など労役にも適さず、肉利用が唯一無二の品種改良の目的であった。この点で肉、乳、卵、労役、毛皮など、いくつかの明らかに違う方向に改良が進められ、それぞれの目的に適した品種が作出された牛、馬、山羊、羊、鶏などと異なる。

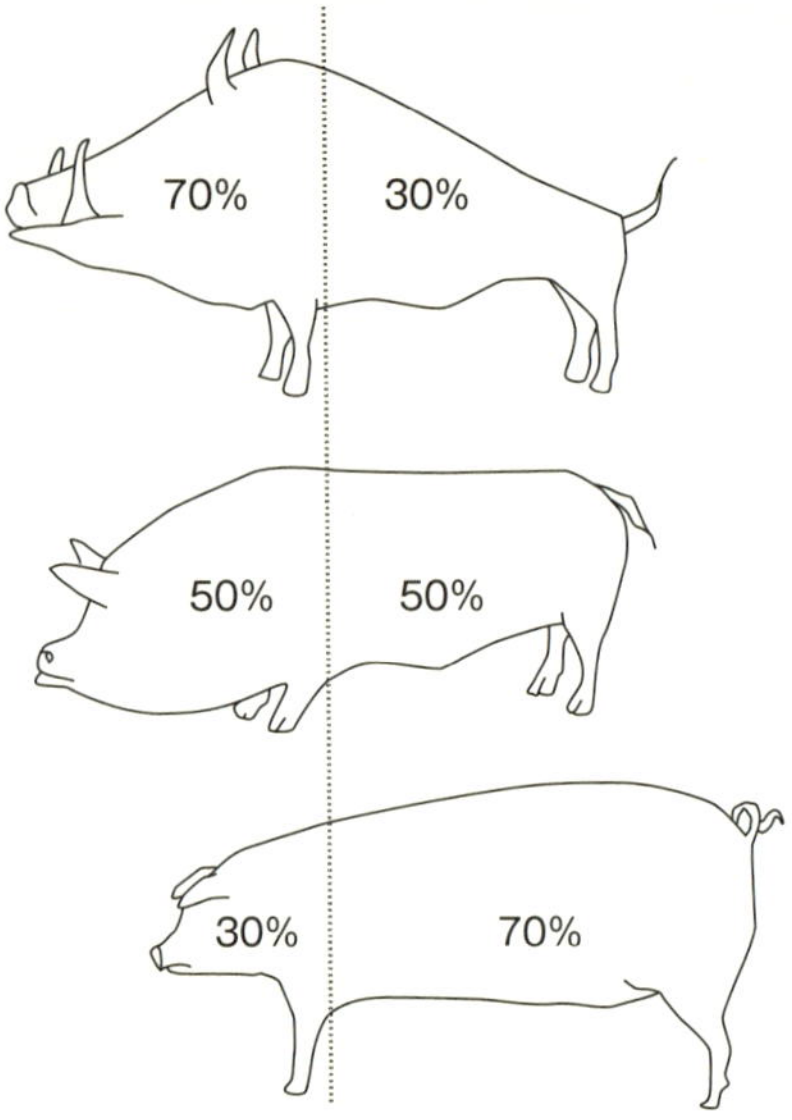

イノシシからブタへの体型の変化

食肉としての利用のためには、まず第一に多くの子供を得ることが必要であり、そのためより産子数が多く、早熟で分娩間隔が短くなるように繁殖性が改良された。イノシシの多くは特定の季節に発情し交尾する季節繁殖で、ニホンイノシシは冬に交尾、餌が多くなる春に分娩する。リュウキュウイノシシなどの南方系のイノシシは年に二回繁殖期をもち、年に一～二回分娩することが知られており、気候や栄養状態により繁殖期は変化する。しかしこの繁殖期をまったくなくし、人が望むように一年中、安定して子豚を得られるようにしたのは、遺伝的な改良の結果である。

また、イノシシの子供の数は多くても四~五頭であるが、豚では平均で約一〇頭、多い豚では二〇頭を超す記録もあるほど多産となった。この季節性をなくし、多産にすることによって、現在の養豚業においては一頭の母豚から年間に二〇頭あまりの子豚が得られている。

繁殖性とともに重要視されたのは、発育が早く、短期間で食肉として利用できるようにすることである。イノシシでは一〇〇kgになるのに一年以上を要するのに対し、改良品種では六ヵ月ほどで達する。発育が早くなると、体を維持するためのエネルギー総量が減るため、餌の効率もよくなる。体の中で食用としての価値の低い頭部、四肢などは小さくあるいは短くされ、肉の多い胴が長くなり、大腿部(ハム)が充実した。イノシシでは肋骨が一四対であるのに改良品種では平均一六対と体長が伸びている。

現在のように豚舎で飼う場合は問題とならないが、一七世紀以前の養豚は、多くの国で森林や草地など野外での放牧が主流であった。そのため寒さや乾燥など厳しい環境に適応するようになっていった。

ここで品種の話に入る前に、よく用いられる豚の品種の区分を示す用語について簡単に説明しておく。

改良品種と在来種　明確な区分はないが、一九世紀以降に成立し、公的な登録団体において認定され、血統管理がなされている品種を本稿では改良品種とよぶ。それ以前に存在し、改良品種作出のもととなった品種を在来種とよぶ。

用途別タイプ　肉生産を目的とする豚では、乳用牛と肉用牛、ブロイラーと採卵鶏のような極端な利用目的による品種間の違いはないが、同じ肉利用でも主に脂肪(ラード)を重視するか、赤肉利用、それも加工用か焼肉などの精肉（テーブルミート）としての利用かによって異なるタイプの品種が作出された。ヨーロッパにおいては二〇世紀初めまで、中国では二〇世紀半ばまで、豚の脂肪は赤肉と同等の価値があり、ラードタイプとよばれる皮下や腹腔に多くの脂肪を蓄積するタイプが在来種には多かった。

イギリスではベーコンの消費が一九世紀末頃から急増し、その需要に対応するため、加工向きの胴長で赤肉量の多いベーコンタイプとよばれる品種が成立した。また、ハムやテーブルミートとしての利用を重視するロースが太く大腿部の発達した品種は、ポークタイプとよばれた。アメリカでは一九四〇年頃から、脂肪の少ない赤肉の多い改良品種をミートタイプとよぶようになった。

第一次大戦後は欧米のほとんどの国で、食生活の改善のために脂肪の少ない赤肉量の多い豚肉が好まれるようになった。そのため多くのラードタイプの品種がモデルチェンジされ、ラードタイプのままの品種の多くは実用価値を失った。

雄系、雌系　現在の養豚産業では、雑種強勢（異なる品種の交配による雑種が両親よりも優れた特性をもつこと）効果を利用した雑種生産が主流となっている。効率的な雑種生産を行なうため、産子数など繁殖能力を重視する雌系の品種と、発育や赤肉量を重視する雄系の品種に分けて改良されている。繁殖能力には雑種強勢効果が特に期待できるため、異なる雌系の二品種を交雑し得られた雑種を母とするのが一般的である。この母豚を「一代雑種母豚」あるいは「F１母豚」とよぶ。この母豚に交配する雄豚は「止め雄」とよばれる。

在来種の成立

現在、産業的に利用されている品種のほとんどは、一九世紀以降に成立している。しかし、その源となる多様な遺伝的バックグラウンドは、有史以前にすでに集積されていたと考えられる。すなわち、イノシシの飼育下での増殖に成功した人類は、引き続き繁殖能力や発育性に優れ、その土地の環境に適し温順な性格の豚を作出する努力を数千年にわたって積み重ねてきた。もちろん、近代的な育種理論や手法などない時代であり、長年の試行錯誤で得た経験にもとづいた選抜淘汰や、きわめて低い確率で見出される突然変異個体の利用、そして優れた豚からより多くの子孫を得る交配により、固有の特徴をもつ血縁集団ができあがってきた。

自家消費を目的とした昔の養豚では、母豚の頭数が少ないため、種雄豚を自分でもつことはなく、特定の農家の優れた種雄豚を共同で利用していたであろう。またほかの地域との交流も少ないこともあり、近親交配が日常的に行なわれ、共通の特徴をもち、ほかの地域の豚と区別される血縁集団ができたと想像できる。隔離された地域で長年にわたり継代され、維持されてきたのが在来種である。

これらの在来種についての記録は、育種の中心であったイギリスなどヨーロッパでもほとんど残されていない。当時のヨーロッパでは、農家で少頭数ずつ飼育されて、森で木の実を主食とし、木の実の無くなる晩秋から初冬に肉とするのが一般的であった。王侯貴族が所有する荘園などの大農場で群として管理される牛や羊にくらべ、文化的、経済的価値が乏しく、その来歴や姿などが文書や絵画などに記されることはきわめて少なかった。

その後、通商が盛んとなり、航路や陸路が整備されるにともない、他国、他地方からの種豚の導入も行なわれるようになった。特に一八世紀中頃から中国豚が導入されると、ヨーロッパ各国の豚の改良は急速に進んだ。新たに作出された改良品種が、またたく間に在来種に取って代わった。そのため現在のヨーロッパには、一八世紀以前の姿を保った在来種は存在しない。その中で当時の面影を比較的多く残しているとされる品種について、その特徴などを紹介し、当時の豚の姿を想像してみよう。

中世に描かれた絵画でみることができるイギリスの在来種は、立耳で剛毛が生えた小型の豚が主流で、ハンガリー、ユーゴスラビアおよびルーマニアで飼われている在来種マンガリッツァに似ている。マンガリッツァは、頭部は短く、耳は前方に立ち、鼻は長く、イノシシに似ている。体型は典型的なラードタイプである。カールした長い毛と細く密な綿毛の二層の被毛をもつ。毛色は黄白色が多く、黒色、赤色もいる。その被毛と頑健な四肢とひづめにより、厳しい寒さと野外の直射日光や風雨に耐えられ、森林や野生草地での放牧が続けられてきた。一九世紀以降、大型の体格に改良されたが、その被毛や四肢には往事の特徴をみることができる。一九四三年にはハンガリーで三万頭が飼われていたが、狭い豚舎での飼育には不向きなこと、改良品種にくらべ産子数が少ないことなどから、現在では四五〇〇頭と激減した。遺伝資源として二〇〇六年にイギリスが、二〇〇七年にアメリカが輸入している。

ブラック・イベリアン　『世界家畜品種事典』より

マンガリッツァと同じラードタイプの在来種の面影を残す品種が南ヨーロッパにも残っている。地中海豚あるいはイベリアン豚と総称される品種で、その代表がポルトガルのアレンテジョ、スペインのブラック・イベリアンやイタリアのブラック・シシリアンなどである。イベリアンタイプの豚は、南西アジアからフェニキア人によって現在のレバノン経由でイベリア半島にもち込まれた豚と現地のイノシシが、紀元前一〇〇〇年頃に交雑して成立したといわれる。

最近、イベリコポーク、イベリコハムとしてわが国にも輸入され、高級肉として有名になったが、このタイプの豚は背脂肪が厚く赤肉割合は低いが、〝さし〟（食肉中に脂肪が交雑している状態で〝しもふり〟ともいう）に富み、食味が優れている。マンガリッツァと同様に林間放牧に適したたくましい四肢をもち、ドングリなどの木の実を主食としてきた。鼻は長く細くイノシシに似ているが、気候の温暖な地方で改良されたため、マンガリッツァと異なり毛はきわめて少なく、育種された地方の気候への適応性がはっきり認められる。毛色は黒一色が多く、灰色や茶もみられる。

イベリアンタイプに含まれるガスコンとよばれる在来種がフランス南西部、アキテーヌ地方に残っているが、写真でみるかぎり被毛が密生し、マンガリッツァに似ている。

これらイベリアンタイプの品種は、いずれも近年、大ヨークシャーやデュロックなど大型改良種と交雑、改良され、古いタイプは激減している。ヨーロッパの北と南の差はあれ、中国豚の影響を受ける前の豚は、その風貌は鼻が長く、イノシシに似ていたと推測される。

このような小型の在来種と異なる白色で大型の垂れ耳の在来種が一九世紀頃まで、イギリス、中欧、北欧にかけて広く飼われていたことが知られている。その起源は明らかでないが、イギリスではヨークシャーの、中欧と北欧ではランドレースのもととなった。その白い毛色遺伝子がいつ頃、どこから導入されたのか長年興味がもたれてきたが明らかではない。現地で突然変異によって偶然生じた白色を固定し広げていったとも考えられる。

一八世紀中頃以降、中国の豚がヨーロッパの国々の豚に大きな影響を与えるが、それではその当時のアジアの豚はどのような姿かたちであったであろうか。幸いアジアには、ヨーロッパと異なり、中国をはじめ多くの国で、在来種が現在でも山間僻地などで飼養されている。

中国には多くの品種が飼われているが、近年、体型、外貌や生産性などによって、四八の在来種（中国では地方種とよばれる）と、中国で作出された一二の改良品種（育成品種）に整理統合された。中国における改良品種はすべて二〇世紀に入ってから作出されている。中国はいうまでもなく広大な国で、気候風土も多岐にわたっている。これらの地方に、それぞれ適応するように育種されてきた代表的な在来種を紹介する。

華北型と総称されるタイプには、民豚に代表される東北地区の在来種、黄淮黒豚に代表される華北部の在来種、八眉豚に代表される新疆ウィグル自治区、寧夏回族自治区、甘粛省、青海省などの西北地区の在来種が含まれる。

梅山豚　『中国種畜種禽』より

これらの地区の気候環境はかなり異なるが、乾燥した寒い冬が長く続くことは同様で、養豚に恵まれない環境である。これらの在来種に共通する特徴は、毛が長く密生し、毛色は黒で、顔がまっすぐで長く、大きく垂れた耳をもつ。背は比較的水平に近く、臀部は痩せ傾斜している。体格は中から大である。これらの特徴の多くは、耐寒性に優れた東北地方のイノシシの特徴を受け継いでいるものと考えられる。

華東、華中、華南は、気候は穏やかで湿潤、養豚に適した地区である。上海市、江蘇省周辺の太湖地方の在来種は太湖豚とよばれ、わが国にも輸入され、特異な外貌で有名になった梅山豚もこの品種に含まれる。太湖豚はきわめて多産で、一回の分娩で三二頭生まれたという記録もある。太湖豚を含め華東から華南にかけて飼養される在来種は江海型とよばれ、台湾の桃園種も江海型とされる。江海型に共通する特徴としては、毛色は黒、毛はまばらで、体全体に大きなしわがある。耳は大きく下垂しており、顔はしゃくれて短い。背線は凹み、四肢は短く腹部が垂れている。

この地区には別に華中型とよばれる在来種も多く飼養されている。静岡県に導入され肉質の良いことで知られる金華豚や大花白豚、華中両頭烏豚などが代表的品種である。全体として江海型に似るが、耳は江海型ほど大きくなく、体躯のしわは少なく、顔のしゃくれも軽度である。毛色は白黒で、毛は江海型と同様にまばらである。

中国最南部、海南島には、平地で海南豚、山地で五指山豚が古くから飼養されている。五指山豚は親豚で体重が三〇～三五kgときわめて小さく、耳は小さな立ち耳で、顔が長く口がとがり、台湾小耳種など島嶼部の在来種と似た風貌であり、同じ起源とも考えられる。

西南部では、貴州省と広西荘族自治区の山地で飼養されている香豚、雲南省、貴州省、四川省の境界の産地に分布している烏金豚、四川盆地の内江豚、チベット自治区の蔵豚が代表的在来種である。香豚が飼われている地帯は、低い山地で気候的には比較的恵まれているが、飼料の乏しい山間僻地である。小型で、現在では実験用としても使われている。毛の色は黒色が多く、耳は小さく垂れている。背は凹み、腹が下垂し足が細いことなどは中南部の在来種に似るが、顔はまっすぐでしわは少ない。

烏金豚が飼養されている地帯は山の入り組んだ複雑な地形で、海抜が高ければ体が小さく、低ければ大きい。山地の傾斜地での放牧に適応し、四肢が丈夫で黒い毛が密生し、脂肪が厚く、耐寒性に富んでいる。体型は中南部の豚と異なり、背は平らで、顔はまっすぐでしわは少ない。耳は中等大で垂れている。

蔵豚はチベット自治区を中心とした西部高原地帯で飼養されており、高原型とよばれる。海抜二〇〇〇m

以下の農業地帯に多いが、三〇〇〇m以上の寒冷で乾燥した高山地帯でもみられる。約四〇kgと小型で、背は水平である。口は長くとがり、毛色は黒、毛は長く密生し、たてがみをもつ。行動はイノシシに似ており、高地に順応している。

このように、広大な中国において、それぞれの地域の気候や飼養条件に適応するように改良されてきた結果、多様な在来種が生じたことが明らかである。

タイ、ベトナム、フィリピン、インドネシアなど東南アジアには、小耳系とよばれる黒色で小型の立ち耳の在来種が山間部などで現在でもみられる。これらの豚の起源は明らかでないが、その多くは台湾小耳種、タイ小型在来豚のように国名や地方名を冠した名でよばれている。

イギリスにおける改良品種の作出

ヨーロッパ、アジアの在来種を基礎とした近代的な育種が、一八世紀後半になってイギリスで始まった。他の国と同様に、イギリスにおける家畜の育種も、それまでは試行錯誤の繰り返しによって得られた経験にもとづくものであった。すなわち、子の毛色や体型が親に似ること、兄弟はほかの個体より似ているが、その兄弟の中でも優劣があること、親子交配や兄妹交配により優れた特徴も、不良な特徴も子供で顕著に発現することなどが漠然と知られていた。森林での放牧が主流であったイギリスの養豚も、一六世紀になって森林の開墾が進み、また飼養する豚の頭数が増加するにともない、木の実に頼らない舎飼いの養豚へと移行していった。豚舎で飼うようになると、子供の数や発育など個々の豚の能力に観察の目が行き届くようになり、育種の基礎が築かれていった。

一八世紀中頃から始まった産業革命にともない、都市部に人口が集中し畜産物の商品化が進むと、生産性の高い、効率のよい畜産物の生産のために家畜の改良に多額の投資がなされるようになった。家畜育種の祖とされるロバート・ベイクウェルは、近親交配と選抜により牛のロングホーン、馬のシャイアー、羊のライセスターなどの品種を作出するとともに、一七八〇年代に豚の改良も試みている。しかし豚では新しい品種の作出にはいたらず、成功とよべるような成果は得られなかった。豚の改良品種作出は、ほかの家畜とくらべかなり遅れ、豚の血統登録がイギリスで始まったのは一八八四年で、馬の血統登録に遅れること九〇年、牛にくらべても六〇年後である。

馬、牛および羊では多くの品種がイギリスの貴族階級の農場で作出されたが、豚ではバークシャーとエセックスの二品種のみが貴族がかかわって成立した。そのほかの品種は、村落で民間のブリーダーが中心となって作られた。大農場で組織的な改良が行なわれなかったことが品種の成立を遅らせ、また改良にかかわる記録がきわめて少ない一因と考えられる。

年代的には遅れたが、牛や羊での優れた個体を種畜とし、その種畜の娘や姉妹との近親交配を繰り返すことにより遺伝的に固定した品種を作成する手法は豚でも用いられた。一年で世代更新が可能で、また兄妹が多い豚では近親交配が進めやすく、外貌、能力などに共通した特徴を備えた家系が数多く作られたと考えられる。一方で、数多くの子孫が得られ、種畜の世代更新が早いことが血統管理を複雑とし、品種としての成立を難しくした。しかし養豚業の発展にともない、優れた種畜が国内、国外から求められ、高値で取引されるようになると、その血統や能力を担保することが求められ、品種としての基準が設けられ、豚でも純粋種であることを証明する登録制度が始まった。

このイギリスにおける豚育種に、中国豚が与えた影響はきわめて大きかった。中国から直接運搬されるとともに、すでに海洋都市、国家として栄えていたナポリやポルトガル経由でも導入された。ナポリなどでは中国種と地元の豚がすでに交雑されていたため、地中海系の豚として導入された。中国からの輸入は、記録的には一七七〇年代とされているが、おそらくそれ以前から繰り返し行なわれていたと考えられる。当時の絵画などに描かれた胴が短く、お皿のようなしゃくれ顔などに中国豚の影響が明らかに読み取れる。導入された中国在来種の特定は困難であるが、広東からの豚、おそらくは華中地方の在来種が主であったと考えられる。

それでは導入された中国種が、イギリスでの豚改良にどのような影響を与えたであろうか。中国種のもつ早熟で多産な繁殖性、豊かな脂肪、そして温順な性格などは、イギリスの養豚農家にとって驚きであったと想像される。このような優れた特徴は、豚育種の機運の高まっていたイギリスで直ちに取り入れられ、新品種作出に用いられた。

この時代に作出された代表的なイギリスの品種をいくつかみていこう。

赤い豚として有名なタムウァースは、イギリス品種の中で中国種の影響を最も受けていないとされる。原産地はイングランド中央部のタムウァース市周辺で、一八八五年に成立している。立ち耳、まっすぐな顔、脂肪の少ない細長い体躯という特徴は中国種の影響を感じさせない。しかし中国豚の影響が少なかったために性成熟は遅く、発育が遅いため人気が出なかった。一九世紀後期に大ヨークシャーの血が導入され、大型化された。最盛期にはカナダ、アメリカなどに輸出されたが、しだいに同じベーコンタイプである大ヨークシャーにその地位を奪われ、現在ではイギリスにおいても絶滅に瀕し、稀少品種として保護されている。

タムウァースは、黒色で胴に白いバンドをもつエセックス・サドルバックと一九六七年に統合され、ブリティッシュ・サドルバックとなった。イングランド東部のエセックスシャーを原産とするエセックスは、

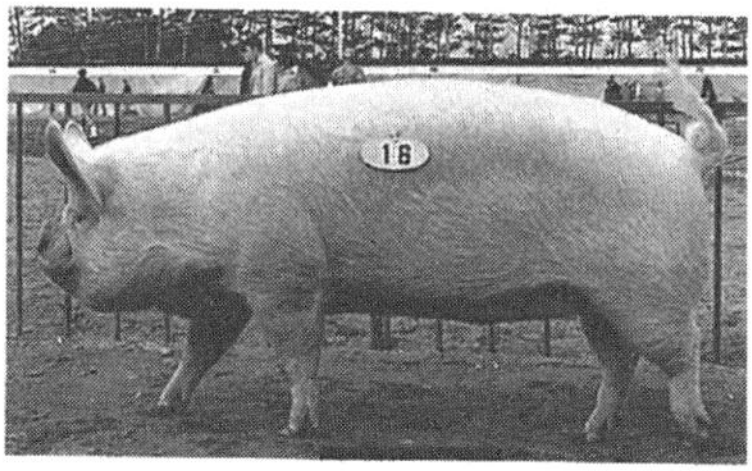
中ヨークシャー 『世界家畜品種事典』より

バークシャー 日本養豚協会蔵

この地方の在来種にナポリから導入した豚を交配し、さらにバークシャーの血も入れている。ウェセックスはドーセットシャー原産で、その来歴は明らかでないが、一八二〇年以前にアメリカに輸出され、同じ毛色のハンプシャーの祖先となったといわれる。

エセックスもウェセックスも放牧に適した体型で顔もしゃくれておらず、比較的中国種の影響を受けていない。一九二〇年代にこれらサドルバック種は急激に数を増やし、一時期は大ヨークシャーに次ぐ飼育頭数となった。しかし背脂肪が厚く赤肉量が少ないこともあり、しだいに数を減らし、現在では新系統作出のための遺伝資源としての利用が中心となっている。

イギリスで作出された黒色品種の代表は、バークシャーとラージ・ブラックである。バークシャーは、イングランド南部のバークシャーを原産とする黒豚で、四肢と口吻および尾に六白とよばれる白いマーキングがある。タムウァースと共通の祖先とされる赤色の在来種に、黒色の中国種やナポリタン種を交雑して現在の毛色となった。バークシャーの黒色は、白い地色の黒斑が広がったもので、黒色は大ヨークシャーやランドレースの白色に対し劣性で、白色品種との雑種は白色となる。立ち耳であるが、その短くしゃくれた顔、早熟性、短く丸い体躯などに中国豚の影響が強く表われている。バークシャーには、これ以降、他品種が交雑されておらず、過去二〇〇年間、純粋繁殖を保ってきた稀な品種である。

バークシャーは、ロンドンなどで醸造業などから出る食品残渣を餌として肥育するのに向いているとして、大歓迎で受け入れられ、一八八四年に登録が開始されている。一九世紀末には最も高級な豚肉とされ、世界各国に輸出された。ヨークシャーとともに、世界の豚育種に最も貢献したイギリス品種の一つである。わが国には一九〇六年に初めて輸入され、現在でも鹿児島県を中心に飼養され、黒豚としてブランド化されている。

長年にわたり、イギリス王室がウィンザー城でバークシャー群を維持していたことは有名であるが、現在のイギリスの養豚産業では利用されなくなり、一九七六年にはわずか一六頭しか雄豚の登録がなく、稀少品種として保護されるようになった。

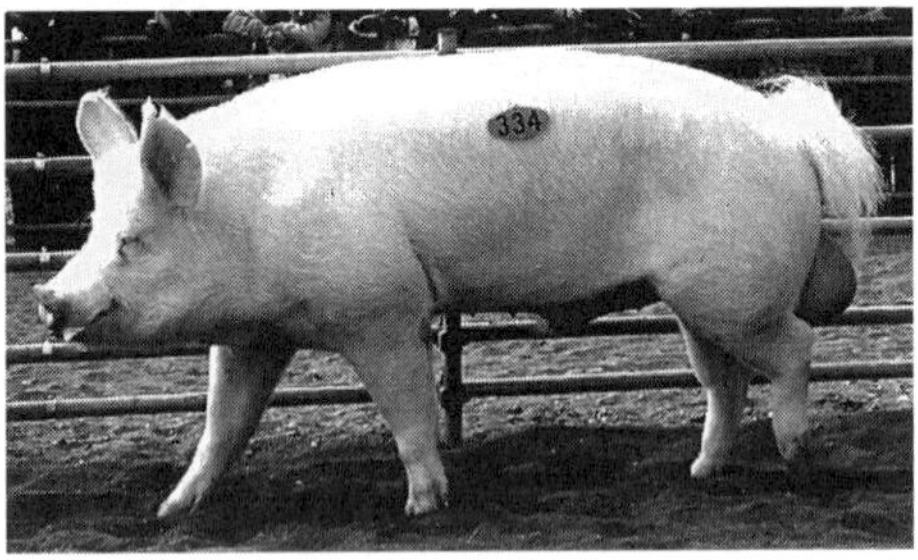
大ヨークシャー　日本養豚協会蔵

中ヨークシャーのわが国での正式の品種名はヨークシャーであるが、外国でのよび名との対比で混乱を避けるため、本稿では中ヨークシャーとよぶこととする。イギリスではミドル・ホワイトとよばれ、ラージ・ホワイト、スモール・ホワイトとともに、ヨークシャー地方の在来種に中国種やナポリタン種を交雑し改良された白色の品種である。一八五一年にロイヤル・ショーに出展され、高い評価を受けた。当時からいくつかの固有の名称をもつ系統があり混乱していたため、一八八四年に登録協会が設立され、ラージ、ミドル、スモールの三品種に区分された。スモール・ヨークシャーは、体質が虚弱でまもなく消失した。中ヨークシャーは、大ヨークシャーより明らかに中国豚の影響を強く受けており、頭部は短く、典型的なしゃくれ顔である。耳はうすく立っている。大ヨークシャーより早熟で飼いやすく、小規模経営を中心としてイギリス全土で広く飼われていたが、経営規模が大きくなり、飼養技術が向上するにともない減少した。

この品種は一九六〇年頃までわが国の豚の九〇%を占める主要品種であった。わが国でも大型品種の普及にともない激減したが、最近になり高品質を売りとする銘柄豚品種として一部で見直されている。

大ヨークシャーは現在、原産地のイギリスはもちろん、世界でも最もポピュラーな品種であり、多くの国の養豚産業で重要な地位を占めている。イギリスではラージ・ホワイト、イギリス以外では単にヨークシャーとよばれる。日本では中ヨークシャーが先行して導入され、前述のようにヨークシャーと品種登録されていたため、本品種は大ヨークシャー種と命名された。現在、ランドレースと交雑し、一代雑種母豚を生産する母系品種となっている。一九〇六年以降、数度にわたってイギリスから輸入された経緯があるが、零細な養豚農家では飼いやすい品種ではなく、一九六〇年代になるまで普及にはいたらなかった。

立ち耳、軽くしゃくれた顔、ピンクの皮膚に白色の毛、そして胴の長い大きな体格を特徴としている。母系として利用されることからわかるように、産子数が多く保育能力に優れるとともに、枝肉は赤肉量が多く、飼料効率もよい。一九世紀以降多くの国に輸出され、北米やヨーロッパで広く普及し、純粋種として活躍するとともに、新たな白色大型品種の作出に多大の貢献をした。

このように近代的な家畜育種の先駆けとなり、多くの優れた品種を作出したイギリスでは、品種の維持・改良の基盤となる血統登録を行なう登録協会が次々に設立された。そして、その品種の普及や改良のために、各地でショー(品評会、展示会)を開催し、チャンピオンの称号を目指して優劣が競われた。チャンピオンになった家畜は種畜として繁殖に用いられ、その子供は国内外で高い値段で売れたため、ショーでチャンピオンとなることがブリーダーの大きな目標となり、名誉にもなった。そのショーの最大のものが一八三九年から王室行事として始まったロイヤル・ショーで、今日でも盛大な農業祭として開催されている。

ショーでの採点の基準となる各品種の体型や毛色、外貌など細かなスタンダードが登録協会により作成され、ブリーダーはそのスタンダードを目指して育種に励んだ。この種のショーはその後、イギリス以外の国でも広く実施されるようになり、各品種が外貌的に斉一となるなど品種の改良や維持に大きな貢献を果たした。肉用家畜である豚では、各部位の肉付きや体の大きさなど、産業動物としての経済価値もスタンダードに反映されたが、脂肪の厚さやロースの太さなど、枝肉の取引段階での価値を反映することは難しかった。また、飼料効率や発育速度などの能力もショーでは評価できなかった。

イギリス都市部における消費の増加はその後も続き、ビクトリア朝時代（一八三七〜一九〇一年）には、製造業や商業に携わる賃金労働者が急増し、その豚肉需要にイギリスの養豚産業は対応できなくなった。そこで、一八四二年にイギリスはヨーロッパ産の豚肉の輸入を開放し、一八六九年には消費量の二五％の豚肉が輸入されている。

また、消費者の嗜好が一九世紀末から二〇世紀初頭に大きく変化した。都市部での食生活が豊かになるにともない、動物性脂肪の摂りすぎが健康上の問題となり、従来よりも脂肪の少ないベーコンの需要が急増した。このイギリスのマーケットを見逃さず、外貨獲得のために、国をあげて豚肉の輸出に努力したのがデンマークであり、有名なデンマーク・ランドレースを組織的に育種改良した。

一方、イギリスの養豚産業は価格的に競争のできない豚肉生産ではなく、優秀な種畜を育種し、高額で海外に輸出販売することに力を入れた。そのためイギリスは種畜生産国とよばれ、イギリス品種は世界中に輸出され、多くの国で豚育種の基礎となる種畜として利用された。イギリスは豚肉の輸入国でありながら、現在でも豚の育種企業がかなり存在し種畜を輸出しているが、その基盤はこの流れの上にある。

ヨーロッパ大陸における新品種の作出

近世になってもヨーロッパ大陸の養豚は、夏は森林での放牧が主流で、餌の乏しくなる冬の前に繁殖用の豚を除きほとんどが屠殺され、肉となった。餌となる穀物は人も食物としているために与えられることが少なくなり、一七～一八世紀に森林が開墾によって減少すると、餌のドングリ類が乏しくなり豚の頭数が減少した。一九世紀になると集約的な農業生産が進行し、農業の生産性が高くなった。特にジャガイモやトウモロコシの導入が与えた影響は大で、年間を通して餌が与えられるようになり、養豚はしだいに舎飼いに移行し、豚の頭数は急増した。当時の貧しい都市労働者にとって、ラードは重要なエネルギー源であった。

養豚の振興とともに、イギリスにおける大ヨークシャーなどの新品種作出が大きな刺激となり、優れた能力の品種を作出する機運が高くなった。当時、中欧から北欧にかけて飼養されていた大きな垂れ耳をもつ大型在来種（ランドレース）が改良の基礎となった。この育種には、直接、間接にせよ、イギリスの大ヨークシャーが多大な貢献を果たした。

デンマークは古くから世界有数の豚肉の輸出国で、一八八七年にドイツ政府が国内生産保護のために豚肉の輸入を禁じるまでは、ドイツが主な輸出相手国であった。ドイツへの輸出ができなくなったデンマークは、急速に豚肉需要が増加していたイギリスをターゲットとした。しかしイギリスの市場が求めていたのは、ベーコン加工用の胴が長く、背脂肪が薄く、赤肉の多い枝肉で、ドイツ向けに生産していた在来種では対応できないものであった。

そこでデンマークは、在来種にイギリスから輸入した大ヨークシャーを交雑し、一八九六年にランドレースとして登録した。それ以降、厳密な産肉能力検定による選抜を重ねて、ロンドン市場において最高級と認定されるイギリス向けの豚肉生産に成功した。ランドレースは、本来は在来種を意味する言葉であるが、デンマークは自国の豚品種ということでデンマーク・ランドレースと名づけた。この命名により豚の世界では、ランドレースという言葉は在来種という意味でなく、品種名として使われるようになった。

デンマーク・ランドレースは、大きな耳が顔を覆うように前方に垂れている白色の大型品種で、頭が小さく、胴がきわめて長く、腿も充実している。大ヨークシャーより背は水平で、全体として流線型で、肉畜として無駄のない体型をしている。

デンマークにおける豚育種は、組織的な産肉能力検定の基盤に立つ。一九〇七年に全家畜を通じて、世界初の能力検定所がデンマークに設立された。家畜育種の歴史上、画期的な出来事である。デンマークの検定方式は、子供の成績から親の遺伝的能力を推定する後代検定方式とよばれるもので、検定する豚の子供を検定所に集める。検定所では一定の飼養条件下で、発育速度や飼料効率などを比較し、さらに屠殺後に枝肉の歩留《ぶど》まり（原材料に対する食用可能部分の割合い）、背脂肪の厚さ、ベーコンの量と質などを測定する。そして得られた子豚の平均値から、親の能力を推定する。

検定施設はその後、規模と数を増し、二〇世紀中頃には年間約七〇〇〇頭について調査できるようになった。デンマークの成功をみて、一九二〇年代にはヨーロッパ各国で豚の産肉能力検定が始められた。また遅れて、アメリカや日本でも有効な育種方法として採用された。

子供の成績から親の遺伝的能力を評価する後代検定は、確実性の高い方法であるが、検定を受ける豚が子を産み、その子の肥育が終わらないと成績が得られないため、時間がかかるという短所がある。繁殖に利用できる期間が二〜三年と短い豚では、検定が終了した時には、すでに繁殖に利用できなかったというケースが多く起きた。そのため、正確度は劣るが、検定に要する期間が短い、子供ではなく兄弟姉妹を調査豚とし、後代検定と同様に肥育・屠殺して生産性を調べる、きょうだい検定法も実施されるようになった。また、屠殺せずに測定できる発育速度や飼料効率などの項目だけについて、検定対象の豚そのものについて評価する直接検定法も開始された。直接検定は、超音波を利用し生体で背脂肪の厚さやロースの太さが測定出来るようになったこともあり、その利便性から、現在では最も広く普及している。

デンマーク・ランドレースは、産肉能力検定を柱とする国をあげての努力により、急速に改良が進んだ。デンマーク政府はその後、豚肉輸出国としての優位性を守るため長期間にわたって生体での輸出を禁止した。

しかし禁止される以前に導入ができた北欧諸国では、自国の在来種に交配し、さらにイギリスの大ヨークシャーの血を交えながら、よく似たタイプのランドレースを作出した。フィンランド・ランドレースは一九一六年、スウェーデン・ランドレースは一九一七年、ノルウェイ・ランドレースは一九三〇年に登録が開始されている。これらの国は、デンマークからの豚の輸入ができなかった時代には、世界各国への貴重なランドレース種の供給国であった。特にスウェーデン・ランドレースは世界各国に輸出された。一九八〇年以降、これら北欧の国々のランドレースは、互いに血液の交流を行なっている。一九五二年登録開始のフランス・ランドレース、一九五三年のイギリス・ランドレース、一九五〇年のアメリカ・ランドレースなどは、デンマークを中心とする北欧ランドレースの血を濃く受け継いでいる。

デンマーク・ランドレース　日本養豚協会蔵

デンマーク・ランドレースとは別に、ヨーロッパのランドレースの改良に貢献したのがドイツ・ランドレースである。ドイツにおいても、養豚の振興とともに、当時、北西部にいた大きな垂れ耳の白色在来種に、一九世紀末に輸入した大ヨークシャーを交配し、選抜を重ねて大ヨークシャーに似たドイツ・ヨークシャー（エーデル・シュヴァイン）とドイツ・ランドレースの二品種が一九〇四年に成立した。ドイツ・ランドレースは、北欧のランドレースに似ているが、やや胴が短く厚みのある枝肉で、ベーコンよりもソーセージやテーブルミートでの消費の多い国内市場向けに改良された。第二次大戦後に、デンマーク・ランドレースとオランダ・ランドレースが改良のために導入されている。また母系として繁殖能力の改良にも一貫して力が注がれ、ピエトレンの雄との交配による雑種生産のための母豚として現在多数が利用されている。

ピエトレン　『世界家畜品種事典』より

ドイツと同様に、テーブルミートでの消費が多いベルギー、オランダ、ハンガリーのランドレースは、ドイツ・ランドレースの流れを汲むが、成立の過程で北欧のランドレースの血も導入されている。ベルギーでの育種は一九二〇年代に始まり、一九三〇年代初めに短胴、多脂肪な在来種にドイツ・ランドレースを交配し改良した。第二次大戦後にデンマーク・ランドレースが交雑されている。ベルギー・ランドレースの最大の特徴は、きわめて脂肪が少なく筋肉質なことである。テーブルミートでの消費が大部分を占めるベルギーでは、ラードの摂取が極端なほど嫌われ、脂肪の少ない豚の改良に力が注がれた。ランドレースは他国と同様に雌系として使われ、雄系には筋肉質であることでは世界一と評価されるピエトレンを用いて、脂肪の少ない交雑種を肉豚としている。

オランダでも自国の在来種にドイツ・ランドレースを交雑し、一九三〇年にオランダ・ランドレース

（ダッチ・ランドレース）として登録が始まり、産肉能力検定を柱に組織的な改良が続けられた。わが国にも肢蹄が弱いと問題になっていた北欧系のランドレースを補強するために、頑健な肢蹄をもつオランダ・ランドレースが多数輸入された。

ランドレース以外にもヨーロッパで作出された品種は多いが、その中で肉質に特異的な特徴をもつピエトレンを紹介しておく。

本品種はベルギーのブラバンド地方のピエトレン村で一九二〇年頃に見出され、その後三〇年にわたってその周辺だけで維持されてきた特異的な品種である。起源は明らかでない。極端に脂肪の少ない筋肉質の豚で、第二次世界大戦の最中には、栄養補給のため脂肪の多い豚が求められ、そのために絶滅しかけた。しかし大戦後の食生活の変化で、脂肪の少ない本品種の肉が高い価格で取り引きされ、一九五三年から品種として登録されるようになった。

足が短く、背が広く、腿は充実し張り出している。背脂肪はきわめて薄く、外部から筋肉の張りが一目でわかるくらい筋肉質である。毛の色は白色の地色に黒いスポットが不規則にあり、耳は立っている。雄系の品種として一九六〇年頃から外国に多く輸出された。しかしその後、本品種が強度のストレスを受けると呼吸困難、筋肉の硬直、高熱を発し、重度の場合には、死亡する場合もある豚ストレス症候群（ＰＳＳ）にかかりやすいことがわかった。この症候群にかかった豚の肉は保水性がなく、商品価値の劣るむれ肉ともよばれるＰＳＥ豚肉になり易いことが大きな問題となり、人気が急降下した。最近、ＰＳＳが遺伝病で単一の遺伝子、リアノジンレセプター遺伝子により劣性遺伝することが判明し、簡便なＤＮＡ診断で保因豚を判定して、この遺伝病が発現しないように注意しながら、ベルギー、ドイツでは現在でも数多く利用されている。また、育種会社による合成系統作成の基礎畜としても利用され、遺伝資源として貴重な品種である。

アメリカにおける新品種の作出

南北アメリカには、ペッカリーを除けば、イノシシは生息していなかった。コロンブスの二回目の航海（一四九三～九六年）で、西インド諸島に、その後の探検の際に食料として利用する目的で、意図的に豚が放たれた。一五二五年にフロリダへもち込まれたのが、アメリカ本土への最初の導入という説もあるが、記録として明らかなのは、一五三九年にフロリダのタンパへの一三頭が最初である。一六～一七世紀の移民を中心とした人口の増加にともない、ヨーロッパからの輸入は続き、頭数は飛躍的に増加した。

メキシコには極東との定期船便があり、一六世紀には中国から導入されていたと考えられる。一六世紀以降、ポルトガルやスペイン人により、ヨーロッパとイベリアの豚が中南米にもち込まれた。これらが交雑し、それぞれの地域の在来種となっていった。その中で、メキシコからコロンビアの熱帯地方で飼われている毛のないヘアレスタイプの豚が有名である。体重八〇～九〇kg、黒色のラードタイプの豚で酷暑や粗食に耐えられるのが特徴で、自然淘汰で在来種が成立する好例とされる。

ヨーロッパからの入植者は、故郷と同様に豚を放し飼いにしたため、多くの豚が野山で半野生的に暮らすようになった。繁殖性に優れ、雑食で適応性に富んでいたため、在来の野生動物に負けることなく増殖し、野生の豚（ワイルド・ボアー）へと形態的に変化していった。この野生の豚を必要に応じて捕獲し、再度家畜として飼養することも地域によって行なわれた。このような状態が約四〇〇年続いたが、南北戦争（一八六一～六五年）後は州政府が整備され、辺境の管理も進むようになると、豚の放し飼いは困難になった。ニューヨークのウオールストリートの地名は、原住民からの襲撃を避けるための長い壁に由来するとされているが、豚の穀物畑への侵入を回避するための壁という説もある。

人口が増加し開墾が進むと野生豚による農地被害の苦情が増え、また豚の伝染病予防のためにも野生豚のコントロールが必要となった。しかしワイルド・ボアーの駆除はなかなか進まず、現在でも半数以上の州で野生化した豚がみられ、フロリダとテキサスでは百万頭を超すという報告がある。ワイルド・ボアーは鹿と同じように狩猟の対象とされ、ハンターの狩猟できる地域がアメリカ南部に数千あり、産業の一つとなっている。

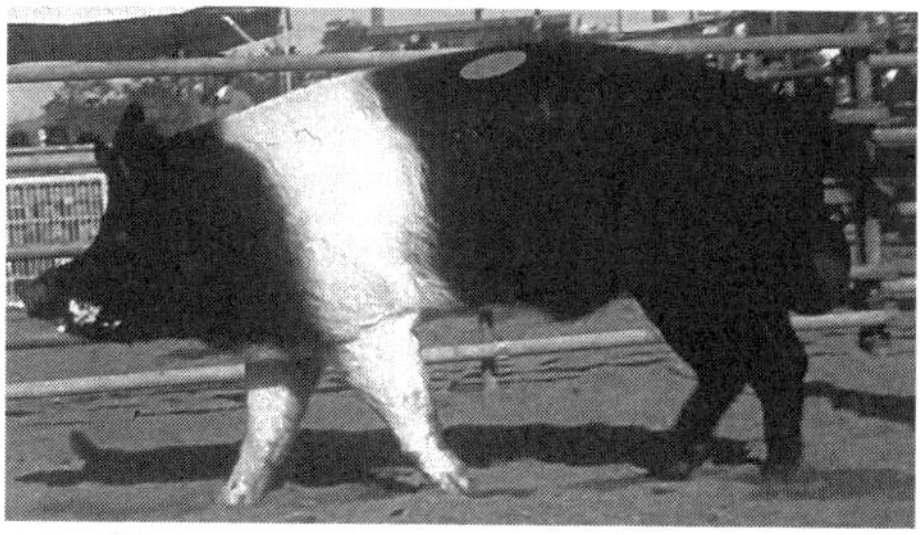
ハンプシャー　日本養豚協会蔵

初期の移民は、多種多様な豚を自分の故郷からもち込んだ。多くはヨーロッパからであったが、中には中国種や中南米の豚も含まれていた。これらの豚が交雑する中で、それぞれの地域環境や好みに応じた種畜が選ばれ繁殖に用いられた。一九世紀末から二〇世紀初頭にかけて、ポーランド・チャイナ、チェスター・ホワイト、デュロックそしてハンプシャーが成立した。成立の過程で、どのような品種が用いられたか確かな記録はないが、ハンプシャーを除いて、成立した時はいずれも典型的なラードタイプであった。
第一次世界大戦（一九一四〜一九年）中は、ラードが貴重なエネルギー源となっただけでなく、戦争に必要な機械油としても求められ、ラードタイプがもてはやされた。しかし戦後、食生活が豊かになり、健康志向が高まるとともに動物性脂肪が嫌われ、すべての品種が脂肪の少ないミートタイプへと変化していった。
アメリカで作出された品種の中で、わが国の養豚産業に大きな足跡を残しているのがハンプシャーとデュロックである。

ハンプシャーの祖先は、イギリスのサドルバック系の豚とされるが明らかでない。一八二五〜三五年にイギリスのハンプシャーから輸入されたため、その名がつけられた。通称、〝薄皮豚〟といわれたように皮が薄く、背脂肪も薄かった。食肉業者が競い合ってケンタッキーに買いつけに走るほど、肉の評価が高かった。一八九三年にケンタッキーの農家によってアメリカ薄皮豚登録協会が設立された。その当時は地域によっていろいろな品種名が付けられていたが、一九〇四年にハンプシャーに統一された。一九一〇年以降、急速にコーンベルト地帯（トウモロコシ地帯。オハイオ、インディアナ、イリノイ、アイオワ、ネブラスカ、などが含まれる）に広がり、大ヨークシャー、デュロックとともに、アメリカの三大品種となった。

デュロック　日本養豚協会蔵

黒色で肩から前肢にかけて白いベルトがあり、背は弓状で、腿は特に充実している。顔の長さは中等で耳は直立している。産子数はあまり多くないため、肉質改良のための雄系として利用されている。脂肪が少なく赤肉が多いことが評価され、カナダ、ヨーロッパなどに輸出された。わが国には一九六五年以降、雑種利用の雄系として多数輸入され、一九八〇年には純粋種の繁殖用雄豚の約四〇％を占めるようになった。しかし脂肪があまりに少なく枝肉のしまりがないことや、耐暑性に乏しく夏季の繁殖に問題が生じやすいことなどから、その後輸入されたデュロックにその役割を奪われた。同様の問題は欧米でも指摘されているが、肉質の改善などを行ないながら、北欧と東欧では現在でも利用されている。

デュロックの起源は、ニューヨーク州、ニュージャージー州を中心とした東部地方で、一九世紀初頭にこの両州に輸入された西アフリカ、イベリア半島原産の赤色豚に由来している。この赤色の豚にイギリスのレッド・バークシャーやタムウァースが交配され、ニューヨーク州ではデュロック、ニュージャージー州ではジャージーがつくられ、一八八〇年にこの両品種がまとめられ、デュロック・ジャージーとして登録が開始された。その後、品種名がデュロックに変更された。

毛は赤褐色であるが、その濃淡にはかなりの変異がある。顔は中等の長さで、軽くしゃくれ、耳は小さく、先三分の二が前に垂れている。背は弓状で、腿は充実している。成立時はラードタイプであったが、その後ミートタイプに改良された。特に一九七〇年代に、雑種利用の雄系としての利用に限定し、発育とロースの太さなど枝肉の改良がなされた。

ハンプシャーと違い耐暑性に優れることから、従来中南米で多く飼われていたが、近年はヨーロッパ、アジアなど世界各地で雄系として人気が高まっている。わが国でも一九六五年頃から急速に頭数が増えた。世界の養豚産業に最も貢献したアメリカ作出の品種といえる。

第一次大戦後、中西部の穀物生産が飛躍的に拡大すると、余剰トウモロコシの利用先として養豚産業、養鶏産業も、また飛躍的に拡大した。それにともない、豚や鶏の育種改良に、現在では考えられないような多額な投資がなされ、アメリカの鶏や豚の育種研究は急速に進展し、世界をリードするようになる。その中心は、集団遺伝学にもとづく育種理論の構築と雑種利用を念頭においた選抜手法の精密化であった。

イギリスでの家畜改良にみられるように、「遺伝子」という言葉さえなかった時代に、すでに兄妹交配や親子交配などの近親交配により「血液」が固定し、生まれてくる子供の外貌や能力がよく似通うことを明らかにしていた。この近親交配により、優れた能力や特徴的な外貌を共有する血縁集団である品種が作出された。程度の差はあれ、近親交配は産業動物に限らず、我々の身近にみられる犬や猫の品種作出にも広く用いられてきた。

しかし、一方において、近親交配は大きな弊害をもたらすことも明らかになった。すなわち、近親交配を続けると繁殖能力が低下し、発育が遅くなり、病気にも弱くなるという近交退化現象が現われる。近交退化は、近親交配により悪い遺伝子が重複し、発現しやすくなるため、あるいは遺伝子構成の多様性が失われ、外部あるいは体内の環境の変化、ストレスに対応する適応性が低くなるためと考えられている。

近親交配のもたらすこのようなメリットとデメリットをどのように調和させるか、長い試行錯誤が続いたが、二〇世紀に入り劇的な手法が開発された。最初はトウモロコシで、品種間交配による雑種、ハイブリッドが驚異的な収量を示すことが観察された。高収量を目指して改良されながら、近交退化のためにその優れた能力を発揮できずにいた品種同士を交配することにより、ハイブリッド種子は近交退化から解き放たれ、両親の品種よりはるかに高い収量をあげた。この両親の品種より優れる現象を、雑種強勢、ヘテローシスとよぶ。

一九二六年にトウモロコシのハイブリッド種子を販売する育種会社が初めて設立され、ハイブリッド種子は瞬く間に普及し、一九六〇年にはアメリカのトウモロコシの九六%がハイブリッド種子から生産されるようになった。この成功により雑種利用は小麦などほかの植物から、鶏、豚、羊、肉用牛と急速に広がった。

一九三七年にコーンベルト地帯を中心に農事試験場に豚育種研究室が創設され、州立大学との共同研究により豚の近親交配と交雑に関する大規模な試験が開始された。その結果、家畜における雑種強勢は植物ほど劇的なものではないが、繁殖能力や発育に確かな効果が現われ、交雑利用のための近交系品種作出のメリットが明らかとなった。

新たな品種作出のためには、優れた遺伝的能力をもった豚の選抜を、世代を更新しながら継続することが必要であるが、その選抜手法の画期的な理論開発がこの時期、アメリカを中心に行なわれた。一九二〇～三〇年に集団の遺伝的構成を数学的手法で解析する集団遺伝学理論が構築された。集団遺伝学は本来、生物進化の歴史を明らかにすることが主な目的であるが、家畜育種への応用がアイオワ大学のＬ・Ｈ・ラッシュによって始められ、量的形質の解析法や育種価の推定法などが一九三〇～四〇年に開発された。

それ以降ラッシュの弟子たちによって、選抜法の高度な理論開発と実際の育種への応用がなされた。それまで産肉能力検定などで得られた情報は、その情報を得た個体の遺伝的評価に用いるだけであったが、新たな手法により、その個体と血縁関係にあるすべての個体の評価に利用できるようになり、個体単位での育種から集団全体を対象とした育種へと変わった。このような集団遺伝学あるいは統計遺伝学にもとづく育種学の進歩と、解析するコンピュータの驚異的な発展により、豚の育種効率は急速に向上した。

アイオワ大学での研究成果を受け、一九三五～六〇年に、中西部の州立大学と農事試験場において、交雑利用を目的とした近交系品種を短期間で作成するという大がかりな育種試験が始められた。すなわち、望ましい特徴をもつ数品種の交雑によって基礎群を構成し、優れた種畜の家系内での近親交配を重ね、それぞれの品種のもつ望ましい形質を新しい一つの品種に取り込むことを目的とした。作成された品種は、一九四六年に設立された近交家畜登録協会によって順次登録された。ミネソタ一号、二号、モンタナ一号、ベルツビル一号、二号、メリーランド一号、パローズ（ワシントン）が主な品種であるが、このうちミネソタ二号を除く品種には五～七五％の血液割合でデンマーク・ランドレースが貢献している。

一九三四年、種豚の輸出を禁止していたデンマークから、試験研究用という約束で、二四頭のランドレースが輸入された。その優秀性はすぐに認められ、アメリカ品種との交雑を介して、近交品種の作成に用いた。近交品種という言葉が用いられているが、品種とよぶには繁殖集団の頭数が少なく、現在の合成系統に近いと考えられる。いずれの品種も一時的に人気が出たが、広く普及するにはいたらなかった。しかし、これらアメリカでの一連の育種試験で得られたデータは、その後の世界の豚育種に広く活用されている。隣国のカナダでも、一九四七年からランドレース、チェスター・ホワイト、バークシャーの交雑種から出発して、一九五六年にラコムを作成した。この品種も一時的にかなりの頭数まで増加したが、現在ではアルバータ州でわずかに飼われているにすぎない。

中国における新品種の作出

アヘン戦争（一八四〇〜四二年）後、多くの外国人が居留した上海で、ドイツ人によって導入された白色の「ジャーメン豚」が知られているが、品種は明らかでない。二〇世紀末にはロシアから白色の豚が輸入されている。第二次大戦前には日本からバークシャー、中ヨークシャーが輸入され、地元の豚の改良に用いられた。

戦後、本格的な輸入が始まったのは一九五〇年代からで、オーストラリアとイギリスから大ヨークシャーが数度にわたって輸入されている。ランドレースは一九六四年以降、北欧、イギリス、オランダなどから、デュロックは、アメリカとの国交が回復する以前は東欧から輸入された。デュロックは、他国と同様に雄系として広く利用されている。

中国における消費者や市場の赤肉志向は欧米より遅れ、一九八〇年代初めになってからで、黒龍江省では民豚とランドレースを交配して三江白豚を、武漢市では在来豚と大ヨークシャー、ランドレースを交配して湖北白豚を、中ヨークシャーと金華豚の雑種にランドレースを交雑して浙江中白豚をなど、赤肉割合の高い品種が作出され、デュロックと交雑する雌系として利用されている。この時代以前に、在来種に中ヨークシャー、バークシャー、大ヨークシャーなどの血を入れて作出したハルピン白豚、上海白豚、北京黒豚など比較的脂肪の多い品種も、改良方向を変えながら利用されている。

現在の大都市周辺での企業養豚では、欧米やわが国と同様に、欧米原産の大型改良種を用いた雑種利用が主体となっている。その昔、ヨーロッパに渡った中国在来種の遺伝子が、大型改良品種のゲノムに組み込まれ、里帰りして活躍しているわけである。

日本における品種改良

(1)品種の変遷

仏教の伝来以来、長年にわたり食肉が禁止されたわが国では、琉球と鹿児島以外の一般農家が豚を飼うようになったのは明治維新以降である。一八八四(明治一七)年の調査では二万六〇〇〇頭、一八九二年には六万七〇〇〇頭と明治中期までは急速に増加したが、その後は流行と衰退を繰り返し、着実な発展はなかった。昭和に入り、食生活の向上にともなって豚肉の需要が増加すると、養豚はようやく産業としての基盤を固めた。一九二六(昭和元)年には飼養戸数三五万戸、頭数六二万頭であったのが、一九三八年には六〇万戸、一一四万頭と戦前最高となった。

明治初期に飼育されていた品種は明らかでないが、おそらく長崎、横浜など外国人居留地にもち込まれた豚が広がったと考えられる。船が寄港した港で入手することもあったため、ヨーロッパ系だけでなく、中国系の豚も飼われ、雑多な豚が入り混じっていたであろう。

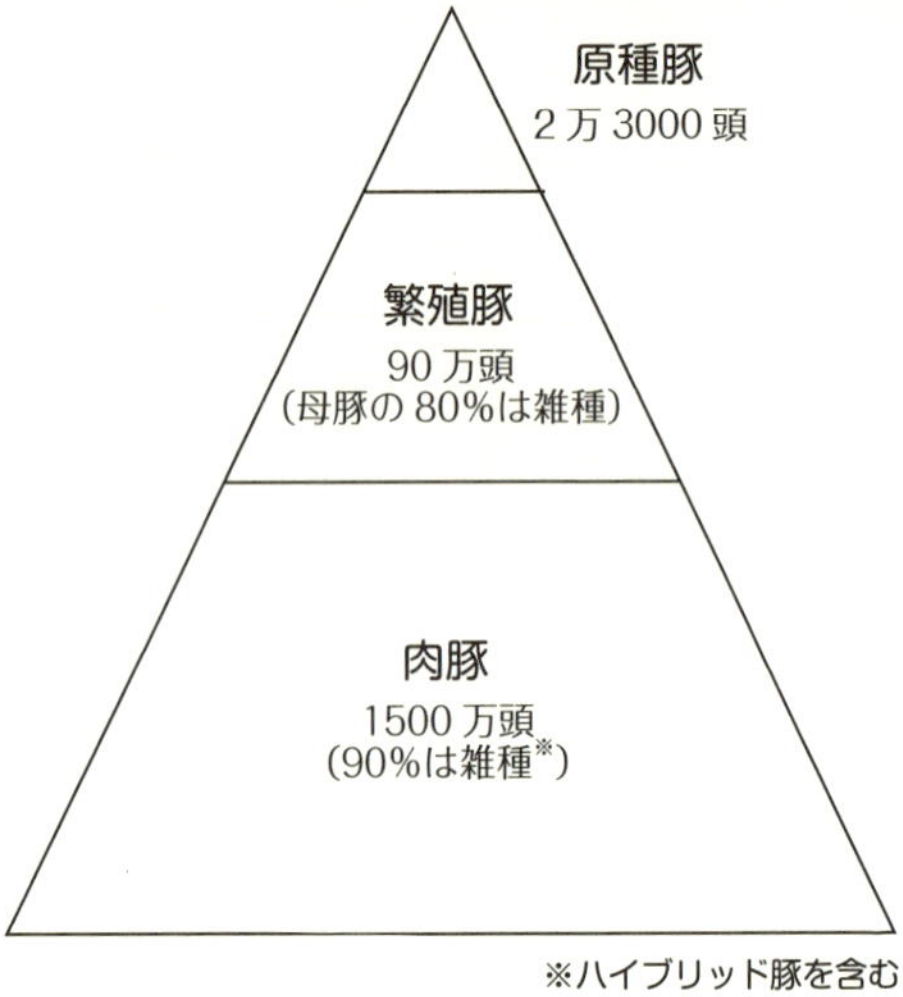

わが国における生産ピラミッド

養豚振興のため、明治政府が最初に種豚を輸入したのは一九〇〇（明治三三）年で、ほかの家畜にくらべかなり遅く、イギリスからバークシャーと中ヨークシャー二二頭が国の種畜牧場に導入された。その後、国の種畜場や試験場に、この両品種がイギリスなどから次々に輸入され、増殖して都道府県や民間の施設に払い下げられた。大正時代以降、北海道、新潟、千葉、神奈川、愛知、兵庫、鹿児島県など公立の種畜場も外国から直接輸入するようになり、急速に農家にも普及した。鹿児島や埼玉県の一部でバークシャーが好まれた以外、そのほとんどが中ヨークシャーであった。

第二次世界大戦により養豚産業は壊滅的打撃を受け、終戦翌年にはわずか九万頭にまで減少した。その後、急速に回復し、一〇年後には戦前の最高飼養頭数に並ぶにいたった。飼養品種は戦前と同様で、約九〇%が中ヨークシャーで残りがバークシャーであった。この割合は、大型種であるランドレースが輸入され普及する一九六〇年代までまったく変わっていない。種豚の輸入も一九五〇年から再開され、アメリカ、イギリスから中ヨークシャー、バークシャーの種豚が輸入された。

一九六〇年から大型品種が相次いで輸入され、社団法人日本種豚登録協会での登録は、ランドレースが一九六一年、大ヨークシャーとハンプシャーが一九六六年、デュロックが一九七三年に開始された。ランドレースは最初にアメリカから、その後イギリス、オランダ、スウェーデン、デンマークなどから広く輸入され、急速に普及した。わが国では原産地に関係なくランドレースとして登録している。大ヨークシャーは、ランドレースの成功を機会に、イギリス、アメリカ、カナダなどから輸入され普及したが、先行して輸入されていたランドレースにはなかなかおよばなかった。デュロックが輸入される以前は、ハンプシャーが雄系としてもっぱら利用された。しかしハンプシャーは前述のように肉の品質に問題が起こりやすく、また暑さに弱いため、デュロックが登録開始後七年目にはハンプシャーを凌駕した。

一九五〇年頃から鶏と同様に、三系統あるいは四系統を組み合わせた雑種（三元あるいは四元雑種）生産用の種豚をセットで国際的に販売する育種企業がアメリカ、イギリス、オランダなどで設立された。純粋種での系統もあるが、多くは複数の品種の交雑から造成した合成系統で、わが国には一九七三年にオランダからハイポーが輸入されたのが最初である。その後、デカルブ、コツワルド、カーギル、ウォールス、ケンボロー、バブコックなどが輸入され、これら外国の育種企業で育種され、日本で増殖し販売している系統をハイブリッド豚と総称している。

二〇〇五年現在、わが国で飼養されている豚の品種割合をみると、種豚ともよばれる原種豚と繁殖豚を合わせた雄豚と雌豚は、デュロックが約五九・九％と二一・〇％、バークシャーが八・八％と七・〇％、大ヨークシャーが五・五％と二一・七％、ランドレースが四・九％と二一・七％、ハンプシャーが〇・四％と〇・一％、中ヨークシャーが〇・一％と〇・〇三％、そのほかが一一・五％と一八・三％、雑種が九・〇％と六六・〇％となっている。この品種割合をみてすぐに気づくことは、雄と雌豚での割合が極端に異なる品種と同等の品種に分けられることである。

豚の生産方式は、育種の対象となり繁殖豚を生産する原種豚、肉豚を生産する繁殖豚、そして肉豚というピラミッドを構成している。このピラミッドに前記の品種割合の数値をあてはめると、デュロックは繁殖豚の雄としては最も多く使われ、繁殖雌としては雑種が最も多く使われている。この雑種の種雌豚の大部分は、ランドレースの雌に大ヨークシャーの雄、あるいはその逆の交配で作られた一代雑種母豚（F1母豚）であり、このF1母豚にデュロック種の雄を交配した三元雑種豚が肉豚の多く、推定七〇％を占めている。この組み合わせは、世界的に最も普及している組み合わせでもある。なお、ハイブリッド豚などのほかの雑種を含めると、繁殖母豚の約八〇％、肉豚の約九〇％が雑種となる。

一方、バークシャーは種雄と種雌豚の割合がほぼ等しく、バークシャー同士で交配し、純粋バークシャーとして肥育する。効率は悪いが、高価で販売できる「黒豚」生産が鹿児島県を中心に行なわれている。

そのほかは、その大部分が前述のハイブリッド豚であり、近年、その占める割合に大きな増減はない。また数字には出ていないが、一九八六年の日中国交回復後、梅山豚が農水省家畜改良センター、県立試験場や民間の種豚場に、民豚が新潟県、金華豚が静岡県、北京黒豚が東京都の試験場に輸入された。同時期に、民間の養豚農家にも数は少ないが中国種が導入されている。また台湾の桃園種が東京農業大学に導入された。これらは主に試験研究に用いられたが、一部は後述する系統造成の基礎畜として利用されている。現在は中国政府により輸出が禁止されている。

(2)産肉能力検定

明治以降、わが国における品種改良の中心となったのは国立の種畜牧場や試験場で、諸外国から種畜を輸入し増殖した後に、県や民間に払い下げる種豚の増殖、配布事業が主体であった。県においても、国からの払い下げだけでなく、自県で輸入し、県内の養豚組織や農家を対象に同様の事業を行なってきた。わが国の養豚の黎明期、あるいは大型品種への置換が急速に行なわれた時代には、農家レベルでの豚の能力を向上させるには有効な方法であった。しかし、いつまでも外国の育種改良に頼っていてよいのかという批判もしだいにされるようになった。年次によって大きく変動しているが、一九七〇年代には純粋種七〇〇～一六〇〇頭が輸入されていたが、最近では一〇〇～二〇〇頭で推移しており、外国への依存度は低くなっている。

わが国における豚の産肉能力の改良は、産肉能力検定の実施により進められた。すなわち、丹羽太左衛門《にわたざえもん》の提唱により、一九五四年から七年間にわたり、農林省種畜牧場や県の試験場で精力的に基礎試験を行ない、検定施設や検定方法を順次基準化した。産肉能力検定の必要性はしだいに浸透し、一九六〇年に農林省は茨城県関城町に、また多くの県がその前後に検定施設を設置して検定を開始した。わが国が当初採用した検定方法は、デンマークなどヨーロッパですでに実績のあった後代検定方式であった。その後、わが国の養豚実情に合わせ、直接検定、併用検定（直接検定に屠殺したきょうだいの肉質などの成績を加えた検定）が加えられた。

民間の種豚場が数多くあった一九七〇年代には、それら種豚場の豚を対象に産肉能力検定が各地で活発に行なわれ、後代検定に合格し登録された種豚が五〇〇頭を超す年もあった。しかし雑種利用の普及により純粋種の種豚が減少し、検定頭数は年々減少した。また一九八一年に発生し、わが国の養豚に大打撃を与えたウイルス性伝染病であるオーエスキー病などの感染防止の観点から、豚を検定施設に集めることが難しくなり、集合検定施設はほとんどなくなった。代わって養豚農家自身が、その農場内に検定施設を設けて検定する現場直接検定が行なわれるようになった。

産肉能力検定は、それまで体型や外貌などで種豚を評価していた養豚農家や関係者に、遺伝的能力の評価が重要であることを認識させるなど、意識改革にも大きな役割を果たした。また産肉能力検定で積み重ねられたデータは、系統造成などわが国における豚育種の基盤として活用された。

⑶系統造成

大型品種の導入後、わが国でも雑種利用の機運が高まり、公立試験場で数多くの品種間交雑試験が行なわれた。しかし同じランドレースや大ヨークシャーでも、生産国やブリーダーによって能力はまちまちであり、交雑試験の結果も生産者の指導に使えるような安定したものにならなかった。また、わが国の養豚もいつまでも外国からの種畜の輸入に頼るのではなく、自前で計画的な育種を行なうべきであろうという気運が高まってきた。同時に、アメリカでの育種理論の開発と雑種利用の成果も、わが国の研究者や技術者を勇気づけた。

地域として、あるいは県として、斉一性のある優れた雑種豚を安定して出荷するには、そのもととなる純粋種の能力を高めると同時に遺伝的バラツキを少なくする必要があった。農水省畜産試験場で育種理論を研究していた阿部猛夫は、そのためには基礎畜を集めた後は外部から種豚を導入しない閉鎖群で選抜を繰り返しながら、群内の個体のすべてが血縁関係にある集団、つまり「系統」を作ることを提唱した。一九六九年から農水省の補助のもと開始された系統造成事業では、繁殖集団は雄一〇頭、雌六〇頭とし、当時世界的に新しい理論であった選抜指数（発育と肉質のような複数の特性を同時に改良したい時に、選抜の指標として用いる総合得点の一つ）により、七世代の選抜を繰り返すというスタンダードプランにもとづいて行なわれた。

系統の認定基準についても種々の論議が交わされ、豚産肉能力検定の基準を満たすと同時に、すべての個体間の血縁係数が一〇%以上であることなどが基準に盛り込まれた。一〇%という血縁係数は、いとこ間の血縁関係に近い値である。この認定基準により最初にスタートした七県の系統が、一九七九年から完成し、社団法人日本種豚登録協会に順次登録された。すなわち、茨城県のローズ、愛知県のアイリス、宮崎県のハマユウL、ハマユウH、岩手県のイワテハヤチネ、千葉県のタテヤマ、埼玉県のサキタマ、鹿児島県のサツマが登録された。その間、系統造成は農水省の種畜牧場、ほかの都道府県、全農に普及し、スタンダードプランや認定基準に一部変更を加えながら、現在までにバークシャー三、ランドレース四〇、大ヨークシャー二二、ハンプシャー五、デュロック九、合成系統一、合計八〇系統が認定され、そのうち三五系統が現在用いられている。合成系統はトウキョウXである。わが国の系統造成の特筆すべき点の一つは、完成した系統を維持し普及する施設も基準を設定して認定・登録し、毎年の報告により厳密に系統の管理がされていることである。

系統に属する豚は系統豚とよばれているが、系統豚を利用した雑種豚のシェアは、国全体としては二〇%ほどといわれている。その普及の程度は県により大きな差があるが、養豚農家の大型化により、種豚更新に数十頭単位での導入を求める農家が多くなり、小さな維持施設では対応できなくなっている。また全農を除き、公的資金が系統造成およびその維持・普及に使用されているが、最近の財政事情により継続が困難となっている例も多い。

(4) 鹿児島黒豚

わが国の養豚の歴史は欧米にくらべ浅いが、その中で仏教が普及した後も豚肉を食べていたとされる鹿児島と沖縄は例外的な存在である。一五四六年にポルトガル人が鹿児島県に豚がいることを記していることから、少なくとも戦国時代には豚が食べられていたと考えられる。

一六〇九年に島津家久が琉球から豚をもち帰っているが、琉球や奄美諸島由来の黒豚が鹿児島の在来種の起源と考えられる。明治になってバークシャーが導入され、県は一八九二年にバークシャーを奨励品種と定めた。ほかの地方が中ヨークシャーを奨励品種としたのに対し、鹿児島県がバークシャーを選んだのは、多分に在来の黒豚のイメージと重なるものがあったのであろう。バークシャーは純粋繁殖されるとともに、在来の黒豚の改良にも用いられ、鹿児島黒豚のもととなった。初期の鹿児島県のバークシャーにどの程度在来種の血が混じっていたか不明であるが、バークシャーのスタンダードに近づくようにその後改良されたことは間違いない。

昭和三〇年代、鹿児島黒豚は全盛期を迎えるが、一九六〇年代の大型品種の導入にともない激減した。その中で県はイギリス、アメリカから新しい血を導入してバークシャーの系統を造成するとともに、生産者とともに在来バークシャーの血統維持と改良に努めた。近年はその食味が高く評価され、鹿児島黒豚という有名ブランドとして流通するようになり、安定した生産ができるようになった。世界的にみてバークシャーが産業的に成功している例はほかになく、わが国の養豚が誇れる事例である。

ミニブタ（ミニチュア・ピッグ）

ここで、実験動物あるいはペットとして利用されているミニブタに触れておく。ミニブタは、もともとは実験用動物として作出され、日本ではミニブタと表記され、豚という漢字を用いないのが一般的である。その多くが近交系として成立しているため、ほかの実験動物と同様に、品種ではなく系統と位置づけられている。

豚は解剖・生理学的に人との類似性が高く、医学分野の実験動物として利用されてきた。以前は食肉用に農家で飼養されている子豚を使用していたが、一九六〇年代以降、実験室レベルで繁殖・飼養が可能なミニブタ系統が作出され、精度の高い実験が可能となった。また動物愛護の観点から、中型の実験動物として広く利用されてきた犬の利用が避けられ、その代替利用の場が広がった。

ミニブタは成熟すると、二〇〇kgを超える食肉用の豚と体格的に大きな差が出る。どのようなサイズの豚をミニブタとよぶのか、特に決まりはない。現在利用されている系統の多くは、成熟時体重が五〇kg以下と食肉用品種の四分の一ほどの大きさである。

サイズに大きな違いがあるが、ミニブタも食肉用の豚も、その祖先は同じイノシシで、動物学的には同じ種に属し、両者間で交配も可能である。中国や東南アジア、中南米の中山間地などでは、体の小さな在来種が飼われており、また野生化した小型豚が生息している。これらの中で体の特に小さいものが選ばれ、ミニブタ作出に用いられた。

わが国におけるミニブタの飼養頭数について詳しい統計がないが、実験用としての生産頭数は年間五〇〇頭ほどといわれている。以下、代表的な系統を紹介する。

シンクレアー・ミニブタ　一九五四年にミネソタ大ホーメル研究所で改良が開始された実験用ミニブタ系統の第一号である。アラバマ州、ルイジアナ州、カリフォルニア州カタリナ島、グアム島に生息する四種の野生豚の交雑によって作出された。多くが白色で体重六五～七〇kg（一二ヵ月齢、以下同じ）、平均産子数五・五頭。ホーメル・ミニブタともよばれる。

ユカタン・ミニブタ　ユカタン半島の小型在来豚を一九六〇年に導入して、コロラド大で開発した。毛はほとんどなく、皮膚の色は灰色から黒色。体重三五～四五kgのミニと二五～三〇kgのミクロに分けられている。チャールスリバー社が保有し販売している。

ゲッチンゲン・ミニブタ『世界家畜品種事典』より

ゲッチンゲン・ミニブタ　ドイツのゲッチンゲン大学で一九六〇年代初めに、ミネソタ・ホーメル系にベトナムの小型在来種を交雑し、小型化した。その後、毛色を白にするとともに繁殖能力を高めるために、ドイツ・ランドレースの血を導入し作出した。白色で、体重三五kgほど。わが国の代表的なミニブタで、財団法人実験動物中央研究所と中外製薬で維持されている。

ポット・ベリー・ミニブタ　北米でペットとして開発されたミニブタ。一九六〇年代、ベトナムからカナダに太鼓腹の小型在来種が導入され、その子孫が一九八六年にアメリカに輸出され、ペットとして販売された。それまで、ベトナムの小型在来豚はミニブタ作出のための素材として利用されてきたが、実験用とするには有色で耳が小さいため、耳からの採血が難しいこと、体の大きさのバラツキが大きいことなどから不適と考えられてきた。しかし、その外貌は愛嬌があり、体を小さく改良することにより、ペットとして人気が出た。毛色は黒または白黒の斑が多く、体重は三〇～七〇kg。わが国でもゲッチンゲン系に代わって、ペットブタの主流となりつつある。

オーミニ　一九四〇年代前半に導入した中国東北部の小型在来豚を基礎に、株式会社日本家畜研究所の近江弘により、強度の近親交配と選抜により小型化された系統である。毛色は黒、耳は大きく、顔は細長い。体重は三五kg前後。他品種と交雑したオーミニ系は実験動物、ペットとして出荷されている。

そのほかに、シンクレア、ピットマン・ムーア、ハンフォード、パンヒント、ＮＩＨ、クラウンなどの系統が作出されている。

展望

この半世紀にわたって、国際的に普及するような新品種は作出されていない。ほかの国から種豚の導入の難しかった東欧や中国などでは、二〇世紀後半に作出した品種が利用されているが、それらもランドレースや大ヨークシャーなどにしだいに置き換わっている。

豚で新品種作出が難しくなった最大の理由は、三元雑種利用の普及である。わが国の例でもわかるように、原種豚、繁殖豚、肉豚のピラミッド構造の下では、育種の対象となる原種豚は、肉豚のわずか五百分の一であり、原種豚のマーケットはきわめて小さくなっている。肉豚生産用の繁殖豚が純粋種の頃は、原種豚と繁殖豚の区別は曖昧で、繁殖豚から原種豚への逆流も普通であり、純粋種は大きなマーケットをもっていた。また豚においても、近年は人工授精の利用が大幅に増加し、雄系の豚の必要数も少なくなっている。このようなマーケットの縮小にともない、育種への投資も限定されるようになり、多額の投資を必要とする大規模な品種の作出は困難となった。

第二の理由は、豚の育種目標の多様化である。消費者や生産者の意向を受け、育種目標の異なる特徴のある系統を作出し、それらの組み合わせで、その時代、その地域の利用目的にかなった肉豚を生産する方向への転換である。育種企業による造成を除けば、系統の多くは純粋種内で作出されており、系統の維持が困難となれば、母体となっている純粋種の遺伝資源として再度利用でき、品種全体としての遺伝的多様性は保持できると考えられている。

これらの系統の中で人気が高まり、品種規模での増殖が行なわれるならば、新品種としての登録も可能である。しかし、この百年間の豚の改良速度は急で、既存の品種の能力は高まっている。そのため現在の育種手法では、既存の品種を凌駕する画期的な系統を作出する可能性は低い。これまでも産子数の多い中国在来種を交雑し、繁殖能力を格段に高めようとする試みもされてきたが、期待されたような成果は得られていない。

このような状況は各国で同じであり、新たな育種手法の開発が強く望まれ、一九八〇年代中頃から、わが国も参加して国際的な豚のゲノム解析が進められた。その結果、二〇〇九年末には、国際豚ゲノムシーケンシングコンソーシアムにより、豚の全ゲノムの解読が終了し、公開された。

豚の重要な生産性を支配する責任遺伝子や隣接するマーカー遺伝子を探索する研究も活発に行なわれており、ゲノム情報を利用した新たな育種手法の展開が図られている。基盤となるゲノム解析は国際的な協調の下で行なわれたが、育種改良という産業的な利用となれば、当然のことながら国際的な競争となり、わが国における研究を強力に推進することが望まれる。

第7章

家禽

◎

田名部雄一

《ニワトリ》

特性と起源

鳥類を家畜化したものを家禽とよぶ。このうち最も古く家禽化されたものがニワトリ（Chicken）であり、また現在、世界的に最も多く飼育されている家禽種である。その祖先は現在も東南アジアに広く野生している赤色野鶏（*Gallus gallus*）である。ニワトリの祖先と考えられた野鶏には五つの亜種があり、このうち現在のニワトリの祖先の野鶏は、主に現在タイに野生している白色の耳朶《じだ》をもつ赤色野鶏の *Gallus gallus gallus* と赤色耳朶をもつ *Gallus gallus spandiceus* の二つの亜種であると考えられる。これらのことは秋篠宮ら（一九九四、一九九六）による研究の、ミトコンドリアＤＮＡの塩基配列の比較などから知られた。

ニワトリの家畜化は当初、食用を目的としてはいなかった。その目的は赤色野鶏が未明にときを告げる習性をもっていること、野鶏が単雄多雌の社会行動をもち、それを維持するために雄が互いに闘う習性もっていることで、それを利用して闘鶏を行なわせるためであったようである。

養鶏の伝播と発達

⑴伝播

ニワトリは家畜化されて間もなく、東南アジアから中国に入った。

中国では七三〇〇～八〇〇〇年前のニワトリの骨が各地で発見されている。赤色野鶏の大腿骨の直径は六二～六八㎜のものが多いが、中国黄河流域の各地では直径が七〇～八〇㎜のものが発見されている。また四五〇〇年前と考えられる西インドのモヘンジョダロ遺跡のニワトリの大腿骨は一〇〇㎜であった。このことから、中国におけるニワトリの用途は主に家畜化当初と同じであったと思われるが、肉用にも使われたようである。日本にはニワトリは朝鮮半島を経て弥生時代（一七〇〇～二五〇〇年前）に入った。中国から西へは、その後シルクロードとよばれたルートを通って、おそらく五八〇〇年前にイランに入った。ウクライナでは五五〇〇年前、トルコでは五〇〇〇年前の骨が出ている。イスラエルでは三五〇〇年前、エジプトでは三〇〇〇年前、ローマにもギリシャを通って三〇〇〇年前に入った。中央および西ヨーロッパではあまり古い骨は出ていないが、ローマ帝国時代の前に西ヨーロッパにニワトリが入っていたようである。

赤色野鶏　『世界家畜品種図鑑』より

古代ローマ人は、ニワトリを肉用や採卵用に育種をした。この古代ローマ人によって育種されたニワトリが中央から西ヨーロッパに広がった。さらにこのニワトリが七世紀のサラセン人の侵攻とともに北アフリカに入り、この経由からもスペインにニワトリが入った。しかしスペインには、古代ローマ経由より前にフェニキア人によってニワトリがもたらされていた。

インドでは、モヘンジョダロの遺跡から闘鶏に用いられていたニワトリが発掘さ

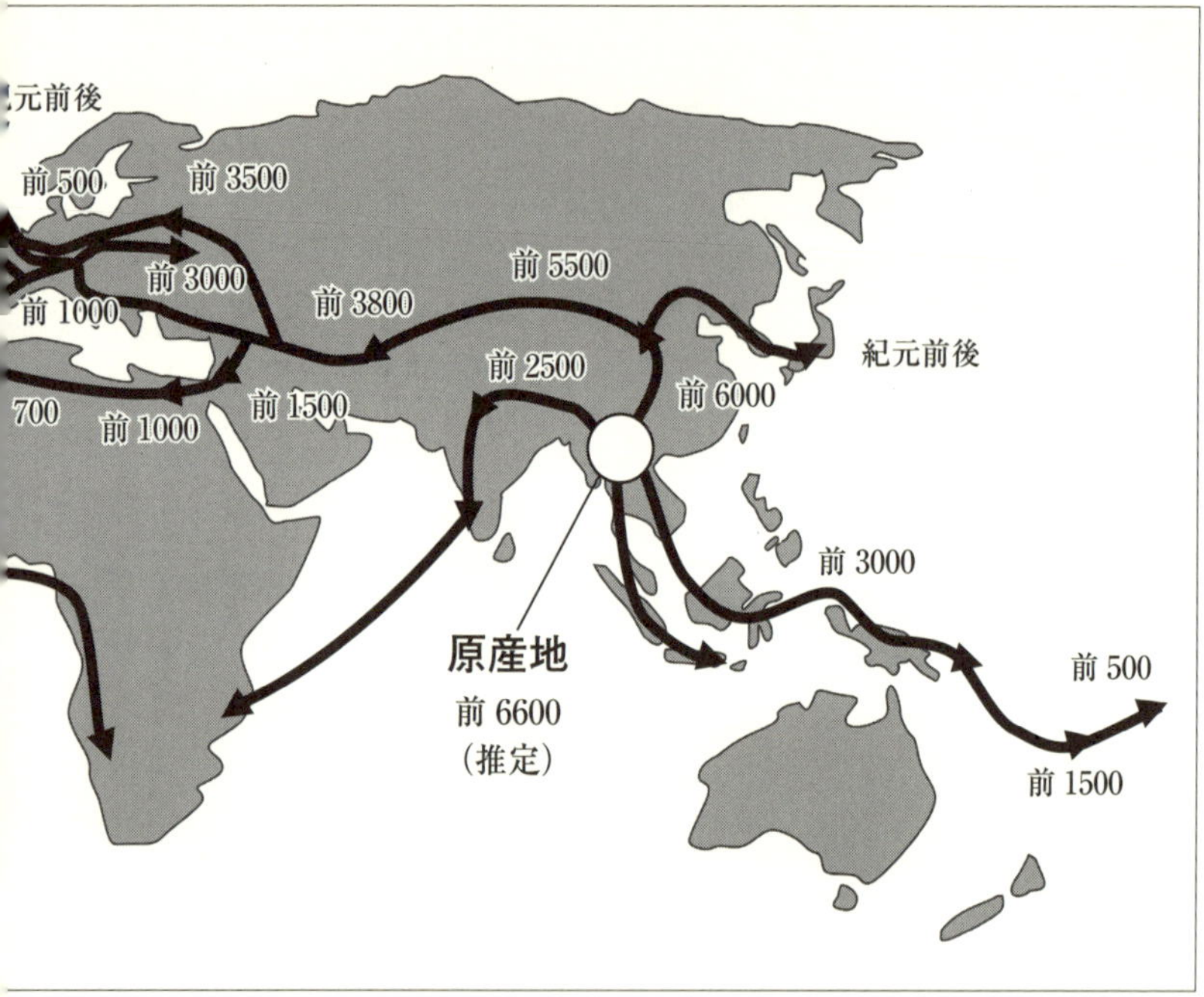

れている。このニワトリはタイから入ったと考えられており、その後インドに広がり、海路を経由して東アフリカに入った。

アメリカへは、コロンブスのアメリカ大陸発見以降スペインから入り、やがて広がった。東北部アメリカには、イギリスの移民によってニワトリがもたらされた。

一方、ポリネシア地方では、東アジアからカヌーを使うヒトの移動がはじまるのにともなって、ニワトリの拡散がはじまった。その結果ニワトリは、五〇〇〇年前にはニューギニアへ、三五〇〇年前にはサモア、トンガへ、タヒチには二五〇〇年前に入った。ポリネシア地方のこのほかの地域にも、ヒトの移動にともなって入ったと考えられる。ただし、これはヒトの移動と同時にニワトリが

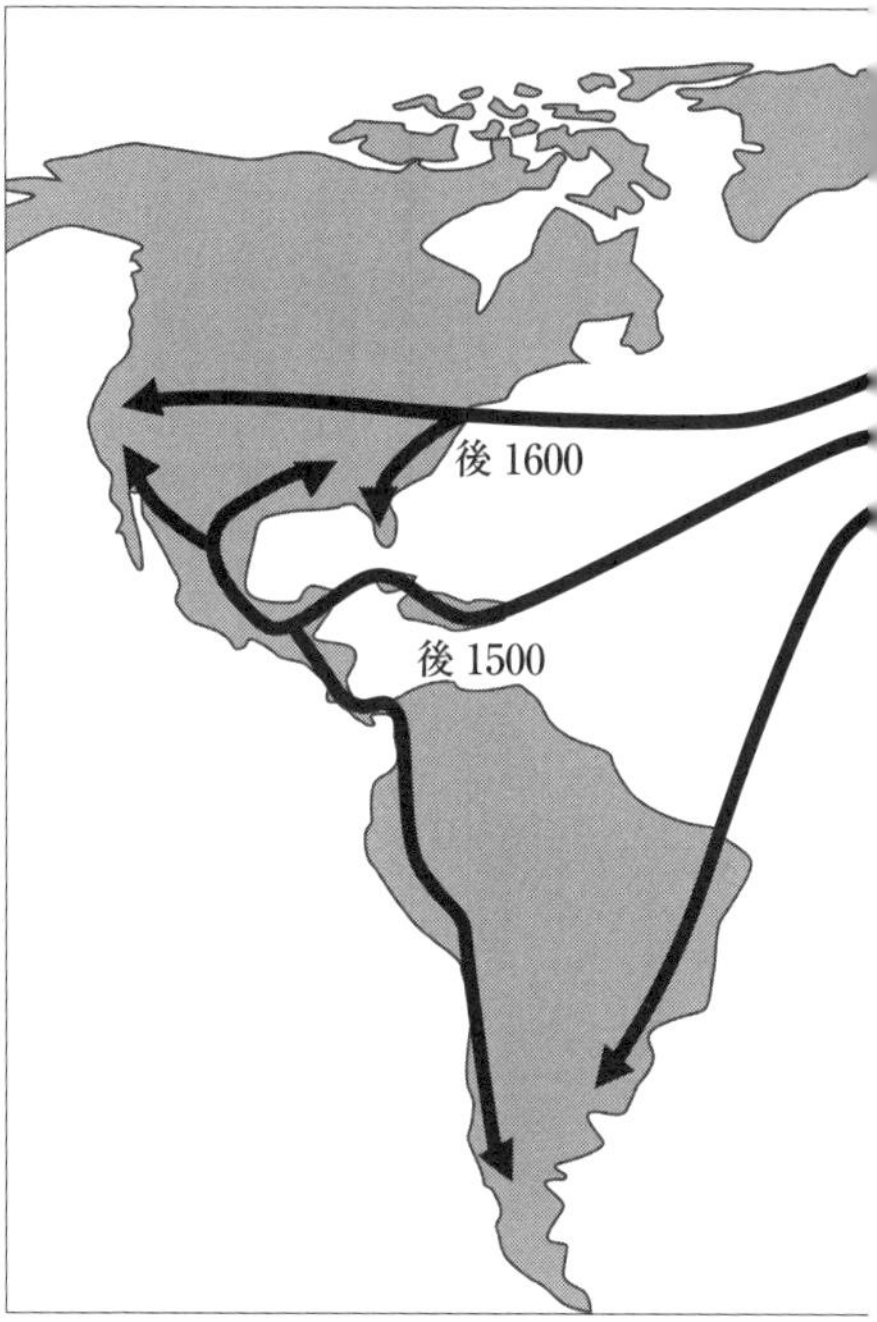

ニワトリの家禽化の場所と伝播

入った場合であり、ニワトリの導入はヒトより遅れて起こった可能性もある。

⑵初期のニワトリの改良

ニワトリの体型は三つに大別される。第一の体型は、現在の卵用鶏の体型である。これは、体型は軽快で、体躯の脊線が頭部から尾部に向かってやや斜めに下がった形態である。これはニワトリの祖先の赤色野鶏がもっていた体形で、ニワトリの祖型の体型の一つである。第二は脊線の低下がほとんどないずんぐりしたニワトリの体型である。これは現在の卵肉兼用種や肉用種に改良されたニワトリによく見られる体型である。第三の体型は脊線が肩から尾部にかけて急傾斜したシャモがもっている体型である。これはいわゆる闘鶏型といわれる体型で、今日では肉用種雄系のニワトリによくみられる体型である。

現存の東南アジアの在来鶏品種をみると、赤色野鶏の直系の子孫と思われる第一の体型および闘鶏型の直系の子孫と思われる第三の体型の二種類の体型がみられる。また現存の中国の在来鶏品種では、第一の卵用鶏型体形、第三の闘鶏型体形、および第二の卵肉兼用や肉用型体形の三種類の型のニワトリがみられる。これらのことから、ニワトリは東南アジアから中国に入り、中国で食肉用としての改良が行なわれたと考え

現在の卵用の体型（祖型体型の一つ）
白色レグホーン（地中海沿岸種、赤色野鶏の直系）

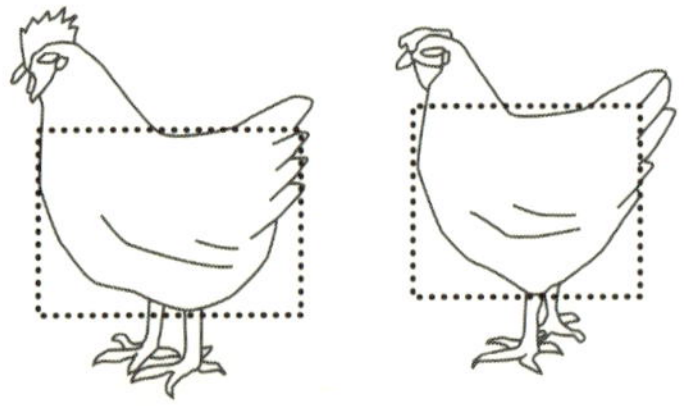

卵肉兼用種および肉用種
白色プリマスロック（コーチン系）

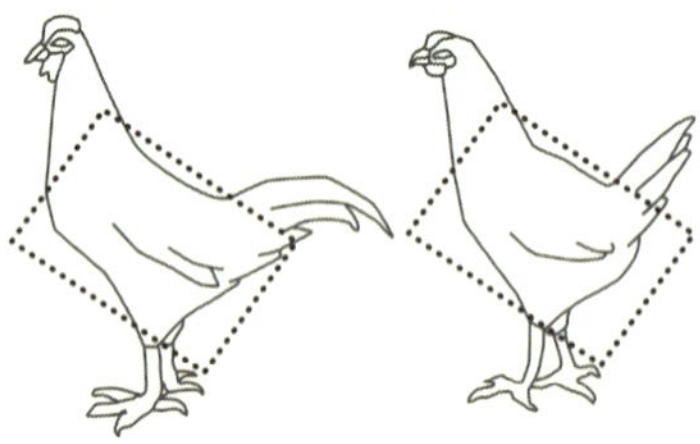

肉用種雄系（闘鶏型）
白色コーニッシュ（マレー系）

鶏の代表的体型

られている。その後ニワトリは、中国からシルクロードを経由して東ヨーロッパや南西アジアに入ったが、それらのニワトリには上記三種類の祖型の品種が含まれていたと考えられる。

前述したように、ニワトリを採卵用品種や食肉用の品種に育種し始めたのは古代ローマ人であった。古代ローマでは、紀元前三五〇年頃から鶏卵と鶏肉を盛んに食べていたことが報告されている。古代ローマ人は育種した採卵用品種、食肉用品種とその食文化とともに地中海各地に広がり、これは五世紀まで続いた。しかし五世紀中頃から鶏卵や鶏肉の食用に関心をもたなかったゲルマン人の侵攻が始まり、それとともに古代ローマにおける実用鶏としてのニワトリの飼育が衰退し、品種改良も行なわれなくなった。

「進化論」の著作で有名なダーウィン（Darwin）は、『家畜・栽培における動植物の変異』（第二版、一八九六）という重要な著作も出版している。これには、当時イギリスで飼育されていたニワトリについて一三の品種があげられ、重要な知見が記述されている。その内容は次の通りである。

①一世紀（後四七年）のドーキング（Dorking 品種）によく似た古いニワトリ　五趾（足のゆびを普通のニワトリより一本多い五本もっている）で、ずんぐりした背部の平らな体型の絵として残っている。このニワトリはおそらく、ユリウス・カエサルの軍がイギリスにもち込んだものと考えられている。

②ゲーム（Game 種）　イギリスに古くから飼育されていたニワトリの品種で、体型は野鶏とよく似ている。イギリスには古くはシャモ型のニワトリはいなかったことを示すと思われる。

③マレー（Malay 種）　一九世紀初頭、遅くとも一八三〇年までにマレーシアからイギリスに輸入されている。大型の闘鶏型の体型のニワトリである。

④コーチン（Cochin または Shanhai 種）　典型的な背線が平らな体型の品種である。中国では肉用に利用されていた。一八四五年に駐清イギリス大使から上海種としてイギリスのビクトリア女王に献上された。このコーチンは、当時ヨーロッパ諸国で飼育されていたニワトリの品種よりも肉量も産卵数も多かった。このことからこのコーチンは、アメリカで一八四九年に開催された展覧会で紹介され、英米両国でニワトリの育種改良に大いに利用された。

⑤スペイン種（青色アンダルシアン、Spanish 種）　亜品種として記述されている。スペインからフランドル地方（現在のベルギー）を経て、イギリスに輸入された。その時期は一五七二年で、フェリペ二世の時代である。

これらの品種は、スペイン中北部のカスティリヤから東部のアンダルシアにかけて飼育されていたので、スペインではカスティリヤ種とよばれていた。しかしスペインで Moorish fowl とも称されていたことから、このニワトリは八世紀にはじまるサラセンのスペイン占領時に、北アフリカを経てスペインに入った歴史があったことを示している。カスティリヤ種は、イタリアにも入ったが、イタリアではスペイン種とよばれていた。

カスティリヤ種は、羽毛色や冠形は多様であった。しかし体重は軽く、就巣性が低いか全くなかった。また卵殻色が白い特色があった。耳朶色は、当初は赤色の混ざったものもあったが、白色のものが多く、しだいに白色耳朶に選抜されていった。

⑥レグホーン種（当初はイタリアン種）　スペイン種とともに地中海沿岸種とよばれている。この種はダーウィンの著書には記述されていない。一八三五年、イタリアからアメリカに褐色（赤色）レグホーンとして入った。それ以前の一八二五〜三一年にもこれと近いものがアメリカに入っていたが、これはイタリア種とよばれていた。また、白色レグホーンは一八五八年にイタリアからアメリカに輸出された。さらに一八六八年にはアメリカからイギリスに輸出された。レグホーンの名は、このニワトリが輸出された港（Levorno）の英語読みの名前である。ダーウィンの著書の出版当時はまだこのニワトリは著名でなかったので、彼の著書には記述されていなかったと思われる。

⑦アメリカは一七七六年にイギリスから独立して成立した国であるが、当初はイギリスの植民地であった。彼らの植民は、一七世紀初め頃（一六〇六）から始まった。一九世紀になって、ニワトリは、イギリスですでに成立した品種のほかに中国からコーチンなどが入り、ワイアンドット、プリマスロック、ロードアイランドレッドなどの多くの卵肉兼用種を成立させた。

(3)飼育技術の改善

孵卵《ふらん》技術　家禽化されたニワトリは飼育されていても、一定の卵を連産した後、就巣して卵を二一日間抱卵し、孵卵するという本能を維持していた。そこで中国では、紀元前二四六～前二〇七年に孵卵器を発明した。これは連産した卵をニワトリから取り上げて、火力で暖めた土器製孵卵器で人工的に卵を温めて孵卵するものであった。この孵卵の技術は中国からフィリッピン、ベトナムなどに伝えられた。また中国ではニワトリ卵だけでなく、アヒル卵の孵卵にもこの人工孵卵技術が使われた。

中国とは全く独立して、紀元前一世紀にイスラムで孵卵器が発明されていたが、その後しばらく記録から消えている。しかし、イスラム帝国時代以降、一三〇四年に再びニワトリの記述の中に人工孵卵器が存在したという記録がみられる。

西欧での最古の孵卵器の記録の図は、一六六一年にデンマークで記録されている。一七世紀の初めごろには水銀–アルコールによるサーモスタット付きの孵卵器が発明された。これはイギリスで暮らしていたオランダ人ドレッベルによる発明で、この発明は養鶏産業の発達に重要であった。

アメリカでは、一八七〇年に商業用の孵卵器の利用が始まった。一九〇二年には、比較的大規模（三〇〇個入り）な電気孵卵器が大量に普及していた。

飼育環境　ニワトリは長日・短日のような日長に反応して産卵を変える。したがって自然日照下では、短日になる秋から冬にかけて産卵を止める。そのため、春に孵化して秋から産卵させた方が有利であった。冬季に夜間点灯すると産卵数を増すことは一八八九年の実験で知られていたが、これが実用化されたのは一九一〇年頃であった。アメリカでは、一四時間一定時間照明が一般に利用されるようになった。点灯飼育は、イギリスのモリスとフォックス（一九五八）によって、照明時間を雛のときに段階的に減らし（step down）、その後産卵を開始する前から、照明時間をしだいに増していく（step up）方式をとり、最終的に一七時間照明に上げる。それ以降、照明時間を一定にすると産卵率の上昇効果があることが示された。アメリカでは、この照明飼育方式をすぐに実用化した。また照明の管理を完全にするために、鶏舎を窓無しとし、強制換気を行なう鶏舎（ウインドウレス）が用いられるようになった。一定時間の点灯、消灯操作はタイマーを使って行なわれた。

一九三〇年代後半からは飼育方式も改善され、産卵鶏を一羽ごとにケージ飼育する方法がとられるようになった。これには室外で一段ケージの場合と、室内で三段ケージの場合があった。

種鶏の場合には、トラップネスト（一度入ったら自分では出られないように工夫された箱）を用いなくても雌鶏の産卵成績がわかるようになった。種鶏改良に単飼ケージの飼育が主となったのは一九六〇年以降である。産卵検定をした後、種卵をとるには屋外に戻して雄を交配する方法もあるが、単飼ケージのまま人工授精する方法が一般的となった。

ケージ飼育はニワトリの病気の発生を著しく減らした。また、栄養面の研究も進み、より適した配合飼料を機械によって自動給餌するなど、労働を節約して、効率的に養鶏が行なえるようになった。

養鶏産業は、一九三〇年代にアメリカで急成長を遂げた。このときから養鶏産業に用いるニワトリは、卵用種（白色レグホーンが主）と卵肉兼用種（成鶏として採卵が終わると、肉用とする：ロードアイランドレッド、ワイアンドット、横斑プリマスロックなど）と、肉用種（コーチン、ブラーマなど）に分けて別々に育種された。この時代は、鶏肉は成鶏を処分するためのもので、産業としては採卵用鶏産業が中心であった。

雛鶏を肉用に肥育する産業は、第二次大戦中に軍需用に用いられたため起こった肉（特に牛肉）不足を補うために卵肉兼用種を肥育して食用とした（ブロイラー）のが始まりで、その歴史は新しい。

養鶏産業におけるニワトリの育種および系統

(1)卵用鶏

白玉系統　卵用鶏の育種の発達には、一八九五年頃にアメリカで発明された母ニワトリの個体別産卵数がわかるトラップネストが大きく貢献した。これによって後代検定（子の成績から親の遺伝的能力を推定する方法）が可能となったためである。この育種は主にアメリカの民間育種業者によって行なわれた。この産卵鶏の育種は、産卵性の良い白色レグホーン種を主にして行なわれた。この品種は、単冠で、羽色が白く、就巣性がなく、かつ白色卵殻の卵を産む。

白色レグホーン雄（左）と雌（右）　筆者蔵

初期の育種で多産鶏の産出に成功したのは、一九〇四年から始めて一九一六年には年三〇〇個以上産卵した個体をつくりだしたタンクレッド農場や、一九二一年に年三〇〇個以上産卵した個体を一二羽出したハリウッド（育種家はアトキンソン）農場である。また白色レグホーンと横斑プリマスロックの育種で有名なドライデン農場や、一九四三年にD・C・ワーレン博士を育種担当者に採用して、学術的な育種法を用いたことで有名なキンバー農場がある。

第二次世界大戦のころからは、新しい卵用鶏の育種が始まった。ニワトリの産卵数や初産日齢などの産卵性には、近親交配退化現象が認められる。しかし、この産卵性における退化現象は、異系統を交配すると避けられる。互いに血縁関係のない個体を交配すると、子の産卵能力が親以上になる。これを雑種強勢現象（ヘテローシス）と呼ぶ。これはニワトリの品種間交配雑種において、すでに第二次世界大戦前から利用されていた。実際、白色レグホーンを雄系として、これに横斑プリマスロックかロードアイランドレッド雌と交配することが多い。しかしこの逆の交配、すなわち横斑プリマスロックかロードアイランドレッドを雄系とし、これに白色レグホーン雌と交配することはあまり良くないことも知られていた。当時、白色レグホーンは他品種より多産であった。

性の決定は性染色体により決まるが、ニワトリでは雄はホモ型（ZZ）、雌はヘテロ型（ZW）の性染色体をもつ。産卵数の多さや初産日齢の早さを支配する遺伝子の一部がZ染色体上にあることが知られた。そこで白色レグホーンを雄として他品種と交配すると、子の雌は父親のZを受け取る。一方、他品種の雄と白色レグホーン雌を交配させると、子の雌は他品種の雄のZを受け取ることになるため、産卵能力が劣る。白色レグホーンを雄とする交配を正交配と呼び、逆の場合を逆交配と呼んでいる。

アメリカのハイライン社は、一九二六年からのトウモロコシの交雑種（ハイブリッドコーン）の開発で有名であった。同社は、ニワトリでもこの方法で卵用種の育種開発を試み、一九四〇年後半に成功した。このやり方は、近親交配（近交）した二系統を交配して雄系とし、別の近交系統を母系として交配し、この交配種を売るものである。この両交配のときに出るヘテローシスを利用している。

ニワトリの近交系を初めにつくる際に、白色レグホーンだけでなく、少なくとも一系統にはロードアイランドレッド（赤玉系統の項参照）を使用したようである。そのためランダムサンプルテスト（後述）の出品ではインクロスブレッド（品種間交雑近交系）とよんでいる。ハイライン社の種鶏は、一時極めて大きなシェアをもっていたが、現在はドイツのローマン社（Lohmann）の配下に入っている。

同じアメリカのデカルブ社もハイラインと同じようなトウモロコシ交雑をやっていたが、一九四四年から卵用鶏の育種を始めた。やり方はハイラインと同じような方法である。一時かなりのシェアがあったが、現在はオランダのヘンドリック社の配下にある。

ハイスドルフ&ネルソン（H&N）社は、A・ハイスドルフがキンバー農場で働いた後、一九四六年に創業した。彼は相反反復選抜法という新しい育種法を開発した。これは雄系と雌鶏をそれぞれ閉鎖群として正逆（相反）交配して、その交配種を売りながら、雑種強勢と組み合わせ能力の高いものを選抜していくやり方である。各閉鎖群は近交しない。また、種鶏の雄系でも、雌系と相互に交配して子の能力を調べる。この理由は、雄は娘をつくって調べないと雄に潜在している産卵性の能力がわからないからである。この方法は、前述のインクロスブレッドと比較すると、比較的コストがかからず中小規模の育種業者でも可能なので、多くの育種業者に採用された。この相反反復選抜法では、なるべく近交を避けるが、閉鎖群であるため、ある報告では二四代で近交係数が一一・五%であったとしている。

バブコック社は、一九三八年に始めた育種業者である。この育種業者の白色レグホーンは、ドライデン、キンバーなどから持って来られた。一九四四年にはコンテストで世界記録をつくり、有名となった。この育種に用いた育種法は、相反反復選抜法である。バブコックで育種された白色レグホーンは、一時かなりのシェアをもっていたが、現在はオランダのヘンドリックス社の支配下にある。

シェーバー社は一九四六年に創業されたカナダの育種業者である。アメリカのランダムサンプルテストで良い成績を上げ、一時はかなりのシェアをもっていた。この育種法は相反反復選抜法である。現在はオランダのヘンドリック社の配下にある。

ランダムサンプルテストの貢献　アメリカにおいて卵用鶏の改良には育種業者は著しい成果を上げた。どの業者の成果が優れているのか、その成果を客観的に評価する必要があった。そこで各育種業者の販売する種卵を公的機関で集めて、孵化した雛を一定の条件下で五〇〇日飼育して、その成績を比較することで評価した。この比較テストをランダムサンプルテストという。

ランダムサンプルテストは一群を五〇羽として比較するもので、一九四九年にカリフォルニア州で始められ、後に各州でも行なわれるようになった。一九五九年以降はアメリカ農務省が各州のデータを集めて発表するようになった。一九六三〜六四年には、アメリカとカナダで合わせて二一の検定場があり、多くの業者が参加した。しかし一九七〇年には参加業者は一〇社のみとなり、一九七八年を最後にランダムサンプルテストの結果の発表は中止された。

産卵成績のうち、ヘンハウス産卵数は一五〇日間、採卵用鶏飼育ケージに入れた五〇〇日齢までのニワトリの羽数で総産卵数を割った値をいう。また、その総産卵数をこの期間生存していたニワトリの総羽数で割った値をヘンデイ産卵率という。上位の代表的な六社のヘンハウス産卵数は、一九五九〜六一年に二四〇個と上昇していたが、産卵数について選抜をしなかったコーネル対照群（ニューヨーク州）の調査結果では産卵数の成績が低下している。このことは、この頃マレック病（ウイルス病）が蔓延し始めたために、ヘンハウス産卵数の検定成績を低下させていたことを示している。またこの産卵性の検定では、卵重、飼料要求率（飼料消費量／総卵重）も調べている。これをみると卵重はしだいに増加し、飼料要求率には明らかな低下（二・九から二・七へ）が認められ、飼料効率が上昇していたことを示している。またここには成績を示さなかったが、初産卵重、体重、死亡率、内部卵質（ハウユニット：濃厚卵白の高さを示す指数）、収益なども調査されている。一九七一年にはマレック病ワクチンが開発され利用されるようになったので、それ以降はヘンハウス産卵数はさらに上昇し、産卵性は向上し始めた。

ニワトリの産卵性の改善に、選抜による育種の効果があったかどうかは大切な問題である。選抜の効果を

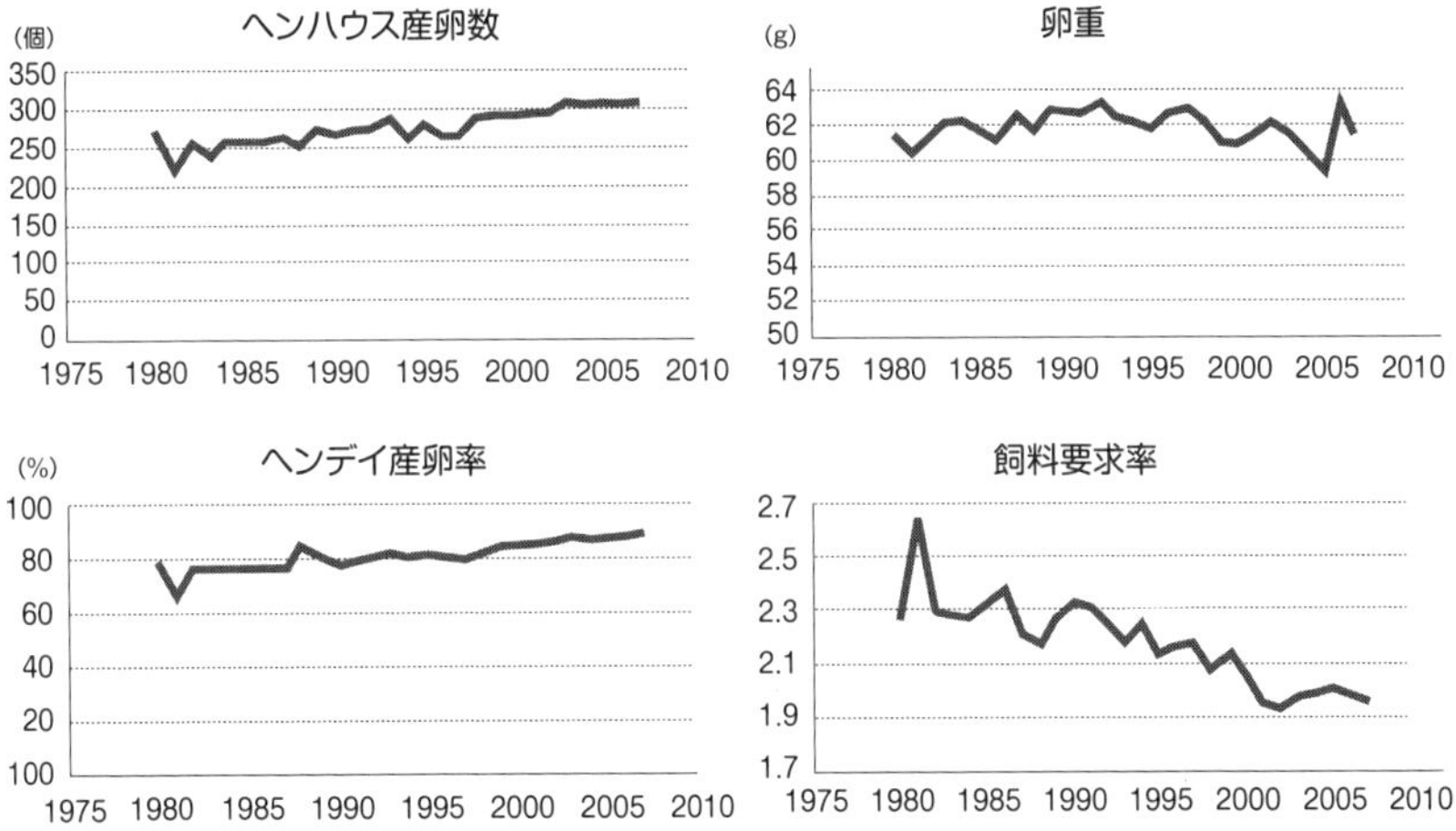

鶏経済能力検定の近年の動向　群馬畜産試験場研究報告 1980～2008年より

集中して調べたのは、カナダ農務省研究所のガウ&フェアウエル（一九八〇）であった。彼らの研究課題は、産卵能力の選抜群における効果である。この選抜群間の比較検討に用いた選抜群の数は、一九六九年には四区であったが、一九七一年には六区に増して行なっている。その結果一四一～四九七日の産卵数は、一九七八年までに最低四〇～七〇個増し、群平均の産卵数は二三二～二七五個に増加した。一方、無選抜の対照区のヘンハウス産卵数は一九三～二一四個にとどまっていた。また選抜によりヘンデイ産卵率は四～八％上昇していたので、ニワトリの産卵能力はまだ向上の余地があることが示された。なお彼らの群において選抜系の近交係数は、二七代で一九・五％、二九代で二二・八％と報告されている。

ランダムサンプルテストはアメリカにかわってドイツや日本で行なわれるようになった。群馬県農業試験場（前畜産試験場）では一九六四年以降、卵用鶏八から一〇銘柄について行なっている。比較試験に用いられたのは白色卵鶏系（ローマン社ジュリア、デカルブTx、イサホワイト、ハイラインマリア、ローマン社ジュリアライト、ハイラインローラ）の六系と、赤玉系（後述）（ハイライン社ボリスブラウン、イサブラウン、ゴトウもみじ）の三系、ピンク系（ハイラインリニア）一系である。ランダムサンプルテストの結果、五〇〇日齢までのヘンハウス産卵数は、日齢を追うごとに増加し、図示した最終年度（二〇〇六〜〇七年）の成績は、当初の二六八個から三一〇個に上昇した。またヘンデイ産卵率も着実に上昇し、当初の七八・二％から八八・八％に上昇した。平均卵重は、六一・二gから六三・四gとなったが、ほぼ六二gでとまっていた。一方、飼料要求率は着実に低下し、二・二七から一・九八になっていた。この他体重、卵質なども検査されている。初産体重は、一五〇日初産時で一五六〇gから一六六五gとなり、終了時五〇〇日には一九六〇gから二一一八gと若干増加している。ハウユニットは、二月の成績で八三・一から八五・一と若干改善されている。卵殻厚は二月〇・三六六㎜から〇・三五四㎜とほとんど変わらないが、卵殻強度は、一九九三年二月三・九〇から三・七〇とやや低下している。また注目すべきは赤玉系もほとんど白玉系（白色レグホーン）と同じ産卵能力の水準に改善されていることである。

ドイツではランダムサンプルテストが過去三〇年以上続けられ、現在も継続して行なわれている。そのうちで近年において特によい成績を上げているのは、ドイツのローマン社である。その白色系（LSL）の産卵鶏の育種を担当していたのはフロック（一九九九）で、彼が純粋系（種鶏）と交配系（販売系）を比較したテストの成績は特に興味深い。フロックはアメリカのハイスドルフ&ネルソン社で研修しており、育種方法は相反反復選抜法である。それによると純粋系の五〇〇日齢までの生存鶏の年産卵数は一三年間で二三四個から二八八個と五五個増しているが、交配系も四一個増加している。販売用の交配系が種鶏である純粋系を上回る産卵数で示されるヘテローシス効果は、それぞれ四四個と二九個で、交配系は二七七個から三一八個に増加した。これは産卵数の上昇には個体選抜の効果があるが、この形質にはヘテローシス効果が認められるので、交配系を利用して販売することが必要であることを示している。なおローマン社の白玉系（LS

L）は、ドイツの一九九九～二〇〇〇年のランダムサンプルテストにおいて五〇〇日のヘンハウス産卵数で三二七個を生んでいる。前述した日本の群馬県で行なわれた二〇〇五～〇六年のローマン社白玉系（日本名ジュリア）のランダムサンプルテストでも、三二〇個のヘンハウス産卵数を示している。

これらのランダムサンプルテストの成績から、ニワトリのヘンハウス産卵数は育種によって現在も向上し続けていることが知られている。一九七〇年初期にいわれていたニワトリの産卵数向上の育種には限度が来ているのではないかという悲観論は、誤っていたことが示された。

育種法の進歩　一九〇〇年にメンデルの遺伝法則の再発見がなされたが、この法則の再発見は、ただちにニワトリの形態を支配する遺伝子の発見に大いに役立った。一九〇二年にベイトソンによって行なわれた単冠とバラ冠および三枚冠の交配実験は、動物で行なわれた初めてのメンデリズムの正しさを証明した実験であった。その後も多くの実験によって、羽毛色、羽性、五趾など骨格の異常（正常のニワトリは四趾）などニワトリに出現する形態についてほとんどの遺伝様式が解明され、品種や内種の形態の固定に役立った。しかしながら、産卵能力、体重（肥育能力）、早熟性、受精率、孵化率などのニワトリの経済能力の遺伝は、メンデリズムでは説明できないことが間もなくわかった。すなわちこれらのニワトリの経済能力の形質は、かなり多くの遺伝子が関与していること、さらにかなり多くの遺伝子の複雑な相互作用によって決まることが解ってきた。

例えば乳牛の泌乳能力の遺伝の解明には、ラッシュ（一九三九）による母娘間の相関から、その遺伝率算出法（娘と母の泌乳能力を比較する方法）が開発された。これは泌乳能力のような家畜の経済形質（量的形質）は、多遺伝子の相互作用によって遺伝する。そこでライト（一九二二）の考えに立脚し、一つ一つの遺伝子解析は無視して、むしろ両親が同じ兄弟は互いに二分の一の共通遺伝子をもつという血縁関係を利用して検討することを提唱した。その結果、量的形質の血縁係数や近交係数が案出された。これを親子や兄弟の形質の数値の似通いに利用して、形質別の遺伝率が求められた。この際求められる遺伝率は多数の遺伝子の相加的（加算的）遺伝分散を表現型分散（全分散）で割って求めた値で、遺伝子間の相互作用（優劣やヘテローシスを起こす作用）は含まれていない。この遺伝率を応用する方法は、家畜の能力向上にかなり有効であった。

ニワトリのいろいろな形質についてラーナー（一九五〇）は、父と母が同じ子の群の間では、似通いが最も大きいが、父が同じで母が異なる子の群の間では、似通いがより小さく、父も母も異なる子の群の間では、似通いがさらに小さくなることに注目した。このことから、形質の似通いの程度を相関（級内相関）として求め、これから遺伝率（h^2）を算出した。また実際にある形質について選抜を数世代行なうと、選抜の効果が現われる。この効果の値を世代数で割ると、一世代あたりの遺伝的獲得量が求められる。この遺伝的獲得量を選抜した群の平均値と元の群の平均値の差で示された選抜強度で割ると、その形質の実現遺伝率が求められる。体重、卵重、卵殻色などの形質は遺伝率が高いので（〇・四～〇・五程度）、個体選抜が有効である。一方、ヘテローシス効果などが働いて遺伝率が低い値を示す形質の場合には、ヘテローシスの出るような相性の良い系統間の交配と、能力の個体選抜をともなわせて行なう必要がある。初産日齢、産卵率、受精率、孵化率、生存率などの遺伝率は〇・一～〇・二程度で低く、これらの形質は個体選抜だけの育種では、あまり改善は期待できない。このうち、産卵率の遺伝率は〇・二程度である。

卵用鶏の育種の場合には、産卵数だけでなく、卵重や濃厚卵白の高さを示す卵の内部形質ハウユニット、卵殻を強くする卵殻厚などの多くの産卵形質を同時に育種する必要がある。この場合には選抜指数を用いる育種の方法が良い。

ニワトリの多くの形質（観察形質）に、それぞれに与えられた相対的な経済価値を掛けたものの総和を育種価（G）という。さらに、この多くの計測の観測値にそれぞれの重み付け係数を掛けたものの総和を選抜指数（I）という。育種には、この育種価と選抜指数を用いて、その相関が最大となるように重み付け係数を使った分散共分散マトリックスで表わした二元一次連立方程式を解いて、その育種方法を決める。このニワトリの育種の方法は、コンピュータを一般的に利用することが可能となったことで、実用的に有効な方法として広く使われるようになった。近年、さらに育種の精度を上げて育種価や選抜指数を求めるＢＬＵＰ（最良線形不偏予測）法というコンピュータ利用の方法がヘンダーソン（一九七三）によって編み出され、ニワトリの経済能力の育種に活用されている。

養鶏にとって、細菌、ウイルスなどの病原体によって起こる病気の被害をなくすことは重大な問題であった。これらの病原体の中には、ニワトリが抗病性をもっているものがあり、この抗病性の多くが一遺伝子座上の一遺伝子によって支配されていることが多い。この遺伝様式を調べて、選抜によって抗病性の高い系統の育種も行なわれてきた。またこのうちには血液型との連関のあるものも認められ、これを利用することも行なわれてきた。

現在の育種業者は、これらの病原体をもたない系統のニワトリを販売している。また長年の問題であったマレック病については、シチメンチョウで発見された弱毒化したマレック病原ウイルス株から作成した生ワクチンの注射により解決した。ニワトリ白血病については、抵抗系統が用いられるようになっている。またニワトリのケージ飼育によって、多くの病原体による病気、特にコクシジウム（原虫）による病気が著しく減った。また平飼いでは、抗コクシジウム薬の投薬も行なわれている。

近年になって、ニワトリの遺伝子のＤＮＡ配列が明らかになった。しかしＤＮＡ段階の育種では病気に対する抵抗性をはじめとするニワトリの経済能力の向上に効果を上げたとはいえない。ニワトリの初期胚の細胞の移植や器官原基などの組織の移植による遺伝子導入によって、二つ以上の遺伝的に異なった個体に由来する遺伝子を含むキメラはつくれるが、それが生殖細胞に取り込まれて、次代以降の遺伝形質に固定されたという確証はまだ得られていない。分子遺伝学のニワトリの育種への応用は、これからの問題である。ただしＤＮＡ配列の研究は、ニワトリの品種間の近縁関係を探るのには大きく貢献した（後述）。

ニワトリの初生雛における雌雄鑑別を行なうと、雄をすみやかに淘汰できる。これは採卵養鶏において、コストを下げるのに有効である。増井清（一九二五）は、退化してもなお雄雛に残っている小さな陰茎に着目し、これを肛門から見分ける方法を発明し、世界的に利用された。しかし、精度の高い雌雄鑑別には訓練が必要であり、熟練した鑑別士の養成が難しく、日本人以外にあまりいないなどの難点があった。

そこで孵化時に肉眼で雌雄鑑別する方法が開発された。ニワトリの性染色体は、雄ホモ（*ZZ*）、雌ヘテロ（*ZW*）である。そこで、性染色体（*z*）上にある伴性遅羽遺伝子（*K*）を利用して鑑別を行なうものである。現在世界的に卵用鶏、肉用鶏のほとんどがこの方法を利用するようになってきた。白玉系の白色レグホーンは、速羽の遺伝子（*k/k*）に固定されているので、遅羽性の導入には、遅羽性のロードアイランドレッド（*K/-*）が利用された。種鶏の雄系を遅羽性（*K/-*）にし、雌系を速羽性（*k/k*）にすると、子の雄は遅羽（*K/k*）となり、雌は速羽（*k/-*）となるので、孵化時の主翼羽の下羽の伸び方で肉眼的に雌雄鑑別ができる。熟練者では、九九％の精度で雌雄鑑別が可能である。

卵殻質の改善には、従来、卵の比重（卵殻を破壊しないで、種々の濃度の食塩水に沈ませて調べられる）、卵殻厚（卵殻を破壊して調べる）、卵殻の機械的破壊のいずれかで強度を調べる必要があった。しかしコウケ

（一九八八）によって卵殻を破壊せずに卵殻質を調べる方法が発明された。これは振盪（卵を機械にかけてゆさぶる）することによって発生する反応から、ひび割れの有無や卵殻の強度を判定するものである。この方法によって卵殻の強度を調べた結果、測定値は卵殻強度とプラス〇・九の相関があった。また卵殻の厚さとはプラス〇・八の相関があった。この非破壊による卵殻質測定の方法は、種鶏業者によって利用されるようになった。これによって判定された結果、卵殻の強さが増し、ひびわれの卵が著しく減ってきている。また卵を振盪で試験したものは、孵化のはじめの一〇〇時間が経つと受精卵の胚は大きな共鳴変化を示すが、非受精卵の胚はこの変化を示さない。このことから受精卵を検出するために従来行なってきた暗室内で透光して視てみる（キャンドリング）操作の必要がなくなった。このことは孵化時に受精卵や中止卵の検査に要する人件費を大幅に下げたので、大勢はこの測定器を利用するようになってきている（De Ketelaere ら、二〇〇四）。

この卵殻質非破壊検査機は、現在大きな威力を発揮している。また光を透して調べる機械（VIS-NIR スペクトロメータ）を使うと、割卵して調べないと判定できなかった血斑、肉斑などを卵殻非破壊でわかるようになり、この技術も採卵養鶏の育種に役立ってきている。

赤玉系統　赤色野鶏の卵殻色は褐色であった。これは赤血球色素へモグロビンが肝臓で分解されてできる色素プロトポルフィリン（褐色）が、卵管子宮部で卵殻表面に分泌されて褐色になるからである。

地中海沿岸種（白色レグホーン、青色アンダルシアン、ミノルカ、スパニッシュなど）のニワトリでは、この色素が分泌されないために、卵殻色は白色となる。現在、卵用で白色の殻の卵を産む実用のニワトリは白玉系とよばれている。

またこのプロトポルフィリンの一個所が切れて開環すると、青色のビリベルジンに変わり、これが卵殻表

白色プリマスロック雄（右）と雌（左）
筆者蔵

横斑プリマスロック雄（右）と雌（左）
筆者蔵

面に分泌されると青から緑の卵殻色となる。この卵殻色をもつ品種がアロウカナである。また中国の在来鶏でも、この卵殻色をもつ品種がある。

卵用種の赤玉系について述べる前に、卵肉兼用種の成立の歴史について述べる必要がある。ヨーロッパで体重の軽い地中海沿岸種を除いた多くのニワトリは、卵肉兼用種であった。これは成鶏になると約一年の産卵を終えた雌を食用に供するのに適した品種である。主としてアメリカで成立した品種（アメリカ種）が多いが、イギリスで成立した品種もある。このうち有名なのは、サセックス（淡色が有名）で、ドーキング、オーピントン（黒色が有名）などもある。このオーピントンが当時植民地であったオーストラリアで卵用に改良された品種がオーストラロープである。いずれも卵殻色は褐色である。

アメリカで成立した有名な品種は、プリマスロック（横斑と白色が有名）、ロードアイランドレッド、ニューハンプシア（ロードアイランドレッドから成立）、ワイアンドットである。卵肉兼用種で、いずれも卵殻色は褐色である。

ヨーロッパの人々、特に西ヨーロッパの人々は、長い間親しんできたニワトリが褐色卵を産んでいたので、一般に白色卵を好まない傾向があった。そのためアメリカに初期に移民してきた人々は、褐色の卵殻をもつ赤玉卵を好んだ。このため多くの卵肉兼用種のニワトリの品種がアメリカで育種されて成立した。

〈横斑プリマスロック〉（Barred Plymouth Rock）　はっきりした成立は一八六九

年で、アメリカ、マサチューセッツ州に出品されたニワトリである。これは灰色ドミニーク（現在のドミニカ共和国から入ったニワトリの品種で、少し乱れた横斑の羽装をもったニワトリ）雄と、アジアから入った黒色ジャワまたは黒色コーチン（この両者は当時アメリカでよく混同されて使われていた）雌との交配から作出されたものである。この後もドミニークが交配されて、今日みられるような横斑プリマスロックが成立した。横斑プリマスロックは多産で、はじめは就巣性があったが、後にこれは除去され、年に二五〇個以上産卵する系統もつくられた。日本にはアメリカから輸入され、産卵性の高い系統が育種された。

〈白色プリマスロック〉（White Plymouth Rock）一八八八年に公認されたこの品種は、横斑プリマスロックから突然変異でできたとされ、劣性白色（*c/c*）の遺伝子をもっていた。卵用よりも肉用に育種され、体重も大きくなった。第二次世界大戦中から戦後にかけて、若鶏を肥育して肉用にするブロイラー産業が急に成長したが、その産業の育種において雌系として盛んに用いられるようになった。このブロイラー産業の発達にともなって、一九六〇年以降には白色プリマスロックは、メラニン色素形成を止めて羽色を白くする優性白色遺伝子（*I/I*）をもつように変わった。これは優性白色遺伝子（*I/I*）をもつ白色ワイアンドットから導入されたものといわれている。一九六五年当時の日本の兵庫県種畜牧場の調査によると、その産卵数は年一五〇個程度であった。

ロードアイランドレッド雄（右）と雌（左）
筆者蔵

〈ロードアイランドレッド〉（Rhode Island Red）アメリカ、ロードアイランド州で成立し、一九〇四年に公認された。その成立過程には不明なところがある。諸説あるがマレーまたはチッタゴン（バングラデシュ）から入ったニワトリと、アメリカにいたアジア系在来種であるコーチンまたはジャワとの交配からできたと考えられる。単冠にするために、褐色レグホーンが後に交配されたことも推定される。羽色は、赤（赤褐色）で尾羽や翼先の羽は黒い。

卵殻色が濃い褐色の卵を多産する性質が、アメリカ特にニューイングランド地方で好まれ、産卵性の改良も進んだ。就巣性もあったが、やがて除去された。はじめは遅羽性であったが、速羽性の系統もうまれた。これは外観から雌雄鑑別（羽鑑別）ができるために大いに役立った。この品種は主に卵用に改良されたため、成体重は小さくなっていった。また系統により、群二五〇個以上産卵するものもつくられた。

〈ニューハンプシア〉（New Hampshire）　ロードアイランドレッドをより速い成長と速羽性にすることを目標につくられた比較的新しい品種であり、公認されたのは一九三五年である。この品種は肥育性がよいので、ブロイラーが始まった頃には、横斑プリマスロックを雄とし、ニューハンプシアを雌とするバールドクロスが用いられた。しかし現在は全く用いられなくなった。

〈新赤玉系卵用鶏〉　白色レグホーンの改良が進み、その系統間交配種が白い卵殻の卵を産むニワトリの主流として用いられてきた。一方ヨーロッパ諸国やアメリカ東北部では、褐色卵殻の卵を産むニワトリが長い間要望されていた。そこで、アメリカの育種家は、ロードアイランドレッドを中心として横斑プリマスロック、ニューハンプシア、オーストラロープなどを交配して、褐色卵殻の卵を産むニワトリの系統がつくられ、盛んに利用されるようになった。この交雑種をつくる際に、卵殻色が薄められるので、白色レグホーンは用いない。この交雑種の産卵性は、近年極めて高く、白玉系のものと遜色がなくなってきている。一九九〇年頃には、産卵数はほとんど同じで、白玉系より体重がやや重く、飼料効率がやや低いとされていた。

しかし、最近（二〇〇七年度）の群馬県における検定では、ボリスブラウン（ハイライン、ローマン社）の系統は、ヘンハウス産卵数が三一〇個、平均卵重六四・四g、飼料要求率二・〇一、初産体重一八九六g、体重二二八八gであり、イサブラウン（イサ社）の系統はヘンハウス産卵数三二一、平均卵重六四・二g、飼料要求率二・〇一、一五〇日齢体重一九八六g、五〇〇日齢体重二四〇四gであった。この検査結果では、赤玉系が白玉系とくらべて体重が約一〇％重いが、飼料要求率を含むほかの形質の成績に差がみられていない。

最近ピンク卵系も出現したが、これは赤玉系に白玉系を交配したものとされる。

(2)肉用鶏

成鶏利用の肉用種　第二次大戦前の肉用種は成鶏の肉を利用する品種で、産卵性は低くても肥育能力の高い肉用の品種もつくられた。

〈コーチン〉（Cochin）　中国の原産で一八四五年にまずイギリスに入ったが、その後間もなくアメリカにも輸入された。体躯が大きく堂々としている。また脚毛をもつ特色がある。産卵数も当時飼育されていた他品種より多かったこともあり、多くの品種と交配され、多くの卵肉兼用種の成立に貢献した。コーチンには羽毛色によっていろいろな内種があるが、その中でバフコーチンが最も有名である。現在はほとんど飼育されていない。

パートリッジコーチン（雌）
筆者蔵

日本にも輸入されており、在来品種の改良に用いられ、名古屋コーチンの成立に関係した。そのため現在の品種名は名古屋であるが、当初は名古屋コーチンとよばれていた。さらに愛知県農業総合試験場で改良が進められ、その結果、ピンク卵を産む卵肉兼用（ＮＧ４）系と、産卵性

白色コーニッシュ（雌）

白色コーニッシュ（雄）

赤笹大シャモ（雄）

も肉の味もよく、ブロイラー用に用いられている（NG3）系の系統が作出された。この二系統とも実用鶏種として日本で現在盛んに飼育されている。

〈シャモ〉　日本にはかなり早くから飼育されている品種で、奈良時代にすでに飼育されていたようである。江戸時代になってシャム（現在のタイ）から、再度日本に入ったこともあり、シャモの名はこれに由来する。

シャモと明治維新前からいた多くの日本在来品種との交雑から多くの日本系の品種が成立した。それらは、声良《こえよし》、比内鶏《ひないどり》、薩摩鶏《さつまどり》、蓑曳《みのひき》などである。またシャモを小型にした小シャモ（成体重雄一・〇kg、雌〇・八kg）もつくられた。

シャモは本来闘鶏用に育種された品種である。したがって胸筋がよく発達し、背部が極端に立ち上がって傾斜した体躯になっているのが特色である。この体型は南アジアからイギリスに入ったマレーと同じである。

大型シャモは胸の肉付きがよく、肉質も良いので、アメリカでコーニッシュの育種に利用された。また近年、日本では外来種鶏から生産されているブロイラーの肉の味を改良するため、国産銘柄の雄系に直接または白色コーニッシュと交配されたものが利用されている。

〈コーニッシュ〉(Cornish) コーニッシュの祖型はイギリスでつくられ、インディアンゲーム(Indian Game)と名付けられた。インドから輸入した赤色アシール(マレーと似た闘鶏タイプの品種)、黒胸赤色オールドイングリッシュゲーム、およびマレーの交雑によって成立した品種である。冠は三枚冠である。特にその後も何度もマレーの交配が繰り返され、その結果、胸肉が著しく多い肉用品種ができた。これがアメリカに入り、コーニッシュとよばれるようになった。このコーニッシュの内種のうち、赤色コーニッシュには日本のシャモが交配されて、胸肉がより多く付くように育種され、ブロイラーの雄系として使われるようになった。その後、優性白色遺伝子(*I/I*)を導入する育種がその後行なわれて、白色コーニッシュが成立した。この一九五二年後半の優性白色遺伝子の導入の経過は明確でないが、すでに優性白色遺伝子をもっていた白色プリマスロックを利用した可能性がある。優性白色遺伝子をもつ白色コーニッシュは、現在ブロイラーの雄系として最も多く用いられている。

ブロイラー 牛肉は第二次世界大戦中、アメリカで軍需用に使われたため、深刻な不足が起こった。この不足を補うには、一年に一頭ずつしか子が産まれず、しかも肥育して出荷するのに約二年を要する肉牛の飼育では間に合わない。また、豚は成長が速く、六ヵ月で飼育出荷できるが、子が一度に一〇頭しか生まれないので生産が間に合わなくなっていた。しかしニワトリは多数の卵を産み、その卵を集めて孵卵すれば一度に多数の雛が得られる。また二~三月齢で肥育して出荷できる。そこでこの急速な肉の需要に対応するため、新たな食肉産業としてうまれたのがブロイラー産業である。若鶏を肥育してそれを肉利用する新しい産業である。若鶏の短期間の飼育で食肉生産ができるようになった。この食肉生産のために飼育された若鶏をブロイラーと呼ぶ。この名前は、肉を直火であぶり焼き（broil）する調理加工の言葉からきている。

アメリカのブロイラー産業は、戦後（一九四六～四七）一時的に成長の勢いが下がったが、生産コストが安価であること、肉内部に脂肪が少ないので健康に良い肉であるということが人気をよび、急成長した。そのため現在ブロイラー産業は、卵生産と並ぶ養鶏産業の柱となった。

日本のブロイラー産業は一九六〇年頃から盛んになった。一九八五年以降では日本の全食肉消費量の四〇％を占めるようになり、国民の健康を高める食肉として、大きな位置を占めるにいたった。

ブロイラー用鶏の飼育法は、産卵鶏とは異なる方法がとられた。鶏舎は窓がなく換気装置のついた無窓鶏舎とし、平飼で一斉に入舎して一斉に出荷する飼育が一般的である。照明は飼育当初は二〇ルクスとし、しだいに照度を下げてゆき、四週齢以降は約二ルクスで肥育する方法がとられている。また飼料も肥育用の配合飼料を与える。

ブロイラー用の品種は成長速度の高い鶏種が要求されるため、使用する品種はいくつかの品種が選ばれ、その交配種が用いられてきた。まず一九三〇年代には、横斑プリマスロック雄とロードアイランドレッドの交配種が使われた。しかし一九四〇年代には横斑プリマスロック雄とニューハンプシア雌の交配種が使われるようになった。一九五〇年頃からはより成長の早い品種が求められ、赤色コーニッシュ雄と白色プリマスロック雌の交配種が用いられるようになった。一九五八年頃からは、雄系に赤色コーニッシュに代わって、改良されて羽色が白くなった優性白色コーニッシュを用いるようになった。これは機械抜毛する際、羽毛が白いと屠体の仕上がりが美しいのに対し、雄系に赤色コーニシュを用いると、生ずる屠体に有色の羽毛が残存するため屠体の仕上がりが美しくないからである。

またブロイラー用の種鶏は、雄系と雌系に分けて育種し、その交配種をブロイラー生産用の雛として販売した。雄系のブロイラー種鶏は成長速度の速い系統とし、雌系のブロイラー種鶏はある程度の産卵性を維持し、しかも成長速度も速いように育種した系統である。

ニワトリの成長速度（八週齢の体重で調べる）を高めると、産卵数（または産卵率）が低下する。この両者間には、マイナス〇・四の遺伝的な負の相関がある。そこでブロイラー用の雄系は成長速度のみに重点をおいて育種する。成長速度の遺伝率は、〇・四くらいでかなり高く、個体選抜が有効に働く。そのためもあって、雄系は成長速度の高い二つの系統をつくり、この二系統を交配してその雛を販売のための種鶏とする。また雌系は、成長速度とある程度の産卵性をもたせる。産卵率は遺伝率が〇・二と低いうえに、交配して生まれた子が親より能力が高い雑種強勢現象をともなっているからである。このため雌系は成長速度の高い系統と、産卵性の高さを維持した系統の二系統を交配して種鶏として用いる。現在は、雄系も二系統、雌系も二系統とし、これを交配してその雛を出荷する四元交配が一般的に行なわれている。

当初は雄一%、雌一〇%くらいの成長速度の速いものを残す切断法（mass selection とよばれる）が用いられたが、その後、家系選抜に代わって、そのやり方もコンピューターで計算して選抜指数を算出し、これを利用する方法に変わってきている。近年は選抜指数の算出にBLUP法も利用されている。

ブロイラーは、雄雌ともに出荷まで一緒に飼育するのが一般的である。しかし同時に孵化し出荷すると雄と雌のあいだに体重差が当然出る。すなわち二〇〇一年の成績で六週齢の体重で雄二九三〇g、雌二四四一gで、雌は雄の八四%で体重が一六%少ない（Havenstein ら、二〇〇三）。そこで遅羽性遺伝子（*K*）を利用して性鑑別し、雄と雌を別飼いするやり方が好まれるようになってきている。この方法をとれば、雄と雌が別の日齢で出荷できる。

性を決める性染色体上にある遺伝子を伴性遺伝子とよぶ。この伴性矮性遺伝子（*dw*）をホモ（*dw*/*dw*）にもっと、成長が抑えられ、成体重も正常の約三分の二になる遺伝子がある。この遺伝子を利用して雄系は正常に成長し、雌系は成体重を減らすことを利用する育種が行なわれている。すなわち伴性矮性遺伝子 *dw* について、種鶏の雄系は通常のニワトリの持っている *Dw/Dw* に固定する。また種鶏の雌系は *dw/dw* に固定して、この雄系と雌系を交配すると、生まれた雛は、雄は *Dw/dw*、雌は *Dw/-* となり、雄雛は正常とほとんど同じ成長をし（Dw/dw の遺伝子をもつので *Dw/Dw* の雄にくらべて九五％）、雌雛も *Dw/-* となって雄雛と全く同じに正常の成長を示す。しかし多数飼育する必要のある雌系の種鶏は、*dw/dw* のため体重の小さい矮性なので、飼料の消費量を減少させる効果がある。この矮性の種鶏系統はフランスの国立の試験場で開発され、一時かなり利用された。その後、種鶏の維持には飼料を制限して与える方法が採用されるようになったため、*dw* 遺伝子を利用することは減ってきている。

近年、遺伝子のＤＮＡ配列が明らかになった。ＤＮＡ塩基配列の個体差を多型というが、特にすべての染色体上にある二―四塩基対を繰り返して配列する回数の差に個体差がある。この部分をマイクロサテライトＤＮＡとよぶ。マイクロサテライトの情報が蓄積され、遺伝子の連鎖地図がつくられた。ある量的形質に関与している一群の遺伝子座を、その量的遺伝子座（quantitative trait loci, QTL）とよぶ。これらの遺伝子座が染色体の遺伝子地図上のどこに位置するかの検出は、ＤＮＡ多型マーカーを利用してできる。このＱＴＬ情報をもとに、近くの位置のマーカー（標識遺伝子となる）により選抜すると、選抜の正確度が高まる。この選抜は卵用鶏や肉用鶏で試みられ、その利用が始まっているが、まだはっきりした成果は得られていない。

ブロイラー雌系用に当初は横斑プリマスロックとロードアイランドレッドが用いられた。現在では白色プリマスロック雌との交配が主流になったこともすでに述べた。アメリカでブロイラーが盛んに利用されるようになった当初は、肥育用の飼料の開発ができず、採卵鶏用の育成飼料がブロイラー飼育に用いられてい

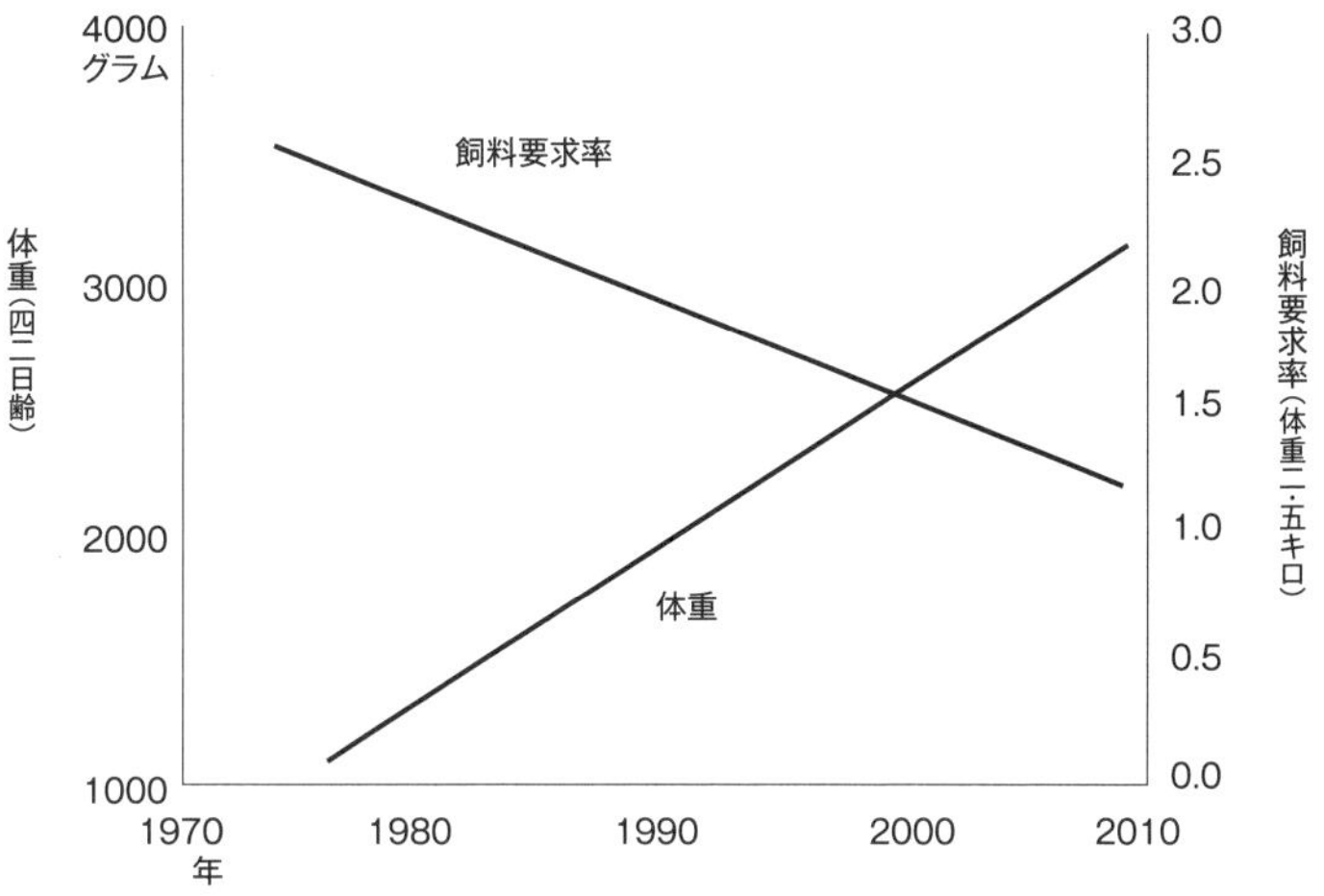

ブロイラーの成長と飼料要求率の低下　秋葉 2005 より

た。しかし間もなく、ブロイラー用の飼料が開発されてきた。一九三〇年と一九五六年のブロイラーの九週齢の肥育成績を比較してみると、一九五六年の時点では用いたニワトリの成長速度への効果は一一％であったが、改善された飼料との比較で、飼料改善の効果が二七％で、飼料の効果が育種より大きいことが示された。

この頃からブロイラーの成長速度および飼料効率（飼料要求率すなわち飼料消費量を出荷時体重で割って出す）の改良が進んだ。その結果、一九五七年には九～一〇週齢で出荷していたが、二〇〇〇年には六週齢でも出荷できるようになったことが示されている（Havenstein ら、二〇〇三）。一九五七年型のブロイラーに使われていた系統（一九五〇年代中頃から始められ、一九五七年にカナダ農業研究所の研究者によってつくられた）で、一九五八年以降アメリカの改良の速度を知るための対照群として無選抜のまま維持されたほかの系統を混血しない閉鎖群（ACRBC、白色羽装をもつ）若鶏と、二〇〇一年の市販ブロイラー（Ross 308，白色コーニッシュ雄系と白色プリマスロック雌系の交配市販若鶏）を一九五七年型の飼料と二〇〇一年型飼料を用いて比較検討した。

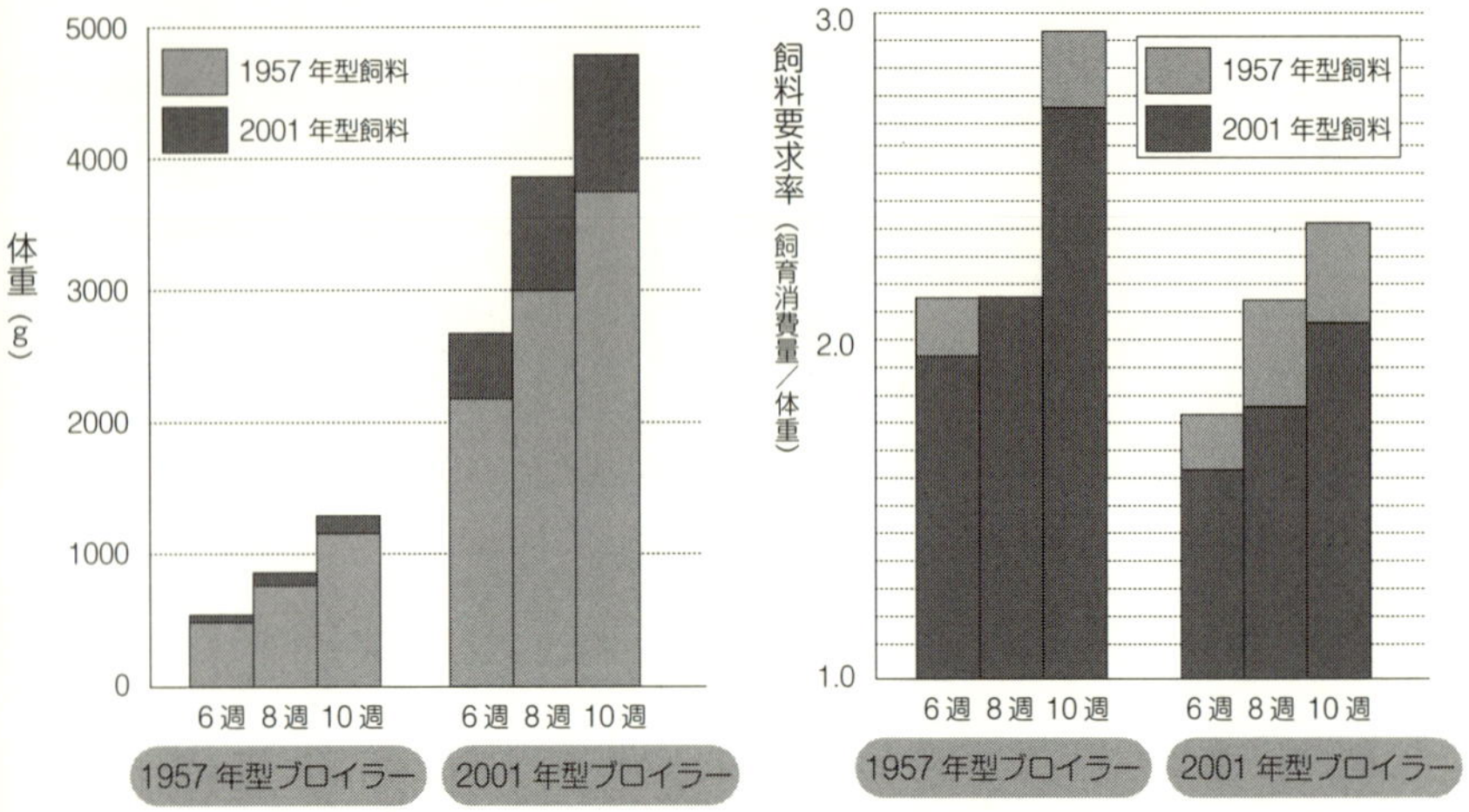

1957 年型と 2001 年型のブロイラーの比較　Havenstein et al、2003 より

ブロイラーで新型飼料を与えて飼育した新型の二〇〇一年型ブロイラーの六週齢体重は、旧型（対照区）として用いた一九五七年型ブロイラーを同じ新型飼料で飼育した同じ週齢体重の四・九六倍であった。また、旧型の一九五七年型ブロイラーの出荷時である一〇週齢の飼料要求率は三・二六であり、新型の二〇〇一年型ブロイラー出荷時の六週齢では一・六三であった。つまり、新型の二〇〇一年型ブロイラーでは、旧型のブロイラーの体重あたり半分以下の消費飼料で生産ができることを示している。このことは、過去四五年間において、飼料の改善効果よりもブロイラーの育種改良の効果の方がはるかに大きかったことを示している。このブロイラーの育種の効果は、一九五七年型飼料を用いた場合、六週齢体重が三・九倍になったことがわかる。また飼料効率における育種効果も絶大で、二〇〇一年飼料を用いた場合、六週齢で三一％改善され、飼料要求率は一・六三に下がっている。このような育種による効果が、改善効果の八五〜九〇％を占めている。すでに一九九一年市販ブロイラー（アーバエーカー）と前述の対照区（ACRRC）を

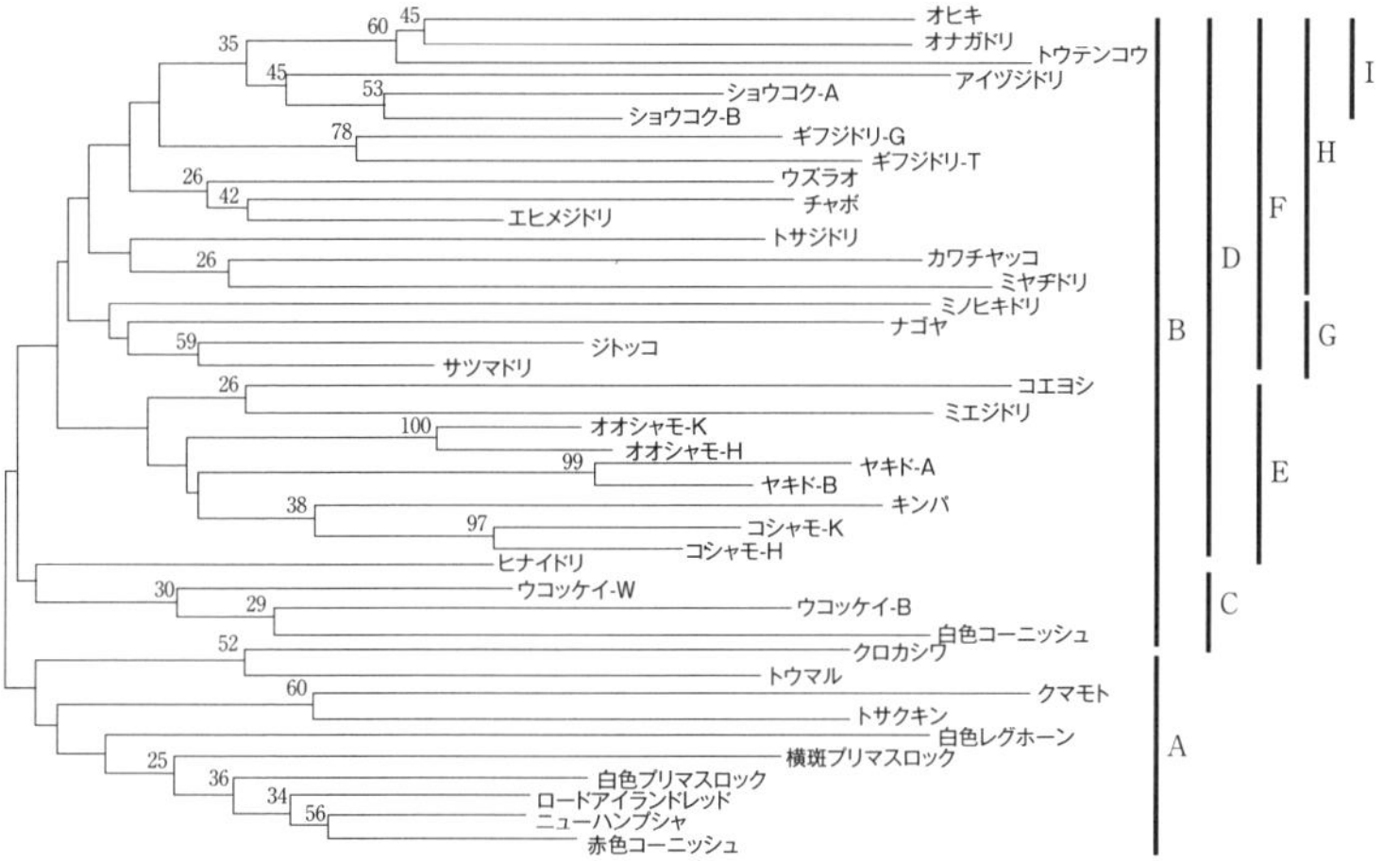

マイクロサテライト DNA 塩基配列をもとにした系統樹　外国鶏 7 品種（7 集団）と日本鶏 28 品種（34 集団）の遺伝的距離を表わす。右の A ～ I は近い距離にある群を示している。数字は分岐の確率を示す。　Osman et al, 2006 より

比較した成績でも、似たような結果が示されていた（Havenstein ら、一九九四）。

⑶ニワトリの品種系統

ニワトリのDNAの塩基配列がわかり、ミトコンドリアDNAやマイクロサテライトDNAの配列が、動物の系統の差を調べるのによく用いられるようになった。ミトコンドリアは、母系からのみ子孫に伝わるため、ミトコンドリアDNAの塩基配列は、母系の系統を追うのに便利である。しかし、家畜（家禽を含む）の品種の系統について探るのには、父母両系統の遠近関係のわかるマイクロサテライトDNAの塩基配列を探る方が適している。家畜では改良速度を速め、多くの数の子を取りたいため、少数の雄を多数の雌に交配することが多いからである。ニワトリの外国鶏七品種と日本鶏の二八品種のマイクロサテライトDNAによる系統を調べた都築ら（二〇〇六）の成績を図に示した。

彼らの成績は、二〇のマイクロサテライトDNA塩基配列を用い、各品種平均二四個体について調べたものである。その結果、白色コーニッシュを除く外国鶏および外国鶏と日本系の混血品種（土佐久斤《とさくきん》、熊本）は、一群（A）となった。白色レグホーンは、ほかの外国系品種とやや関係が遠かった。また日本鶏でも、尾長性の品種などは、互いに一群（I）をなして相互に近かった。またシャモやコシャモ、これからでた八木戸、金八、シャモとの交配種と考えられる声良《こえよし》は、一群（E）をなしていた。チャボ、鶉尾《うずらお》、愛媛地鶏など小型のものは、やはり一つの群をつくっていた。これらの成績は、形態の近いものは遺伝的関係も近いことを示しており、人がニワトリを形態の特色を選んで長年育種をしてきたことの結果を示すものとして興味深い。

一方、特に近年、卵用種、肉用種に対しては、その能力向上を目指して育種してきた。その効果はどのような形質に対して行なってきたのであろうか。三メチルヒスジン（Me His）は体内で合成され、骨格筋中に蓄積され筋繊維が分解される時、再利用されることなく排泄される。このため糞尿の三メチルヒスジン排泄量を三日間測定すると、体全体の筋繊維がどれだけ分解されたかのパーセントが分かる。これが筋タンパク質の分解速度である。この時までの増体重から合成速度も計算できる。前田ら（一九八四、一九九二）はニワトリで、これらの速度の品種差を比較した。肉用の白色コーニッシュと白色プリマスロックの交配種の四週齢でのタンパク質合成速度が、卵用の白色レグホーンにくらべて二倍であったが、八齢週では同じくらいであった。タンパク質の分解速度は、肉用種では卵用種の半分以下であった。未改良品種の薩摩鶏、岐阜地鶏（日本鶏）、ファイヨミ（エジプト在来鶏）は、合成および分解速度とも品種改良された品種よりも著しく高い。これらのことから、卵用種は、筋肉タンパク質の合成および分解速度とも低い方向に改良されたのに対し、肉用種では、合成速度はある程度とし、分解速度をさらに下げる方向に改良されたことを示している。

特に、タンパク質分解速度が低くなるようにする方向へ改良育種することによって、卵用鶏では、多産で、かつ飼料要求率が低くなり、肉用鶏では、成長速度は速くなり、飼料要求率は低くなった。

世界における養鶏

動物性タンパク質の摂取は、近年世界的に増加している。このうち、鶏肉や鶏卵の増加は著しい。ウインドホルスト(二〇〇六)は、一九七〇年から二〇〇五年までの鶏卵や鶏肉の生産量の増加を牛肉や豚肉と比較して調べた。この三五年間に、家禽肉生産は四・四倍増加し、鶏卵生産量の二倍以上に増加した。一方牛肉の生産量は五八%の増加、豚肉の生産量は八六%の増加にとどまった。家禽肉のうち、鶏肉(このほとんどはブロイラー)の占める率は八五〜八八%である。またシチメンチョウ肉の占める率は六〜八%、アヒル肉の占める率は三〜四%、ガチョウ肉の占める率は一〜三%で、鶏肉が圧倒的に多い。

一九七〇年には鶏卵の生産量の多い国はアメリカ、旧ソ連、日本、中国の順であったが、二〇〇五年には中国、アメリカ、インド、日本の順になった。特に中国の増加が著しく一六倍となり、世界生産量の四一%を占めるようになった。また、鶏卵の生産の増加率が先進国では二九%であるのに、発展途上国では増加が著しく、その増加は五〜七倍である。また鶏卵の生産量も発展途上国のそれが、先進国の二倍となっている。

これと似た傾向が家禽肉(主に鶏肉)の生産量でも認められる。家禽肉の生産の多い国は、一九七〇年にはアメリカ、旧ソ連、中国、フランスの順で日本は世界の八位であったが、二〇〇五年にはアメリカ、中国、ブラジル、メキシコの順となり、日本は一〇位となった。やはり鶏肉の生産量も先進国の増加量が二・三倍であるのに対し、発展途上国では一〇倍に達している。中国の鶏肉生産量は特に著しく、二〇〇五年には一五倍になっている。

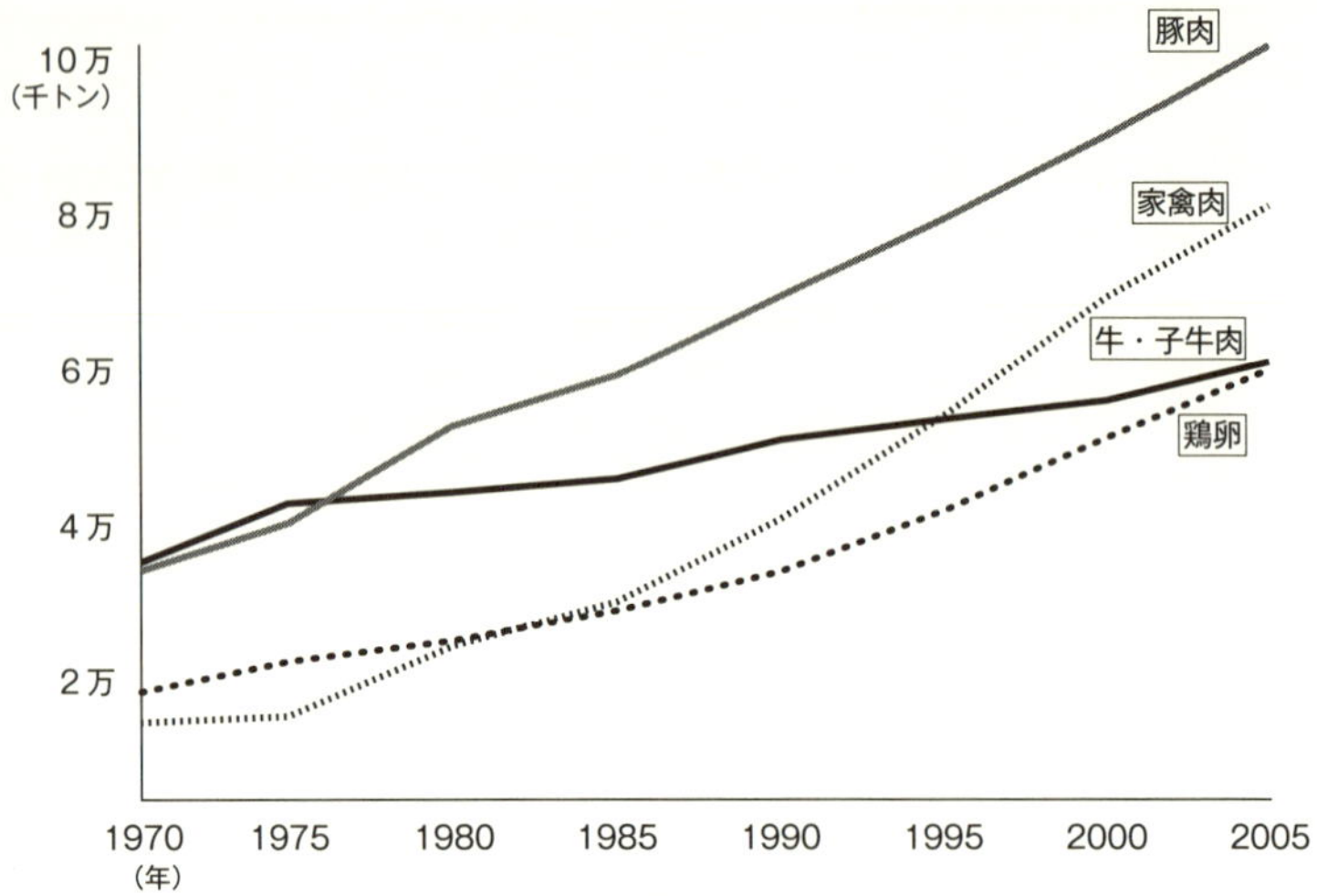

世界の鶏卵と食肉生産発展　Windhorst, 2006 より

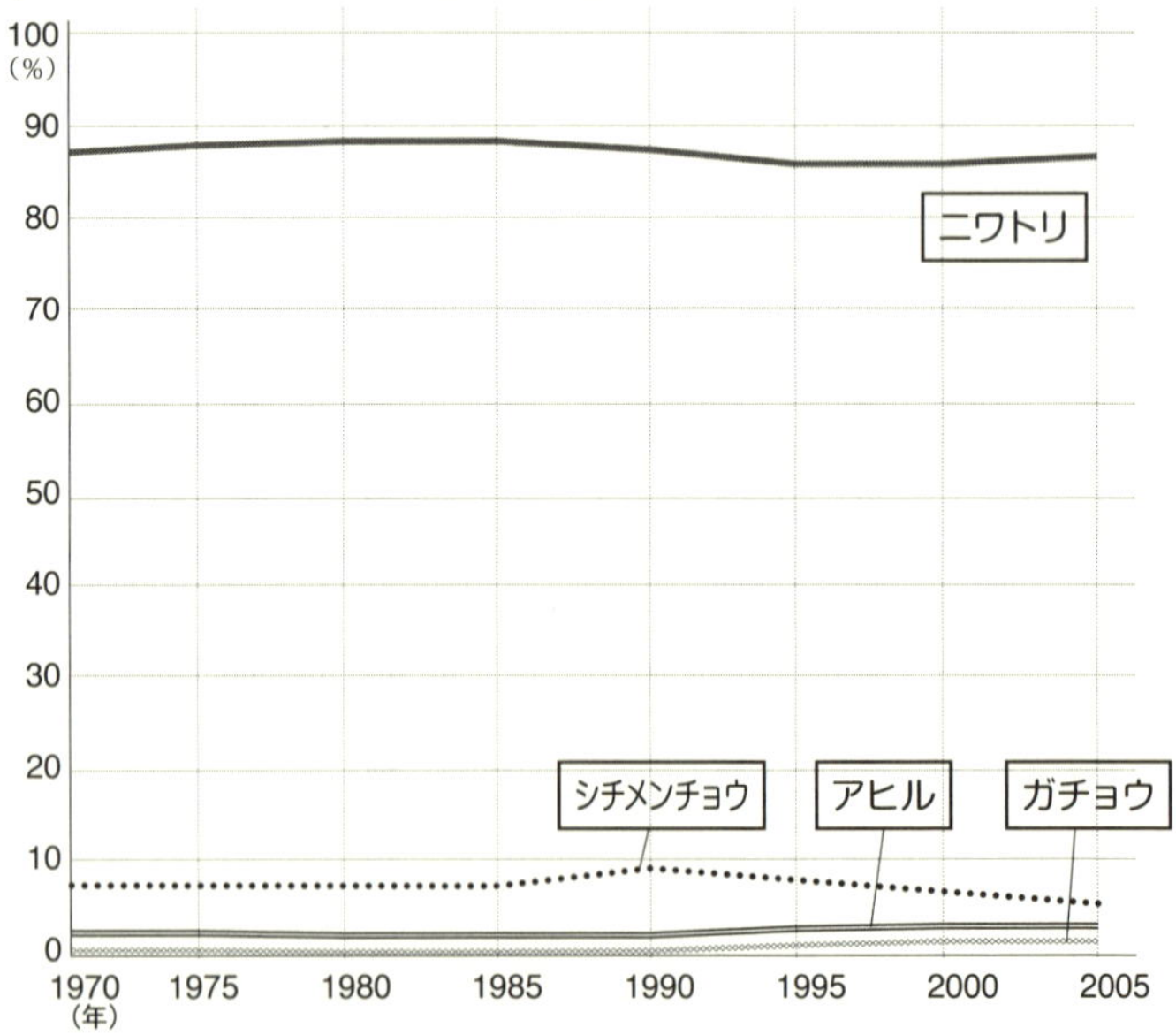

世界の家禽肉の生産量比率　Windhorst, 2006 より

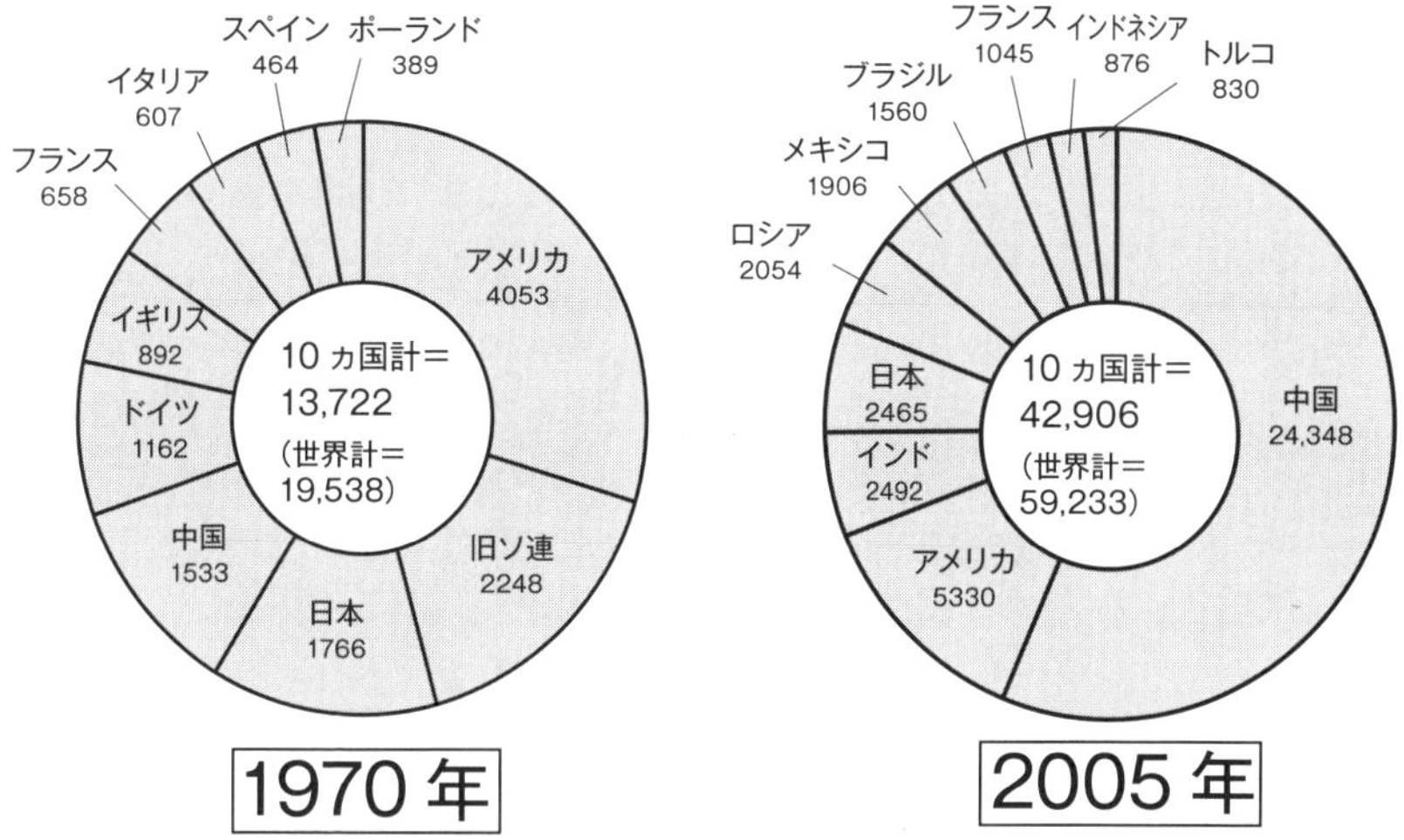

鶏卵生産量上位10ヵ国の変化（単位：千トン）

Windhorst, 2006より

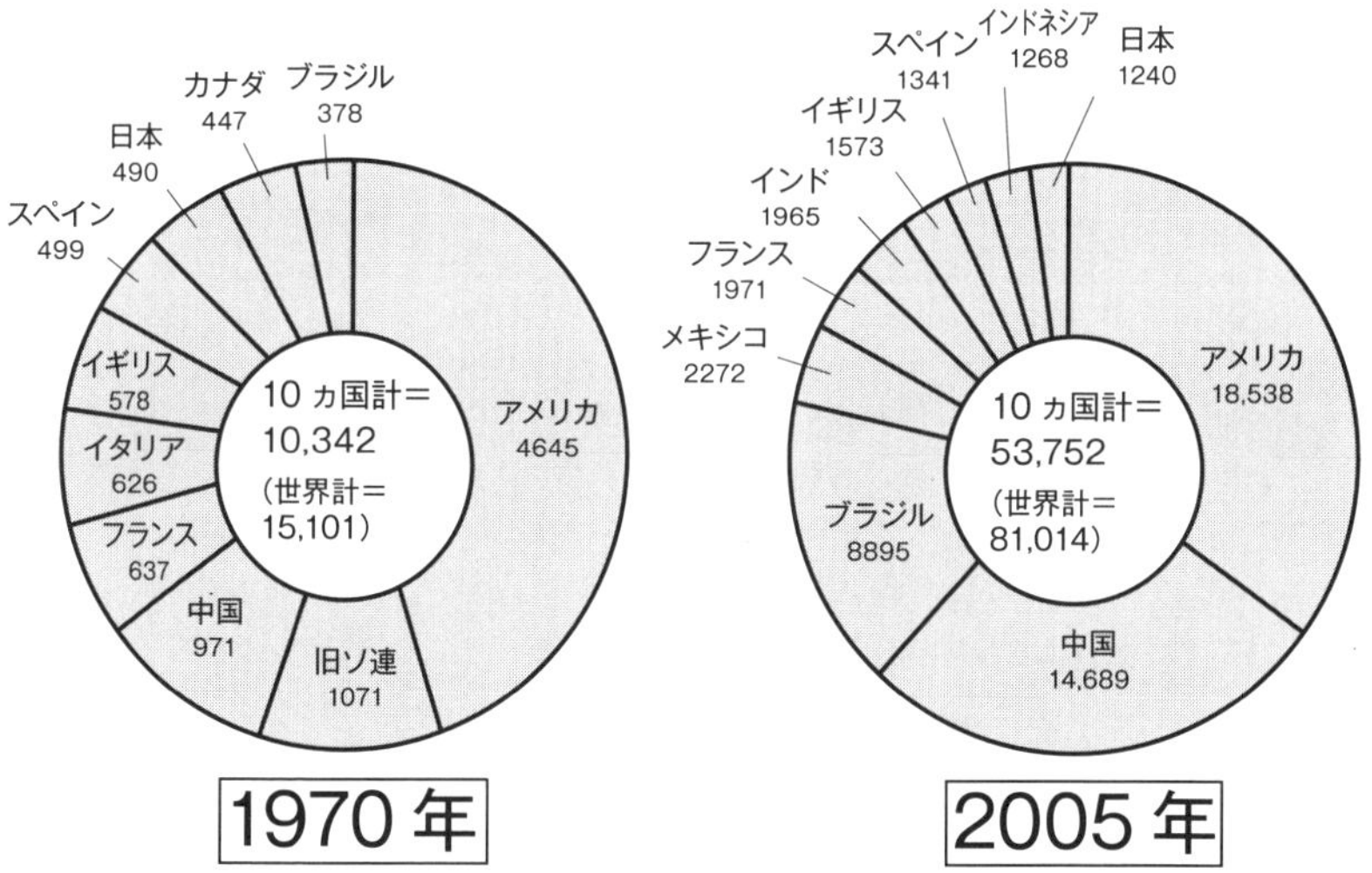

家禽肉生産量上位10ヵ国の変化（単位：千トン）

Windhorst, 2006より

コラム　日本在来のニワトリ

❖日本鶏

明治維新前から日本にいた在来品種を日本鶏という。大半は江戸時代後半に日本の育種家の努力によって品種ができた。そのうち一七品種が文部省によって天然記念物として指定されている。このうちにも内種があり、また指定されていない日本鶏もある。また地鶏というのは特定の品種ではなく、各地に明治維新以前からいたものの総称である。天然記念物の制度が成立した当初は、小地鶏（土佐地鶏）、普通地鶏（岐阜地鶏）、猩々地鶏《しょうじょうじどり》（三重地鶏）のみを地鶏と考えていた。その後の調査により、会津地鶏、愛媛地鶏、岩手地鶏などの存在が知られてきた。そのほか、尾羽のみが数年間、換羽（年ごとに羽が抜け換わること）が起こらないので尾羽が長くなる鶏では、尾長鶏、東天紅《とうてんこう》、小国《しょうこく》であり、また雄鶏が明け方につげるときが長いことで有名なのが、声良《こえよし》、唐丸《とうまる》、東天紅である。そのほかシャモもあるが、現在のシャモは大シャモである。中シャモとしては、八木戸《やぎど》がのこっており、小シャモの派生品種として金八《きんぱ》がある。そのほか、矮性のちゃぼ、比内鶏、薩摩鶏、蓑曳《みのひき》、鶉尾《うずらお》（鶉ちゃぼ）、尾曳《おひき》（尾曳ちゃぼ）、烏骨鶏《うこっけい》、地頭鶏《じとっこ》、河内奴《かわちやっこ》が天然記念物として指定されている。いずれも姿が美しかったり、特長があるものや闘鶏用に育種されたもので、卵用などの実用鶏への育種ではなかった。

❖尾長鶏

日本鶏の中には尾の長いものがあり、これは尾羽が三年くらい換羽しないために起こる（東天紅、小国)。一生、尾羽が換羽しないので、尾羽が極めて長くなる鶏が育種された。これが高知県原産の尾長鶏である。江戸時代(天保年間)に三m、明治時代に四m弱、さらに大正時代以降伸びが速くなり、昭和初めに七mを超えるものが出た。その後一〇mを超すものが出現したが、最近は六~七mくらいである。羽色は白笹《しろざさ》(白藤《しらふじ》という。基本的に胸毛や尾羽を除き、ほかの毛を白くする銀色遺伝子〔S/(S)〕で、尾、胸は黒い)、白色、赤笹(白色部分が赤色になる)がある。

種鶏は普通の鶏舎で飼育するが、展示用の雄鶏は一羽ずつ止め箱(尾羽が換羽で抜け落ちないように特別な高さのある長大な飼育箱)の中で飼育する。交尾はさせない。交配用には兄弟の雄を普通の鶏舎で飼育して使う。

白藤尾長鶏　『世界家畜品種事典』より

尾長鶏の祖先は小国であるとの説があったが、原産県が尾長鶏と同じで、かつ品種の特色をよく示す耳朶《じだ》の色が白いなどの点から、東天紅の方が直接の祖先である可能性が高いと考えられる。耳朶は尾長鶏も白いが、小国は赤い。最近のDNA配列の研究から、東天紅、尾曳、小国はいずれも尾長鶏と近縁であることがわかったが、この中で東天紅が最も尾長鶏に近いことが認められている。尾曳(蓑曳ちゃぼ)はDNA配列がより近いが、このことから、尾曳は尾長鶏を地鶏と交配して育種されたニワトリ品種であると推定された。

❖ちゃぼ

矮性の鶏品種で、江戸時代初期にベトナムのチャンパから入ったとされている。ちゃぼの名もこのチャンパからきている。成体重は雄六〇〇g、雌五〇〇

桂チャボ　筆者蔵

gで、脚が短く、尾羽が立っているなど形に特色がある。日本で愛玩用に改良され、世界的にも有名である。羽色、羽性の違いによって二五種類の内種がつくられている。最も有名なのは桂《かつら》で、尾羽の先および翼の先のみ黒く、ほかは白い。このほかに、白、黒、眞黒《しんくろ》（羽毛だけでなく、皮膚や鶏冠も黒い）、浅黄《あさぎ》（青色）、猩々《しょうじょう》（赤褐色）、白笹（尾長鶏の白藤と同じ）、五色《ごしき》（白笹に赤褐色の入ったもの）、銀鈴波《ぎんすずなみ》（黒白横斑）、金鈴波《きんすずなみ》（赤白横斑）、碁石《ごいし》（羽毛は黒で、先端が白い）、三色碁石《さんしょくごいし》（碁石の黒が赤褐色に変わったもの）などの羽色がある。

　このほか、羽性の違いで、逆毛《さかげ》（羽が反り上がっている。ぼたんちゃぼともよばれる）、糸毛《いとげ》（羽の小羽枝が離れているので、ばさばさの羽毛となる）などがある。このようにちゃぼは、現在ニワトリのもっている羽色、羽性の変異をほとんどもっている特色があり、矮性であることとともに、今後のニワトリの育種のための遺伝資源として重要である。

《シチメンチョウ》

特性と起源

シチメンチョウは、ニワトリ、アヒルに次いで多く飼育されている肉用の家禽である。家禽肉の産肉量の統計では、ニワトリの産肉量は七億トンで家禽肉の八六・四%を占め、最も多く第一位である。シチメンチョウの産肉量は五二〇〇万トンで、ニワトリについで第二位で、家禽肉の六・四%を占めている。

シチメンチョウは、ニワトリと同じキジ目に属する家禽で、ニワトリ雄の精液をシチメンチョウ雌に人口授精すると、雄の子は生まれるが、雌の子は孵卵中に死亡する。これは鳥類の性染色体が雄ホモ(ZZ)、雌ヘテロ(ZW)であることと関係し、ホモの方が生き残りやすいと考えられる。またシチメンチョウ雄とニワトリ雌との人工授精による交配をしても、まったく子はできない。また生まれた雄は、繁殖力がない。

シチメンチョウ(Turkey, *Meleagris gallopavo domestica*)は、北米大陸、特にアメリカ南西部でアメリンド(アメリカ大陸先住民)によって、野生種から家禽化された。家禽化されたシチメンチョウの確実な骨は、コロラド州プエブロから発掘された紀元後四五〇〜七五〇年のものである(Olsen, 二〇〇〇)。おそらく北米に現存している野生シチメンチョウを食肉用のために家畜化したものと考えられる。

コロンブスがアメリカ大陸を発見した時には、すでに原住民は野生シチメンチョウを家畜化していた。その時、北米大陸で原住民が家畜としてもっていた動物は、イヌとシチメンチョウのみであった。このことは、アメリンドは農耕や牧畜を始める前にアメリカ大陸に入っていたことを示している。イヌのオオカミからの

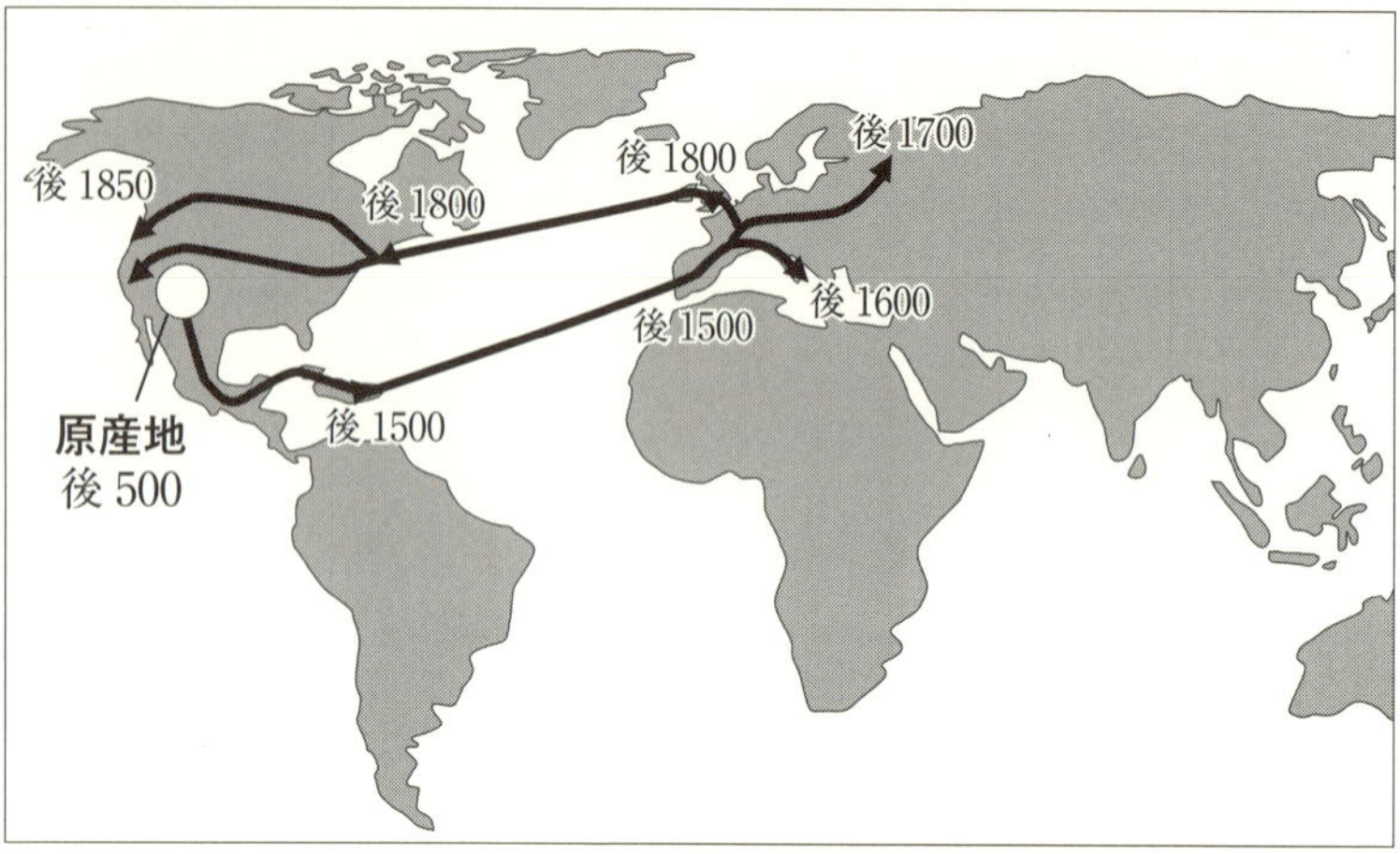

（上）シチメンチョウの家禽化の場所と伝播

（右）野生シチメンチョウ（ワイルドターキー、雄雌）『世界家畜品種事典』より

家畜化は、おそらく一万五〇〇〇年以上前に起こったので、アメリンドはその時点で、家畜化されていた唯一の家畜であるイヌをともなってアメリカ大陸に移動してきたと考えられる。

伝播と発達

シチメンチョウは一六世紀初めに、アメリカからスペインを経由してヨーロッパ諸国に入った。その後、肉用家禽として飼育され、その過程で青銅色（ブロンズ、野生色）、黒色、白色、褐色などの品種ができた。一七世紀になると、今度はイギリスからアメリカに輸入され、一九世紀初め頃にはヨーロッパから入ったシチメンチョウに、当時まだ多数生存していた野生シチメンチョウが交配され、種々のシチメンチョウの系統、品種が成立した。また現在のシチメンチョウの品種改良もやはりアメリカで行なわれた。アメリカでは現在、世界で最も多く（約五〇％）のシチメンチョウが飼育されている。

品種改良

(1)初期の改良

アメリカで最初（一八七四）に公認された品種は、ブロンズ（Bronze）である。野生種と同じ青銅色の羽装をもつ。標準成体重は、雄一二〜一五kg、雌八〜一〇kgであった。一八七四年に灰色のナラガンセット（Narragansett）が公認され、一八七八年にはホワイトホーランド（White Holland）が公認された。後者は純白の羽色（メラニン色素形成を止める遺伝であるが、劣性ホモで発現する〔c/c〕）をもつ。オランダから入ったことからこのようによばれているが、ヨーロッパではほかにイギリス白色（British White）とオーストリア白色（Austria White）があり、これらも成立に関係した可能性がある。一九一〇年には上記の公認された三品種を交配し、さらに野生シチメンチョウを交配して成立した品種はブルボンレッズ（Bourbon Reds）と名づけられた。

(2)ベルツビルホワイト

シチメンチョウは、成体を食用にするために飼育されていた

ブロンズターキー（雄）　筆者蔵

ので、大型のものが多かった。しかし、消費者がより小型のものを求めるようになってくると、それに答えるためアメリカ農務省の研究センターでは、ブロンズ、ホワイトホーランド、黒色、ナラガンセット、および野生シチメンチョウを交配し、これにスコットランドから輸入したオーストリア白色も交配し、白色で小型（成雄七kg、雌四kg）のシチメンチョウ品種が成立した。一九三四年に作成を始め、一九四一年に出品された。国公立の研究所で家畜の品種がつくられ、また普及した珍しい例である。この品種は、研究センターのある場所の名をとりベルツビルホワイト（Beltsville White）とよばれた。純粋なものは一九七〇年代にはほとんどいなくなったが、ブロードブレステッドラージホワイトの小型タイプのものの成立に貢献した。

ブロードブレステッドラージホワイト（雄）『世界家畜品種事典』より（駒井亨氏提供）

(3)ブロードブレステッドブロンズ

一九二七年にイギリスから輸入された青銅色の大きなシチメンチョウを、カナダのブリティッシュコロンビア州（西沿岸）で育種したところ、九ヵ月齢で雄一八kg、雌は一三kgと著しく速い成長をみせた。さらにアメリカ西海岸オレゴン州やワシントン州の育種家により改良され、胸幅の広いシチメンチョウができ、ブロードブレステッドブロンズ（Broad Brested Bronze, BBB）と名づけられた。この品種は大変な好評を博し、一時は北米の品種がほとんどこれになったほどである（Small, 一九七四）。ただ、あまり巨大になったので雄は交尾できず、人工授精により繁殖された。

(4)ブロードブレステッドラージホワイト

ブロードブレステッドブロンズにホワイトホーランドを交配して、メラニン色素発現を止め羽色を白くする劣性白色遺伝子（c/c）を導入した品種である。この品種は、ブロードブレステッドラージホワイト（Broad Brested Large White, BBLW）または単にラージホワイト（LW）とよばれることもある。一九六〇年代から盛んに飼育されるようになった。機械抜毛が行なわれるようになると、白色の羽毛の方が屠体の仕上がりが美しいので好まれるようになった。このため一九七〇年代には白色のものが非常に優勢になり、一九八〇年代以降は展示会用など以外には、有色のシチメンチョウは飼育されなくなった。現在では育種業者がこの品種を大型、中型、小型に分けて出荷するようになっている（Crawford, 一九八四、一九九〇）。小型を除き雄の交配は困難で、人工授精によって繁殖している。現在は市場での要求によって決まるが、大型では雄は一八～二二週齢、雌は一四～一九週齢で出荷する。一八週齢の体重は、雄一五kg、雌一〇kgくらいである。

(5)近年のシチメンチョウの育種の方法

シチメンチョウの一四～二二週齢の体重の遺伝率は〇・四と比較的高い。また産卵率の遺伝率は〇・二と低く、かつ雑種強勢現象が認められる。就巣性があるが、ケージ飼育すると就巣しない。今日の育種繁殖するシチメンチョウのほとんどは人工授精で繁殖するので、成熟以降はケージ飼育が一般的になってきた。育種業者は、一般に雄系と雌系による三元交配が一般的である（雌系は二つの系統を交配してつくる）。雄系は、成長によって選抜し、雌系は成長速度のみでなく、産卵性も考慮して選抜するので、家系選抜が必要となっている。雌は二九週齢から産卵し、七～八月間に約一〇〇個の卵を産む。

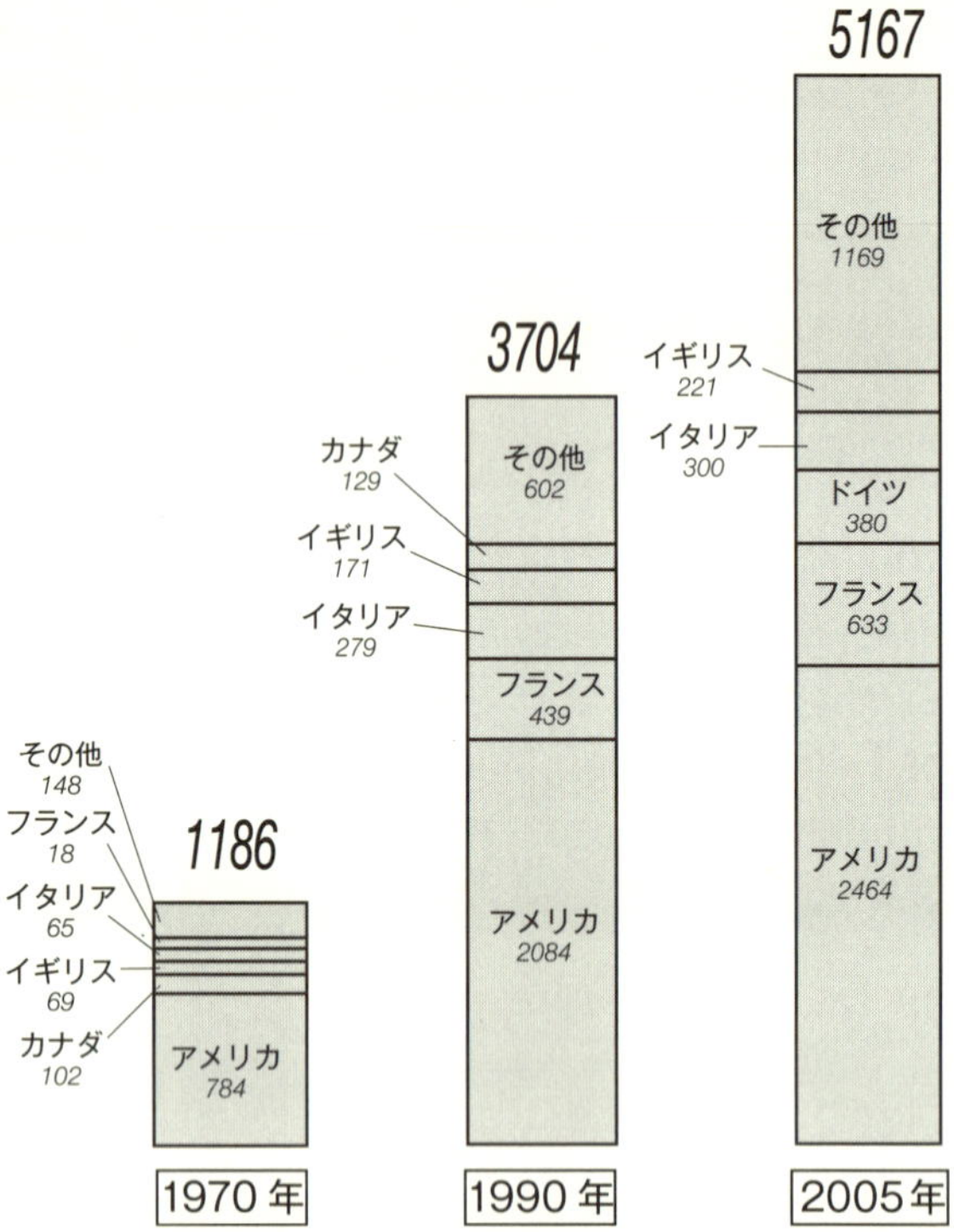

シチメンチョウ肉生産量の推移　単位：千トン
Windhorst, 2006 より

世界におけるシチメンチョウの飼育

シチメンチョウの飼育は、アメリカが最も盛んである。これはアメリカがイギリスの植民地であった時代（一七世紀頃）から、野生や家畜のシチメンチョウを食べてきたことなどもその理由と考えられる。シチメンチョウの飼育数は、一九七〇年頃までは北米で多かったが、世界的にもこの三五年間で飼育数が増し、肉生産量は四倍に増加し、フランス、ドイツ、イタリア、イギリスなどヨーロッパでの飼育も増している。アメリカでも肉生産量は三倍に増しているが、世界に対する生産量の比は、一九七〇年の六四%から、二〇〇五年には四八%と低下している。

コラム　ホロホロチョウ

ホロホロチョウ（*Guinea fowl, Numida meleagris*）は、サハラ砂漠の南の草地や小森林にいる野生種のホロホロチョウから家畜化された。サハラ砂漠より南のアフリカで家畜化された唯一の種である。ホロホロチョウの家畜化の時期はかなり早く、紀元前二四〇〇年前のエジプトの壁画にもすでに画かれている。紀元前四〇〇年にギリシャに、次いでローマに入り、いずれも肉用に利用された。これは東アフリカの野生亜種を家畜化したと考えられる。これらは一度ヨーロッパからみられなくなったが、一六世紀に西アフリカ海岸からポルトガルに再び入ってきた。これは西アフリカにいた野生亜種が家畜化されたもので、かつてのギリシャ・ローマにいたものとは若干異なっていると考えられている。

ホロホロチョウはニワトリと同じくキジ目に属する家禽で、ニワトリと交配すると一代雑種の雄が生まれるが、次代の雄は繁殖力がない。

一六〜一七世紀には中部ヨーロッパでも飼われるようになった。用途はやはり肉用で、美味で有名である。現在フランスでは五〇〇〇万羽飼育され、

真珠斑ホロホロチョウ
『世界家畜品種事典』より

家禽肉の三〇％以上を供給している。イタリア、ハンガリーでも数百万羽飼育されている。元来、野生種と同じ真珠斑（暗紫色の先端に丸い白の斑があることに由来）であったが、白色、黒色などのものも出現した。体重は一〇～一二週齢で二kgになると出荷される。成体重は二・五kgである。産卵数も当初六〇～七〇個であったが、最近では一九〇～二〇〇個産むように改良されている。フランスのガロア（Galor）社のものが有名である。

《ウズラ》

特性と起源

ウズラ（Japanese quail, *Coturnix japonica*）は、日本で家畜化された唯一の家畜種である。飼育し始めたのは一五世紀後半の室町時代で、武士がその鳴き声を楽しむために飼ったとされている。日本で越冬するために冬に渡来する野生ウズラは渡り鳥で、北海道やサハリン、シベリアなどで繁殖することが清棲幸保（一九四二）の鳥に標識をつける方法での調査で知られた。近年、木村正雄（一九九一）の調査により、日本に越冬のために渡来する野生ウズラには、二つの渡りのルートがあることがわかっている。一つのルートは、北海道・青森県などで繁殖し、関東、東海、和歌山県、四国で越冬するものである。もう一つのルートは朝鮮半島で繁殖し九州で越冬するもので、これは四国、山陽、東海地方にも移動することが分かった。

現在でも狩猟用として捕獲されているが、近年は日本の野生ウズラは減少している。

展開と伝播

江戸時代になって、愛玩用の「啼き鶉《うずら》」が盛んとなり、野生ウズラを籠に入れて飼育した。採卵用に本格的な改良が行なわれたのは、大正時代である。第二次世界大戦前には、採卵用に改良されたウズラが二〇〇万羽飼育されていた。戦中、戦後の食糧難にともなう飼料不足で、その飼育数が極めて少なくなった。しかし、戦中も東京の川島某氏が少数のウズラを保存していた。豊橋の鈴木経次氏は、この川島氏の保存していたウズラの種卵を譲り受けて増殖に努め、今日の豊橋地方の養鶉業を発達させた。この増殖の過程には、野生ウズラや戦前日本の植民地であった台湾、朝鮮から再移入したウズラも交配されたようである。現在ウズラを食卵用として実用的に大量に飼育しているのは、世界で日本のみである。

ウズラは体が小さく、成体重は、雄一二〇g、雌一四〇gである。またニワトリと近縁で、ニワトリの精液をウズラ雌に人

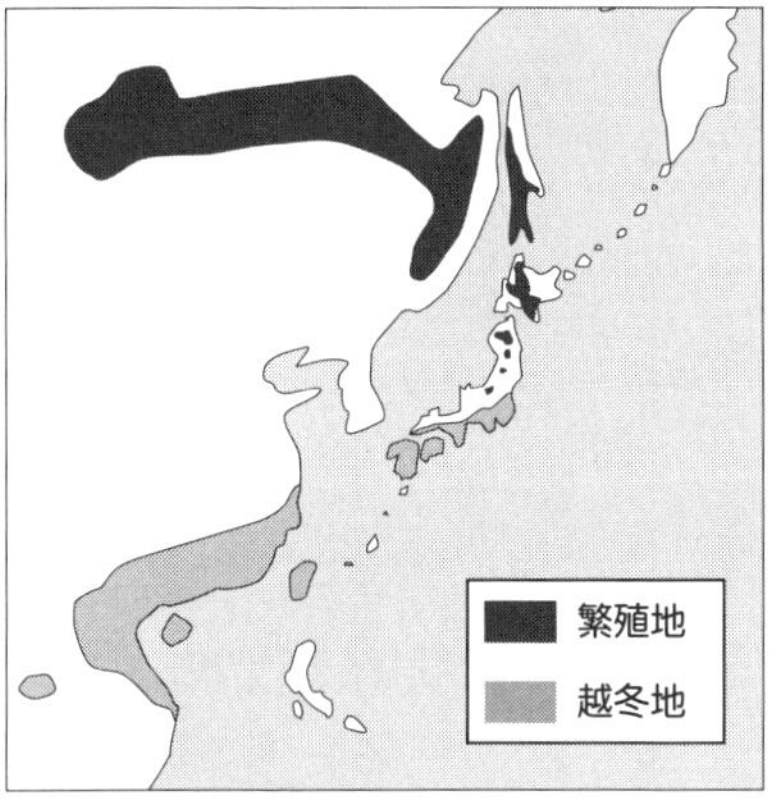

野生ウズラの繁殖地と越冬地　河原 1978 より

ウズラ雄（右）と雌（左）
『世界家畜品種事典』より

工授精することにより一代雑種ができる。しかし子は雌雄ともに繁殖力がない。このようなことから、ニワトリにかわる実験動物として、日本のみでなくアメリカ、ヨーロッパ諸国などで用いられている。また、フランスやカナダでは、美味なので肉用として飼育され、体重も三〇〇〜五〇〇gと大きくなっている。

能力改良と形質変異

(1)能力の向上

河原（一九七六）は、日本の富士山近辺に渡来する野生ウズラを捕らえ、特定の形質にまったく選抜を行なわずに飼育した。しかし、その条件下でも新しい飼育の環境により適するものが残る。一〇世代飼育すると、初め一ヵ月間の産卵率は著しく向上し、当初四四・五％であったものが七九・〇％に達した。また初産日齢は、初め一一〇日であったものが、一〇世代で六一日に短縮した。これは当時、家禽ウズラの産卵率（八八・九％）、初産日齢（四九日）にかなり近い値となった。また初産日齢の分散は、野生ウズラでは極めて大きいが、これも世代を重ねるにしたがって、次第に縮少していくことがわかった。これらのことは、この産卵能力の向上が短期間（約三年間）で起こった突然変異の結果とは考えられない。この能力の向上は、野生種においてすでに多くの遺伝的変異が起こっており、長い間蓄積されてきた。そして、その組み合わせを変えることにより、飼育下でより高い能力が発揮されたと考えられる。野生ウズラの場合には、初産の早いことや、産卵の持続性（一ヵ月以上）は、不適当な性質として自然淘汰を受けるのに対し、飼育下になると逆に適する能力であり、子孫を無作為に集めて孵化する場合でも、多産でかつ産卵を継続する個体が多く選ばれたと考えられる。

ウズラの産卵数（率）の遺伝率は、ニワトリよりやや高く〇・三で、体重の遺伝率は〇・四くらいである。ウズラは強い選抜をまだあまり受けていなかったためもあり、選抜により比較的すみやかに産卵数が増加する。一九九二年に日本で飼育されていたものでは、群の年間産卵数は二九八個、平均卵重一〇gとの報告があるが、現時点では産卵数は三〇〇個をかなり超えていると考えられる。ただし実際の飼育期間は、一〇ヵ月くらいが普通である。

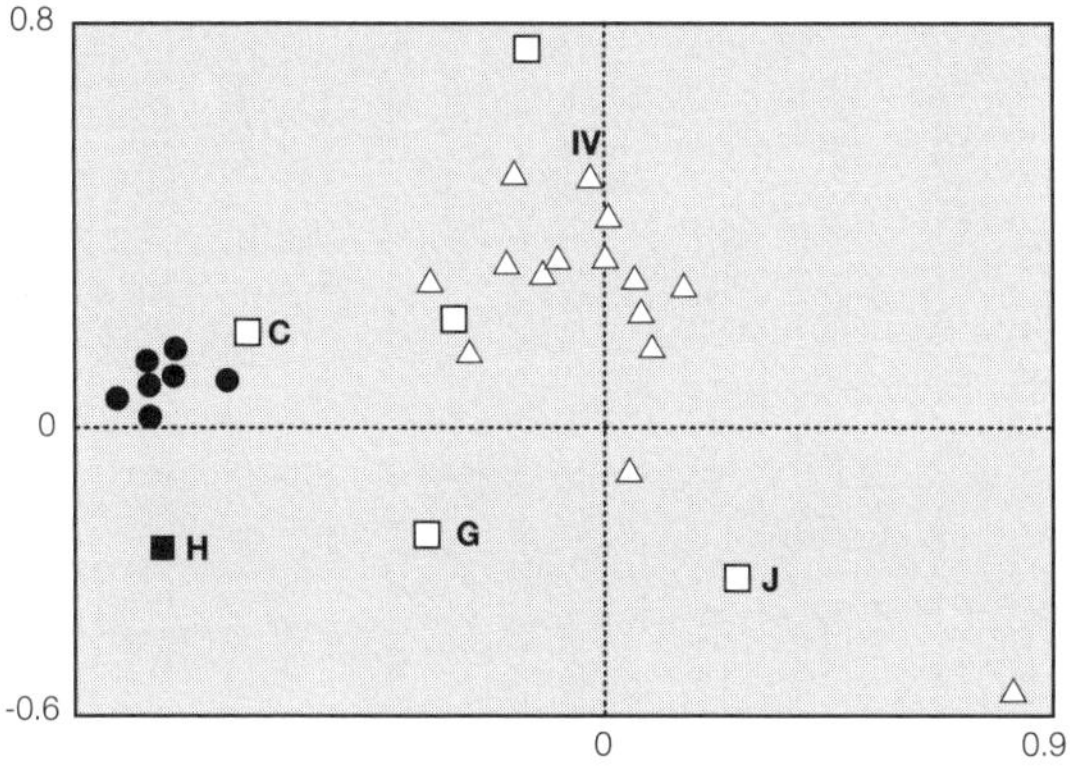

ウズラ集団間の類縁関係 木村 1993 より
●：野生ウズラ　■：帰化ウズラ
□：カナダ産ウズラ　△：国産ウズラ

日本から輸出されて飼育繁殖され、主としてワクチン製造に利用されているエストニア系統のウズラは、年産卵数三一五個、平均卵重一二・一gであり、成体重も日本のものより重く、雄一七〇g、雌一九〇gである。注目すべきは、ウズラはほかの家禽種と異なり、雌の方が体重が大きいことである。鳥類の種では一般に成体重が五〇〇g以下では、雌の方が体重が大きくなる傾向がある。

体重は選抜により大きくなる。フランスではウズラは食肉用に飼育され、成体重は三〇〇gである。カナダのジャイアントは出荷時体重が五〇〇gである。この系統を木村ら（一九九二）が六週齢で屠殺して実験に用いた成体重は、雄二七〇g、雌二九一gであった。木村（一九九三）は、日本で卵用に用いられているもの、実験室で維持されている国産ウズラ、日本で捕らえた野生ウズラ、前述した河原（一九七六）により捕獲されたものを実験室で飼育した系統（図のⅣ）、日本から輸出されたものを肉用に改良したカナダウズラについて、電気泳動下で観察される臓器のタンパク質多型（個体差を示すもの）三四座位の遺伝子頻度（出現する比率）の差を調べた（前頁の図）。その値から求めた遺伝的距離を主成分分析して近縁関係を調べると、現存する日本の野生ウズラと国産ウズラには差があるようであるが、河原が富士山麓で捕らえて維持された系統（Ⅳ）と国産ウズラとは遺伝的な関係が近い。なおカナダのジャイアント系（G）、体重選抜を受けた集団（J）なども、日本の国産ウズラが輸出されたものと考えてよいことが示されている。しかしハワイで再野生化した帰化ウズラ（H）やカナダのC集団は、その遺伝子構成が現在の西日本でみられる現存の野生ウズラと近い。ハワイの帰化ウズラは、第二次大戦前の飼いウズラが祖先とされているが、これも現在の野生ウズラと近い。このことは、戦前に現在の飼いウズラと異なったウズラの系統もかつてあった可能性があることを示している。これらの成績は、日本の現在の飼いウズラは、河原の富士山麓で捕獲したものと近いものの系統が残ったことを示すと考えられる。

⑵形質変異

ウズラの品種はまだ成立したとはいえないが、羽色、形態の変異した系統はかなりみられる。これは褐色拡張（全体が濃い褐色になっている）、黄色（うすく黄色となる）、白色、ブラウン（全体が薄褐色）になるなどである。また卵殻色は、野生のものは白色に黒褐色の斑点のあるものであるが、白色や青磁色のものもある。

世界における分布

採卵用に多数飼育されているのは日本である。二〇〇四年における日本での飼育数は七〇二万羽で、そのうち四七六万羽（六八％）が豊橋を中心に、愛知県で飼育されている。しかし近年中国でその数が増しており、ブラジル、シンガポール、エストニア（ワクチン製造が主目的）などで飼育されている。肉用としては、フランス、スペイン、中国、ブラジルなどで飼育されている。

また実験動物用に日本、アメリカ、カナダ、イギリス、フランス、ドイツなどの国で飼育されているが、すべてもとは日本のウズラが輸出されて、各国で繁殖されているものである。

マガモ　『世界家畜品種事典』より

《アヒル》

特性と起源

アヒル（Duck, *Anas platyrhynchos domestica*）は、ユーラシア大陸に広く分布しているマガモ（Mallard, *Anas platyrhynchos*）を家畜化したものである。マガモは渡り鳥で、秋から春にかけて約半年間、日本、東南アジア、中国、ヨーロッパなどの温暖地で過ごし、夏にはシベリア、北欧などの地に渡り繁殖する。雄は青頸、体躯は灰色、雌は全体が赤褐色で黒斑がある。性によりはっきりとした見分けのつく典型的な性的二型を示す鳥である。
マガモは一夫一妻型の繁殖形態をもち、繁殖期に番《つが》いとなって産卵し、一〇～一二個の卵を産み抱卵する。卵は二八日間孵卵すると孵化する。

マガモの家畜化は、中国で約三〇〇〇年前に始まった。これは石製のアヒル像などから知られる。中国ではアヒルは肉用として飼育されたが、渡り鳥であることもあり、渡りをさせないと抱卵（就巣）する本能をすぐに失う。中国で火力による人工孵卵器が早く（前二四六～前二〇七年）に発明されたのは、ニワトリのためよりも、むしろアヒルの卵を孵化する必要があったためと考えられている。ニワトリは当時は就巣性が強かったので、孵卵器はそれほど必要がなかったと推定される。

アヒルは中国だけでなく、インドネシア、マレーシアなどの東南アジアでも家畜化されたと考えられる。この地域の家畜化の時期は、考古学的な証拠がまだ発見されていないので断定できないが、およそ二〇〇〇年くらい前ではないかと推定される。近年のミトコンドリアＤＮＡの塩基配列からみて（後述）、東南アジアのアヒルは中国から入ったとは考えられず、中国とは別個に家畜化されたと考えられる。これは北東アジアから飛来した中国とは別のマガモを家畜化したと考えられる。

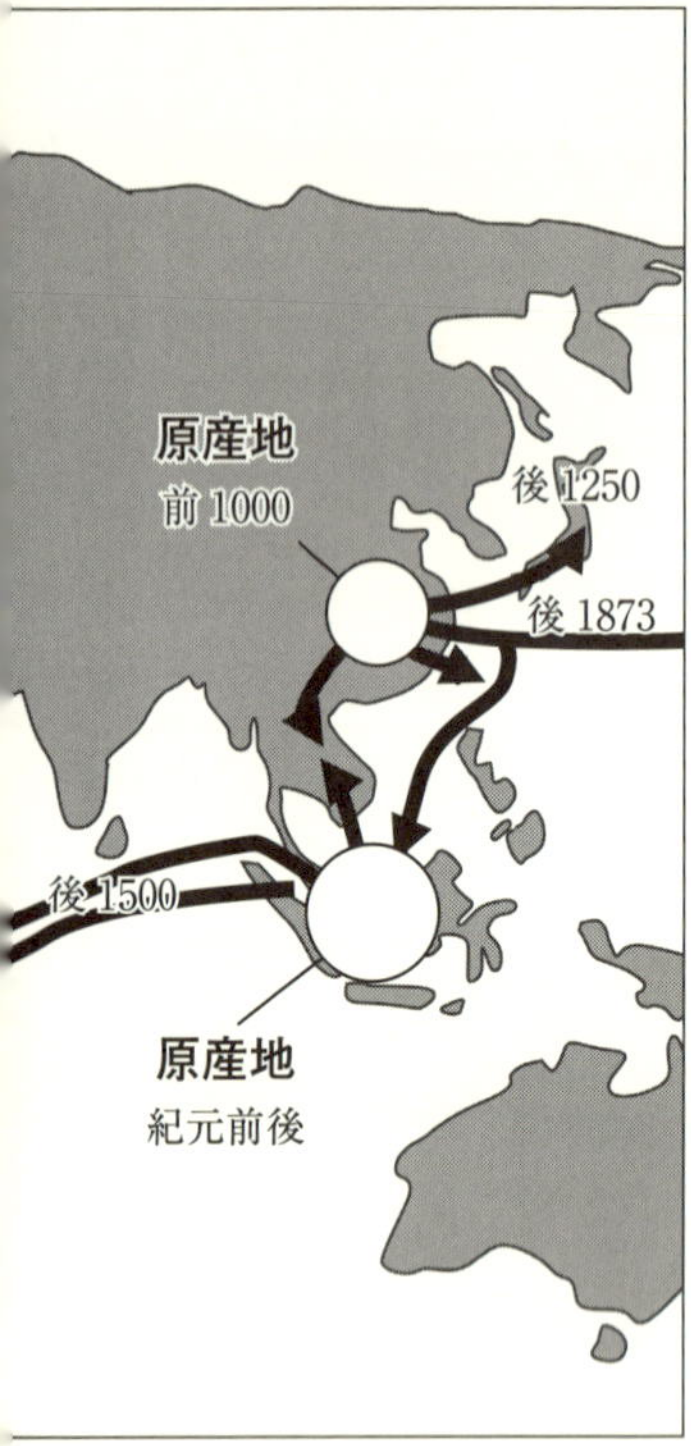

ヨーロッパや中近東では、ギリシャ、エジプトなどで飛来したマガモを籠に入れて飼育した記録はある

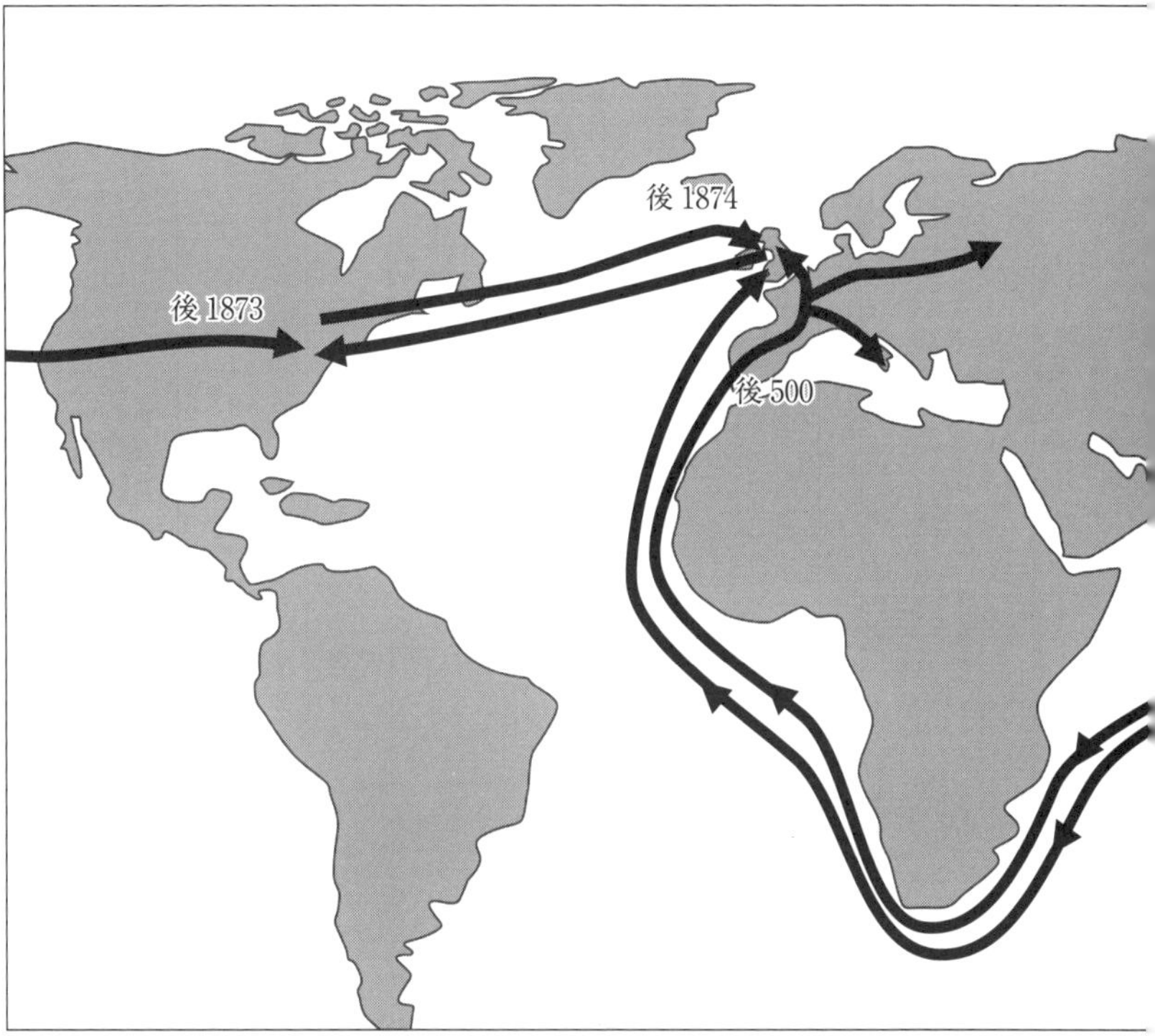

アヒルの家禽化の場所と伝播

が、家畜化は行なわれなかった。ただ東南アジアから入ったアヒルに、飛来したマガモを交配して改良をしたことは知られている。

伝播

アヒルは中国でマガモから家畜化され、東南アジアでは別なマガモが家畜化されたと考えられる。中国の長江以北の各地で家畜化されたと考えられるアヒルは、南中国や台湾にも間もなく広がった。日本には鎌倉時代中期（一二五〇年頃）に南宋から入ったようである。

ヨーロッパへの伝播はインドとの交流が始まり、喜望峰を経由するアフリカ周回航路が発見された一四九三年以後、東南アジアで家畜化されたアヒルがポルトガルやスペインに入り、ほかのヨーロッパ諸国にも入るようになった。しかし、ヨーロッパではあまり盛んに飼育されなかった。アメリカにはイギリスと上海から一八七三年に伝播し、またその翌年にはイギリスに輸出されるようになった。これはペキンと名づけられたが、北京産かどうかは不明である。またこれより少し早い一八四〇年頃、西マレーシア（マラヤ）から、東南アジア起源の多産であるインディアンランナーがイギリスに輸入され、飛来するマガモと交配されて、カーキキャンベルが成立している。

品種改良

(1)初期の改良

アヒルは中国とマレーシア、インドネシアを中心とする東南アジアで別々に卵用や肉用に改良されたので、地域ごとに別々の品種が成立した。いずれの場合でも、初期の成長速度とその後の肥育性においても、また産卵能力においても、選抜による育種効果が著しい。またニワトリにくらべると、細菌やウイルスなど病原体による病気に対する抵抗性が強い。これはおそらく祖先が渡り鳥であったことも関係していると考えられる。家畜化すると、長い期間にわたって産み続ける能力と関係する就巣性をすみやかに失うのは、渡りと強い関連があり、渡りをしなくなったことで、就巣を比較的簡単に消失したと考えられる。また家畜化によって肥大化したことも関連があるが、それと同時に飛翔能力を失っている。しかし家畜化しても、渡りをする時、特に海上を渡る時に必須である、過剰な塩分を鼻腺の活動によって排出する機能は持続して残っている。そのためアヒルは、沿海（塩水）地帯においても飼育が可能である。

⑵近代的な改良と成立品種

アヒルの近代的な育種は現在、イギリス、オランダ、デンマーク、フランス、ドイツ、中国および台湾で行なわれている。以下に主な品種とその成立経緯を述べる。

ペキン（Pekin）　イギリスおよびヨーロッパ諸国では、アヒルは肉用家畜として飼育されている。一八七四年に中国の江蘇省からイギリスに入ったペキンは、白色の大型肉用種として改良された。第二次世界大戦後、イギリスのチェリーバレーファームで三〇年以上にわたって改良され、肥育性の優れた系統ができ、商品化されている。このペキンは一二代選抜の結果、四九日齢体重三五〇〇g（意図的に選抜をしないで繁殖維持した系統で二九三一g）、給与した飼料を体重で割って求めた飼料要求率二・二三一（無選抜対照系二・七五）と、ニワトリのブロイラーにくらべてあまり劣らない成績を示した。ただし飼料要求率については、ニワトリブロイラーは当時二・〇であったので、これにくらべると若干劣っていた（Powell, 一九八八）。このペキンの系統は現在他国にも輸出されて、肉生産に利用されている。

肥育能力は高く、七〜八週齢の体重の遺伝率は、〇・四〜〇・六の値が報告されている。

カーキキャンベル（Khaki Campbell）　西マレーシア（当時マラヤ）原産で多産であり、その突っ立った姿からインディアンランナーと名づけられた。これを改良したところ、産卵数が年二〇〇個以上と大幅に増え、中には年三六三個の卵を産んだ個体もあった。しかし体型は小型で、成体重は雄二kg、雌一・五kgである。羽毛色は褐色であった。

一九〇一年にイギリスのA・キャンベル夫人が多産のインディアンランナー雌に、イギリスに飛来して飼われていたマガモ雄を交配し、さらにインディアンランナーを交配して多産の系統をつくった。羽毛色は褐色が薄くなった野生型（青頸）である。成体重は、雄二・二〜二・五kg、雌二・二kgである。産卵能力は高く、年三〇〇個以上産卵する群も多い。また四一八日間連産した記録もある。オランダのヤンセン農場のものが有名で、日本にも輸入されている。産卵数の遺伝率は〇・三と報告されている。

北京鴨（Beijin ya, ベイジンヤ）　以前から北京近郊にいた白色アヒルを、近年肥育性と産卵性の向上を図って改良した肉用品種である。一八七三〜七四年にアメリカ、イギリスに輸出され、ヨーロッパで成立したペキンとは異なった品種になっている。成体重雄三・五〜四・〇kg、雌三・五kg、年産卵数は二〇〇〜二四〇個、卵重は八五〜九二g、卵殻は白い。成長も早く、四九日齢で二・九kgになった（Zhang, 一九八八）。現在、中国全域で飼育されている。中国では白色アヒル（白鴨、パイヤ）とマガモ型の麻鴨（マーヤ）がある。北京鴨は白鴨の代表的な品種で、用途は肉用である。

紹興鴨（Shouxin ya, シャオシンヤ）　中国の代表的な麻鴨で、雄雌ともに頸の白い輪がやや大きい点を除けば、マガモと同じ羽装をしている。浙江省原産の卵用アヒルで、中国東部で二〇〇〇万羽が飼育されている。成体重は雄一・五kg、雌一・五kgであるが、平均年三〇〇個産卵する群も作出されている。初産日齢は一四〇〜一五〇日、卵重は六八gである。中国ではこのほか多くの麻鴨品種があり、主に卵用である。しかし産卵を終わった（約二年）時には、肉用として利用する。

菜鴨（Tsaiya, ツァイヤ）　台湾では、多くのアヒルが卵用や肉用に飼育されているが、菜鴨はその代表的な卵用アヒルで、在来の褐色と白色の二系統がある。対岸の中国のアヒルがもとになっていると考えられる。白色菜鴨は、褐色菜鴨の中から劣性突然変異遺伝子（*c/c*）によって出現した。褐色菜鴨の雌の成体重は、一・四kgである。初産日齢は約一二〇日、初年度産卵率は九〇％で、卵重は六七gである。五〇〇日検定で、群平均三三七個産卵した例もある。この改良には多形質BLUP（最良線形不偏予測）法により求められた選抜指数（I）を用い（三八三〜三八七頁参照）、二八〇日齢の卵重、卵数、卵殻厚、初産日齢を同時に育種して成果を上げている（Cheng et al. 二〇〇三）。この褐色菜鴨や白色菜鴨雌に白色バリケン雄（四二九頁のコラム参照）を交配して、不妊のドバンを作成して肉用に用いている。

カーキキャンベル雄（左）と雌（右）

紹興鴨（シャオシンヤ）雄（左）と雌（右）

北京鴨雄（左）と雌（右）
『世界家畜品種事典』より

(3)アヒルの系統

アヒルの祖先には、中国と東南アジアのマガモという別々の祖先があるということはすでに述べた。これを証明するデータが、ミトコンドリアのシトクロームb遺伝子のDNA配列

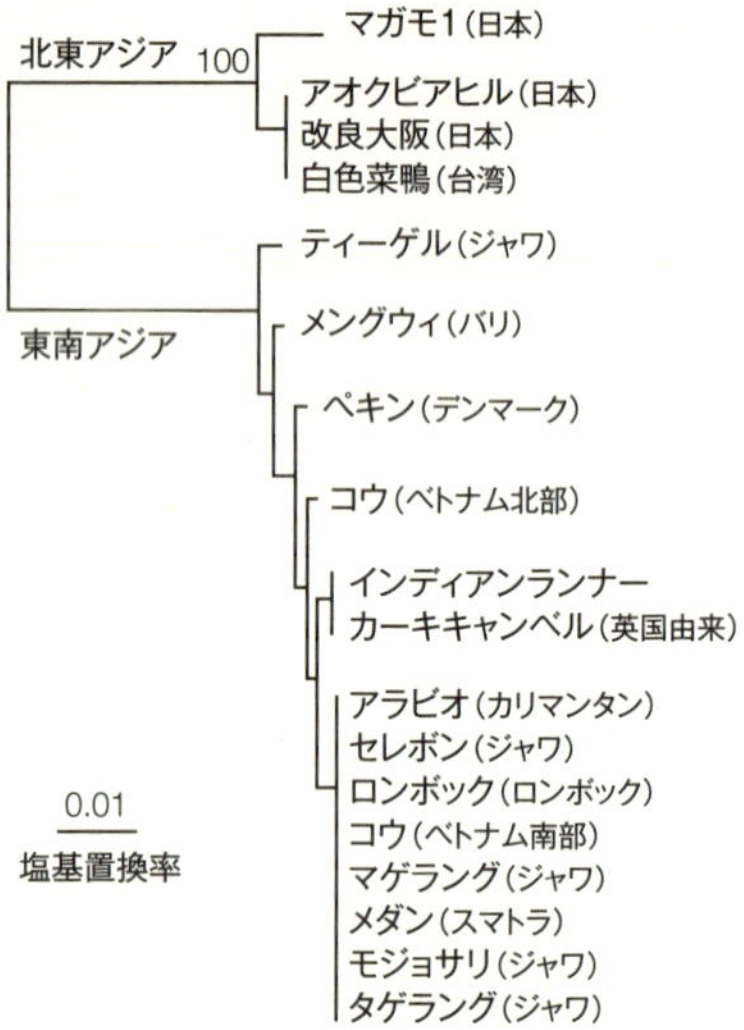

ミトコンドリアDNA（シトクローム b遺伝子）の塩基配列からみたアヒルとマガモの類縁関係
Hitosugi et al, 2007より

の研究から知られた。シトクロームbというのは、細胞内の酸化還元に重要な働きをする色素のbユニットのことであり、シトクロームb遺伝子は多型を多く示すので種内の品種差を調べるのに適している。このミトコンドリアDNAは母系からのみ遺伝するので、母系を探るのに便利である。これをみると、日本に渡来したマガモや日本のアヒル、日本在来アヒルからつくられた改良大阪、台湾産の白色菜鴨などはすべて北東アジア群に入るのに対して、インドネシア在来アヒル、東南アジアのアヒルをもとにしてつくられたインディアンランナー、カーキキャンベルおよびベトナムの在来アヒルは、東南アジアのアヒル群に属することが明らかにされた。また注目すべきは、一八七四年にイギリスに入ったペキンがもとになってできたデンマーク産ペキン（日本に輸入された）が、東南アジア群に入っていることが示されていることである。なおこれと似た成績が、RAPD（randomly amplified polymorphic DNA）によるDNA配列の比較や、血液のタンパク質多型の分析結果（田名部、二〇〇九）からも知られている。なお今回の北京鴨は、いずれの研究分析結果でも北東アジア群に属している。このことは、欧米に入ったペキンは江蘇省から輸出されたもので、東南アジア系のアヒルに近

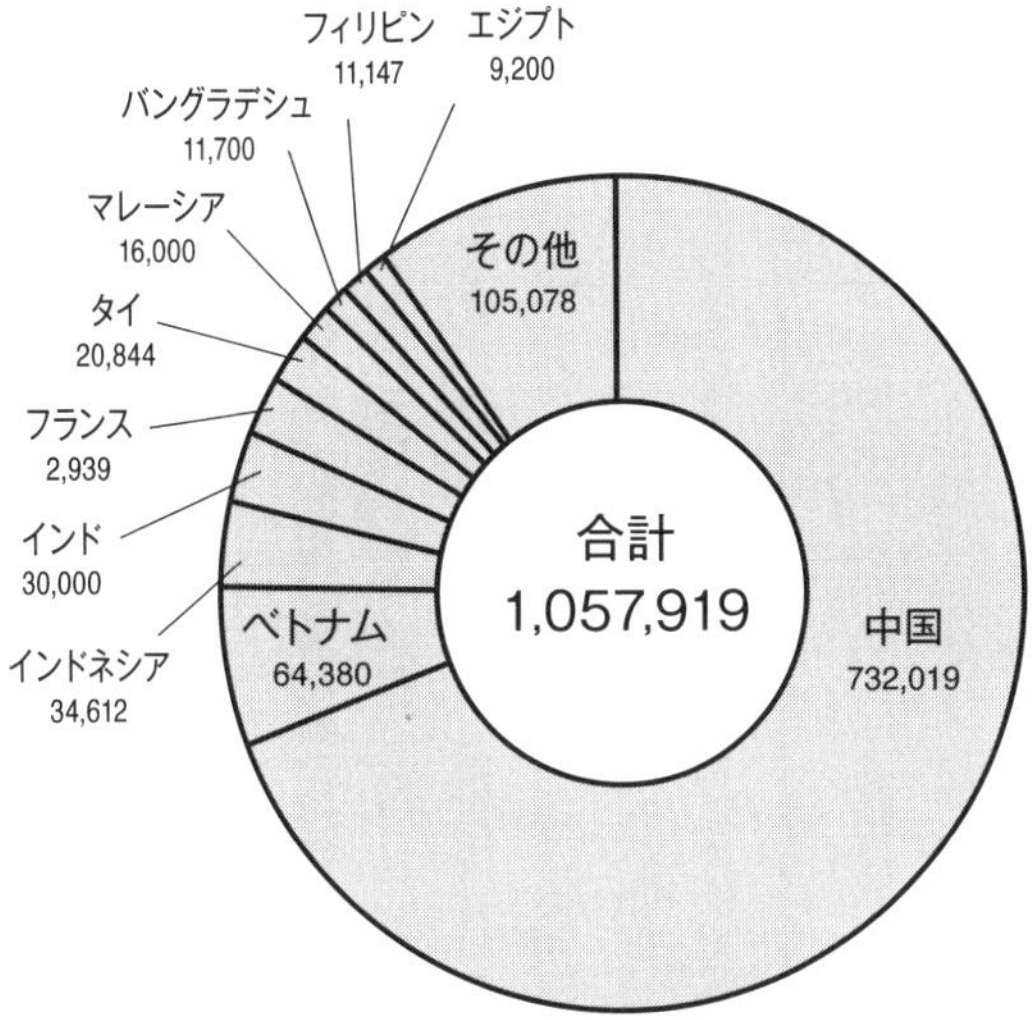

世界のアヒル飼養数（2006年）
単位：千羽　FAO2006より

かったか、またはその後の改良過程で、東南アジア原産のアヒルが交雑された可能性があることを示している。

世界における分布

アヒルの用途には、肉用、卵用および羽布団用（羽毛用）などがある。欧米では、アヒルの卵は食用にせず、肉のみを食用にする。フランスではアヒルは脂肪が多すぎるとの理由で、バリケン雄をアヒル雌に交配してつくったドバンを主に肉用にしている。特にフランスでは、このドバンは肝臓を肥大させて食べるフォアグラ生産を主目的としている（四二九頁のコラム参照）。

中国、東南アジアではアヒルの卵を食べ、また肉用および羽ぶとん用の羽毛生産にも利用されている。したがって現在、世界のアヒルの飼育数がアジア、特に東アジアおよび東南アジアに多く、世界の飼育数の八八％がアジアで飼育されている。

そのうち中国での飼育数が特に多く、世界の飼育数の六九％を占めている。

日本では長年、肉用に飼育されてきたアヒルは少数であったが、近年その飼育数が増している。これはアイガモ（合鴨）農法が盛んになってきたためである。若いアヒル（マガモと在来アヒルの交雑からできた系統や大阪アヒルを利用することもある）を水田に放ち、雑草や害虫を除去するために飼育する無農薬農法である。一〇週間たつとアヒルの体重が一・六kgになるが、これは肉用アヒルを肥育した場合の半分くらいである。この頃になると食用に供される。

二〇〇六年のＦＡＯ（国際連合食糧農業機関）統計による世界の上位二〇国のアヒル飼育数を図に示した。世界のアヒルの飼育数は一〇・六億羽で、中国が七・三億羽（六九・二％）を占めている。近年アヒルの飼育数は増加傾向にあり、一九八〇年の統計では、世界のアヒル飼育数三・九九億羽、中国では二・五一億羽であったので、二〇〇六年ではそれぞれ二・七倍、二・九倍に増加している。また東南アジアのベトナムとインドネシアの増加が著しく、二〇〇六年にはそれぞれ二・三倍と一・六倍になっている。またアヒル肉の生産量は一九七〇年に七〇万一〇〇〇トン（二・七％）であったものが、二〇〇五年には三四〇万三〇〇〇トン（四・二％）と約五倍に増加している。

アヒルは祖先が渡り鳥で水禽のマガモであったこともあり、現在、世界各地で、海岸や湖、沼、河川の近くなど水辺で主に飼育されている。しかし、現在の家畜化されたアヒルの飼育には、飲水用以外は必ずしも与える必要はない。またアヒルは深夜、夜明け前に産卵する性質があるので、夕方になると点灯した飼育舎にアヒルを入れて飼料を与えて飼育し、朝にアヒルを飼育舎から出してから集卵する。また昼間は湖沼に放飼する。このような飼育方式が中国で広く行なわれている。

コラム　バリケン

バリケン（*Muscovy duck, Cairina moschata*）は、一五一四年にスペイン人によってコロンビア海岸とペルーで発見され、その後ボリビアでも発見された。発見された当時、すでにバリケンはアメリカ先住民によって家畜化されていた。バリケンは南アメリカ大陸で家畜化された唯一の家禽種である。一六世紀になってメキシコに移入され、これがフランスをはじめヨーロッパに入った。一方、メキシコ太平洋岸のアカプルコ港から、当時スペイン領であったフイリピンに移入され、ここから台湾に入った。現在バリケンを数多く飼育しているのはフランスと台湾である。

白色バリケン（左・雄、右・雌）　筆者蔵

バリケンはアヒルと近縁で、バリケン雄をアヒル雌に交配すると、妊性のない一代雑種ができる。この一代雑種をドバン（Mule duck）という。ドバンは肉が美味であり、フランスではフォアグラ（肥大させた肝臓）生産に用いられている。現在フランスで生産されているフォアグラの生産量の九二％はドバンで生産され、五％がバリケンで生産されている。すなわちフランスの総フォアグラの生産量の合計九七％がドバンとバリケンで生産されていることになる。ガチョウで生産されるフォアグラは、総フォアグラ生産量の三％にすぎない。

バリケンの羽色は、顔面が赤いがほかのところは黒色の野生色であり、白色のものもみられた。現在飼育されているバリケンのほとんどは白色である。台湾ではバリケンのほとんどは、白色のものが飼育されている。また白色のバリケンの雄と、褐色または白色のツァイヤ（菜鴨）雌を交配してつくったドバンが湖沼などの野外で大量に飼育されている。このドバンは台湾、フランスともにアヒルにくらべて脂肪が少ないことから、肉用として好まれている。

《ガチョウ》

ニワトリ、シチメンチョウ、ホロホロチョウ、ウズラ、アヒル、バリケンなどの家禽種の鳥類には、いずれもそれぞれの祖先となっている野生種があって、それぞれの野生種が家畜化されて、それぞれの家禽種が成立した歴史をもっている。これに対しガチョウ（Goose）は祖先種として、ハイイロガン（Greylag, *Anser anser*）とサカツラガン（Swan goose, *Anser cygnoides*）という二つの野生種をもつ。この二つの野生種が別々の地域で家畜化されて、ヨーロッパガチョウと中国ガチョウが成立した。

この二つのガチョウの祖先種は近縁の二つの野生のガンであり、この祖先種の間に妊性のある子が生まれる。しかし、この祖先種の交配によって生まれた子を、親の野生種に戻し交配すると孵化率が著しく低下する。また、この祖先から家畜化されて成立した家禽種のガチョウに、別種のガチョウを交配すると妊性のある子が生まれ、アフリカン（African）とよばれる。しかし、この二つのガチョウの祖先種の染色体数は同じであるが、第五染色体（四番目に大きい常染色体）の形態には差が認められている。したがって、この二つの祖先種は別種として扱うべきである。このことから、以下に家畜化されたガチョウについて、ヨーロッパガチョウと中国ガチョウに分けて記述する。

ガチョウは、特にヨーロッパガチョウはシチメンチョウと並び大型の家禽である。ほかの家禽と異なり、草だけで飼育できる特色がある。

ヨーロッパガチョウ

(1)起源と特性

ヨーロッパガチョウは、大型の渡り鳥であるハイイロガンの家畜化によって成立した。ガチョウの最古の家畜化はエジプトで行なわれ、その時期は新王朝時代（前一四五〇～一三四一）で、今から三五〇〇～三四〇〇年前であると推定されている。このガチョウは、エジプトからギリシャに伝えられた。このガチョウのことはホメロスの『オデュッセイア』に出ているので、ギリシャにはおそらく今から二八〇〇年以上前には入っていたと考えられる。その後、古代ローマ帝国時代には肉用、脂肪用および羽ぶとん用として盛んに飼育された。またガチョウは未知な者の侵入者があると、大きな鳴き声を上げて騒ぐ性質をもっているので、警戒用としても飼育された。古代ローマ帝国ではニワトリも盛んに飼育されていたが、古代ローマに侵攻したゲルマン人はニワトリには関心をもたなかった。しかしガチョウには関心をもったので、その飼育は

ハイイロガン（雄）　筆者蔵

継続していた。ガチョウが主に地上に生えている草だけを飼料として飼えるので、飼育が容易であったことが第一の理由である。食肉用として極めて美味である上に（特にガチョウの脂肪は有用であった）、飼育中は警戒用としても利用できる性質をもっていて、役立つと認められていたからであった。

ガチョウのこのような有用性は、中世から近世にわたって続いた。ニワトリが一九世紀初めになってようやく、ヨーロッパで古代ローマ人の行なっていた産業規模の家畜となったこととくらべて、ガチョウの家畜としての利用の歴史は大きく異なっている。

ハイイロガンは渡り鳥であり、ヨーロッパ北部で繁殖し、夏季は北緯四五度以上のヨーロッパから北アフリカ、近東の広い地域で過ごす。ハイイロガンの英名はGreylagというが、これは羽毛色は灰褐色で、渡りのためにイギリスを去る時期が遅いということから出たものである。嘴は黄色である。成体重は雄約四kg、雌三〜三・八kgである。ガチョウは家畜化した水禽のうちでは最も大型であり、良質の肉用家禽である。フランスとハンガリーでは、強制的に過食させて肝臓を肥大させ、これをフォアグラとして賞味している。また羽毛は、羽ぶとんとして利用した。

(2)伝播

ガチョウは中世を通じてヨーロッパ地域に広がっていった。特にドイツ、フランス、イギリス、東ヨーロッパの各国で飼育されていた。ガチョウの飼育は、イギリスでは早くから行なわれていたが、初めは聖鳥とされて食用にはしなかった。しかし一〇六六年のノルマンディ公ウィリアムのイングランド征服以降は、ガチョウを食用にするようになり、飼育が広がった。またガチョウは、一七世紀初め頃から入植したアメリカの植民者にとっては食糧として必要とされ、ほかの家禽種より先にアメリカに入って、肉用や羽ぶとんの羽毛用として用いられた。一八二一年にはエムデン種（当時はブレーメン種）がアメリカにも入った。カナダは現在、ヨーロッパガチョウの最大の飼育国である。

(3)品種

エムデン（Embden, Emden） エムデンは以前、ドイツでブレーメン（Bremen）とよばれていたガチョウである。もともと白色の変異種は、古代ローマ時代にもイタリア在来の白色種が知られていたが、これと北オランダの白色種と交配して成立した品種である。一八〇〇年にドイツのエムデンからイギリスに入ったため、エムデンという名になった。性成熟は八～九月である。体重は雄一一～一二kg、雌七～九kgで、産卵数は年二〇～四〇個である。卵重は一六〇～一七〇gで就巣性がある。

現在、ヨーロッパガチョウの最大の生産国であるカナダでは、ほとんどこの品種が占めている。これは肉用として用いる場合、羽毛が白い方が屠体の仕上がりがきれいであるからである。また、ガチョウが草で飼育できるために、飼料のコストが安く上がることも、カナダでガチョウの飼育が盛んになっている理由であ

エムデン（雄）『世界家畜品種事典』より

トゥールーズ（左・雄、右・雌）『世界家畜品種事典』より

る。

トゥールーズ（Toulouse）　南フランスのトゥールーズ市の近くで成立した大型のガチョウで、ハイイロガンと同じ羽装をもつ。フランスでは、もっぱらフォアグラをつくるために飼育されている。性成熟は六～八ヵ月である。成体重は雄六～八kg、雌五～六kgである。産卵数は初年度一五～二〇個、二～八年後に四〇～六〇個と増す。イギリスではさらに改良されて大きくなり、成体重雄一二kg、雌九kgとなっており、肉用である。

(4)分布

現在フォアグラ生産用としてフランス、ハンガリーで飼育されているが、肉生産用としてはカナダが中心であり、アメリカでの飼育数は減っている。二〇〇五年のガチョウ肉の生産量は、中国ガチョウも合わせて二三四・八万トンであり、家禽肉の二・九％を占めている。この生産量は一九七〇年の二二・六万トンとくらべて一〇倍である。

中国ガチョウ

(1)起源と特性

中国ガチョウは今から三〇〇〇年以上前に中国で、サカツラガンを家畜化したことに始まる。サカツラガンは渡り鳥で、夏に中部シベリアからカムチャツカまでのアジア大陸北部で繁殖し、冬に中国などに飛来して過ごす。羽毛色は灰褐色でハイイロガンと似ているが、羽装はハイイロガンは白い横斑であるのに対して、サカツラガンは黄褐色の横斑をもっている。またサカツラガンは嘴が黒く、頸はやや長い。

そのサカツラガンと中国ガチョウの間を結ぶ品種として注目されているのが、中国のウイグル自治区にいる伊梨鵞（Yili goose）である。ハイイロガンに似ていて、中国ガチョウ特有の嘴基部の瘤をもっていない。頸の長さはサカツラガンと同じくらいで、ほかの中国ガチョウほど長くない。成体重は雄四・三kg、雌三・五kgで、サカツラガンよりやや大きい。産卵数は少なく、年一〇個である。また一〇〇mくらい飛翔する。

中国ガチョウには野生色と白色のものと二種類があり、体重はヨーロッパガチョウより軽く、頸が長く、嘴の基部に瘤があるのが一般的な特色である。

サカツラガン（雄）　筆者蔵

⑵伝播

中国ガチョウは成立して以来、主に肉用として飼育されてきたが、一七八八年に中国（当時清）から輸出された。この中国ガチョウについては、アメリカ初代大統領ジョージ・ワシントンが言及している。中国ガチョウは一八三〇年代に中国からイギリスに輸出され、そこからヨーロッパ諸国とアメリカ、カナダに入った。現在シナガチョウ（Chinese goose）として飼育されている集団は、一八三〇年代に再度中国から輸出されたものの子孫である。中国ガチョウはシベリア各地にも入った。ロシアの中部シベリア以東の地域に飼育されているガチョウは、すべて中国ガチョウであることが

浙東白鵞（チョトン・パイ）雌（左）と雄（右）『世界家畜品種事典』より

獅頭鵞（シトウ）雄（左）と雌（右）『世界家畜品種事典』より

分かった。ただし、ウラル以西のロシアのものは、ヨーロッパガチョウであり、ロシア人の進出にともなって、特に西部シベリアでは交雑もされたようである。

(3)品種

シナガチョウ（Chinese goose）　一八三〇年代にイギリスに輸出され、その後ヨーロッパ各地やアメリカ、カナダなどに広がった。当時のヨーロッパガチョウにくらべて体重が五・五〜六kgと軽く、頸が長く、嘴の基部に瘤があることなどの特色があった。また羽毛色は野生型の灰色のほか、白色（メラニン色素発現を止め羽色を白くする劣性白色遺伝子c/cによる）のものもすでにできていた。産卵数も年四〇〜八五個とヨーロッパガチョウより多い。またトゥールーズと交配されてアフリカンという品種も成立している。肉用だけでなく羽毛用や除草用などにも利用されている。

獅頭鵞（シトウ、Shitou e）　広東省の灰色ガチョウで、サカツラガンの子孫であり、中国全土で六〇万羽飼われている。両頬に突出した肉瘤があり、獅子のようにみえることからこの名がつけられた。顎下に咽袋が発達している。成体重は雄は九kg、雌は八kgと大型であり、肉用に飼育されている。四〇～七〇日齢の間は特に増体速度が速く、五一～六〇日齢の間は一日の増体量は一一七gである。初産日齢は一七〇～一八〇日であり、産卵期は八～九月頃から翌年の三～四月にかけてである。年産卵数をみると、初産は二四個（卵重一七六g）、二産以降二八個（卵重二一七g）となっている。卵殻色は白色である。就巣性は強い。繁殖用の雌は五～六年飼育する。七〇～九〇日齢で市場に出される。

浙東白鵞（チョトン　パイ、Zhedon bai e）　浙江東部湖岸原産の白色ガチョウで、飼育羽数は一五〇万羽である。成体重は雄五・〇kg、雌四kg、初産日齢が一五〇日、年産卵数は四〇～五〇個、卵重は一五〇gである。就巣性がある。肉用、羽ぶとんの羽毛用のほか、除草用にも使われる。

(4) 分布

現在、中国ガチョウは一八三〇年に輸出されたものがシナガチョウとして、ヨーロッパ、イギリス、アメリカ、カナダ、シベリアなどで飼育されている。ガチョウ飼育の多数を占めるのは中国で、近年成立した中国の地方品種や改良品種である。これは現在かなり巨大な産業となりつつある。主に肉用であるが、羽ぶとんの羽毛用としても重要な役割を果たしている。

また近年、種ガチョウの産卵数改善のために、一日九時間程度の短日飼育が進められている。これを行なうと、ガチョウは日照射時間が長くなる長日条件下で飼育されるので、まもなく下垂体が光に反応しなくなり、性腺刺激ホルモンの分泌が減る現象（photo-refractoriness）が消えて、かなり長期間産卵することも明らかとなった。

参考文献

◉第一章

市川健夫『日本の馬と牛』東京書籍、一九八一年
加茂儀一『家畜文化史』法政大学出版局、一九七三年
加茂儀一『日本畜産史』法政大学出版局、一九七六年
篠田謙一『日本人になった祖先たち』日本放送出版協会、二〇〇七年
全国肉用牛協会編『日本肉牛変遷史』全国肉用牛協会、一九七八年
畜産技術協会編『世界家畜品種事典』東洋書林、二〇〇六年
中澤克昭編『人と動物の日本史2』吉川弘文館、二〇〇九年
農林省畜産局編『畜産発達史本編』中央公論事業出版、一九六七年
本間健彦『日本食肉文化史』伊藤記念財団、一九九一年
ホール、S・J・G、クラットン＝ブロック、J『英国家畜の二百年史』(英文) イギリス自然史博物館、一九八九年

◉第四章

今泉吉典「ウシ科の分類」、今泉吉典監修『世界の動物 分類と飼育7 偶蹄目Ⅲ』東京動物園協会、一九八八年
岩村忍『西アジアとインドの文明』講談社、一九九一年
大内輝雄『羊蹄記─人間と羊毛の歴史』平凡社、一九九一年
大枝一郎編『ウールのすべて』(別冊チャネラー) 株式会社チャネラー、一九八六年
大貫良夫・前川和也・渡辺和子・屋形禎亮「人類の起源と古代オリエント」『世界の歴史①』中央公論新社、一九九八年
加茂儀一『家畜文化史』法政大学出版局、一九七三年
黒川哲朗『図説古代エジプトの動物』六興出版、一九八七年
甲元眞之『中国新石器時代の生業と文化』中国書店、二〇〇一年

谷泰『神・人・家畜―牧畜文化と聖書世界』平凡社、一九九七年
ターパル、B・K（小西正捷・小磯学訳）『インド考古学の新発見』雄山閣出版、一九八五年
角田健司「ヒツジの血液型」、鈴木正三・池本卯典編『比較血液型学』裳華房、一九八五年
角田健司「ヒツジの起源と系譜」（在来家畜研究会報告）二〇〇六年
角田健司「ヒツジの足跡を訪ねて　Ⅰ～Ⅵ　シープファーム」畜産技術協会、二〇〇七年
角田健司「ヒツジ―アジア在来羊の系統―」、在来家畜研究会編『アジアの在来家畜』名古屋大学出版会、二〇〇九年
鳥越慶三郎『古代中国と倭族』中央公論新社、二〇〇〇年
中村元『古代インド』講談社、二〇〇四年
日本畜産学会編『新編畜産用語辞典』養賢堂、二〇〇一年
野沢謙・西田隆雄『家畜と人間』（出光科学叢書一八）出光書店、一九八一年
藤井純夫「ムギとヒツジの考古学」『世界の考古学⑯』同成社、二〇〇一年
藤本強「考古学でつづる世界史」『市民の考古学 六』同成社、二〇〇八年
百瀬正香『羊の博物館』日本ヴォーグ社、二〇〇〇年
森彰『図説羊の品種』養賢堂、一九七〇年
Davis, S. *The archaeology of animals*. Batsford, London. 1987
Epstein, H. *The origin of the domestic animals of Africa*. Vol.2. African Publishing Corporation. New York. 1971
Hiendleder, S., Kaupe, B., Wassmuth, R., and Janke, A. *Molecular analysis of wild and domestic sheep questions current nomenclature and provides evidence for domestication from two different subspecies*. Proc. R. Soc. Lond. B, 69: 893-904. 2002
Ryder, M.L. *Wool growth*. Academic Press. London and New York. 1968
Ryder, M.L. *Sheep and man*. Duckworth. London. 1983
Ryder, M.L. *Sheep. In Evolution of domesticated Animals*. Mason I.L. (ed.) Longman. London and New York. 1984
Tapio, M., Marzanov, N., Ozerov, M., Cinkulov, M., Gonzarenko, G., Kiselyova, T., Murawski, M., Viinalass, H. and

Kantanen, J. *Sheep mitochondrial DNA variation in European, Caucasian, and central Asian areas.* Mol Biol. Evol., 23 : 1776-1783. 2006
Tsunoda, K., Chang, H., Sun, W., Hasnath, M.A., Maung, M.N., Rajbhandry, H.B., Tashi, D., Tumennasan, H., and Sato, K. *Phylogenetic relationships among indigenous sheep populations in East Asia based on five informative blood protein and nonprotein polymorphisms.* Biochem. Genet., 44: 287-306. 2006
Zeuner, F. E. *A history of domesticated animals.* Hutchinson. London. 1963

◉第五章
秋篠宮文仁・小宮輝之監修・著『日本の家畜・家禽』学習研究社、二〇〇九年
正田陽一監修『世界家畜図鑑』講談社、一九八七年
ゾイナー、F・E（国文直一・木村伸義訳）『家畜の歴史』法政大学出版局、一九八三年
野沢謙・西田孝雄『家畜と人間』（出光科学叢書一八）出光書店、一九八一年
野沢謙「山羊」、正田陽一編著『人間がつくった動物たち　家畜としての進化』東京書籍、一九八七年
万年英之「ヤギ（東アジアの在来ヤギ）」、在来家畜研究会編『アジアの在来家畜　家畜の起源と系統史』名古屋大学出版会、二〇〇九年

◉第六章
エス・エル・エー研究所編『ミニブタ実験マニュアル』エス・エル・エー研究所、二〇〇〇年
畜産技術協会編『世界家畜品種事典』東洋書林、二〇〇六年
鄭丕留主編『中国家畜家禽品種誌』上海科学技術出版社、一九八六年
ダネンブルグ、H・D（福井康雄訳）『豚礼賛』博品社、一九九五年
丹羽太左衛門編『養豚ハンドブック』養賢堂、一九九四年
丹羽太左衛門『二〇世紀における日本の豚改良増殖の歩み』畜産技術協会、二〇〇一年

メイソン、I・L編『家畜の進化』（英文）ロングマン、一九八四年

◉第七章

秋葉征夫「家禽産業・家禽学の変遷と世界の食料生産における役割」『日本家禽学会誌』四二巻J一一～一九頁、二〇〇五年

岡田育穂「日本鶏―特に遺伝資源の見地から」『畜産の研究』四九巻、二〇〇～二二〇頁、一九九五年

木村正雄「産業動物、実験動物としてのウズラ」『畜産の研究』四七巻、一九二～一九六頁、一九九三年

駒井亨「鶏の育種および育種事業の変遷Ⅰ～Ⅲ」『畜産技術』一一月号、二三～二八頁、二〇〇六年一二月号、二六～二九頁、二〇〇六年一月号、四四～四六頁、二〇〇七年

新版特用畜産ハンドブック編集委員会編『新版特用畜産ハンドブック』一八九～二七七頁、畜産技術協会、二〇〇七年

畜産技術協会編『世界家畜品種事典』二九八～三八九頁、東洋書林、二〇〇六年

田名部雄一『鶏の改良と繁殖』一～四一四頁、養賢堂、一九七一年

田名部雄一「飼育集団と自然集団の育種管理の在り方―家畜で得られた知見」『水産育種』二七号、六七～八二頁、一九九九年

田名部雄一「アヒル」、在来家畜研究会編『アジアの在来家畜―家畜の起源と系統史』二九一～四〇七頁、名古屋大学出版会、二〇〇九年

前田芳實・橋口勉「蛋白質代謝制御の遺伝的解析」『ABRI』二〇巻、一五～二六頁、一九九二年

森村隆作・今井泰四郎・北爪浩三・後藤三津夫他「鶏の経済能力の検定」（第一六回～四三回）『群馬県畜試報告』一九～二一号、一九八〇～一九八二年、『群馬農業研究、C畜産』一～一〇号、一九八四～一九九三年、『群馬県畜試報』一～一五号、一九九四～二〇〇八年

徐桂芳・陳寛維種編『中国家禽地方品種』一～二六七頁、中国農業出版社、二〇〇三年

Akishinonomiya, F., Ohno, S. et al. *Monophyletic origin and unique dispersal patterns of domestic fowls.* Proc. Natl. Acad. Sci. U.S.A., vol. 93. pp.6792-6795, 1996

Cheng, Y. S., Rouvier, R. et al. *Breeding and genetic of waterfowl.* World's Poultry Science Journal, vol. 59. pp.500-519, 2003

Crawford, R. D. ed. *Poultry Breeding and Genetics*. pp.1-1123, Elsevier, 1990

De Ketelaere, Decuypere, E. et al. *Non-destructive measurements of egg quality.* World's Poultry Science Journal, vol. 60. pp.289-302, 2004

Flock, D.K. *40 Years of layer breeding, Review of breeding technology changes.* Poultry International, October. pp.33-38, 1999

Havenstein, G. B. et al. *Growth, liability, and feed conversion of 1957 and 2001 broiler diets.* Poultry Science, vol. 82. pp.1500-1508, 2003

Hitosugi, S., Tanabe, Y. et al. *Phylogenetic relationships of mitochondrial DNA cytochrome b gene in East Asian ducks.* J. Poultry Science, vol. 44. pp.141-145, 2007

Hunton, P. *100 Years of poultry genetics.* World's Poultry Science Journal, vol. 62. pp.417-428, 2006

Kiple, K. F. and Ornelas, K. L. eds. *The Cambridge World History of Food. Vol. 1.* pp.469-507, 517-524, 529-531, 578-583, Cambridge University Press. , 2000

Mason, I.L. ed. *Evolution of Domesticated Animals*. pp.298-368, Longman, 1984

Osman, S. A. M., Tsuzuki, M. et al. *The genetic variability and relationships of Japanese and foreign chickens assested by microsatellite DNA profiling.* Asian-Aust. J. Anim. Sci., vol. 19. pp.1369-1378, 2006

Skinner, J. D. ed. *American Poultry History 1823-1973.* American Poultry Historical Society. pp.1-775. 1974

West, B. and Zhou, B-X. *Did chiken go north? New evidence for domestication.* J. Archaeological Science, vol. 15. pp.515-533, 1988

Windhorst, H.-W. *Changes in poultry production and trade worldwide.* World's Poultry Science Journal, vol. 62. pp.585-602, 2006

マ行

ヤ行

ラ行

ワ行

ハ行

タ行

ナ行

サ行

索引

※**太字**はその項目について、主な説明のあるページを指す。

角田健司　つのだ・けんじ　1948年生まれ。1970年、東京農業大学農学部卒業。1975年、同大学大学院農学研究科博士課程満了。農学博士。昭和大学医学部准教授（医学博士）を経て、現在、昭和大学客員教授。専攻は動物遺伝学、病態生理学。著書に『比較血液型学』（共著、1985年）、『アジアの在来家畜』（共著、2009年）など。他にヒツジの生理・生化遺伝学、ヒトの突然死に関する研究論文など多数。

天野　卓　あまの・たかし　1943年生まれ。1967年、東京農業大学大学院農学研究科修士課程修了。農学博士。現在、東京農業大学教授。専攻は家畜育種学、動物遺伝学、動物資源学。著書に『生物資源とその利用』（共著、2008年）、『アニマル・ジェネティクス：動物の免疫・分子遺伝学』（共著、1995年）など。他にウシ、スイギュウの系統遺伝学に関する研究論文など多数。

三上仁志　みかみ・ひとし　1969年、北海道大学大学院農学研究科博士課程修了。農学博士。農林水産省畜産試験場育種部長、九州農業試験場長などを経て、2000年農林漁業金融公庫技術参与。現在、農林水産先端技術産業振興センター顧問。専攻は家畜育種学。著書に『養豚ハンドブック』（共著、1994）、『動物遺伝育種学事典』（共著、2001年）、『世界家畜品種事典』（共著、2006年）など

田名部雄一　たなべ・ゆういち　1930年生まれ。1953年、東京大学農学部畜産学科卒業。同年、農林省農業技術研究所家畜部遺伝科技官。農学博士。岐阜大学農学部教授、麻布大学獣医学部教授を経て現在、岐阜大学名誉教授。専攻は動物系統遺伝学。著書に『野生動物学概論』（共著、1995年）、『犬から探る古代日本人の謎』（1985年）、『人と犬のきずな』（2007年）、『アジアの在来家畜』（共著、2009年）など。

著者略歴

【編著者】

正田陽一　しょうだ・よういち　1927年生まれ。1950年、東京大学農学部畜産学科卒業。同大助手、助教授を経て1979年教授。1987年から1992年まで茨城大学教授（農学部）。現在、東京大学名誉教授、奥州市牛の博物館名誉館長、東京動物園協会顧問、全日本家畜協会理事。著書に『家畜という名の動物たち』（1983年）など。監修・著書に『世界家畜図鑑』（1987年）、『世界家畜品種事典』（2006年）など。

【執筆者】（執筆順）

松川　正　まつかわ・ただし　1937年生まれ。1961年、帯広畜産大学獣医学科卒業。同年農林省（現在農林水産省）入省。中国農業試験場、東北農業試験場などを経て畜産試験場長。1997年、退官後は畜産技術協会附属動物遺伝研究所長を経て現在は畜産技術協会参与。農学博士。専門は家畜育種学。

伊藤　晃　いとう・あきら　1954年、九州大学農学部卒業。日本ホルスタイン登録協会、畜産システム研究所を経て現在、同研究所顧問。その間乳牛の後代検定と牛群検定計画に参画し、事業発足に寄与。専攻は量的形質の遺伝、集団の繁殖構造。著書に『乳牛改良の11章』（1974年）、『新家畜育種学』（共著、1996年）、『世界家畜品種事典』（共著、2006年）、他に乳牛の血液型、雌牛のサイズに関する研究論文。

楠瀬　良　くすのせ・りょう　1951年生まれ。1975年、東京大学農学部畜産獣医学科卒業。同大学院・群馬大学大学院を経て日本中央競馬会（JRA）入会。以後、馬の心理学、行動学的研究に従事。同研究所運動科学研究室長、生命科学研究室長、JRA競走馬総合研究所次長を経て、日本装蹄会常務理事。農学博士・獣医師。訳書に『アルティメイトブック馬』（2005年）、著書に『サラブレッドは空も飛ぶ』（2001年）など。

品種改良の世界史・家畜篇

2010年11月5日　第1刷
2012年4月10日　第2刷

編　者　正田陽一
装　幀　桂川　潤
発行者　長岡 正博
発行所　悠 書 館

〒113-0033　東京都文京区本郷2-35-21-302
TEL 03-3812-6504　FAX 03-3812-7504
URL http://www.yushokan.co.jp/

印刷・製本：(株) シナノ印刷

ISBN978-4-903487-40-3

定価はカバーに表示してあります。